U0159873

★ 国家重点研发计划支持项目

工业芯片可靠性设计

赵东艳　编著

北京智芯微电子科技有限公司　组编

西安电子科技大学出版社

内容简介

    本书共 6 章，针对工业芯片在使用环境复杂性和内部结构多样性方面的特点，介绍了其片上可靠性防护的基本原理和工程化设计技术，重点介绍了应对静电与闩锁等电过应力的防护器件、防护电路和防护架构以及针对 RF CMOS、功率芯片和异质集成电路等的专用防护方法，还介绍了纳米 CMOS 器件可靠性模型与仿真。全书总结了国内外在工业芯片可靠性防护设计方面的先进技术与方法，既有系统的基础理论与专业知识，又注重工程经验与实践案例；既具有鲜明的学术先进性，又具备丰富的技术实用性。

    为方便学习，各章末均给出了本章要点与综合理解题；书末的附录中给出了本书缩略语对照表和各章综合理解题的参考答案。

    本书既可以供从事相关工作的一线工程技术人员和管理人员使用，也可作为高校相关学科专业的教学参考书。

图书在版编目(CIP)数据

工业芯片可靠性设计/赵东艳编著. —西安：西安电子科技大学出版社，2023.3(2023.12重印)
ISBN 978 - 7 - 5606 - 6710 - 2

Ⅰ. ①工… Ⅱ. ①赵… Ⅲ. ①印刷电路板(材料)—可靠性设计 Ⅳ. ①TM215

中国国家版本馆 CIP 数据核字(2023)第 003056 号

策　　划　李惠萍
责任编辑　杨薇　李惠萍
出版发行　西安电子科技大学出版社(西安市太白南路 2 号)
电　　话　(029)88202421　88201467　　邮　　编　710071
网　　址　www.xduph.com　　　　　　电子邮箱　xdupfxb001@163.com
经　　销　新华书店
印刷单位　广东虎彩云印刷有限公司
版　　次　2023 年 3 月第 1 版　2023 年 12 月第 2 次印刷
开　　本　787 毫米×1092 毫米　1/16　印张 23.5
字　　数　558 千字
定　　价　92.00 元
ISBN 978 - 7 - 5606 - 6710 - 2/TM

XDUP 7012001 - 2

在过去半个多世纪内，集成电路遵循摩尔定律不断地发展、演变和革新，不仅集成规模和性能指标持续攀升，而且应用领域也在持续拓展。集成电路根据应用领域可以分为民用、工业用和军用三类芯片。工业芯片在国内外迄今为止并无严格且明确的定义。根据笔者的理解，工业芯片是指制造生产资料而非生活资料的工业部门或工业设备所使用的芯片，主要应用领域涵盖电力、能源、通信、轨道交通、医疗设备等。如果说民用芯片主要用于以服务业为主的第三产业，工业芯片则主要应用于以制造业为主的第二产业。继民用芯片之后，工业芯片可能会成为新一代信息技术的领头羊。据预测，以5G通信、大数据、边缘计算、人工智能等为代表的新一代信息技术的应用，有60%～70%是在工业领域。

与民用芯片相比，工业芯片的可靠性要求更高。这是因为工业芯片的使用环境更为苛刻，同时结构形式更为复杂。以典型工作温度范围为例，民用芯片为0～+70℃，工业芯片为−40～+85℃，军用芯片为−55～+125℃。这正是本书选择以工业芯片可靠性设计为主题的初衷。

工业芯片的可靠性可以分为空间可靠性和时间可靠性两个层面。空间可靠性反映芯片抵抗各种不期望的过应力的能力，主要影响芯片的环境适应性。这些过应力包括静电放电（ESD，Electro-Static Discharge）、电过应力（EOS，Electrical Over Stress）、热过应力、闩锁诱发的烧毁和电磁干扰等，改进途径一是引入片内防护器件或电路，二是在片外加入专用防护元件。时间可靠性反映芯片的长期工作稳定性及性能指标随时间的退化，主要影响芯片的寿命。影响时间可靠性的主要失效机理有热载流子注入（HCI，Hot Carrier Injection）、偏置温度不稳定性（BTI，Bias Temperature Instability）、经时介质击穿（TDDB，Time-Dependent Dielectric Breakdown）和电迁移（EM，Electro-Migration）等，改进途径以芯片结构、工艺和材料的优化为主要手段。

与时间可靠性相比，工业芯片的空间可靠性问题更为突出。其原因体现在三个方面：一是工业芯片的工作应力（电压、电流、功率等）常常高于民用芯片，更容易出现高电压、大电流和强功率，因此更容易产生过应力退化或失效；二是工业芯片的使用环境更为复杂，使用条件更为苛刻且多样化，常遇到高压、高频、强辐射、大功率、高温及热冲击等场景，尤其是更容易受到静电、浪涌、电磁干扰的影响，例如电力系统常见的突然断电或突然通电，导致其大容量的电感或电容负载（电动机、变压器、长电缆等）出现幅度很大的浪涌电流或浪涌电压；三是工业芯片因不同电压、电流、功率的器件可能存在于同一芯片中，导致器件结构相对复杂，除了传统的CMOS之外，还会出现BiCMOS、BCD以及类IGBT

的结构，不同结构之间的电磁耦合容易导致闩锁和强干扰。

在影响集成电路空间可靠性的各种失效模式中，以静电、浪涌和闩锁引发的失效最为典型。静电的来源最为广泛，包括对芯片进行操作或应用的人、部件和设备；浪涌可能来自雷电，但更多来自为芯片供电的设备以及被芯片所控制的负载，尤其是感性和容性负载的快速通断；闩锁则属于电过应力通过芯片内部机制而造成的破坏。与民用芯片的使用环境相比，工业芯片的使用环境更容易出现静电和浪涌等电过应力。随着集成电路电源电压的下降，常规芯片越来越不容易出现闩锁，但工业芯片的工作电压和工作电流往往高于常规芯片，因此闩锁仍然是一个不得不防范的失效模式。鉴于此，同时考虑篇幅所限，本书所讨论的工业芯片可靠性设计的重点放在与空间可靠性保障有关的防静电、抗浪涌和抑制闩锁的设计方法上，对于时间可靠性的讨论仅限于纳米 CMOS 器件的可靠性模型与仿真。

根据防护电路或器件所处的位置来区分，工业芯片的可靠性防护可以分为片内防护（亦称片上防护）和片外防护两种途径。本书主要讨论片上防护设计方法，即所采用的防护器件和防护电路必须与被保护的芯片主电路具有完全相同的纵向结构、工艺流程和版图设计规则。

工业芯片可靠性设计是可靠性工程与集成电路设计方法学的融合，不仅涉及集成电路设计，而且涉及集成电路的材料、结构、工艺、测试甚至失效物理、系统应用各个方面。因此，为了更好地学习本书内容，建议读者要具备可靠性工程和集成电路设计的基本知识与方法。为了便于阅读学习，本书的撰写尽量做到深入浅出，图文并茂，理论结合实际，基础性与先进性兼备，科学性与工程性相融，使具备不同知识与技术背景的科研工作者和工程技术人员便于理解，读有所获。本书也可作为相关专业的研究生用书和教学参考书。

在编写本书的过程中，编者参考了国内外多部相关专著以及近十年来在学术期刊和学术会议上发表的代表性论文，书末列出了主要参考文献。为了简洁起见，相关专著中引用过的论文在本书的参考文献中未再列出，敬请谅解。

工业芯片可靠性设计涉及的知识领域宽泛，技术内涵深入，而且近十年来发展迅速，而笔者的知识储备与能力有限，因此书中不可避免地存在疏漏和不足之处，敬请读者批评指正。

编　者

2022 年 9 月

目录 >>>>>

第1章　常见电过应力的来源与表征

> 知己知彼，百战不殆。——春秋·孙武《孙子·谋攻篇》

　　与民用芯片相比，工业芯片的使用环境更为严苛，使用条件更为复杂多样，更容易遇到各种电过应力的冲击而受损以至芯片功能失效。本章将对工业芯片最常见的三种电过应力，即静电、浪涌和闩锁分别进行讨论，给出它们的主要来源以及测试表征方法，为后续章节讨论片上防护设计提供依据。

1.1　电过应力的来源

1.1.1　概述

　　电过应力（EOS，Electrical Over Stress）的严格定义在业界并无定论。狭义的 EOS 是指过电压、过电流和过电功率，这里所说的电压、电流和电功率可以是稳态的，也可以是瞬态的，后者常被称为"浪涌"。广义的 EOS 则包括静电放电（ESD，Electro-Static Discharge）、电磁干扰（EMI，Electro-Magnetic Interference）以及过电应力引发的其他功能失效（如闩锁、热烧毁等）。ESD 和 EOS 常被一起讨论，因为在许多场合下要准确区分失效是来自 ESD 还是其他 EOS 是相当困难的，而且 ESD 和 EOS 无论是失效模式、测试表征方法还是防护技术对策在很大程度上是类似的。

　　对于集成电路特别是工业芯片而言，最常见的电过应力有静电、浪涌和闩锁等。静电的来源最为广泛，包括对芯片进行操作或应用的人、部件和设备；浪涌可能来自雷电，但更多的来自为芯片供电的设备以及被芯片所控制的负载，尤其是感性和容性负载的快速通断；闩锁则属于电过应力通过芯片内部机制而导致的破坏。

　　电过应力可以来自芯片的制造过程，更多的则是来自芯片的使用过程，包括测试、组装和在机使用等阶段。许多现场失效的数据表明，包括 ESD 在内的 EOS 失效占有相当大的比例（甚至超过总失效数的 50%）。过电流往往引起热烧毁或硅及金属的熔融，过电压往往引起栅或者 pn 结的击穿，过电功率则可能引起前述所有情况。

　　电过应力给芯片造成的故障依照从重到轻的程度，可以表现为以下三种形式：一是即时损坏，给芯片带来显性损伤，使其功能立即丧失（如短路、开路等）；二是潜在失效，给芯片带来隐性损伤，导致芯片的使用寿命和环境适应能力明显退化，但不会立即丧失功能；三是暂时失常，如逻辑电路误动作（如触发器不期望地被触发、计数器被改变计数、存储器内容被错误地改变等)和模拟电路参数漂移等。

对于电过应力的防护有环境防护、片外防护、片内防护(亦称片上防护)三种途径。在现阶段，静电防护以片内防护为主，浪涌防护以片外防护为主，闩锁防护则是片内防护和片外防护的结合。本书因主题与篇幅所限，以讨论静电和闩锁的片内防护技术为主，片外防护可参考其他专著(如庄奕琪编著的《电子设计可靠性工程》，西安电子科技大学出版社，2014)。

1.1.2　静电与静电放电

1. 静电的形成

静电是自然界普遍存在的瞬态强电脉冲。这里举一个日常生活中常遇到的例子，来了解一下静电的产生、传播以及对电子元器件的破坏作用。如图 1.1 所示，一个人在地毯上行走，鞋子与地毯相互摩擦产生静电，静电从人体的脚逐渐传输到全身。人走的距离越远，走得越快，产生的静电就越大，积累的静电荷量可超过 10^{-6}C，静电势可达 15 kV。假定鞋与地毯摩擦产生的是正的静电荷，则电荷传输到人体后会重新分布，比如脚带正电荷、手带负电荷。此时，人手如果接触到电脑的键盘，键盘就会通过传导带负电荷；人手接近但未触碰键盘，键盘也会通过感应带正电荷。接近速度越快，距离越近，键盘所带电荷就越多。当键盘积累的静电荷多到一定程度时，就有可能产生对地接触放电或辉光放电，放电电流如果通过键盘内电路，就会导致电路上的电子元器件损坏。

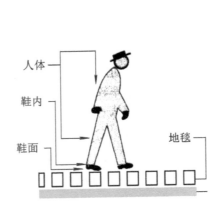

(a) 人体静电的形成

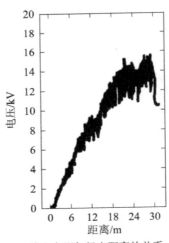

(b) 静电电压与行走距离的关系

图 1.1　人行走产生的静电

静电可通过摩擦和感应两种方式形成。摩擦的过程就是物体与物体之间频繁接触、快速分离的过程。频繁接触使电荷从一个物体转移到另一个物体，快速分离使转移的电荷保留到目标物体之上，最终在两个物体的接触表面形成极性相反的静电荷，如图 1.2(a)所示。具有不同介电常数的物体之间更容易通过摩擦产生静电，导体与导体之间通过摩擦来形成静电较为困难。感应是带电体与导体之间通过静电感应形成导体内部电荷的再分布，使导体靠近带电体的一侧表面带电，如图 1.2(b)所示。导体与导体之间通过感应来形成静电较为容易。

图 1.3 是摩擦起电序列，表征了不同的物质通过摩擦产生静电的难易程度。其中，中性以上的物质易失去电子而带正电，中性以下的物质易得到电子而带负电；摩擦时，电子从摩擦起电序列中排位较上的物质转移到较下的物质，使排位较上的物质带正电荷，排位较下的物质带负电荷；两种物质离得越远，表明二者的介电常数相差越大，摩擦产生的电荷量就越大。实际的摩擦起电还受其他诸多因素影响，如材料的表面清洁度与光滑度、接触压力、摩擦速率与次数、接触表面的面积等。

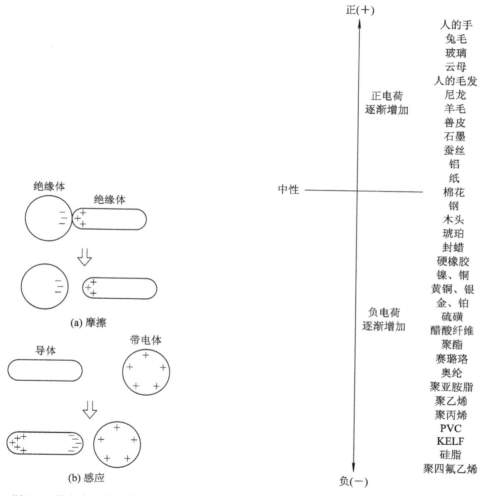

图 1.2　静电产生的两种形式　　　　　图 1.3　摩擦起电序列

对于集成电路芯片而言，人体是最主要的静电来源，因为人体的接触面广，活动范围大，与周边环境的电阻低，人体电容与静电放电所需的电容值接近(参见图 1.4)。人体电容的典型值为 100 pF，一般范围为 50～250 pF，具体值与人体表面位置(脚底、手、躯干等)以及参考面(如附近的墙壁、地面等)有关。人体电阻的典型值为 150 Ω 左右，一般范围为 50 Ω～1 kΩ，也与人体产生静电放电的位置及形式有关(参见图 1.5)。除人体外，芯片在使用中可能遇到的其他静电来源是周边的环境物体，如电子器件的包装容器(袋、盒、包)、夹具、传送导轨以及工作台、椅子、地板、焊接工具和装配工具等。

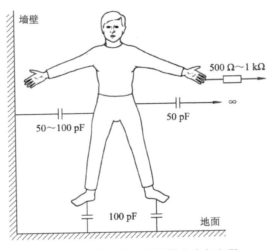

图 1.4　人体与周边环境的电容与电阻

2. 静电放电失效

芯片因静电所产生的损伤是由静电放电（ESD）引起的。根据中国国家标准《GB/T 4365—2016 电工术语 电磁兼容》的定义，静电放电是具有不同静电电位的物体相互靠近或直接接触引起的电荷转移。

图 1.5 给出了人体的四个静电放电实例。在所有情况下，如果静电放电的接受者是芯片，就会对芯片造成损伤或者破坏。假设人体所带静电的电荷量为 $Q = 3~\mu C$，人体电容为 $C = 150~pF$，则人体静电电压为 $U = Q/C = 20~kV$。再设人体电阻为 $R = 200~\Omega$，则静电放电电流为 $I = U/R = 100~A$，放电时间常数 $\tau = RC = 30~ns$，放电能量为 $W = CU^2/2 = 0.03~J$。如此能量及放电时间对人体来说不会造成生命危险，甚至无从察觉，但足以使绝大多数的 CMOS（Complementary Metal-Oxide-Semiconductor）芯片被击穿或烧毁！

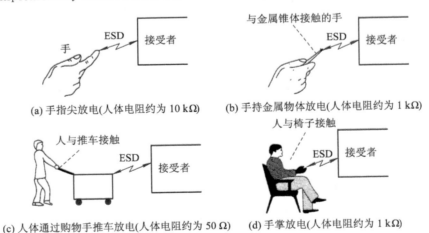

图 1.5　人体的四个静电放电实例

静电放电的失效模式可分为致命失效（亦称突发性失效、显性失效或硬失效）和隐性失效（亦称潜在失效或软失效）两种。致命失效指 ESD 使芯片功能即时丧失，包括开路、短路、参数严重漂移等，这种失效往往是芯片承受单次高电压的静电冲击所致。隐性失效指 ESD

给芯片引入潜在损伤，其功能及电参数无明显变化，但其寿命缩短，环境适应能力（特别是抗静电能力）下降，这种失效往往在多次低电压静电放电条件下出现。在实际情形中，静电引起的隐性失效更为普遍，也因其具有隐蔽性而更为危险，值得高度重视。

静电放电的失效机理可分为过电压场致失效和过电流热致失效两种。过电压场致失效是由于静电荷形成的高电场所致的，比如 MOS 器件栅氧击穿（SiO_2 的击穿场强约为 10^6 V/m）和双极型器件 pn 结（亦可写为 PN 结）击穿。元器件的输入电阻越高，输入电容越小，越容易发生场致失效，在超大规模集成电路（具有薄栅氧化层）、高压功率芯片（高压工作，具有梳状电极）和声表面波器件（具有小间距薄层电极）等元器件中比较多见。过电流热致失效是由于静电放电的大电流形成的局部热点超过了硅或金属的熔点（硅熔点为 1414℃，铝熔点为 660℃，铜熔点为 1085℃），造成器件被直接烧毁或互连线熔融，也可能诱发闩锁效应或二次击穿效应。元器件的电流截面越小，对地电阻越低，环境温度越高，越容易发生此类失效，在反偏 pn 结、小面积 pn 结和高温工作条件下更为多见。

图 1.6 至图 1.8 给出了若干 MOS 芯片出现 ESD 诱发失效的芯片局部形貌，均为扫描电镜（SEM，Scanning Electron Microscopy）所摄。在图 1.6（a）中，ESD 使场氧 MOS 管的漏扩散区中出现小孔，漏电流从 100 pA 增加到 10 μA，ESD 耐压从 2000 V 降到 500 V；在图 1.6（b）中，输出缓冲 NMOS 管的 LDD（Lightly Doped Drain，轻掺杂漏）扩散结边缘出现损伤，漏电流也增加到 10 μA 以上，ESD 耐压降到 500 V 以下。这两种失效均未导致器件即时失去功能，属于隐性失效。

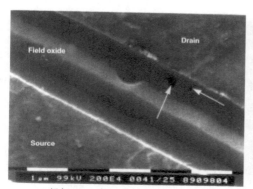
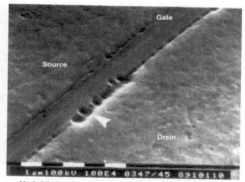

(a) 场氧 MOS 管的漏扩散区中出现小孔　　　　(b) 输出缓冲 NMOS 管的 LDD 扩散结边缘出现损伤

图 1.6　MOS 芯片 ESD 隐性失效实例

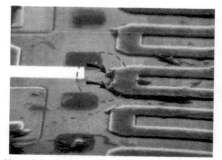

(a) 输出缓冲 NMOS 管的多晶硅与漏区表面出现熔丝　　　　(b) 栅氧化层击穿

图 1.7　MOS 芯片 ESD 致命失效实例

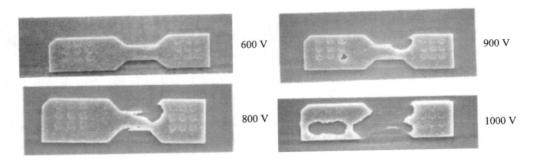

图 1.8 多晶硅电阻在不同的 ESD 应力（HBM 脉冲）下的损伤

图 1.7 给出了两个 ESD 造成致命失效的实例，其中图 1.7（a）是输出缓冲 NMOS 管的多晶硅与漏区表面出现熔丝的图示，这会导致不期望的开路或者短路；图 1.7（b）是栅氧化层击穿图示，这会导致栅-源或栅-漏短路。图 1.8 示出了多晶硅电阻在不同的 ESD 应力（HBM 脉冲）下的损伤，从图中可见，随着 ESD 放电电压从小到大的变化，多晶硅电阻（$8 \times 4 \ \mu m^2$）从阻值增加逐渐发展到开路，即从隐性失效过渡到显性失效。

1.1.3 浪涌

1. 浪涌的特征与类型

浪涌是指瞬态高电压、瞬态强电流或瞬态大功率现象，其特点是峰值很高，上升速率很快，但持续时间很短。与普通的交流电信号或者瞬态脉冲相比，浪涌的平均功率不大，瞬态功率不小；有效值不大，峰-峰值不小。

浪涌电压的特征是具有很大的电压梯度 dv/dt，而且可通过电容 C 转化成浪涌电流 $i = C\,dv/dt$，C 可以是本征参数，也可以是寄生参数。浪涌电流的特征是具有很大的电流梯度 di/dt，亦可通过电感 L 转化成浪涌电压 $U = L\,di/dt$，L 可以是本征参数，也可以是寄生参数。

按浪涌的来源分，可分为以下两种：

（1）内部浪涌：内部浪涌产生于电子设备或部件内部，如数字电路开关浪涌、感性负载断开浪涌、容性负载接通浪涌和机械开关火花放电等；

（2）外部浪涌：外部浪涌是由外部侵入的浪涌，如雷电放电浪涌、静电放电脉冲、核辐射产生的强电磁脉冲和供电线路电压的剧烈波动等。

按浪涌的能量与速率分，可分为以下三种：

（1）快速、低能量浪涌：快速、低能量浪涌是指上升时间为 1 ns 左右，能量范围为 0.001～1 mJ 的浪涌，如静电放电脉冲；

（2）中速、中等能量浪涌：中速、中等能量浪涌是指上升时间为 1 μs 左右，能量范围为 1～10 mJ 的浪涌，如数字电路开关浪涌、机械开关触点浪涌；

（3）慢速、高能量浪涌：慢速、高能量浪涌是指上升时间为 0.1～10 μs，能量范围为 1～100 J 的浪涌，如雷电产生的浪涌。

按浪涌的波形分，又可分为以下三种：

（1）单脉冲型（Single Pulse）浪涌：单脉冲型浪涌波形如图 1.9 所示，表征参数是上升时间、脉冲宽度和峰值电流或电压（图 1.9(a)）。根据上升时间/脉冲宽度的不同，可以有不同的浪涌测试波形，如图 1.9(b)所示的 10/1000 μs 波形、图 1.9(c)所示的 8/20 μs 波形等。

（2）振铃型（Ring Wave）浪涌：振铃型浪涌波形如图 1.10 所示，表征参数为上升时间、持续时间和峰值电流或电压。

（3）猝发型（Burst）浪涌：猝发型浪涌波形如图 1.11 所示，表征参数为猝发持续时间、猝发重复周期和峰值电流或电压。

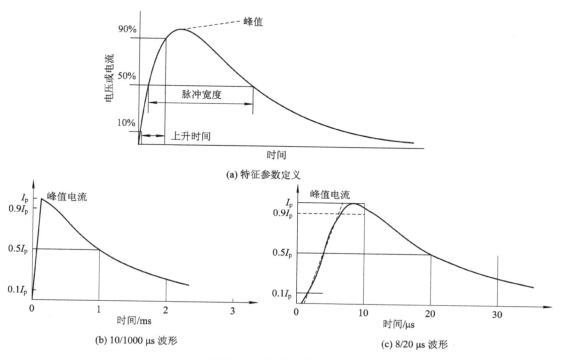

(a) 特征参数定义

(b) 10/1000 μs 波形

(c) 8/20 μs 波形

图 1.9　单脉冲型浪涌波形

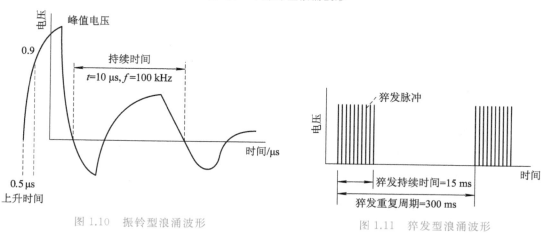

图 1.10　振铃型浪涌波形

图 1.11　猝发型浪涌波形

与民用芯片相比，工业芯片由于应用场合和内部结构的原因，更容易出现各种浪涌。以下将对工业芯片在使用中容易遇到的若干种浪涌进行讨论。

2. 非阻性负载开关浪涌

非阻性负载是指电容负载和电感负载。感性负载突然断开会形成浪涌电压，容性负载突然接通会形成浪涌电流。

当感性负载被突然切断时，流过电感 L 的电流突然剧减，由于通过 L 的电流不能突变，L 的两端就会出现强负电压脉冲 $U_L = -L\,\mathrm{d}v/\mathrm{d}t$（亦称"反电动势"），如图 1.12 所示，如不采取任何措施，其幅值可达电源电压的 10～200 倍。常见的感性负载有电动机、继电器的控制线圈、变压器的初级等，长的导线也有不小的寄生电感（如印制电路板走线的寄生电感大约为 20 nH/英寸[①]）。控制感性负载的开关可以是机械开关，如继电器的开关触点，也可以是电子开关，如晶体管开关、功率 MOS 管开关，如图 1.13 所示。控制感性负载的机械开关断开，或者驱动感性负载的开关晶体管输出从低电平向高电平转换时，都会诱发此类浪涌。

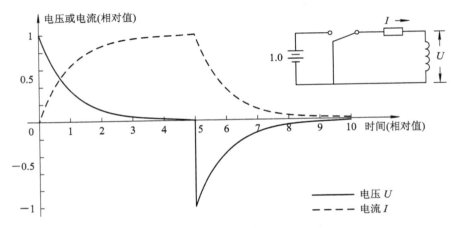

图 1.12　感性负载突然断开形成电压浪涌

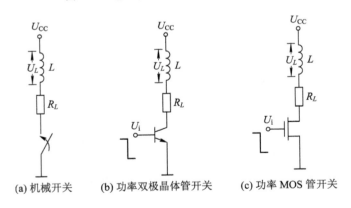

(a) 机械开关　　(b) 功率双极晶体管开关　　(c) 功率 MOS 管开关

图 1.13　控制感性负载的开关形式

如此高的浪涌电压加到驱动开关器件的输出端子之间，有可能会使其击穿。例如，开关电源中用 LDMOS（Lateral Double-diffused MOS，横向双扩散 MOS）管或 VDMOS（Vertical

---

① 　1 英寸＝2.54 cm。

Double-diffused MOS，纵向双扩散漏 MOS)管驱动 0.5 μH 的电感，电流变化幅度为 20 A，上升沿为 50 ns，就有可能在 DMOS 管的漏极和源极之间形成约 200 V 的浪涌电压，导致 DMOS 管烧毁。即使浪涌电压是加到机械开关的两侧，也有可能诱发火花放电甚至辉光放电，给开关触点带来损害。

　　负载电感越大，开关速率越快，断开前流过电感的电流越大，回路中的电阻越小，则由此而产生的浪涌电压越高。由于 MOSFET 的开关速度(约为 10～50 ns)比双极晶体管的开关速度(约为 100～150 ns)快，所以采用 LDMOS 或 VDMOS 作为开关管的开关电源出现的浪涌电压尖峰更为严重。

　　在汽车电子系统中，由电池给感性负载(电动机、白炽灯等)供电，如图 1.14(a)所示。关灯或者按喇叭时，可能突然暂时断开感性负载，或者突然断开给感性负载供电的电源，使流过感性负载的电流突然中断，在并联的直流电源两端形成幅度远大于直流电源电压的强负脉冲。这种现象叫"抛负载"或"甩负荷"。测试表明，12 V 直流电源可形成幅度为 −75～−100 V、上升时间为 2 ms、持续时间为 200～400 ms 的浪涌脉冲，如图 1.14(b)所示，导致用此电源供电的电子模块功能失常，或者形成不可恢复的损伤甚至整个电子模块被烧毁。

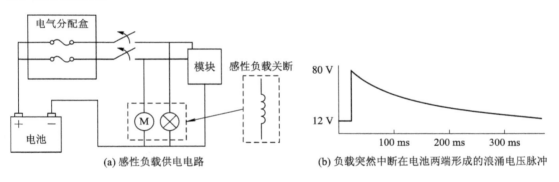

(a) 感性负载供电电路　　　　　(b) 负载突然中断在电池两端形成的浪涌电压脉冲

图 1.14　汽车电子系统中抛负载导致的浪涌电压

　　即使负载无电感，引线的寄生电感也有可能诱发浪涌电压。在图 1.15 中，如果部分负载突然断开，引线寄生电感也会引发浪涌电压，对其他未断开的负载(如电子模块)可能产生破坏作用。在这种情况下，12 V 直流电源有可能形成幅度为 +37～+50 V、宽度为 0.05 ms 的浪涌脉冲。相对于图 1.14 所示的浪涌，这种浪涌的速度较快、能量较低，而且相对于电子模块而言属于正浪涌脉冲。

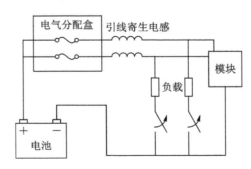

图 1.15　汽车电子系统中的引线寄生电感

当容性负载突然接通时，由于电容 C 两端的电压不能突变，就会出现给 C 充电的浪涌电流 $i_C = C \mathrm{d}v/\mathrm{d}t$，如图 1.16 所示。CMOS 电路是典型的容性负载，因此接有容性负载 C 的 CMOS 逻辑门的输出从截止到导通时，C 两端的电压会突然由低变高，形成浪涌电流 $I = C \mathrm{d}v/\mathrm{d}t$（参见图 1.17）。负载电阻 R 及逻辑门的导通电阻越小，浪涌电流越大；负载电容 C 越大，则浪涌持续时间越长。该浪涌电流会灌入驱动门，有可能超过驱动门的电流容限，给器件带来损害。

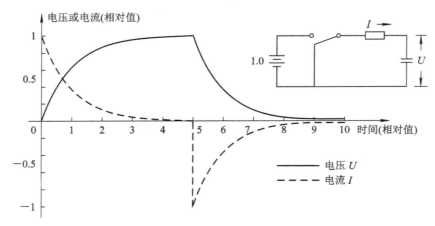

图 1.16　容性负载突然接通形成电流浪涌

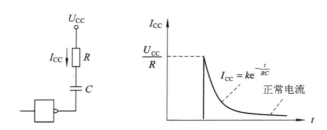

图 1.17　CMOS 数字电路驱动容性负载产生浪涌电流

整流电路是容性负载的另一个例子。如图 1.18 所示，C_1 是整流电源的储能滤波电容，通常容量较大。假定电源接通前，电容处于完全放电状态，两端压降近似为 0。在电源接通瞬间，电容两端的电压从 0 突然上升，形成很大的充电电流 i_C。该电流可能比正常电流大几倍甚至几十倍，有可能导致输入电路的熔丝熔断、整流二极管损坏、开关的触点融化、输出电源骤降等故障。

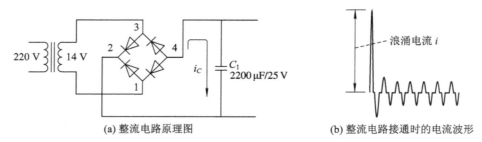

(a) 整流电路原理图　　　　　　　　　(b) 整流电路接通时的电流波形

图 1.18　整流电路接通时形成的电流浪涌

3. 机械开关触点浪涌

机械开关包括电磁继电器的开关触点、按钮开关、按键、带开关电位器等。机械开关在接通或者断开时，可能发生以下不稳定现象：

（1）触点振荡：亦称触点抖动或触点回弹。触点在接通或者断开时，会发生触点相碰→触点表面重复接触与分离→稳定接触的过程，可能会持续十多次，抖动周期为数 ms，一般开关都会存在这种现象。图 1.19 是电脑按键按下—松开过程中的触点抖动波形。

图 1.19 电脑键盘按下—松开时的抖动波形

（2）火花放电：亦称金属汽化放电或起弧，实际上就是部分电子从金属表面逃离、又被电场拉回并周而复始的过程。多数情况下，只要触点间有 15 V 以上的电压，回路中有 0.5 A 电流通过，或者触点电压上升速率较高（如高于 1 V/μs）时，就会发生火花放电。火花放电的电压和电流波形如图 1.20 所示，产生的反弹电流脉冲的持续时间为 0.1 ms 至数 ms，频率范围为 10 kHz～10 MHz。

（3）辉光放电：当触点间电压高于 300 V 时，有可能触发一种更大幅度的电压脉冲，称为辉光放电（图 1.20），亦称气体放电，这是触点间气体发生电离所致的现象。

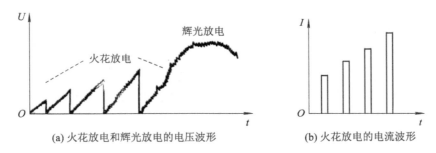

(a) 火花放电和辉光放电的电压波形   (b) 火花放电的电流波形

图 1.20 机械开关触点浪涌的典型波形

影响火花放电和辉光放电的因素不同。火花放电是触点材料（尤其是阴极材料）的函数，其特点是具有相对较低的电压和较大的电流；辉光放电是触点间气体（通常是空气）的函数，其特点是具有较高的电压和较小的电流。起弧的最小火花电压通常由阴极材料决定，不同材料的最小火花电压和最小火花电流如表 1.1 所列。在大电流条件下，铂是最好的触点材料，其次是银和银镉，金及其合金比较适合在电流较小的电路中使用。

表 1.1 不同触点材料的火花放电阈值

材料	最小火花电压/V	最小火花电流/mA
银	12	400
金	15	400
金合金*	9	400
钯	16	800
铂	17.5	700

注：金合金* 指含有 69% 的金、25% 的银和 6% 的铂的合金。

与断开时相比，机械开关接通时更容易出现上述浪涌现象。如果开关接有感性负载，会在开关两侧出现很高的瞬态电压，这可能诱发更严重的触点浪涌。

通常机械开关触点可承受的交流电压远大于直流电压（如额定直流电压 30 V 的触点开关有可能用于 115 V 的交流），原因是：

（1）交流电压的平均值小于有效值（均方根值）；

（2）即使交流电压的峰值超过了最小火花电压（如 15 V），在小于 15 V 的时间段内仍然无法产生火花放电，即使产生了火花放电，在电压过零时也会熄灭；

（3）交流电压的极性周期性翻转时，阴极与阳极触点也在不断变换。

触点振荡只产生信号完整性方面的问题，而火花及辉光放电会影响可靠性。触点振荡对小信号形成干扰，使大信号产生失真。在数字电路中，触点振荡会影响边沿触发的可靠性，但对电平触发影响不大。另外，触点振荡对附近工作的设备可能会产生一定的高频辐射或者传导耦合干扰。火花及辉光放电在开关触点处产生高电流密度及高热量，可能会使触点顶端的材料熔化或蒸发，缩短触点寿命。同时，在被触点开关控制的信号线中通过浪涌电流，可能会损坏周边的敏感元器件。不过，少量的火花放电也有有益的方面，可以蒸发掉触点表面已形成的绝缘薄膜层，从而改善触点接触条件。

4. 雷电产生的浪涌

闪电实际上是云层积累的静电荷的放电，包括云与地之间的放电（地闪）和云与云之间的放电（云闪），雷鸣则是闪电形成的机械冲击波所致的现象。每个时刻全球约有 1800 个雷击在进行中，每秒钟就有至少 100 次闪电。我国长江以南地区每年有雷击的天数大约在 40～80 天。

雷电产生的浪涌具有极端的高压和极大的能量，电流可达 100 kA，电压可达 1000 kV，远高于其他电过应力的幅度，但频率较低，约 90% 以上的雷电能量分布在 100 kHz 以下，所以避雷工程的主要目标是消减雷电的低频能量。

雷电主要以直接雷击、雷电感应和雷电波侵入等形式对设施、设备和人畜造成危害。美国每年雷电导致 150 人死亡、250 人受伤，造成大量野外电子设备（如有线通信系统）损坏。

雷云直接通过接地导体（如避雷针）向大地放电称为直接雷击。直接雷击所产生的峰值电流可达 100 kA（中值为 30 kA），峰值过电压可达 1000 kV，持续时间为 60～100 ms，上升时间短于 200 ns，$(\mathrm{d}i/\mathrm{d}t)_{\max}$ 大于 10^{11} A/s。直接雷击的等效电路以及所产生的浪涌电流的波形如图 1.21 所示。

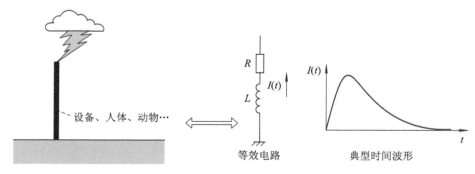

图 1.21　直接雷击的等效电路与浪涌电流的波形

假设避雷针高 10 m，接地电阻 $R=10\ \Omega$，接地电感 $L=1.5\ \mu H$，直接雷击产生的电流 $I=100$ kA，雷电流上升速度为 32 kA/μs，则雷击避雷针后顶端的直击雷过电压为

$$U=IR+L\frac{\mathrm{d}i}{\mathrm{d}t}=1480\ \text{kV} \tag{1.1}$$

可见，避雷针的接地阻抗越大，则直击雷的过电压越高，因此一般要求接地电阻小于 10 Ω。

与直接雷击相比，雷电自身形成导电通道来对地放电的机会更多。由此形成的雷电放电过程大致可分为以下三个阶段：

（1）先导阶段：天空积聚大量电荷的雷云，将空气分子电离，逐步发展出一条导电通道。此时，会通过静电感应在雷云附近的避雷线、架空线和金属管道等导体上，积聚大量与雷云电荷极性相反的电荷 Q。即使不考虑主放电阶段产生的瞬变电流，先导阶段感应出的电荷如不及时泄放入地，也会产生很高的对地电位差 $U=Q/C$（C 为导体与地之间的电容），形成浪涌电压。

（2）主放电阶段：雷云中的巨量电荷沿先导阶段形成的放电通道迅速泄放至大地。此过程电流很大，时间短促，瞬时功率极大，发出耀眼闪光，空气受热迅速膨胀，发出强烈的雷鸣声。主放电所产生的电流 i 的急剧变化会通过电磁感应，在附近导体上感应出很大的电动势 $U=C\mathrm{d}i/\mathrm{d}t$。

（3）余辉放电阶段：云中剩余电荷继续沿上述通道向大地泄放，虽然电流较小，但持续时间较长，能量仍然很大。

50% 以上的雷击，在第一次放电之后，隔几十 ms 的时间又会发生第二次或连续多次沿上述通道的对地闪击，形成多重雷击。单次雷击和多重雷击的放电波形如图 1.22 所示。

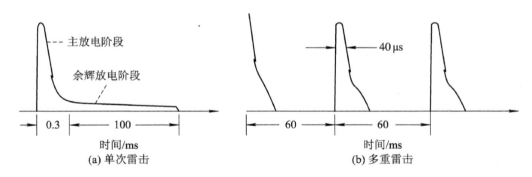

图 1.22 雷击的放电波形

雷电感应所形成的线间过电压通常可超过 6 kV，对地过电压可超过 12 kV，电流峰值可达 100 kA，平均持续时间为 25 μs 左右，作用范围可绵延数千米。当线路距雷击点超过 75 m 时，感应过电压的值可近似为 $U=25\ Ih/L$，I 为雷云对地放电幅值，h 为线路对地高度，L 为线路距雷击点的水平距离。可见，线路距雷击点越近，雷云对地放电电流越大，则雷击感应过电压越高。图 1.23 给出了雷电感应形成的浪涌电压幅度与作用距离的关系。

直击雷或者感应雷在架空线路或者金属管道上会形成行波。行波会通过静电感应或者电磁感应的方式沿线路向两边传播，从而形成更大范围的破坏。

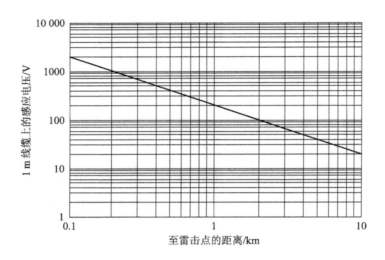

图 1.23　雷电感应形成的浪涌电压幅度与作用距离的关系

5. 市电网络产生的浪涌

交流供电网络中大型电气设备的起停、电力公司的日常关拉闸以及故障引起的跳闸，都可能造成交流供电电压的短暂跌落、持续欠压、周期性过压或是瞬时断电等，从而引发浪涌电压。跳闸引起的浪涌电压可能是常规电压的 3～4 倍，三相电未同时投入引起的浪涌电压是常规电压的 2～3.5 倍。

供电系统接地异常也会引发电压剧烈波动，譬如对地短路引发的浪涌电压可能是常规电压的 2 倍，接地开路引发的浪涌电压可能是常规电压的 4～5 倍。

电网产生的浪涌通常表现为无规律的正负脉冲，偶尔有振荡脉冲，振荡频率可达 2 MHz，尖峰电压可达 1.5 kV，有效电流可达 100 A，持续时间为 5～20 μs。电网产生的浪涌其数量因场合不同而异，每昼夜从数百个到数千个不等。

1.1.4　闪锁

1. 闪锁的形成机制

闪锁（Latchup）是 CMOS 类芯片的一种独特的失效模式，不仅对此类芯片的可靠性造成了严重威胁，而且是进一步提高芯片集成度和性能指标的一个障碍。

作为最基本的 CMOS 单元，n 阱 CMOS 反相器的电路与版图如图 1.24 所示。在正常工作状态下，如输入信号恒定不变，n 沟道 MOS 管（以下简称 NMOS）和 p 沟道 MOS 管（以下简称 PMOS）至少有一个处于截止状态，电源 V_{DD} 与地 V_{SS} 之间几乎没有电流流过，这是 CMOS 器件静态功耗低于 NMOS 或 PMOS 器件的原因。然而，在芯片的测试或使用过程中，有时芯片引出端受到外来的电压或电流信号的触发，V_{DD} 与 V_{SS} 之间会出现远高于正常值的导通电流。该电流一旦开始流动，即使除去外来触发信号也不会中断，只有关断电源或者将电源电压降到某个值以下才能解除这个电流。此现象被称为闪锁效应。一旦 CMOS 器件处于闪锁状态，电源两端就处于近乎短路的状态，不但会导致器件本身失去功能，而且会破坏与之相关的整机电路的正常工作。如果未采取有效的限流措施，则这个电流可增大到使器件内部电源或地的金属布线熔断，导致器件彻底被烧毁。

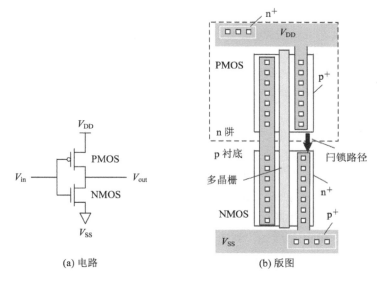

(a) 电路　　　　　　　　　　　(b) 版图

图 1.24　CMOS 反相器的电路与版图

闪锁效应是由于 CMOS 芯片内部存在由寄生双极晶体管（BJT，Bipolar Junction Transistor）和寄生电阻构成的闸流管结构引起的。在图 1.25（a）所示的 n 阱 CMOS 反相器剖面结构中，存在着寄生 npn 管、寄生 pnp 管、p 衬底寄生电阻（R_{sub}）和 n 阱寄生电阻（R_{well}），前二者的基极与发射极两两互联，构成 pnpn 四层闸流管（SCR，Silicon Controlled Rectifier，亦称可控硅）结构，其等效电路如图 1.25（b）所示。

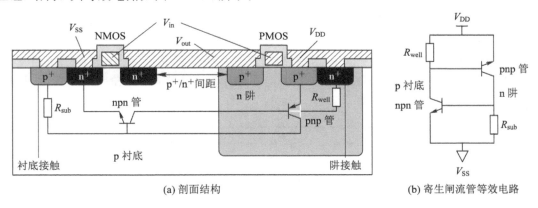

(a) 剖面结构　　　　　　　　　　　(b) 寄生闸流管等效电路

图 1.25　CMOS 反相器的工艺结构及其寄生元器件

当电路处于正常工作状态时，pnp 管的基极与发射极均接电源，npn 管的基极与发射极均接地，两个寄生双极晶体管的发射结均为零偏，即处于截止状态，相当于寄生闸流管处于阻断状态，从而对 CMOS 器件的工作没有影响。如果 CMOS 芯片的输入端、输出端、电源端甚至地端出现了正的或负的浪涌电压或电流，就有可能使两只寄生晶体管都正向导通，相当于寄生闸流管因受触发而开通，从而使 CMOS 器件进入闪锁状态。

这里以来自电源端的正触发电压引发闪锁为例，具体说明闪锁的形成过程。当有一强的正向外来触发电压加到 CMOS 反相器的电源端 V_{DD} 时，有一触发电流 I_g 流过 n 阱电阻 R_{well}，所产生的压降如达到了 pnp 管的发射结正向导通压降（约为 0.6 V），就会使 pnp 管因发射结正偏而导通,其基极电流 I_{Bp} 通过 R_{well} 流到 V_{DD},集电极电流 I_{Cp} 则经过衬底电阻 R_{sub} 流进 V_{SS}。如果 I_{Cp} 在 R_{well} 上产生的压降超过了 npn 管的发射结正向导通压降,则 npn 管也因发射结正偏而导通。npn 管的集电极电流又加大了流过 R_{well} 的电流,导致 npn 管的发射结压降上升,使得 npn 管的集电极电流进一步增加。这样一来,只要满足条件 $I_{Cn} \geqslant I_{Bp}$,即可形成正反馈回路。一旦正反馈回路形成,不管原来的触发信号还存在与否,两只寄生晶体管均会保持导通,其电流持续增长,直至闸流管导通。闸流管导通后,CMOS 反相器处于闩锁状态,其导通电流取决于整个回路的负载及电源电压。

发生闩锁时寄生闸流管形成的电流-电压(I-V)曲线如图 1.26 所示,呈现 S 形的负阻特性,存在低电流-高电压(触发点)和高电流-低电压(维持点)两种状态,从触发点到维持点呈现正反馈形成的负阻区,维持点以上呈现低阻导通区。其中最主要的表征参数有:导通电压 V_{on}、触发电压 V_{tr}、维持电压 V_h 和维持电流 I_h。这些电压或电流的值越大,则芯片抑制闩锁的能力越强。通常要求 V_h 小于 V_{DD},否则电源电压无法维持闩锁过程。

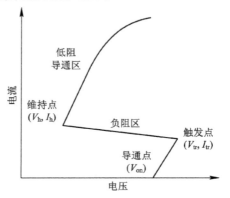

图 1.26　闩锁 I-V 特性

从 CMOS 形成的寄生 pnpn 结构(图 1.25(a))来看,寄生 npn 管以横向结构为主,其最小基区宽度就是 n^+ 与 n 阱边缘的横向间距;寄生 pnp 管则以纵向结构为主、横向结构为辅,其纵向基区宽度就是 p^+ 与 n 阱下沿的纵向间距,最小横向基区宽度就是 p^+ 与 n 阱边缘的横向间距。从整体结构来看,n^+ 与 p^+ 的横向最小间距就是 npn 管与 pnp 管最小基区宽度之和(参见图 1.25(a))。R_{well} 主要是 n 阱的横向电阻,R_{sub} 主要是 p 衬底(或 p 阱)的横向电阻。图 1.27 给出了 STI(Shallow Trench isolation,浅槽隔离)双阱 CMOS 结构不同 p^+/n^+ 间距的实测闩锁 I-V 特性,可见 p^+/n^+ 间距越小,维持电压越小,芯片抑制闩锁的能力越差。不过,p^+/n^+ 间距对触发电压的影响不大。

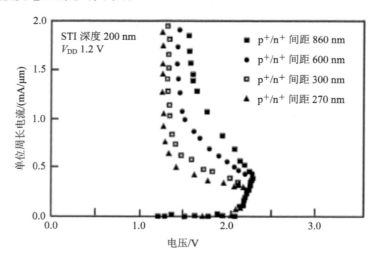

图 1.27　STI 隔离双阱 CMOS 在不同 p^+/n^+ 间距下的闩锁 I-V 特性

2. 触发闪锁的条件

根据闪锁的形成机制，可知 CMOS 器件产生闪锁的条件如下：

（1）触发条件：寄生晶体管的发射结必须形成正向偏置。触发电流 I_g 在寄生电阻上的压降大于 npn 管或 pnp 管的发射结正向导通压降，即

$$I_g R_{well} \geqslant V_{BEp} \quad \text{或} \quad I_g R_{sub} \geqslant V_{BEn} \tag{1.2}$$

式中，V_{BEp} 和 V_{BEn} 分别为寄生 pnp 管和寄生 npn 管的发射结正向导通压降。显然，触发电流 I_g 取决于外部应力大小，而 R_{well} 和 R_{sub} 的大小则取决于内部器件结构。

（2）正反馈条件：寄生 npn 管和 pnp 管的小信号电流放大系数的乘积要大于 1。当触发电压消失后，为了保持正反馈，应满足 $I_{Cp} \geqslant I_{Bn}$。若令 β_{npn} 和 β_{pnp} 分别为 npn 管和 pnp 管的小信号电流放大系数，则有 $I_{Cp} = \beta_{npn} I_{Bn}$，$I_{Cn} = \beta_{pnp} I_{Cp} = \beta_{npn} \beta_{pnp} I_{Bn}$，上述条件可表示为

$$\beta_{npn} \beta_{pnp} \geqslant 1 \tag{1.3}$$

通常纵向结构为主的 pnp 管的电流增益较大，例如 $\beta_{pnp} = 10 \sim 50$，而横向结构为主的寄生 npn 管的电流增益很小，例如 $\beta_{npn} = 0.1 \sim 1$。图 1.28 是 STI 隔离 CMOS 闪锁维持电压与 $\beta_{npn} \beta_{pnp}$ 的关系，可见 $\beta_{npn} \beta_{pnp}$ 越大，维持电压越低，越容易发生闪锁。

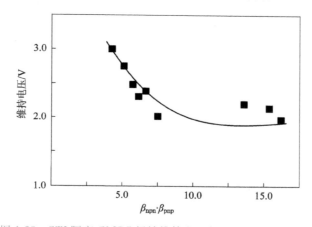

图 1.28　STI 隔离 CMOS 闪锁维持电压与电流增益积的关系

（3）偏置条件：电源电压必须大于出现闪锁后的维持电压 V_h，电源提供的电流必须大于维持电流 I_h。寄生闸流管导通后，若要使其关断，必须设法使流过闸流管的负载电流小于维持电流。相反，在 CMOS 电路中，要保持寄生闸流管导通，外加于 V_{DD} 端的电压要大于维持电压，电源电压提供的电流要大于维持电流。因此，维持电压越高或者维持电流越大，则闪锁失效越不容易发生。

这三个条件只有同时满足，闪锁才能发生并保持下去。它们的成立与否不仅取决于器件本身的电路、版图和结构的设计方案以及工艺水平，而且与器件的使用条件密切相关。

诱发闪锁的原因是多方面的，既有外部原因，也有内部原因。外部原因可能有以下几点：

（1）输入或输出端的电平下降到比 V_{SS} 还低，或者上升到比 V_{DD} 还高，起因可能来自输入端、输出端、电源端或者地线端的电平过冲（overshoot）或欠冲（undershoot），在芯片上电、下电或者突然断电的时候更容易出现。这是最常见的外部原因。由输入或输出信号触发形成的闪锁常称为输入闪锁或输出闪锁，如图 1.29(a)、(b) 所示；由电源或地电平触发形成的闪锁常称为主闪锁，如图 1.29(c) ～ (e) 所示。

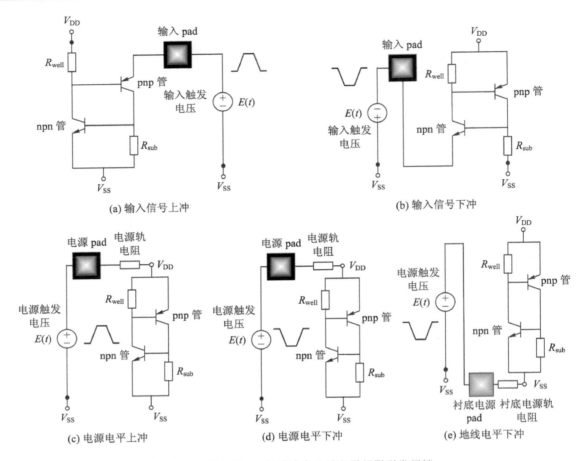

图 1.29　输入端、电源端或者地端电平超限引发闩锁

（2）受到电离辐射，如 α 射线或 γ 射线辐照，使衬底、阱等处有异常的电流流过。一个高能粒子入射到芯片内部就可能产生上百万个电子与空穴，从而诱发闩锁（参见图 1.30），通常称之为"单粒子闩锁(SEL，Single Event Latch-up)"效应。α 射线不仅来自外部辐射源，也可能来自芯片塑料或陶瓷封装材料中所含的微量铀(U)、钍(Tu)等放射性物质。这些放射性物质在其衰变过程中会放射 α 粒子，其能量可达到 4～9 MeV，在硅中的射程可达到 20～60 μm。γ 射线以及其他高能粒子(质子、中子等)可能来自宇宙射线，其能量可以达到 1～100 MeV。

（3）其他电过应力诱发闩锁，如静电放电脉冲、异常的浪涌电压或强电磁干扰侵入。

（4）外部设备故障或误操作，如感性负载突然断开、容性负载突然接入、电池反接、引脚电压极性接反等。

内部原因可能有以下几点：

（1）MOS 管漏 pn 结雪崩击穿引起的电流；

（2）高电场下在漏结附近沟道中载流子碰撞电离引起的载流子注入；

（3）短沟道 MOS 管的漏源穿通引入的穿通电流；

（4）n 阱与 p 衬底(或 p 阱)间 pn 结的雪崩击穿引起的电流。

虽然芯片内部电路也会出现闩锁，但在芯片 pad 附近电路发生闩锁的概率更大，这是因为外部干扰大多从引脚处侵入芯片。

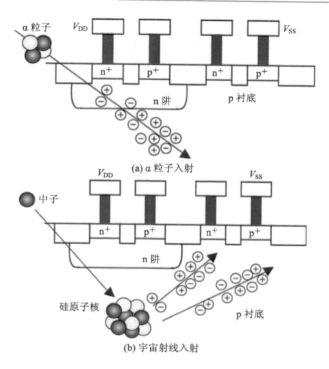

(a) α粒子入射

(b) 宇宙射线入射

图 1.30 高能粒子入射引发闩锁

3. 影响闩锁的因素

1）温度对闩锁的影响

温度对芯片的闩锁性能有显著影响。随着芯片温度的升高，发射结正向导通压降要降低，衬底（阱）电阻要加大，寄生双极晶体管的电流增益要增加，同时作为闩锁触发电流源之一的阱与衬底间的反向漏电流也会增加。由于这些因素，在高结温下更容易发生闩锁效应，因此功率芯片和射频芯片更容易发生闩锁。也因为如此，闩锁的测试规范通常要求同时进行常温测试和高温测试。图 1.31 给出了在环境温度分别为 140℃和 25℃下，CMOS 器件中 npn 管和 pnp 管的电流增益随 p^+/n^+ 间距的变化，可见环境温度的上升可以增加寄生双极晶体管的电流增益，从而使闩锁更容易发生。

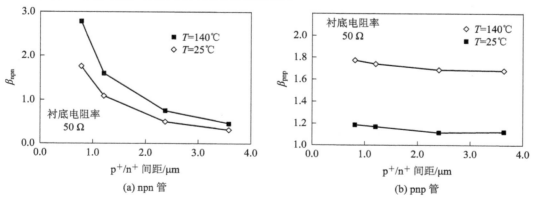

(a) npn 管

(b) pnp 管

图 1.31 不同环境温度下寄生双极晶体管电流增益随 p^+/n^+ 间距的变化

2）闪锁失效与 ESD 失效的不同点

ESD（静电放电）与闪锁可以在芯片同一部分造成损伤，但后者的破坏范围更大，可以拓展到键合线甚至管壳及外引线；ESD 的时间响应要比闪锁快得多，总能量相应小得多，难以引发金属熔融、硅熔融以及封装熔融之类的破坏，而闪锁引发的热可以使硅、片上互连线、键合线甚至封装材料达到它们的熔点（表 1.2 给出了芯片常用材料的熔点）；ESD 在器件不加电时也会出现，而闪锁不会；ESD 既可以引发显性失效，也可以导致隐性失效，而闪锁更多地会导致致命性失效，诸如图 1.32 所示的三种失效模式。

表 1.2　芯片常用材料的熔点

材料	铝	锗	金	铜	硅	SiO_2	钛	钽	钨
熔点/℃	660	938	1064	1200	1312	1600	1668	2400	3422

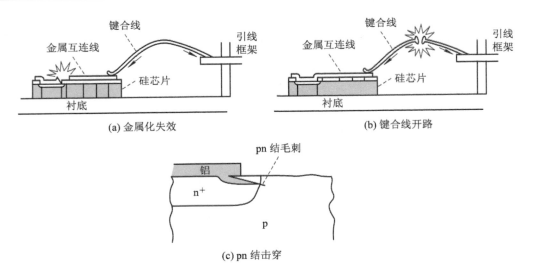

图 1.32　闪锁可能形成的致命性失效模式示例

1.2　电过应力的表征

1.2.1　静电放电的表征

1. ESD 测试模型

ESD 测试模型及其实现电路用于产生 ESD 模拟波形，以便通过测试获得芯片的 ESD 耐量和 ESD 失效机理。ESD 测试模型及测试方法由各大组织机构给出的标准规范所定义，这些机构包括 ESDA（EOS/ESD Association，电过应力/静电放电协会）、JEDEC（Joint Electron Device Engineering Council，电子器件工程联合委员会）、IEC（International Electro-technical Commission，国际电工委员会）、DoD（Department of Defense，美国国防部），ANSI（American National Standard Institute，美国国家标准组织）以及 AEC（Automotive Electronics Council，汽

车电子协会)等。模型与参数的细节在各机构标准中有所差异。

对于芯片而言，根据静电放电的施放者与接受者的不同，静电放电主要有人体对器件放电、机器对器件放电、带电器件放电三种形式。这三种形式的放电波形不同，因此测试时采用的电路形式或者电路参数也有所不同，故而形成三种不同的模型。

1) 人体对器件放电(HBM 模型)

带电人体用手指触摸器件，并通过器件对地放电，在短至几百 ns 的时间内产生数安培的瞬间放电电流，能量中等，这称之为人体模型(HBM, Human-Body Model)。人体是静电最主要的来源，因此 HBM 模型的发生概率最大，常被作为测试标准。

图 1.33(a)和(b)分别给出了 HBM 模型的模拟场景和放电波形。其中，I_{HBM} 是放电电流，V_{HBM} 是放电电压(其值为 $I_{HBM} \times (1.5\ \text{k}\Omega + R_{on}) \approx I_{HBM} \times 1.5\ \text{k}\Omega$，其中 R_{on} 是被测器件(DUT)的导通电阻，通常远小于 1.5 kΩ)；上升时间定义为放电电流从峰值的 10% 增加到90% 所需的时间，延迟时间定义为放电电流从峰值降至 36.8% 所需的时间，电流过冲是在峰值电流附近可能出现的振荡的幅度。

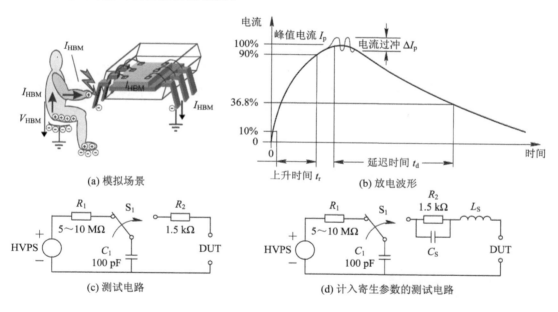

图 1.33　人体放电模型(HBM)

图 1.33(c)是 HBM 模型的基本测试电路，其中 $R_2 = 1.5\ \text{k}\Omega \pm 1\%$ 为等效人体电阻，$C_1 = 100\ \text{pF} \pm 10\%$ 为等效人体电容，S_1 是放电开关(通常采用高压继电器)，DUT(Device Under Test)是被测器件，HVPS (High-Voltage Power Source)是高压电源。真实线路总是存在寄生参数，如寄生电感 L_S(2~10 μH)和寄生电容 C_S(约为 1 pF)，对测试波形有一定影响，可以通过短路 DUT 进行校准。图 1.33(d)是计入寄生元件后的 HBM 测试电路。

HBM 放电波形的参数范围通常为：峰值电压 ±2~±4 kV，峰值电流 1.2~3 A，上升时间 2~10 ns，下降时间 130~170ns，电流过冲不超过峰值电流的 15%。表 1.3 给出了最新颁布的 ANSI/ESDA/JEDEC JS-001-2017 规范给出的 HBM 放电波形参数的典型值。HBM 模型的典型测试条件为：环境温度(23±4)℃，相对湿度(32±5)%，正脉冲和负脉冲测试至少各重复 3 次，间隔不短于 1 s。

表 1.3　HBM 模型的典型参数值

放电电压	峰值电流 I_p/A	上升时间 t_r/ns	延迟时间 t_d/ns	电流过冲 ΔI_p
50 V（可选）	0.027～0.040	2.0～10	130～170	15% I_p
125 V（可选）	0.075～0.092	2.0～10	130～170	15% I_p
250 V	0.15～0.18	2.0～10	130～170	15% I_p
500 V	0.30～0.37	2.0～10	130～170	15% I_p
1000 V	0.60～0.73	2.0～10	130～170	15% I_p
2000 V	1.20～1.47	2.0～10	130～170	15% I_p
4000 V	2.40～2.93	2.0～10	130～170	15% I_p
8000 V（可选）	4.80～5.87	2.0～10	130～170	15% I_p

2）机器对器件放电（MM 模型）

机器对器件放电是指带电设备（如芯片测试仪器、封装机台或载片机器人）通过器件对地放电。与人体相比，带电设备的放电电阻极低，而电感和电容值较大，很低的电压可产生很大的电流，而且 LC 回路会形成振荡。这种放电模式在几 ns 至几十 ns 内会有数安培的瞬间放电电流产生，能量最大，破坏力也最大，称之为机器模型（MM，Machine Model）。

图 1.34 给出了机器模型的模拟场景、放电波形和测试电路。其中，I_{MM} 是放电电流，V_{MM} 是放电电压。表 1.4 列出了 AEC-Q100-003-Rev-E 规范给出的 MM 放电波形的典型参数。

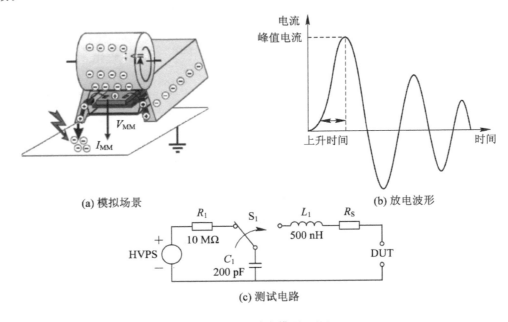

(a) 模拟场景　　(b) 放电波形　　(c) 测试电路

图 1.34　机器放电模型（MM）

表 1.4　MM 模型的典型参数值

放电电压/V	第一个正向电流峰值 I_{p1}/A	第二个正向电流峰值 I_{p2}	主脉冲周期/ns	振荡频率/MHz
100	0.15～2.0	67%～90% I_{p1}	66～90	11～16
200	3.0～4.0	67%～90% I_{p1}	66～90	11～16
400	6.0～8.1	67%～90% I_{p1}	66～90	11～16
800	11.9～16.1	67%～90% I_{p1}	66～90	11～16

3）带电器件放电（CDM 模型）

带电器件放电是指器件在制造或装配过程中因摩擦或接触导致自身带电，然后通过一个低阻抗通道（如测试夹具或者安装头）对地直接放电。与 HBM 和 MM 模型相比，带电器件的放电时间更短，放电上升时间小于 400 ps，尖峰电流可达 15 A，持续时间小于 10 ns，因持续时间短导致能量相对较低，称之为带电器件模型（CDM，Charged-Device Model）。

图 1.35(a) 和 (b) 给出了 CDM 模型的模拟场景和测试电路，其中，I_{CDM} 是放电电流，V_{CDM} 是放电电压，C_{PKG} 是带电器件的等效电容。图 1.35(c) 是 ANSI/ESDA/JEDEC JS-002-2018 标准给出的 CDM 放电波形，其中的特征参数典型值如表 1.5 所列。

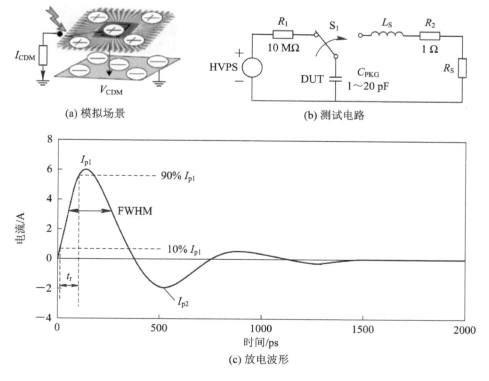

图 1.35　带电器件放电模型（CDM）

表 1.5　CDM 模型的典型参数值（测试带宽≥6 GHz，被测器件电容 6.8 pF）

放电电压 /V	峰值电流 I_{p1}/A		下冲电流 I_{p2}		脉冲宽度 FEWM/ns		上升时间 t_r/ns	
	小	大	小	大	小	大	小	大
125	1.4～2.3	2.3～2.8	<70% I_p	<50% I_p	250～600	450～900	<250	<350
250	2.9～4.3	4.8～7.3	<70% I_p	<50% I_p	250～600	450～900	<250	<350
500	6.1～8.3	10.3～13.9	<70% I_p	<50% I_p	250～600	450～900	<250	<350
750	9.2～12.4	15.5～20.9	<70% I_p	<50% I_p	250～600	450～900	<250	<350
1000	12.2～16.5	20.6～27.9	<70% I_p	<50% I_p	250～600	450～900	<250	<350

　　CDM 测试时需对被测器件预充电，而且 R_2 很小，故器件引脚和键合线的寄生电容和寄生电阻影响很大（通常 $L_s\sim0.5$ nH，$R_s\sim10$ Ω），测试实现难度较大。

　　4）IEC 模型

　　除了上述三种 ESD 测试模型之外，IEC 还为系统级静电放电耐量测试所规定了一种 ESD 模型，由 IEC 61000-4-2 标准所规定，称之为 IEC 模型，建立伊始是用于电子产品而非元器件的 ESD 测试，后来也被用于 IC 的测试，并被称为人体金属模型（HMM，Human Metal Model）。

　　IEC 61000-4-2 标准规定的静电放电波形和放电时间序列如图 1.36（a）和（b）所示，上升时间为 0.7～1 ns（短于 HBM 模型的 2～10 ns），衰退时间为 60 ns，脉冲宽度为 30 ns，其波形类似于 HBM 模型，但波形参数似乎又与 CDM 模型更为接近，可能是 IEC 模型试图兼容 HBM 模型与 CDM 模型的应用场景。IEC 模型的静电放电波形产生电路如图 1.36（c）所示，其中 C_s 模拟人体电容，R_D 模拟手握金属器具的人体电阻，EUT（Equipment Under Test）是被测电子产品。IEC 模型放电波形的典型参数如表 1.6 所列。

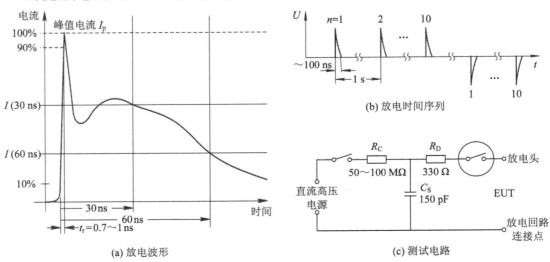

图 1.36　IEC61000-4-2 模型

表 1.6 IEC61000-4-2 模型放电波形的典型参数

放电电压 /V	峰值电流 $I_p \pm 10\%$/A	30 ns 处的 电流/A	60 ns 处的 电流/A	持续时间 /ns	上升时间 tr/ns
2000	7.5	4	2	～80	0.7～1.0
4000	15	8	4	～80	0.7～1.0
6000	22.5	12	6	～80	0.7～1.0
8000	30	16	8	～80	0.7～1.0

IEC 61000-4-2 标准规定放电时,放电头应垂直或者平行于被测表面,正负极性各放电 10 次,测试间隔约 1 s,放电前后测量待测件功能是否正常,以判定是否合格。

HBM、MM 和 CDM 模型可以使用同一测试电路结构(图 1.37),放电电流可用同一方程(下式)导出,只是电路和方程中的 R、L、C 参数不同:

$$\frac{\mathrm{d}^2 i}{\mathrm{d}t^2} + \frac{R}{L}\frac{\mathrm{d}i}{\mathrm{d}t} + \frac{1}{LC}i = 0 \tag{1.4}$$

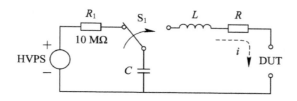

图 1.37 HBM、MM 和 CDM 统一的 RLC 等效电路模型

图 1.38 比较了上述四种模型的放电波形。MM 和 CDM 都是正负振荡波形,而 HBM 和 IEC 61000-4-2 是单峰状波形。HBM 模型的放电时间最长,同时也最为平缓,峰值电流相对最小,能量中等,发生概率最大,常作为测试标准;MM 模型的放电电阻小,能量最大,

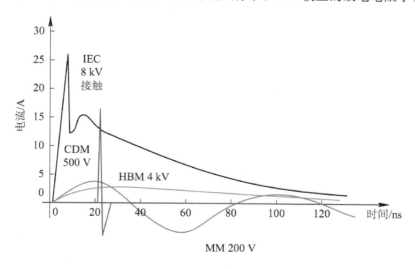

图 1.38 四种 ESD 测试模型放电波形的比较

故对芯片的破坏力也最大；CDM 模型的放电时间最短，速度快、过冲大，峰值电流最大，但总能量相对较低。从失效机理来看，HBM 和 MM 多为热破坏，而 CDM 多为栅氧击穿。

静电放电脉冲与一般浪涌信号的区别是：峰值更高，静电电压在干燥气候下可达 30 kV，一般在 0.5～5.6 kV；脉冲更陡，上升时间约 1 ns，持续时间 100～300 μs；速率更快，频谱可达数百 MHz；总能量相对较小。

2. ESD 测试方法

对芯片的静电敏感性进行测试，除了要选定放电波形及其产生电路之外，还需要确定以下条件：

1）静电放电的形式

测试时，根据静电放电时带电物体与接受物体是否接触，选择采用接触放电（亦称导体放电）还是空气放电（不接触，通过空气隙放电，通常有电弧现象发生，故亦称辉光放电或火花放电），如图 1.39 所示。非接触放电时，放电枪可以与被测器件平行，也可以与被测器件垂直。

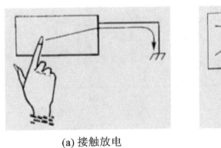 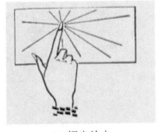

(a) 接触放电　　　　　　　　　　　　(b) 辉光放电

图 1.39　接触放电和空气放电

对于绝缘物体表面，常采用空气放电（圆滑电极头）；对于金属物体表面，常采用接触放电（锋利电极头）。多数标准规定，凡可以用接触放电的一律用接触放电，这一方面是因为影响空气放电的因素比接触放电多，如温度、湿度、电压、距离、放电头的形状等；另一方面是因为接触放电条件比空气放电更为严酷。

2）静电放电的引脚及极性

对芯片实施静电放电敏感性测试，至少可针对三类引脚，即电源（V_{DD}）、地（V_{SS}）和信号引脚（I/O），选择它们的两两组合作为静电测试引脚，同时静电放电脉冲可选择正脉冲或负脉冲，因此可形成多种测试模式。如图 1.40 所示，I/O-V_{SS} 有 PS 模式和 NS 模式，I/O-V_{DD} 有 PD 模式和 ND 模式，V_{DD}-V_{SS} 有 DS 模式和 SD 模式，其中 P 表示 Positive，N 表示 Negative，S 表示 V_{SS}，D 表示 V_{DD}。

在 I/O-V_{SS} 或者 I/O-V_{DD} 测试时，除了被测引脚，其他所有引脚需处于悬浮状态；在 I/O-I/O 测试时，其他所有 I/O 引脚接地，V_{DD} 引脚和 V_{SS} 引脚处于悬浮状态；在 V_{DD}-V_{SS} 测试时，所有 I/O 引脚需处于悬浮状态。

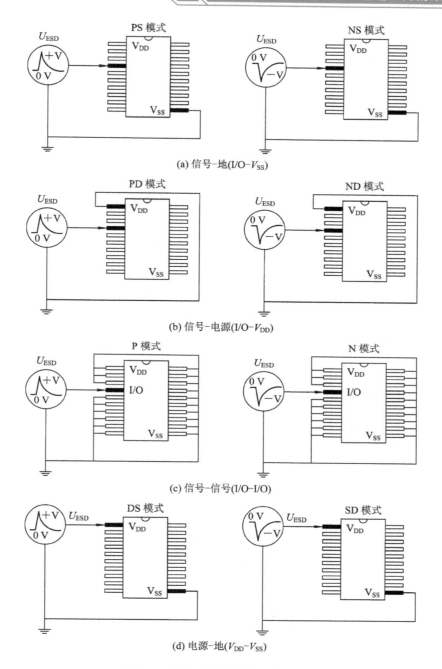

(a) 信号-地(I/O-V_{SS})

(b) 信号-电源(I/O-V_{DD})

(c) 信号-信号(I/O-I/O)

(d) 电源-地(V_{DD}-V_{SS})

图 1.40　静电放电测试时的引脚组合

　　CDM 的放电机制与 HBM、MM 不同，测试方法也有所不同。CDM 测试时的引脚配置如图 1.41 所示。首先，通过高压电源 V_{ESD} 通过引脚 V_{SS} 对待测芯片的衬底充电，为了避免充电过程中对芯片造成损伤，充电电压通过一个高阻限流电阻(大于 10 MΩ)接入；然后，由芯片的其他引脚(I/O、V_{DD} 等)分别接地放电。CDM 测试时又有插座式(socketed)和非插座式(non-socketed)两种放电形式，插座式是经由芯片插座和继电器开关放电，非插座式是放电探棒对悬空引脚放电。

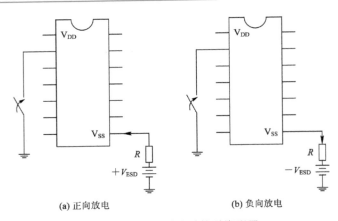

(a) 正向放电　　　　　　　　　　　(b) 负向放电

图 1.41　CDM 测试时的引脚配置

3) 静电放电的限值

不同标准规定的静电放电限值(也称静电失效阈值、静电放电耐量或静电放电抗扰度)各不相同,所依据的 ESD 测试模型可能也不同。表 1.7 给出的是 ANSI/ESDA/JEDEC JS-001-2017 规范给出的静电放电限值等级,依据的是 HBM 电压耐量。表 1.8 给出的是 ANSI/ESDA/JEDECJS-002-2018 规范给出的静电放电限值等级,依据的是 CDM 电压耐量。表 1.9 给出的是 IEC 61000-4-2:1999 以及与之对应的 GB/T 17626.2—1998《电磁兼容 试验和测量技术 静电放电抗扰度试验》给出的静电放电限值等级,表 1.10 给出的是 IEC 标准的 ESD 失效判据,依据的是 IEC 模型的静电放电电压耐量。

表 1.7　JEDEC 标准 ESD 等级(HBM)

ESD 等级	HBM 电压耐量/V
0Z	<50
0A	50~125
0B	125~250
1A	250~500
1B	500~1000
1C	1000~2000
2	2000~4000
3A	4000~8000
3B	≥8000

表 1.8　JEDEC 标准 ESD 等级(CDM)

ESD 等级	CDM 电压耐量/V
C0a	<125
C0b	125~<250
C1	250~<500
C2a	500~<750
C2b	750~<1000
C3	≥1000

表 1.9　IEC 标准 ESD 等级

静电放电的严酷度等级	接触放电/kV	空气放电/kV
1	2	2
2	4	4
3	6	8
4	8	15
X	待定	待定

表 1.10　IEC 标准的 ESD 失效判据

等级	性　能	结果
Level A	EUT 不受 ESD 应力影响	通过
Level B	ESD 应力下工作异常，但能自动恢复	通过
Level C	ESD 应力下工作异常，只能人工恢复	不通过
Level D	硬件失效	不通过

3. TLP 测试

前述四种测试模型都属于合格或不合格检验，测试具有破坏性，而且只能获得 ESD 耐量，无法了解放电过程中的电流－电压变化，也就无法得到关于 ESD 失效机理的信息，而这是 ESD 防护设计非常需要的。同时由于大电流作用下的自加热效应，单脉冲激励下的响应与 ESD 冲击时的瞬态特性不能完全吻合。因此，一种新颖的 ESD 测试方法应运而生，这就是传输线脉冲（TLP，Transmission-Line Pulse）测试。

TLP 测试的原理框图如图 1.42 所示。用高压电源给传输线电缆充电，形成 TLP 方波脉冲，然后经 50 Ω 电缆对被测器件（DUT）放电，产生所需的 ESD 放电波形，同时通过电流探针、电压探针以及示波器测量 DUT 的电流和电压。放电前后测量 DUT 在直流电压（V_{DD}）下的漏电流。衰减器用于吸收来自 DUT 的反射，衰减值通常为 20 dB。

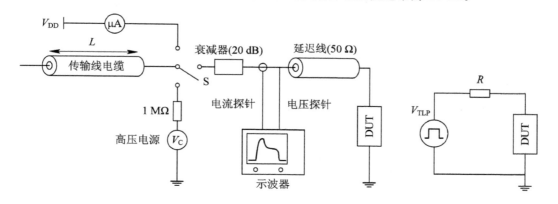

图 1.42　TLP 测试原理图

根据传输线产生脉冲方式的不同，可以分为时域反射（TDR，Time Domain Reflection）、时域传输（TDT，Time Domain Transmission）、时域反射传输（TDRT，Time Domain Reflection and Transmission）和电流源四种方式。

TLP 方波脉冲由传输线的电阻和电感共同形成，其幅度和宽度可通过预充电电压和传输线长度（图 1.42（a）中的 L）来调整，可产生不同形状和参数的 ESD 放电脉冲。图 1.43 给出了 TLP 方波脉冲波形的定义，并与 HBM 放电脉冲作了比较。TLP 模拟 HBM 脉冲时，方波脉冲的上升沿不大于 10 ns，脉冲宽度（FWHW，Full Width at Half Maximum）约为 100 ns。TLP 脉冲与 HBM 脉冲虽然波形不同，但具有近似相同的总能量。由于 TLP 方波脉冲的幅度和宽度可以被精确控制，故可确保对被测器件无破坏性。

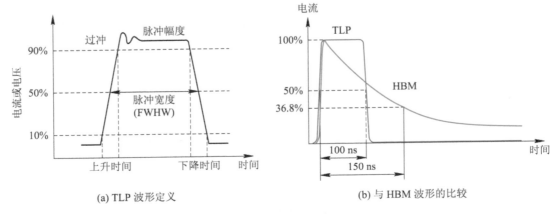

(a) TLP 波形定义　　　　　　　　　(b) 与 HBM 波形的比较

图 1.43　TLP 脉冲波形

通过施加幅度渐增的 TLP 电压/电流脉冲离散序列，模拟 ESD 冲击的瞬态特征，可获得被测器件的 ESD 准静态 I–V 特性曲线。每次施加 ESD 应力后，还会测量被测器件在直流偏置电压下的漏电流水平，一旦漏电流超过临界值（如大于 1 mA 或者较正常值上升 3 个数量级），即说明 DUT 已因出现二次击穿（亦称热击穿）而损坏，此时的电压或电流即为 ESD 失效阈值。另外，从方波脉冲过冲尖峰的大小还可以判断防护器件的启动速度，尖峰越明显则启动速度越慢。用 TLP 方法测得的 I–V 特性常被称为准静态 I–V 特性或脉冲型 I–V 特性。图 1.44 给出了用 TLP 测试得到的骤回型 ESD 防护器件的准静态 I–V 特性以及直流电压下的漏电流特性，其中 t_r 和 t_d 分别是 TLP 方波脉冲的上升时间和脉冲宽度，V_{t1}、I_{t1}、V_h、I_{t2} 和 V_{t2} 分别是骤回器件的触发电压、触发电流、维持电流、二次击穿电流和二次击穿电压，$I_{leak-t2}$ 是二次击穿时的漏电流阈值。

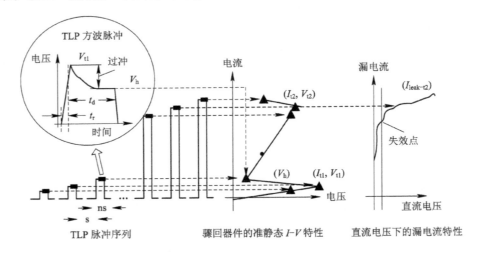

图 1.44　TLP 的激励波形以及所获得的骤回型防护器件的 I–V 特性

通常把 TLP 测试获得的准静态 I–V 特性与漏电流特性画在同一个坐标系内，便于通过漏电流的拐点来判断二次击穿电压 V_{t2} 的值。图 1.45 为某骤回型防护器件的 TLP 特性曲线，从中可得到触发电压 V_{t1}、维持电压 V_h、二次击穿电流 I_{t2}、二次击穿电压 V_{t2} 以及二次击穿发生时的漏电流 $I_{leak-t2}$（失效判据）。

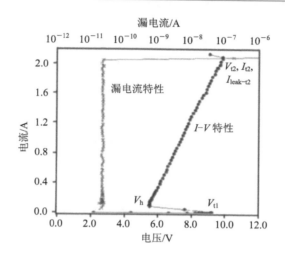

图 1.45 某骤回型防护器件的 TLP 特性曲线

图 1.46 给出了 TLP 电流脉冲、电压脉冲、漏电流特性的测试架构，以及与最终获得的准静态 $I-V$ 特性和漏电流特性之间的关系。

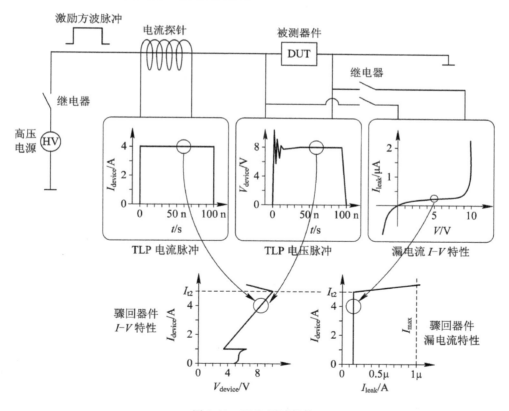

图 1.46 TLP 测试架构

常规的 TLP 测试并不能满足更高速的 ESD 测试要求，例如 CDM 测试要求 ESD 脉冲的上升沿为 0.2 ns 左右，持续时间短至 1～10 ns。为此，1996 年发展出 VF-TLP(Very-Fast TLP)测试方法，将常规 TLP 的上升沿从约 10 ns 缩短至 1 ns 以下，脉冲宽度从 100 ns 缩短至 5 ns 以下，主要用于 CDM 和 SDM 表征。图 1.47 对常规 TLP、VF - TLP 以及 HBM、CDM 和 SDM 的波形进行了比较。SDM(Socketed Device Model)为插入器件模型，用于表征将半导体芯片插入绝缘插槽时的静电转移场景。之后，又出现了更快的 UF - TLP (Ultra-Fast TLP)，其脉冲宽度达到 50 ps 左右，可用于 45 nm 和 32 nm 及以下 MOSFET 以及 10~100 GHz RF 应用的 ESD 评估。图 1.48 给出了 UF - TLP 的典型波形。

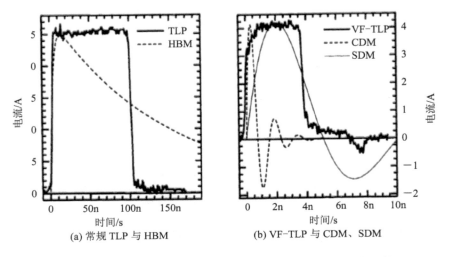

(a) 常规 TLP 与 HBM   (b) VF-TLP 与 CDM、SDM

图 1.47　TLP、VF - TLP、HBM、CDM 和 SDM 测试波形的比较

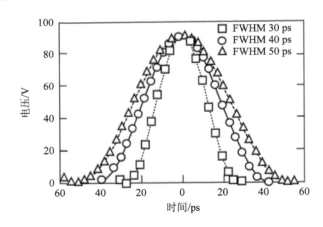

图 1.48　UF - TLP 典型波形

1.2.2　浪涌的表征

与 ESD 测试相比，浪涌测试的时间常数通常要大得多。ESD 测试可低至 1 ns 量级，浪涌测试则可高至 10 μs 量级以上。在电压或者电流幅度相当的前提下，相对于静电放电脉冲，浪涌脉冲的持续时间更长，所以总能量更大。

1. 浪涌耐量测试

IEC 61000-4-5 标准规定的供电线路 8/20 μs 浪涌耐量测试的波形和时间序列如图 1.49(a)所示，包括短路电流波形和开路电压波形，其中前者的上升时间为 8 μs(规定为脉冲在上升沿 10% 至 90% 峰值的时间间隔），脉冲宽度为 20 μs（规定为脉冲在峰值 50% 处的宽度）。浪涌测试的放电时间序列如图 1.49(b) 所示。正负脉冲各施加 5 次，理论上间隔应为 1 min，实际操作可缩短为 12 s，目的是缩短试验时间，使全部测试在 2 min 内完成。

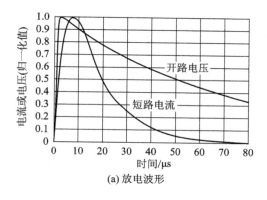

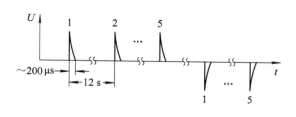

(a) 放电波形 　　　　　　　　　　　　　　　　(b) 放电时间序列

图 1.49　浪涌耐量测试的放电波形及时间序列

图 1.50 给出了上述波形的产生电路原理图。高压电源 U 通过 R_C 对 C_C 充电，形成高压；C_S(0.2 μF) 和 R_S(50 Ω) 用于形成放电波形，二者的取值分别用于控制上升时间和控制脉冲宽度；R_{m1}(150 Ω) 和 R_{m2}(25 Ω) 以及 S_1 用于限制电流。测试时，每分钟测 1 次，不宜太快，以便给保护器件有一个性能恢复的时间，一般正负极性各做 5 次。表 1.11 给出了这种测试的浪涌严酷度等级，其中线-线测试主要针对信号线，线-地测试主要针对电源线。针对通信线路的 10/700 μs 或 10/1000 μs 浪涌耐量测试方法也是类似的。

表 1.11　浪涌严酷度等级

等级	线-线耐压/kV	线-地耐压/kV
1	—	0.5
2	0.5	1
3	1	2
4	2	4
X	待定	待定

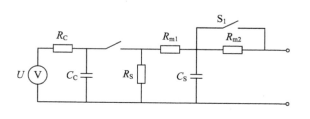

图 1.50　浪涌耐量模拟测试波形的产生电路示例

2. 电快速瞬变脉冲群测试

电快速瞬变（EFT，Electrical Fast Transient）脉冲群主要用于模拟机械开关和继电器对电感性负载切换时产生的重复浪涌脉冲。由多个如图 1.51(a) 所示的单脉冲构成脉冲组，再由多个脉冲组构成脉冲群。IEC 61000 - 4 - 4 标准规定的脉冲组和脉冲群的时间序列波形如图 1.51(b) 所示。单脉冲的上升时间为 5 ns，脉冲宽度为 50 ns，脉冲间隔为 1 μs；脉冲组的重复频率为 5 kHz，单脉冲的重复周期为 15 ms（大约含 15 000 个脉冲），脉冲组的间隔时间为 300 ms；脉冲群的宽度为 10 s（大约含 33.3 个脉冲组），间隔为 10 s。脉冲重复频率习惯上采用 5 kHz，但 100 kHz 更接近实际。测试至少要持续 1 分钟，正负极性均要测。

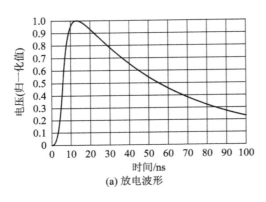

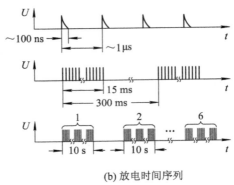

(a) 放电波形   (b) 放电时间序列

图 1.51 电快速瞬变脉冲测试的波形与时间序列

电快速瞬变脉冲群发生器的原理图如图 1.52 所示,高压电源 U 通过 R_C 对 C_d 充电,形成高压;C_S 为隔直流电容,R_S 用于控制脉冲宽度,R_m 用于阻抗匹配,EUT 是被测设备。

表 1.12 给出了电快速瞬变脉冲群的严酷度等级。

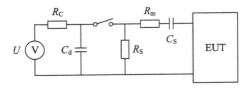

图 1.52 电快速瞬变脉冲群波形发生器原理图

表 1.12 电快速瞬变脉冲群的严酷度等级(脉冲重复频率 5 kHz 或 100 kHz)

等级	电源端口电压峰值/kV	I/O、信号、数据和控制端口电压峰值/kV
1	0.5	0.25
2	1	0.5
3	2	1
4	4	2
X	待定	待定

3. 电压跌落、短时中断和电压渐变的抗扰度测试

电网、变电设施的故障或者负载的突然变化可能会引起供电电压的瞬时跌落、短时中断或者电压渐变,从而对负载产生冲击。模拟这种现象的测试电路如图 1.53 所示,用两个电子开关(如晶闸管)来控制两个调压器。两个开关同时断开,用来模拟电压短时中断;两个开关交替闭合,用来模拟电压的跌落和升高;用调压器模拟电压渐变。

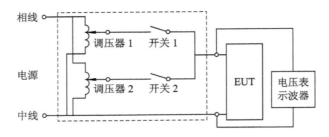

图 1.53 电压瞬时跌落、短时中断和电压渐变的抗扰度测试电路

测试一般做 3 次，每次间隔时间为 10 s。电压切换的初始相位一般取 0°和 180°。对于三相系统，必须逐相进行测试。

表 1.13 给出了电压跌落和短时中断的测试等级，表 1.14 给出了电压渐变的测试等级。表中，UT 是供电电压的标称值。

表 1.13 电压跌落和短时中断的测试等级

试验等级（%UT）	电压跌落与暂时中断（%UT）	持续时间（周期）
0	100	
40	60	0.5、1、5、10、25、50、X
70	30	

表 1.14 电压渐变的测试等级

试验等级	下降时间	保持时间	上升时间
40%UT	2 s±20%	1 s±20%	2 s±20%
0%UT	2 s±20%	1 s±20%	2 s±20%

1.2.3 闩锁的表征

如 1.1.4 节所述，闩锁既可以因外部触发在引脚处发生，也可以因内部触发在内部电路中发生，这与通常只发生在引脚处的 ESD 不同。因此，对于闩锁的测试既有针对引脚的测试，也有针对内部电路的测试。前者的依据通常是 JEDEC 的集成电路闩锁测试规范，后者则是基于专门设计的闩锁测试结构。这里先介绍常用的几种闩锁测试结构，再介绍针对这些测试结构的闩锁测试方法，最后介绍针对芯片引脚的闩锁测试方法。

1. 闩锁测试结构

通常采用四条 pnpn 测试结构来评估工艺的闩锁敏感性。最基本的 pnpn 测试结构如图 1.54 所示，n 阱中的 p^+ 扩区、n 阱、p 衬底构成横向 pnp 管，其基区宽度就是 p^+ 扩区与 n 阱边缘的间距；p 衬底中的 n^+ 扩区、p 衬底、n 阱构成横向 npn 管，其基区宽度就是 n^+ 扩区与 n 阱边缘的间距。p^+/n^+ 最小间距是两个寄生横向双极晶体管基区宽度之和。该测试结构的关键尺寸是 n 阱 p^+ 扩区与 p 衬底 n^+ 扩区的间距 S、衬底 p^+ 接触与 n 阱 n^+ 接触的间距 D、p^+ 或 n^+ 接触孔的间距 W。具有工艺允许的最小 S、最大 D 和最大 W 值的 pnpn 结构最容易被触发，属于特定 CMOS 工艺下形成闩锁的最差条件。对于器件测试，沿长度方

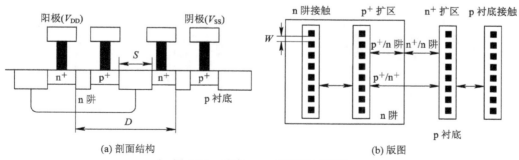

(a) 剖面结构　　　　　　　　　　　　　　　(b) 版图

图 1.54 基本 pnpn 闩锁测试结构

向应采用最小的接触孔间距,同时采用宽的金属互连线,避免在测试闩锁时出现因电流不均匀、电压降过大或者其他原因导致的互连失效。

图 1.55 是针对双阱 CMOS 的一种对称型 pnpn 测试结构。采用 $0.18~\mu m$ CMOS 工艺制备时,主要版图参数为 $S_A = 29.12~\mu m$、$S_C = 14.35~\mu m$、$S_{AC} = 4~\mu m$。

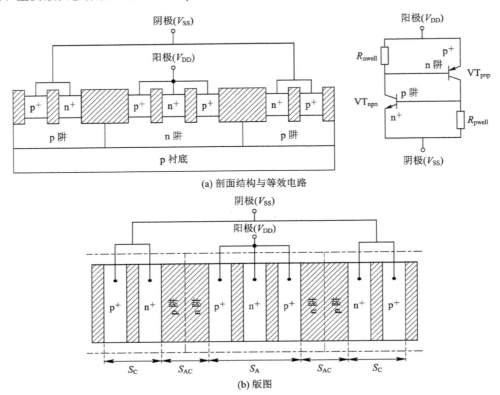

(a) 剖面结构与等效电路

(b) 版图

图 1.55 对称型 pnpn 闩锁测试结构

为了抑制闩锁并防止不同类型电路之间的干扰,常在 n 阱上增加接 V_{DD} 的 n^+ 保护环,在 p 衬底上增加接 V_{SS} 的 p^+ 保护环。带 n 阱保护环的 pnpn 闩锁测试结构如图 1.56 所示,相当于将基本测试结构(图 1.54)n 阱中的 n^+ 与 p^+ 互换了位置,显著加大了横向 pnp 管的基区宽度,闩锁更不容易发生。类似地,有带衬底保护环的测试结构以及同时带含 n 阱、p 阱保护环和衬底保护环的测试结构,参见 4.2.1 节。这些测试结构用于检测所加保护环的防闩锁有效性。

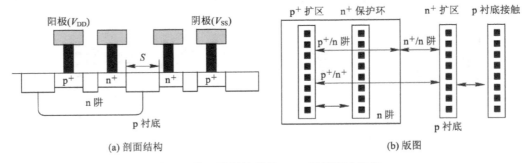

(a) 剖面结构

(b) 版图

图 1.56 带 n 阱保护环的 pnpn 闩锁测试结构

　　图 1.57 是多个基本 pnpn 测试结构的组合，采用多个 p^+/n 阱条和 n^+/p 衬底条，p^+/n^+ 间距以及 p^+ 与 n 阱接触的间距、n^+ 与 p^+ 衬底接触的间距各不相同，用于检测这些间距对防闩锁能力的影响。

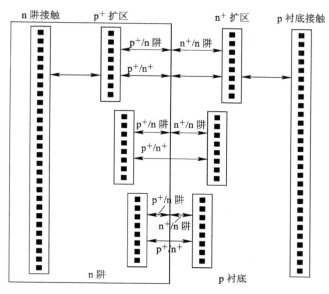

图 1.57　具有多个条间距的 pnpn 闩锁测试结构之版图

　　图 1.58 所示的另一种基本 pnpn 闩锁测试结构的组合是采用相同的 p^+/n^+ 间距，但 p^+ 与阱接触、n^+ 与衬底接触的距离各不相同，因而阱电阻 R_{well} 和衬底电阻 R_{sub} 各不相同，主要用于检测寄生电阻对闩锁的影响。从测量得到的 $\log(R_{well}) - \log(R_{sub})$ 曲线，可以提取出闩锁 $I-V$ 特性中的维持电压。

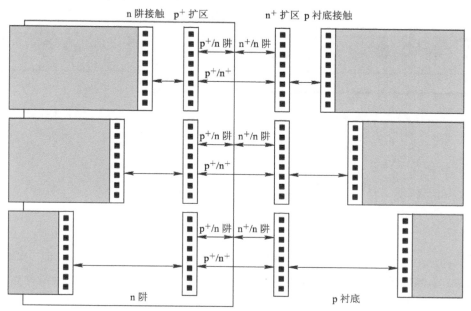

图 1.58　具有不同阱电阻和衬底电阻的 pnpn 闩锁测试结构之版图

2. 针对测试结构的闩锁测试方法

pnpn 结构的 I-V 特性可以通过直流测试和 TLP 测试两种方法来得到，后者获得的是准静态 I-V 特性，更接近于闩锁失效的真实机制，不过测试系统相对复杂。两种方法都能够获得闩锁的主要 I-V 特征参数，包括导通电压、触发电压及触发电流、维持电压及维持电流以及在不同区段的导通电阻或动态电阻。结合上述的各种测试结构，我们还能检测不同结构参数（如不同的 p^+/n^+ 间距、不同的衬底电阻或阱电阻、不同的保护环结构等）对闩锁 I-V 特性的影响。

图 1.59 是闩锁表征直流测试系统的一个实例，由基本 pnpn 测试结构及四探针、两个可变电阻箱（可调节范围 0.1 Ω～1 MΩ）和型号为泰克 576 的双极晶体管特性图示仪（相当于电压产生器和示波器的组合）组成。如果将 pnpn 结构的阳极（如 p^+ 条）接到图示仪的收集极，阴极（如 n^+ 条）接到图示仪的发射极，逐渐增加阳极与阴极间的电压，达到闩锁的触发条件，过程中用图示仪监测流过 pnpn 结构的电流，就能获得闩锁 I-V 特性。调整电阻箱的值，可以连续改变等效衬底电阻和等效阱电阻的值，从而获得不同的维持电压和维持电流的值。

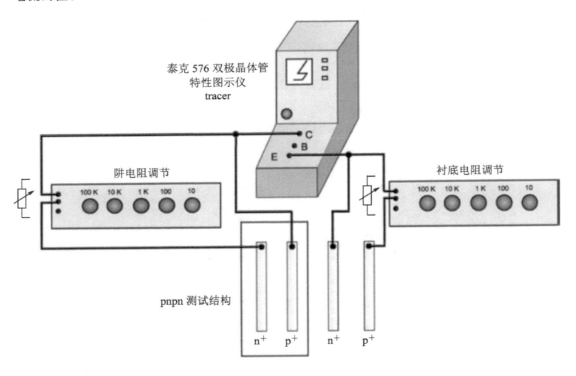

图 1.59　一种闩锁直流 I-V 特性测试系统

对于同一 pnpn 测试结构而言，根据外加电压施加端子或极性的不同，可以有多种触发闩锁的方式，相应地就有多种闩锁测试模式。例如，针对图 1.29 所示的五种闩锁触发方式，就可以有五种不同的测试模式。

对 1.2.1 节所述的 TLP 测试略作调整，就可以用于闩锁准静态 I-V 测试。注意，TLP

波形的脉冲宽度、上升/下降时间、峰值电流过冲等都会对闩锁 $I-V$ 特性有影响。图 1.60 是用 TLP 测试得到的 CMOS 芯片闩锁准静态 $I-V$ 特性的一个实例。

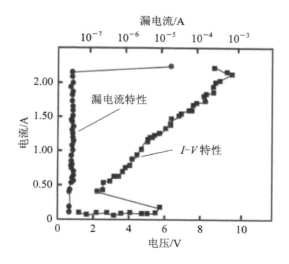

图 1.60　CMOS 芯片闩锁 TLP $I-V$ 特性实例

　　随着芯片速度的提升，触发闩锁的电压或者电流脉冲的上升沿越来越陡峭，形成所谓"瞬态诱发闩锁（TLU，Transient-Induced Latch-up）"。ESD 测试、电磁干扰和热插拔等都容易诱发 TLU。这种瞬态闩锁如果用直流测试或者 TLP 测试来表征，就难以准确反映真实情况。为此，又提出了一种针对 TLU 的瞬态闩锁测试方案。

　　瞬态闩锁测试的原理框图如图 1.61 所示，DUT 是 pnpn 测试结构单元，工作电源为 DUT 提供电源电压，限流电阻和隔离二极管用于防止工作电源可能出现的过电流和极性反接给 DUT 带来的伤害。首先用高压电源对电容 C 放电至 V_{charge}，然后让电容对 DUT 放电，用示波器通过电压探针和电流探针观测 DUT 放电前后的电压波形和电流波形。放电后，如果 DUT 两端的电压下降，同时电流急剧上升，即表明出现了闩锁。图 1.62 是对 0.5 μm 16 V BCD 工艺制备的高压 SCR 结构的 TIU 测试结果，当 V_{charge} 升到 35 V（采用每 5 V

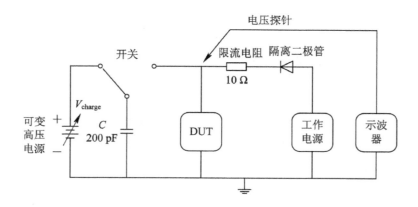

图 1.61　瞬态闩锁测试原理框图

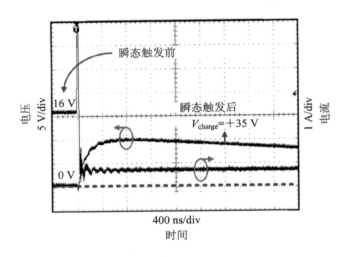

图 1.62　高压 SCR 结构的瞬态闪锁测试实例

步进)时，触发脉冲之后电源电压从正常电源电压 16 V 下降到 10 V 左右，而电流上升到接近 1 A，说明出现了闪锁。

3. 针对引脚的闪锁测试方法

针对芯片引脚的闪锁测试方法被称为"集成电路闪锁测试(IC Latch-up Test)JESD78"标准，由 EIA(Electronic Industries Alliance，电子工业协会)和 JEDEC 共同颁布，用于评估 CMOS、BCD、HV-CMOS 和 BiCMOS 等类型集成电路抵御外界过电流和过电压引发闪锁的能力。该标准的最新版本是 2016 年颁布的 JESD78E，为 2011 年颁布的 JESD78D 的修订版。

EIA/JESD78E 规定的闪锁测试由触发电流测试 I-test 和过电压测试 V-test 两部分组成。过电流测试 I-test 通过给芯片输入或输出引脚注入(正向)或抽取(反向)过电流(默认值 100 mA)，判断芯片是否出现闪锁。测试时，要求被测的输入或输出引脚以及不被测的输入引脚(含输入/输出双向引脚)置于最大逻辑高电平 V_{max} 或最小逻辑低电平 V_{min}，不被测的输出引脚悬空，电源引脚则接到允许的最大电源电压(V_{max})上。电流触发前，测量电源电流的正常值 I_{nom}。触发后，移除触发电流源，再次测量电源电流，如果超过 I_{nom} 的 1.5 倍($I_{nom}>25$ mA 条件下)或超过 $I_{nom}+10$ mA($I_{nom}\leqslant25$ mA 条件下)，则认为发生了闪锁。在正向注入、反向注入触发电流以及最大逻辑高电平、最小逻辑低电平下各测一次，故有四种测试模式。

图 1.63 是对具有 2 个电源引脚的芯片进行正向注入 I-test 测试时的引脚配置情况。图 1.64 是在正向注入及最大逻辑高电平、反向注入及最小逻辑低电平两种测试模式下，电源引脚和被测引脚的电压波形，其中注明了不同区段时间常数的取值。在正向 I-test 测试时，被测引脚的最高电压 $V_{clamp}=V_{max}+0.5\times(V_{max}-V_{min})$，其最大值不得超过 1.5 V_{max} 或最高应力电压 MSV(Maximum Stress Voltage)；在负向 I-test 测试时，被测引脚的最低电压 $V_{clamp}=V_{min}-0.5\times(V_{max}-V_{min})$，不得低于 -1.5 V_{max} 或最高应力电压 MSV。上冲和下冲电压的幅值均不得超过基准电压的 $\pm5\%$。

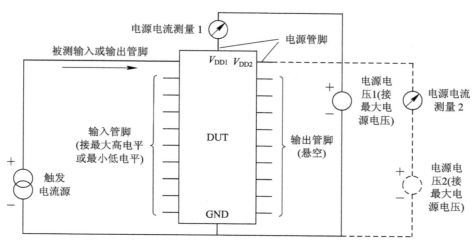

图 1.63　对双电源引脚芯片进行正向注入 I-test 测试的引脚配置

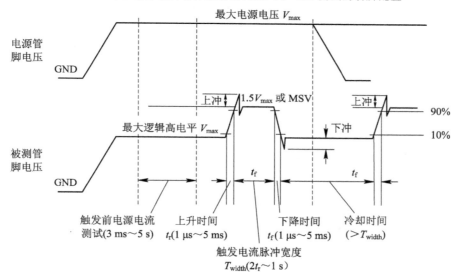

(a) 正向注入与最大逻辑高电平测试

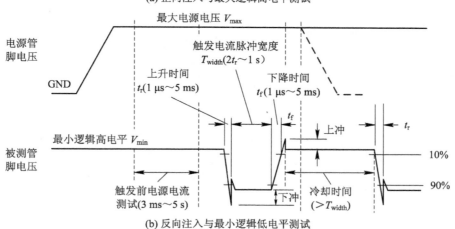

(b) 反向注入与最小逻辑低电平测试

图 1.64　过电流测试时的电压波形

过电压测试 V – test 通过给芯片电源引脚施加过电压（1.5 V_{max} 与 MSV 取值较小的那个），判断芯片是否出现闩锁。测试时，要求所有输出引脚悬空，输入引脚（含输入/输出双向引脚）置于最大逻辑高电平或最小逻辑低电平，不被测的电源引脚接到允许的最大电源电压（最大逻辑高电平 V_{max}）上。移除触发电压源后，测量每个电源引脚的电源电流，如果超过限定值（判据同 I – test）则认为发生了闩锁。上冲电压幅值也同 I – test 测试。输入引脚置最大逻辑高电平和最小逻辑低电平各测 1 次。如果芯片有多个电源引脚，则每个电源引脚都要进行上述测试。过电压测试的引脚配置和电压波形分别如图 1.65 和图 1.66 所示。

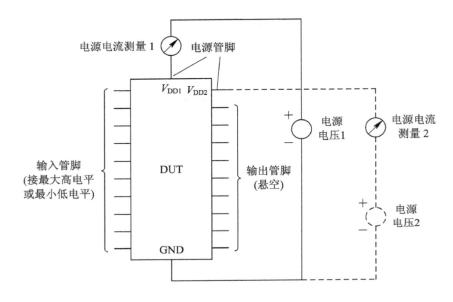

图 1.65　对双电源引脚芯片进行 V – test 测试的引脚配置

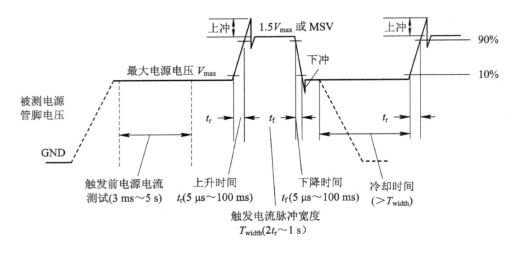

图 1.66　过电压测试时的电压波形

本 章 要 点

- 与民用芯片相比，工业芯片的使用环境更为严苛，使用条件更为复杂，因而更容易受到各种电过应力的冲击而失效。对于硅基芯片而言，最常遇到的电过应力有静电、浪涌和闩锁。片上防护的电过应力对象主要是静电和闩锁。

- 静电因摩擦和感应而产生。对于芯片而言，静电来自人体、对芯片进行操作的设备以及其他带电器件。静电放电（ESD）会导致芯片的过电压场致失效或者过电流热致失效，失效模式可以是造成芯片功能即时丧失的致命失效，也有可能是只使芯片可靠性劣化的隐性失效。

- 根据 ESD 耐量测试时采用的放电波形的不同，可以有四种 ESD 表征模型。模拟人体对器件放电的 HBM 模型最为常用，模拟机器对器件放电的 MM 模型能量及破坏力最大，模拟带电器件放电的 CDM 模型放电速率最快。IEC 规范给出的另一种 ESD 模型主要用于系统级 ESD 耐量测试。

- TLP 测试不仅能够确定 ESD 耐量，而且能够获得静电放电过程中的电流-电压变化特性，从而得到 ESD 失效机理的信息。在常规 TLP 的基础上，已发展出了速度更快的 VF-TLP 和 UF-TLP，适用于高速数字、射频模拟和纳米级芯片的 ESD 测试。

- 作为瞬态高电压、大电流和强功率而出现的浪涌，既可以来自设备内部，如感性负载突然断开、容性负载突然接通以及机械开关火花放电等，也可以来自外部，如雷电、辐射、静电放电脉冲或者供电线路电压的剧烈波动等。

- 浪涌耐量测试常采用 IEC 规定的 8/20 μs 规范（供电线路）或 10/1000 μs 规范（通信线路）。模拟感性负载开关工作产生的浪涌，可采用电快速瞬变脉冲群测试；模拟电网与变电设施的故障产生的浪涌，可采用电压跌落、短时中断和电压渐变的抗扰度测试。

- 因内部寄生元器件被电过应力触发导致芯片烧毁的闩锁效应，是 CMOS 类芯片独有的一种失效模式。产生闩锁的内部条件是芯片内的寄生双极晶体管和寄生电阻形成有效的 pnpn 闸流管结构，外部条件是从引脚侵入的过电压或者因辐射、电磁耦合等原因形成的过电流或过电压超过正常允许范围。

- 针对四条 pnpn 测试结构的闩锁测试，用于验证芯片内部抗闩锁设计的有效性，并能通过测量 $I-V$ 特性获得闩锁的特征参数。针对引脚的闩锁测试，则是为了确定芯片各个引脚抵御外界过电流和过电压引发闩锁的能力。

综 合 理 解 题

在以下问题中选择你认为最合适的一个答案（注明"多选"者可选 1 个以上答案）。

1. 哪一种情况更容易产生静电？ _____ 。（多选）

A. 金属与绝缘体摩擦   B. 金属与金属摩擦

C. 带电金属接近绝缘体   D. 带电金属接近金属

2. 芯片获得静电的最主要来源是_____。

A. 人体　　　　　　 B. 设备　　　　　　 C. 器具　　　　　　 D. 其他芯片

3. 哪一种情况容易产生浪涌电压？_____。

A. 感性负载突然断开　　　　　　　 B. 感性负载突然接通

C. 容性负载突然断开　　　　　　　 D. 容性负载突然接通

4. 哪一类器件最容易发生闩锁？_____。

A. NMOS　　　　　 B. PMOS　　　　　 C. CMOS　　　　　 D. BJT

5. 以下哪个选项中是最具破坏性的闩锁电流的流向？_____。

A. 从输入到地　　 B. 从输出到地　　 C. 从输入到输出　　 D. 从电源到地

6. 不加电源也会造成失效的电过应力失效模式是_____。

A. 静电放电　　　　　 B. 浪涌　　　　　 C. 闩锁

7. 放电能量最大的芯片级 ESD 模型是_____。

A. HBM 模型　　　　 B. MM 模型　　　　 C. CDM 模型

8. TLP 测试常采用哪一种失效判据？_____。

A. 失效电流超限　　 B. 触发电流超限　　 C. 漏电流超限　　　 D. 温度超限

9. 目前最快的 TLP 测试的上升时间已经可以达到_____。

A. μs 量级　　　　 B. ns 量级　　　　 C. ps 量级　　　　 D. fs 量级

10. JESD78E 规范中的 V - test 闩锁测试针对的引脚是_____。

A. 输入引脚　　　 B. 输出引脚　　　 C. 输入与输出引脚　　　 D. 电源引脚

第2章　片上防护设计通论

工欲善其事，必先利其器。——春秋·孔子《论语·卫灵公》

工业芯片要应对诸如 ESD 这样的电过应力，可以采用环境防护、片外防护和片内防护（亦称片上防护）三个途径，其中片内防护是最为经济且有效的手段，只是不可避免地受到芯片本身材料、结构和工艺的限制。本章将讨论片上防护设计的基本方法，涉及防护要求、防护器件、防护电路和防护架构等。这些方法以主流的硅基 CMOS 芯片为主要防护对象，也是 BiCMOS(Bipolar CMOS)、HV-CMOS(High-Voltage CMOS)和 BCD(Bipolar-CMOS-DMOS)等其他相关结构器件防护设计的基础。这些方法大多是针对 ESD 防护而提出的，但对于防护浪涌及其他电过应力也是可以借鉴的。

2.1　概　　述

2.1.1　电过应力防护途径

工业芯片对于电过应力的防护，可以通过以下三种途径实现：

（1）环境防护：在芯片制造、测试、组装和上机的过程中，可以采取各种措施消除电过应力的来源或者阻断电过应力传输到芯片上的途径。对于 ESD 环境防护，可以使用静电耗散材料(不易产生静电、静电容易泄放的材料)制作的防静电工作服、腕带、桌垫、地毯和元器件容器等；增加环境湿度，将相对湿度控制在 40%～60%；采用防静电涂剂，促进静电耗散，减少摩擦生电；采用离子风，中和表面静电电荷。图 2.1 是环境防静电标识，用于静电防护间、元器件储藏箱柜、芯片包装盒和元器件外壳等。

图 2.1　环境防静电标识

（2）片外防护：在芯片外围，可使用各种专用防护元器件来防止外部电过应力通过芯片管脚对芯片产生破坏。例如，采用 TVS(Transient Voltage Suppresser)和压敏电阻等瞬态电压抑制元件来限制芯片管脚的电压并提供电流泄放通道，采用串联电阻、热敏电阻、铁氧体磁环等限流控温元件来限制芯片电流和温度；采用气体放电管等避雷元件防止芯片因雷电产生的浪涌而损坏。片外防护元器件可以采用与被保护芯片不同的材料和工艺制作。

（3）片内防护：在芯片内部，可通过引入防护器件与防护电路，结合工艺与版图的优化设计，提升芯片抗电过应力的能力。与环境防护和片外防护相比，片内防护的防护效率最高，不仅可以抵抗来自芯片管脚的电过应力，而且可以抑制来自芯片内部的电过应力，但片内防护器件与防护电路所用材料、器件结构和制作工艺必须与被保护的芯片完全相同，设计实现和防护效果因此而受到诸多约束。片内防护也称片上（on-chip）防护。针对 ESD，片上防护通常要求达到 HBM 2 kV 和 MM 200 V 的能力。

限于本书主题，以下章节只讨论片上防护方法。

2.1.2　片上防护要求

片上防护是指在芯片的输入、输出、电源、地等端口之间增加防护器件或防护电路，用于抵御各种电过应力的冲击与破坏。ESD 片上防护的基本架构如图 2.2 所示。防护器件并接在被保护芯片端口与地之间，一旦出现静电放电脉冲，就会形成被保护端口到地的低阻通道，限制端口电压水平（钳位），并泄放静电电荷（电流）到地（泄流）。在未出现静电放电脉冲时，并接在芯片端口上的防护器件呈现极高的阻抗，故不影响芯片正常工作。也可以在输入与被保护芯片端口之间串接限流元件，限制进出被保护芯片的电流（限流）。通常钳位限流器件是主要的防护器件。

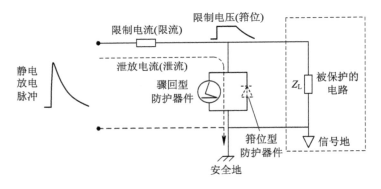

图 2.2　ESD 片上防护基本架构

根据 $I-V$ 特性的不同，ESD 防护器件可以分为下面两类：

（1）非骤回器件（Non-snapback，亦称钳位器件）：$I-V$ 特性呈阶梯形，如图 2.3（a）所示，以二极管类为主，结构简单，易用标准的 EDA 工具仿真，但防护效果不如骤回器件。非骤回器件 $I-V$ 特性的特征参数有触发电压 V_{t1}、触发电流 I_{t1}、最大钳位电压 V_{t2}（亦称失效电压、最大钳位电压）、失效电流 I_{t2}（亦称失效电流）、导通电阻（低阻导通区斜率的倒数）R_{on}、触发时间 t_1。

（2）骤回器件（Snapback，亦称消弧器件）：$I-V$ 特性呈 S 形，如图 2.3（b）所示，有基于 BJT、MOS 和 SCR 等多种类型，结构相对复杂，难以用标准的 EDA 工具仿真，但防护效果更好。骤回器件 $I-V$ 特性的特征参数有触发电压 V_{t1}、触发电流 I_{t1}、维持电压 V_h、维持电流 I_h、二次击穿电压 V_{t2}（亦称失效电压、热击穿电压、最大钳位电压）、二次击穿电流

I_{t2}(亦称失效电流)、导通电阻(低阻导通区斜率的倒数)R_{on}、触发时间 t_1(指 ESD 放电脉冲出现到防护器件导通所需时间)。

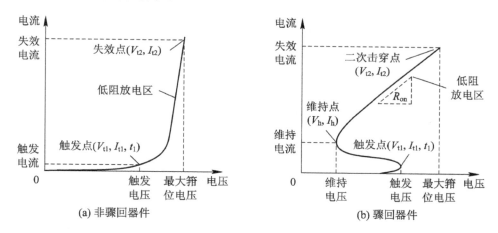

图 2.3 ESD 防护器件的 I-V 特性

对于 ESD 防护电路的要求分为以下几个方面:

(1) 防护电压。防护电压亦称 ESD 耐压或 ESD 失效电压,应高于被保护电路的额定工作电压,小于被保护电路的极限工作电压。对于非骤回器件,触发电压应高于电源电压(V_{DD}),以保证正常工作条件下不导通和不会诱发闩锁;最大钳位电压应低于栅氧化层的击穿电压(BV_{ox}),以保证防护器件启动期间不会导致被保护电路损坏。出于类似原因,对于骤回器件,维持电压(V_h)应高于 V_{DD} 以避免诱发闩锁,触发电压(V_{t1})应低于 BV_{ox} 以避免出现栅氧击穿,因此在设计实践中,触发电压 V_{t1} 通常是一个需要设法降低的值,而维持电压 V_h 通常是一个需要设法提高的值。另外,骤回器件通常还要避免触发电压(V_{t1})低于二次击穿电压(V_{t2}),否则就会出现防护器件本身未失效,内部被保护器件的栅氧已被击穿的情况,但防护器件的导通电阻(R_{on},定义为 I-V 曲线低阻导通段斜率的倒数)过大时容易出现这种情况。图 2.4 给出了一个出现这种情况的 I-V 曲线。上述对电压的约束条件都可以归结为对 ESD 防护电路的有效性(Effectiveness)要求。

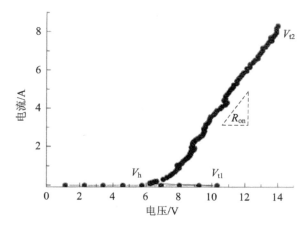

图 2.4 二次击穿电压高于触发电压的防护器件 I-V 特性实例

（2）泄放电流。防护器件的最大可泄放电流，也就是防护器件本身失效时的电流，故亦称失效电流，应远高于被保护电路的电流容量。非骤回器件的最大允许导通电流应尽量大，骤回器件的二次击穿电流（I_{t2}）应尽量大。这是对 ESD 防护电路的鲁棒性（Robustness，亦称健壮性）要求。鲁棒性要求不仅可用失效电流（I_{t2}）来表征，也可以用失效电压（V_{t2}，也称防护耐压）来表征，对于 HBM 测试，二者的关系是 $V_{t2}=1.5\ \text{k}\Omega \times I_{t2}$。此外，为了防止 ESD 结束后非骤回器件仍然维持导通，应保证其维持电流（I_{h}）低于被保护电路的正常工作电流。

（3）导通与非导通阻抗。在 ESD 触发条件下的导通阻抗应尽量小，即非骤回电路导通区和骤回电路低阻放电区的 $R_{on}=\text{d}v/\text{d}i$ 要尽量小，能够泄放尽量大的电流而不会引起显著的电压降和焦耳热；在正常工作条件下的非导通阻抗应尽量大，泄漏电流尽量小（正常电路泄漏电流在 10^{-7} A 以下，小信号微功耗电路泄漏电流在 10^{-10} A 以下），不影响被保护电路的功能与性能指标。对于高速和 RF 电路，防护电路引入的寄生电容应尽量小；对于微弱信号检测电路，防护电路引入的漏电流应尽量低。这是对 ESD 防护电路的透明性（Transparency）要求。

（4）响应速度。片上防护电路对 ESD 脉冲的响应速度（即从触发至导通的速度）应高于被保护电路，否则起不到保护的作用。这是对 ESD 防护电路的敏捷性（Speed）要求。

（5）面积开销。为了保证足够大的电流容量，通常片上防护器件的面积要远大于内部电路的同类型器件。为了不明显影响芯片集成度并减少寄生电容，片上防护电路在单位长度或单位面积上能承受的失效能量或电流容量应尽量大，常用单位长度或单位面积防护器件的失效电流或耐受电压来表征面积开销，单位为 A/μm、A/μm^2 或 V/μm、V/μm^2。

为了对防护电路的有效性和鲁棒性有更进一步的理解，可以观察一下图 2.5 和图 2.6 给出的 6 个骤回器件 I-V 特性示例。图中，虚线是 ESD 防护器件的 I-V 特性，实线是被保护的内部电路的 I-V 特性。图 2.5 是兼具鲁棒性和有效性的三种情况，其中图 2.5(a) 是防护器件先导通并钳位，内部电路无法导通；图 2.5(b) 是内部电路先导通，但在内部电路达到失效电压之前，骤回防护器件已导通并钳位；图 2.5(c) 也是内部电路先导通，但在内部电路达到失效电压之前，非骤回防护器件已导通并钳位。

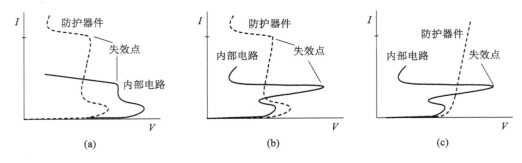

图 2.5　兼具鲁棒性和有效性的 ESD 防护 I-V 特性实例

图 2.6 是有鲁棒性、无有效性的三种情况，其中图 2.6(a) 是内部电路先导通，并在防护器件有效导通前就已经失效了；图 2.6(b) 是骤回器件先导通，但其电阻远大于内部电路，使得内部电路因承受更大的电流而失效；图 2.6(c) 是非骤回器件先导通，但其电阻远大于内部电路，使得内部电路因承受更大的电流而失效。

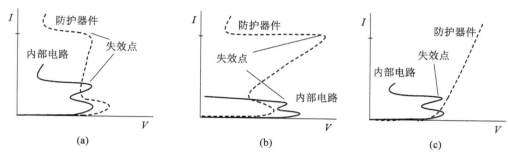

图 2.6　有鲁棒性、无有效性的 ESD 防护 I – V 特性实例

2.1.3　防护设计窗口

　　CMOS 芯片的 ESD 防护设计窗口如图 2.7 所示，电压上限 V_{max} 是栅介质击穿电压（$\mathrm{BV_{ox}}$，输入防护）或者漏结击穿电压（$\mathrm{BV_{DS}}$，输出防护），对 CMOS 芯片而言，通常 $\mathrm{BV_{DS}}$ 远大于 $\mathrm{BV_{ox}}$，故可统一将 $\mathrm{BV_{ox}}$ 视为 V_{max}；电压下限是电源电压（V_{DD}）；电流上限是二次击穿电流（I_{t2}）。窗口的所有边沿均应留有 $10\% \sim 20\%$ 的安全裕量，V_{DD} 的余量是考虑到使用时电源电压的离散波动，V_{max} 的余量是考虑到瞬态电压过冲的影响。目前 65 nm 及以上工艺的 CMOS 芯片的栅击穿电压一般不超过 8 V，考虑到安全裕量之后，则实际的 ESD 防护设计要达到的触发电压需低于 7 V，甚至低于 $5 \sim 6$ V。图 2.8 是骤回器件 ESD 防护设计违例的两种情形，分别是触发电压大于栅击穿电压和维持电压小于电源电压。

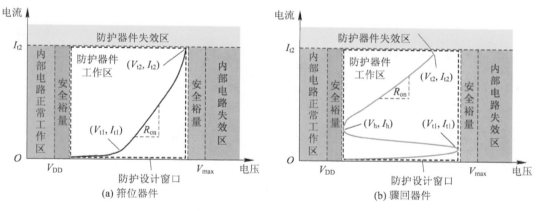

图 2.7　ESD 防护设计窗口

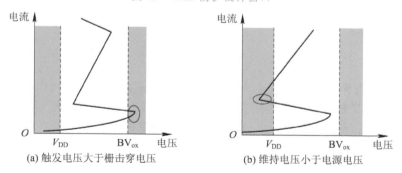

图 2.8　ESD 防护设计违例的两种情形

对于 CMOS 器件，影响栅介质击穿电压 BV_{ox} 的主要有以下因素：

（1）栅电压脉冲宽度：脉冲宽度越宽，则击穿电压越低。这是因为击穿需要一定的时间让氧化层内部积累到足够的缺陷。

（2）栅电压上升沿宽度：上升沿越陡峭，则击穿电压越低，但影响没有脉冲宽度那么大。这是因为上升沿越窄，测试系统及被测对象的寄生电容产生的过冲就会越大。

（3）栅氧厚度：栅氧厚度越薄，则击穿电压越低。当栅氧击穿场强（对于 SiO_2，约为 $8\sim10$ MV/cm）一定时，栅击穿电压就与栅氧厚度成正比。也可以理解为：形成击穿的氧化层缺陷（电子陷阱）随机分布，厚度越薄则这些缺陷形成导通链的概率越大。

（4）栅氧面积：栅氧面积越大，则击穿电压越低。这是因为单位面积的氧化层缺陷的平均数量是相同的，面积越大则这些陷阱形成导通链的概率就会越大，而一处击穿就会导致整体击穿。

图 2.9 给出了 MOSFET 在不同栅电压上升沿宽度及脉冲宽度下的栅击穿电压与栅氧厚度实测关系，图 2.10 给出了 MOSFET 在不同栅氧厚度下栅击穿电压与栅氧面积的关系。可见，栅氧厚度越薄，栅面积越小，上升沿越窄或者脉宽越窄，则栅击穿电压越低，所以栅击穿电压将随着 CMOS 工艺尺寸按比例的缩小以及工作速度的提升而下降。图 2.9 中的 TDDB 是指直流恒压定时应力下的经时击穿（Time-dependent Dielectric Breakdown）。显然，直流应力下的栅击穿电压远小于瞬态脉冲应力下的栅击穿电压。

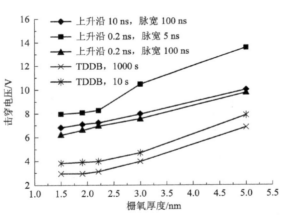

图 2.9　MOSFET 栅击穿电压与
栅氧厚度的实测关系

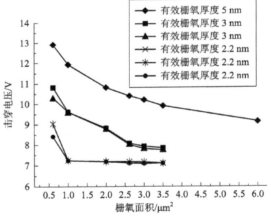

图 2.10　MOSFET 栅击穿电压与
栅氧面积的实测关系

2.1.4　失效判据

ESD 失效判据可采用以下之一：

（1）达到失效电流值。对于非骤回器件，失效电流是指热击穿电流；对于骤回器件，失效电流是指二次击穿电流（I_{t2}）。达到失效电流值时，应已发生热损伤。不过，实际器件有可能在此限之上仍能正常工作，所以这是最悲观的 ESD 失效判据。

（2）漏电流变化超限。多数 MOS 器件在二次击穿电流超限之前，漏-衬底间的漏电流已开始明显增加，故可用 ESD 试验后的直流漏电流是否急剧增加（如比正常值增加 3 个数量级）或者超过临界值（如高于 10 nA、100 nA 或 1 μA）作为 ESD 失效判据。ESD 应力前后漏电流的变化不仅能够反映即时失效,也能反映潜在失效,还可用漏电流的大小判断失效机理,同时漏电流特性容易通过 TLP 测量获得,因此漏电流超限成为最常用的 ESD 失效判据。

（3）温度超限。如果器件中局部热点的温度超过了硅的熔点（1412℃）或者金属化的熔点（铝 660℃、铜 1034℃），即可判定器件损坏。温度通常很难测量（特别是要在 ns 瞬态下测量），也可用达到此温度的电流（如 I_{1034} 或 I_{660}）来判断。目前开发的瞬态大电流测试仪器有 IR 热干涉仪、光高温计和激光背干涉仪等。

（4）性能指标超限。RF 及类似高性能芯片因电过应力导致的性能退化常发生在器件物理热失效（以漏电流增加为判据）之前,判断其是否失效需综合考量性能退化和物理失效。因此,对 RF 芯片,每次步进 ESD 脉冲后都测量直流电学参数和射频性能指标,如对正常值的偏离超限即可判定为失效。对于不同的 RF 芯片,用作判据的性能参数可能不同,如功率放大器（PA,Power Amplifier）常采用增益和功率效率,无线收发器常采用中点频率和数据速率。此法需要建立能同时测量 ESD 水平和电性能指标的测试系统,成本和复杂度高。

对 CMOS 芯片 80 个输出管脚所做的 ESD 试验,发现平均漏电流与最终失效管脚数随 ESD 电压的分布几率非常相似（图 2.11）,证明可用平均漏电流的大小作为 ESD 失效判据。对标准工艺和采用 $5\times10^{14}\ cm^{-3}$ 磷掺杂浓度的非标准工艺在 ESD 应力后的漏电流分布进行了比较,发现前者主要分布在 $0\sim10\ \mu A$ 区间,后者主要分布在 $>10\ mA$ 区间（图 2.12）,说明二者的失效机理是不同的。

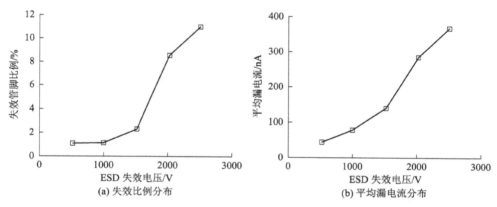

图 2.11 80 个输出管脚 ESD 失效分布与漏电流分布的比较

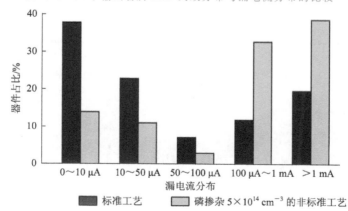

图 2.12 标准与非标准工艺漏电流分布的比较

2.2 片上防护器件

完整的片上防护体系从底向上可分为片上防护器件、片上防护电路和片上防护架构三个层次。对于 CMOS 及其衍生的 BiCMOS、BCD 等器件结构，片上防护器件共有四种类型，分别是基于二极管、基于 MOS、基于 SCR 和基于 BJT。本节将分别讨论这四类片上防护器件的设计实现方法，并对各种方法的优缺点及适用范围进行比较。

2.2.1 基于二极管

pn 结二极管是最简单的钳位器件，具有非骤回 $I-V$ 特性。pn 结的正向导通特性（图 2.13(a)）和反向击穿特性（图 2.13(b)）都具有电压钳位和电流泄放的功能，因此都可以起到防护的作用，只不过二者的特性有所不同。正偏 pn 结实现钳位时的导通电压约为 $0.5\sim0.7$ V，取决于冶金结两侧的掺杂浓度和结的面积，这对于多数 ESD 应用来说偏低，但可将多个正偏二极管串联应用。反偏 pn 结以雪崩机构击穿时的电压为导通电压，约为 $10\sim20$ V，也是结空间电荷区内掺杂浓度及结面积的函数，对于 ESD 应用来说又往往偏高。如果采用齐纳击穿机构的反偏 pn 结，导通电压可降为 $3\sim6$ V，但要求结两侧均为高掺杂。在相同的功耗和温升下，正偏 pn 结因导通电压低，故电流通量高（$20\sim50$ mA/μm），而反偏 pn 结因导通电压高，故电流通量低（$0.5\sim2$ mA/μm），而且正偏 pn 结导通时的动态电阻 R_{on}（<1 Ω）远小于反偏 pn 结的动态电阻（$50\sim100$ Ω），所以防护器件更多的是利用 pn 结的正偏导通特性而非反偏击穿特性来实现钳位和泄流。

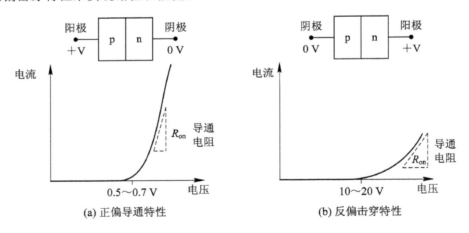

图 2.13 pn 结二极管的钳位-泄流特性

1. CMOS 可实现的二极管结构

在 CMOS 工艺可实现的 pn 结二极管结构中，可用于防护二极管的主要有三种类型，如图 2.14 所示。n^+/p 衬底（或 p 阱）二极管以纵向结构为主，常用于 I/O 与 V_{SS} 之间的防护；p^+/n 阱二极管也是以纵向结构为主，常用于 I/O 与 V_{DD} 之间的防护；n 阱/p 衬底（或 p 阱）二极管则是以侧墙结构为主，常用于 V_{DD} 与 V_{SS} 之间的防护（电源钳位）。

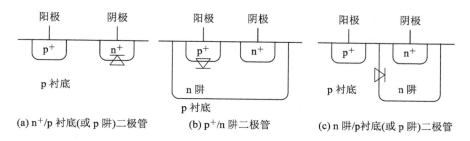

图 2.14　CMOS 结构中的 pn 结二极管

p^+/n 阱二极管的基本结构如图 2.15 所示,其中标出了寄生 pnp 管以及 n 阱电阻 $R_{\text{n-well}}$ 和衬底电阻 R_{sub}。可见,此二极管实际上是纵向 pnp 管的 BE 结。ESD 电流主要是从 p^+ 区面向 n＋区的侧边而非 p^+ 区的下方流向 n^+ 区,故 p^+ 区面向 n^+ 区的边长而非 p^+ 区的底面积成为决定 ESD 放电电流大小的主要因素。因此,可采用 n^+ 环绕 p^+ 的对称结构,并尽量增加 p^+ 区的周长,图 2.16 给出了这种结构的剖面图和版图,其中 n^+ 区和 p 区之间用浅槽

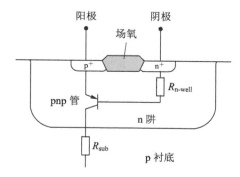

图 2.15　p^+/n 阱二极管基本结构

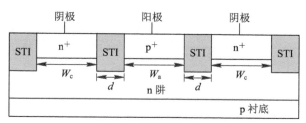

(a) 剖面结构

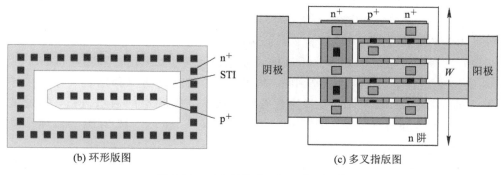

(b) 环形版图　　　　　　　(c) 多叉指版图

图 2.16　对称结构的 p^+/n 阱二极管

隔离(STI，Shallow Trench Isolation)取代了图 2.15 中采用的场氧隔离。n^+ 与 p^+ 的横向间距(图 2.16(a)中的 d)决定了 ESD 放电通道的阻抗(亦即 pnp 管的基区电阻)，故应尽量小；增加 n^+、p^+ 扩散区表面接触孔的数量有利于改善电流均匀性；p^+ 拐角采用斜角有助于降低此处的电场强度和电流密度。图 2.16(b)和(c)给出了这种对称结构的 p^+/n 结二极管的版图布局方案，其中的多叉指方案更容易实现单位面积内有效 ESD 放电面积的最大化。

从图 2.14 可见，p^+/n 阱二极管存在寄生 pnp，而 n^+/p 衬底(或 p 阱)二极管和 n 阱/p 衬底二极管似乎不存在寄生 BJT 问题。不过，在实际的 CMOS 结构中，后两者也有可能出现寄生 BJT。例如，在图 2.17 给出的 n^+/p 阱二极管结构中，环绕 p 阱设置了接 V_{DD} 的 n^+ 保护环，n^+ 保护环与 p 阱、n^+ 区形成了横向寄生 npn。n^+/p 阱二极管的导通电阻取决于 n^+ 与 p^+ 扩区的间距 a，而寄生 npn 的电流增益取决于 n^+ 扩区与 p 阱边缘的间距 b，故在版图设计规则允许的前提下应使 a 尽量小，而 b 尽量大。

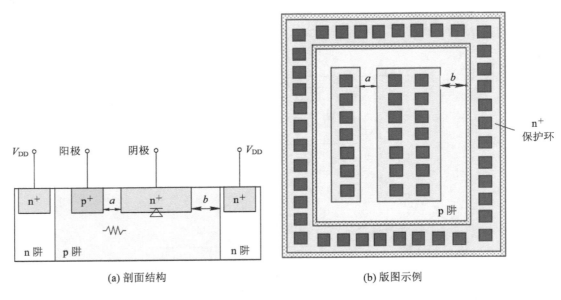

(a) 剖面结构   (b) 版图示例

图 2.17 带 n^+ 保护环的 n^+/p 阱二极管

与另两种二极管相比，n 阱/p 衬底(或 p 阱)二极管靠侧墙放电，结面积较大，容易通过衬底散热，而平均结掺杂浓度较低，因而可泄放的电流量和钳位电压较高，同时结电容也最大。为了在电流容量和寄生电容之间寻求平衡，应尽量提高 n 阱周长与底面积之比，为此可采用多叉指的版图布局，如图 2.18 所示。

二极管阳极与阴极之间除了采用浅槽隔离之外，还可以采用栅隔离和 MOS 管隔离。图 2.19 给出了实现 p^+/n 阱二极管中 p^+ 区与 n^+ 区间隔离的三种结构。对于浅槽隔离(STI-bounded，图 2.19(a))，二极管的电流只能从 STI 下狭窄的通道流过，导通电阻较大，自发热相对严重。栅隔离(Gated-bounded 或 Poly-bounded，图 2.19(b))利用悬置的 MOS 栅实现隔离，可以显著降低导通电阻，并抑制自发热效应。栅在版图上最好取闭环结构，以实现 p^+ 区与 n^+ 区的彻底隔离。MOS 隔离(MOS-bounded，图 2.19(c))利用栅极悬置的 PMOS 管实现隔离。ESD 放电时，可在栅上加适当极性的电压使 MOS 管导通，以便加快二极管的放电速度，提高放电电流强度，实现所谓的"有源隔离"。图 2.20 比较了这三种隔离方法的单位结周长失效电流，可见栅隔离和 MOS 隔离能承受的最大电流明显高于 STI 隔离。不过，栅隔离和 MOS 隔离二极管的寄生电容大于 STI 隔离。例如，采用 28 nm 0.85 V CMOS 工艺制备的 n^+/p 阱二极管，宽度均为 40 μm，STI 隔离的寄生电容为 33fF、失效电流为 1.9 A，而栅隔离的寄生电容为 59fF、失效电流为 2.4 A。

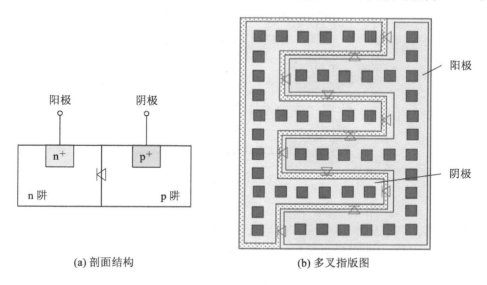

(a) 剖面结构　　　　　　　　　　(b) 多叉指版图

图 2.18　p 阱/n 阱二极管

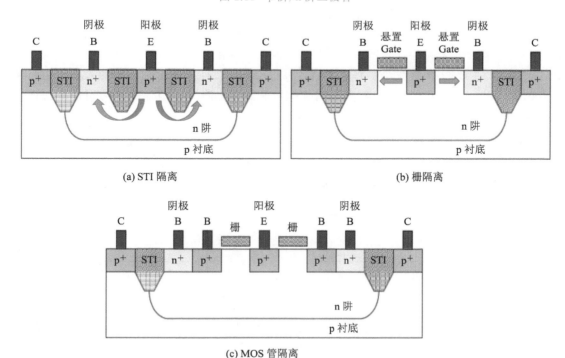

(a) STI 隔离　　　　　　　　　　(b) 栅隔离

(c) MOS 管隔离

图 2.19　p^+/n 阱二极管中阳极与阴极的隔离方法

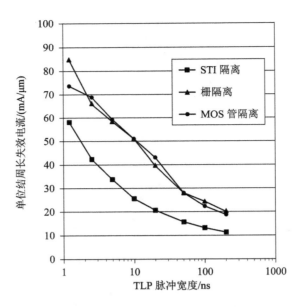

图 2.20　三种隔离实现的 p^+/n 阱二极管失效电流密度的比较

　　利用两侧都是高掺杂的 pn 结可以形成齐纳(Zener)二极管,其反偏击穿电压远低于反偏 pn 结的雪崩击穿电压,但仍有可能高于栅氧化层的击穿电压,因此一般不直接用于 I/O 防护,而是用于电源钳位或者 I/O 防护的触发器件。在 CMOS 工艺中,可以用 p^+/n^+ 和 $p^+/LDD/n^+$ 两种结构来实现齐纳二极管,如图 2.21 所示。$p^+/LDD/n^+$ 结构可通过调整 n-LDD 区的长度来调整齐纳二极管的击穿电压,低掺杂漏(Lightly Doped Drain,LDD)是为了抑制热载流子效应而引入的一种浅掺杂结构。在现代 CMOS 工艺中,常采用过渡金属硅化物来改善金属与半导体之间的欧姆接触,但这种硅化物如果出现在 pn 结表面,就会对 pn 结二极管的 ESD 鲁棒性产生恶劣影响,为此在齐纳二极管的工艺中要加入硅化物阻挡层(SAB,Silicide Blocking),这就需要增加掩膜和工序,使得齐纳二极管的制备要比普通 PN 结二极管复杂。

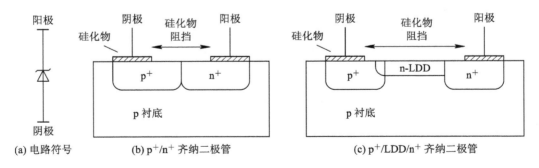

图 2.21　CMOS 工艺可实现的齐纳二极管

　　此外,利用不同掺杂类型的多晶硅也可以形成二极管。图 2.22 是利用 p^+ 掺杂多晶硅/本征多晶硅/n^+ 掺杂多晶硅构成的 pin 二极管,其导通电压与本征多晶硅(i 区)的厚度有关,厚度为正时 p^+ 区与 n^+ 区被 i 区隔开,为负时 p^+ 区与 n^+ 区交叠。这种多晶硅二极管的一个好处是与衬底绝缘,不受来自衬底的噪声或漏电影响。

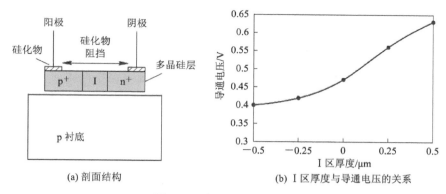

(a) 剖面结构　　　　　　　　(b) I 区厚度与导通电压的关系

图 2.22　多晶硅 pin 二极管

2. 二极管的版图布局

二极管的版图布局对其 ESD 防护性能有重要影响。图 2.23 给出了三种 p^+/n 阱二极管的版图布局方案。在图 2.23(a)中，p^+ 面对 n^+ 的角采用斜角而非直角，以降低电场集中，同时 p^+ 采用足够多的接触孔，以减少接触电阻导致的压降；在图 2.23(b)中，p^+ 接触孔采用交错排列，有利于改善电流均匀性；在图 2.23(c)中，p^+ 接触孔所在区域淀积硅化物，以进一步减少接触电阻，但硅化物不要覆盖到 p^+ 区边缘，以防硅化物与冶金结相互作用导致失效。图 2.24 是在 p^+ 区边角处因电场集中而导致的 ESD 损伤图像，是用原子力显微镜(AFM，Atomic Force Mapping)获得的。

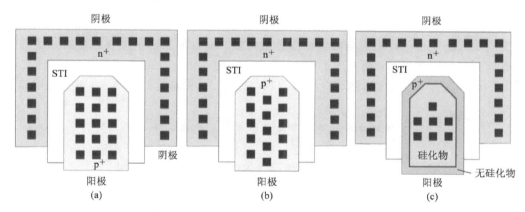

图 2.23　三种 p^+/n 阱二极管版图布局方案

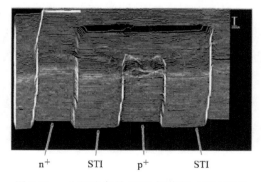

图 2.24　p^+ 区边角处 ESD 损伤的 AFM 图像

二极管金属导线的布局对于防护性能也有影响。图 2.25 给出了二极管金属线布局的两种方式,其中图 2.25(a)是逆行(anti-parallel)布局,电流左入、左出,输入与输出电流走向相反,导致左侧区域的电流密度远高于右侧区域,而且线的寄生阻抗影响相对较大;图 2.25(b)是平行(parallel)布局,电流右入、左出,输入与输出电流走向相同,左侧区域的电流密度与右侧区域基本相当,而且线的寄生阻抗影响相对较小,优于逆行布局。

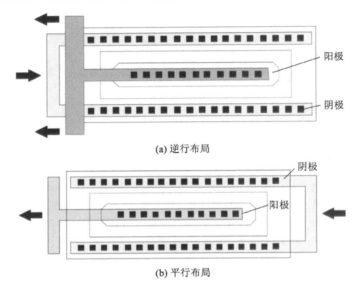

图 2.25　二极管金属导线的布局方式

金属导线宽度也可以根据电流大小作适当调整。图 2.26 给出了二极管金属导线宽度沿电流方向调整的两种方式,其中图 2.26(a)是分段宽度变化(亦称阶梯布局),为了使金属线各部分的压降均匀,在电流大的部分增加线宽,在电流小的部分减少线宽,缺点是增加了线

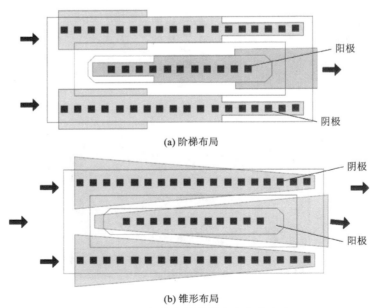

图 2.26　二极管金属导线宽度变化方案

的直角数量；图 2.26(b)是连续宽度变化(亦称锥形布局)，改善压降均匀性的效果更佳，而且避免了直角数的增加，缺点是占据的面积较大，布局较为困难。这两种方案对逆行布局和平行布局都适用。

除了图 2.25 和图 2.26 给出的阴极在阳极两侧的平行馈电方式之外，还可以采用图 2.27 所示的中心馈电方式，即阴极环绕阳极。其中，图 2.27(a)所示方案的缺点是阳极接触的电流密度远高于阴极接触，阳极到阴极的横向电阻较大，而且宽进宽出的金属导线缺乏自镇流效应；图 2.27(b)方案相对于图 2.27(a)方案，改善了阳极与阴极的电流耦合，而且引入了一定的自镇流效应，缺点是阳极的接触孔覆盖率过低；图 2.27(c)方案相对于图 2.27(b)方案，增加了阳极的接触孔覆盖率以及阳极与阴极的电流耦合，而且引入了一定的自镇流效应，缺点也是阳极的接触孔覆盖率过低。

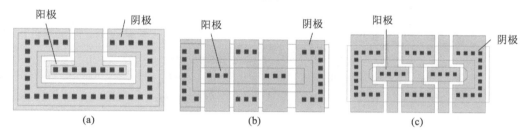

图 2.27　二极管金属导线中心馈电的三种实现方案

对于管脚多且版图面积有限的芯片，防护器件的面积开销是一个棘手的问题。一个解决方案是将防护器件做到焊盘(pad)之下，但大面积金属-绝缘体-金属结构在温度变化时容易形成大的热不匹配应力而导致破裂。图 2.28 是一个位于 pad 下的 p^+/n 阱二极管，其多叉指布局面积几乎覆盖了整个 pad，利用了三层金属化实现互连，其中 M_1 用于 pad，M_2 用于二极管的阳极，M_3 用于二极管的阴极。

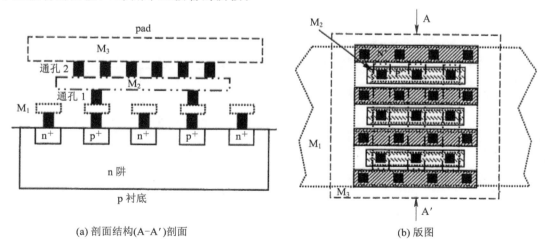

图 2.28　位于 pad 下的多叉指 p^+/n 阱二极管

3. 双二极管防护电路

I/O 端口和电源钳位可以使用 pn 结二极管、二极管链以及齐纳二极管等多种防护电路。图 2.29 示出了输入 pad 常用的四种二极管防护电路形式。

双二极管防护电路常用于 I/O 端口的防护，其中用 p^+/n 阱二极管做 $I/O - V_{DD}$ 的防护，用 n^+/p 阱二极管做 $I/O - V_{SS}$ 的防护。图 2.30 中，(a)为单级双二极管防护电路，常用于要求寄生电容较小的电路(如 RF 模拟和高速数字电路)；(b)为两级双二极管防护电路，第一级主要用于泄流，第二级主要用于钳位，常用于电流较大的电路(如 CDM 模式)。

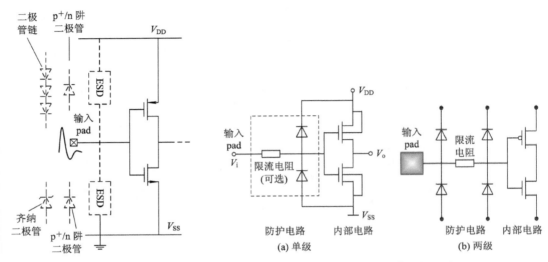

图 2.29　输入 pad 的二极管防护电路形式　　　　图 2.30　双二极管防护电路

事实上，之前介绍的环绕型二极管结构(图 2.16)相当于两级二极管防护电路，其等效电路如图 2.31(a)所示，相应的 p^+/n 阱二极管剖面结构如图 2.31(b)所示，n^+/p 阱二极管剖面结构如图 2.31(c)所示。此时，每个二极管可以等效为两个二极管与阱电阻的组合(亦被称为"三端二极管")，两个阱电阻的并联起到了限流电阻的作用。

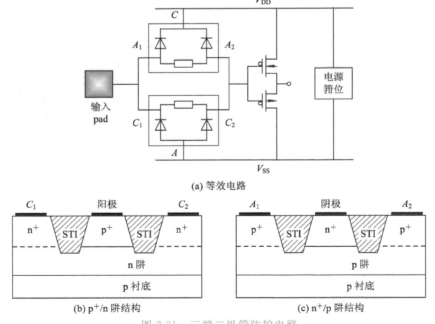

图 2.31　三端二极管防护电路

二极管防护电路的优点体现在两个方面：一是导通电阻低，正偏 pn 结的导通电阻小于 1 Ω；二是开启速度快，其寄生电容主要来自 pn 结的结电容，远小于 MOS 器件的栅电容，故开启速度远快于 GGMOS，同时作为只有 1 个 pn 结的简单结构，开启速度也比有多个 pn 结的 SCR 器件要快，故适用于 RF 模拟和高速数字电路以及 CDM 防护。

二极管防护电路的缺点主要是导通电压偏低，尤其是正偏二极管的开启电压过低。虽然可采用多个二极管堆叠（亦称二极管链，Stacked diode string）来增加开启电压，并减少寄生电容，但同时会增加导通电阻和占用面积，而且因达林顿效应使漏电流增加。齐纳二极管的导通电压虽高，但导通电流小、动态电阻大，ESD 鲁棒性差。图 2.32 给出了单二极管和二极管链的等效电路。二极管防护电路的另一个缺点是占用面积大，特别是要求有足够大的放电电流时。

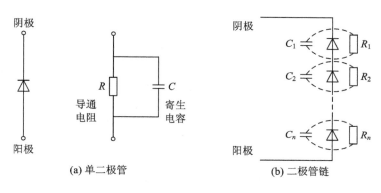

图 2.32 二极管等效电路

4. 二极管链防护电路

多个 p^+/n 阱结串接形成的二极管链常用于电源钳位和 $I/O - V_{DD}$ 防护，目的是提高其导通电压。不过，在二极管链中流过各个二极管的电流并不相同，整个二极管链的压降也不简单地等于各个结压降之和，因为它事实上是由多个 pnp 管构成的共集电极达林顿组合管。图 2.33 给出了由 4 个 p^+/n 阱结串接而成的二极管链的等效电路和剖面结构。4 个 pnp 管构成的二极管链的阳极端(I/O pad)漏电流 I_{leak} 与阴极端(V_{DD})漏电流 I_{D4} 满足以下关系

$$I_{leak} = I_{C_1} + I_{C_2} + I_{C_3} + I_{C_4} + I_{D4} = (\beta_1 + 1)(\beta_2 + 1)(\beta_3 + 1)(\beta_4 + 1) I_{D4} \qquad (2.1)$$

式中，I_{Ci} 和 β_i（i=1，2，3，4）分别是第 i 级 pnp 管的集电极电流和电流增益。此电路的好处是 ESD 条件下来自 pad 的 ESD 放电电流到了 V_{DD} 电源轨时被衰减了 $1/(\beta+1)^n$ 倍（n 是二极管链的级数，假定各级 pnp 管的电流增益均为 β），坏处是正常工作时各个 pnp 管对衬底的漏电流被逐级放大，各级电容的位移电流也会逐级放大，形成所谓"漏电流倍增"效应和"电容倍增"效应，这些不利影响常被统称为"达林顿效应"。

n 个 pnp 管构成的二极管链的总压降（即该链的导通电压）可表示为

$$V_{trig}(I) = mV_D(I) - nV_T \left[\frac{m(m-1)}{2} \right] \ln(\beta + 1) \qquad (2.2)$$

式中，V_D 是二极管的正向导通压降，V_T 是热电势，m 是 pn 结的理想因子，β 是 pnp 管的电流增益，这里假定所有二极管的 V_D、m 和 β 值都相同。式中第二项是漏电流导致的压降减少项，其作用有二：一是使二极管链的总压降随二极管数目而增加的速率低于线性增速；二

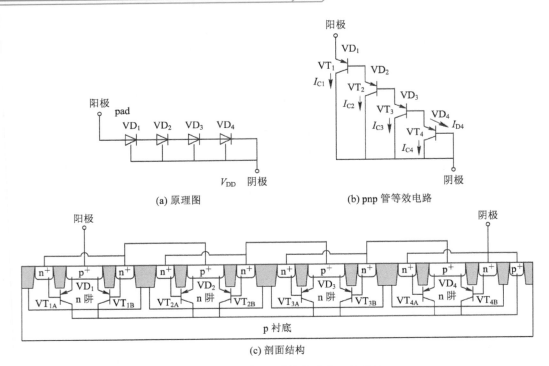

(a) 原理图   (b) pnp 管等效电路

(c) 剖面结构

图 2.33   四个 p^+/n 阱结构成的二极管链

是使压降与温度强相关（温度每升高 100°C，压降约减少 20%），所以高温老化时就需要更长的防护链（串联电阻也就更大），这又会削弱防护链的可靠性。图 2.34 给出了二极管链总导通电压与二极管数目及温度的关系，可见导通电压随链上二极管数目的增加而增加，但并非成线性关系；温度越高，导通电压越低。

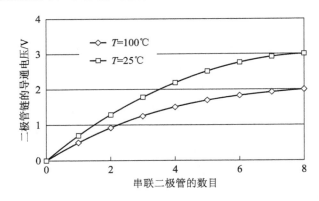

图 2.34   二极管链总导通电压与二极管数目及温度的关系

为了抑制达林顿效应，可以从电路、版图和工艺方面采取改进措施。从电路方面考虑，可以在二极管链的某一个基极与 V_{DD} 之间接一个限位二极管，限制这个基极与 V_{DD} 之间的电位为该二极管的正偏导通压降，如图 2.35(a) 所示。从版图方面考虑，既然等面积二极管的电流从 V_{DD} 到 pad 是逐级缩小的，那么就可以使二极管的面积从 V_{DD} 到 pad 逐级放大，如图 2.35(b) 所示，从而实现恒电流，但这种方法给版图布局带来困难。从工艺方面考虑，可以采用适当的工艺来降低 pnp 管的电流增益 β，如采用 STI 隔离取代 LOCOS 隔离、采用倒阱(Retrograde)工艺取代扩散阱工艺来制备 n 阱等。图 2.36 给出了不同电路和不同制造工艺的二极管链 $I-V$ 特性，可见采用限位二极管、STI 隔离和倒 n 阱工艺，确实能有效改善二极管链的 ESD 鲁棒性。

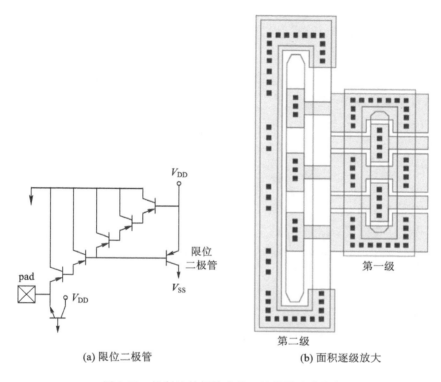

(a) 限位二极管　　　　(b) 面积逐级放大

图 2.35　抑制达林顿效应的二极管链改进方案

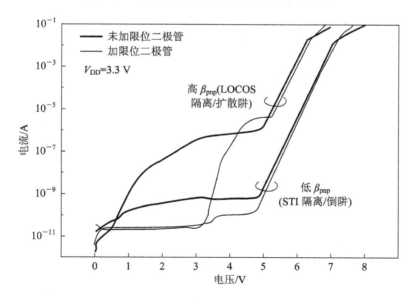

图 2.36　不同电路与不同制造工艺的二极管链 $I-V$ 特性

二极管链上二极管的合理数量应根据实际电路要求而定。例如，5 V 的 I/O 耐压和

3.3 V的V_{DD}需要5～6个二极管，2.2 V的I/O耐压和1.5 V的V_{DD}可能2～3个二极管更为合适。图2.37给出了一个实例。从ESD条件下的I-V特性(图2.37(a))来看，25℃下，3 kV HBM要求二极管链最大电流2 A，同时为防止输出缓冲器击穿，要求二极管链的钳位电压小于3 V，故1～2个二极管能满足要求；从正常工作条件下的I-V特性(图2.37(b))来看，要求漏电流不大于150 μA(芯片温度<100 ℃时)，同时2.2 V的I/O耐压V_{pad}和1.5 V的V_{DD}的容差均为±100 mV，因此二极管链的最大压降为$V_{padmax}-V_{DDmin}=$2.3 V−1.4 V=0.9 V，故2～3个二极管才能满足要求。综合上述两个条件，对于此例而言，2个二极管是最佳选择。

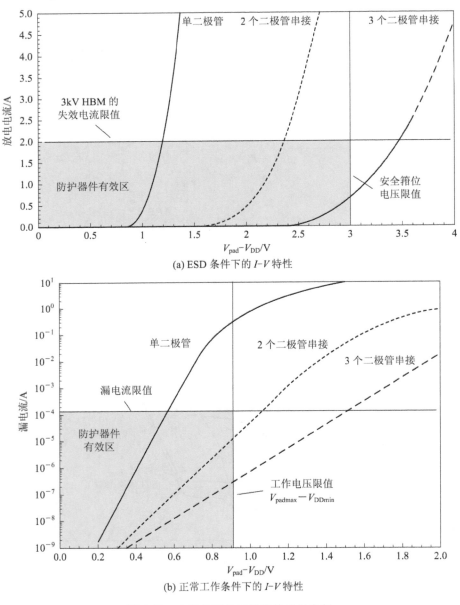

(a) ESD 条件下的 I-V 特性

(b) 正常工作条件下的 I-V 特性

图 2.37　二极管链的二极管数选择实例

二极管链用于 I/O pad－V_{DD} 防护时，可以每个 pad 各配置一个，图 2.38(a)所示三级 p^+/n 阱二极管链就是一种布局方式。这种配置总的占用面积大，只能布局在 pad 附近，而且每级的有效电阻高。另一种配置是多个 pad 共用一个二极管链，且通过一个较粗的 ESD 虚拟总线相连，如图 2.38(b)所示。此时，二极管链可以采用更大的尺寸，而且可放置到更适当的区域(如芯片角落、电源焊盘等处)，不仅节省了面积，而且改善了 ESD 鲁棒性。

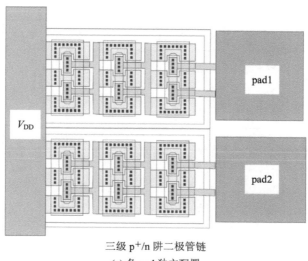

三级 p^+/n 阱二极管链

(a) 各 pad 独立配置

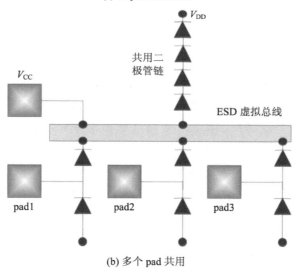

(b) 多个 pad 共用

图 2.38 二极管链的版图布局方式

如果在公共的 p 衬底上制作 n^+/p 阱二极管链，必须要增加额外的阱区或扩散区来实现二极管与 p 衬底的隔离，因此工艺比 p^+/n 阱二极管链复杂。图 2.39 给出了两种 n^+/p 阱二极管链的实现结构。图 2.39(a)结构引入深 n 阱(电位悬空)来实现 p 阱与 p 衬底之间以及二极管之间的隔离，缺点是需采用三阱工艺，而且占据面积较大。图 2.39(b)结构在二极管下方加入 p^- 扩散来实现二极管之间的隔离，面积比图 2.39(a)结构显著减少。这两种结构的等效电路相同，如图 2.39(c)所示，都形成不了达林顿组态，因此漏电流比前述的 p^+/n

阱二极管链小。

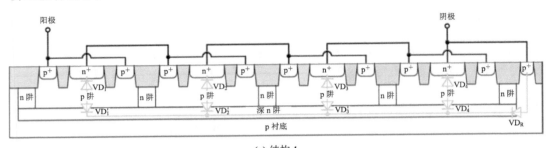

(a) 结构 1

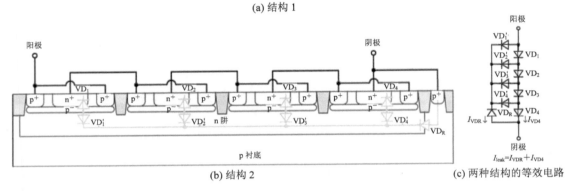

(b) 结构 2

(c) 两种结构的等效电路

图 2.39 n^+/p 阱二极管链

2.2.2   基于 MOS

1. GGNMOS 与 GDPMOS

栅、源、衬底都接地的 NMOS 管称为 GGNMOS(Gate-Grounded NMOS)，是最简单的骤回防护器件。如图 2.40 所示，它利用寄生的横向 n^+pn^+ 管实现骤回防护特性。当漏源电压 V_{Drain} 增加时，漏-衬底结反偏加强，最终导致雪崩击穿，形成的空穴电流 I_{sub} 流向衬底，在衬底电阻 R_{sub} 上的压降使寄生 npn 管导通，V_{Drain} 急剧下降，而漏源电流(即 npn 管的集-射极电流)却急剧上升，最终电流生成的热使 npn 管产生二次击穿。栅接地是为了保证防护 MOS 管在正常工作时不导通，同时栅氧漏电流被降低到最小程度。

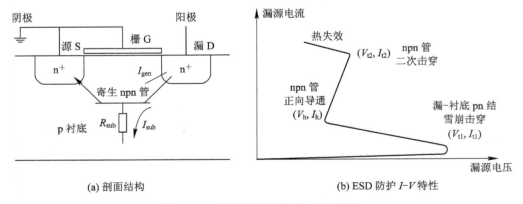

(a) 剖面结构

(b) ESD 防护 I-V 特性

图 2.40   GGNMOS 结构及 I-V 特性

根据 GGNMOS 的作用机理,影响其防护效果的主要有以下三个参数(这三个参数越大,则 ESD 鲁棒性越好):

(1)寄生 npn 管的电流增益 β:与沟道长度(基区宽度)、源区结深(发射效率)、沟道及衬底掺杂浓度(基区电阻)有关。β 越大,寄生 npn 管越容易导通。

(2)漏-衬底 pn 结的雪崩倍增因子 M:M 越大则击穿时的结电压越小,在同样功耗下的结电流就越大。

(3)p 衬底或 p 阱的电阻率:取决于掺杂浓度。掺杂浓度越低,电阻率越大,衬底电阻越大,寄生 npn 管越容易导通。

从版图设计的角度看,影响 GGNMOS 防护效果的主要有以下三个参数(参见图 2.41):

(1)沟道长度 L:就是寄生 npn 管的基区宽度,从增加其电流增益 β 考虑,应越小越好,前提是不能发生沟道穿通。

(2)漏接触与栅边缘的间距 DCGS:增加 DCGS 可使漏结的最大热点(即 ESD 时电流密度与电场强度的乘积 $J \cdot E$ 最大处,位于沟道右端点)远离漏极接触孔与互连线,避免出现金属化熔融,且可增加起镇流作用的漏极扩展电阻的值,这都有助于提高 ESD 鲁棒性。不过,过大的 DCGS 会增加放电阻抗和热产生速率,因此存在一个最佳值(如 0.25 μm 工艺下约为 5 μm)。如果漏区表面覆盖有硅化物,则增加 DCGS 无效果,因高电导率的硅化物会使接触孔与栅之间呈现极低电阻,故应采用支持硅化物阻挡(SAB)的工艺。

(3)源接触与栅边缘的间距 SCGS:源结承载的电流远小于漏结,增加 SCGS 对提升 ESD 防护能力无益,反而降低了放电阻抗,故 SCGS 应取设计规则允许的最小值。

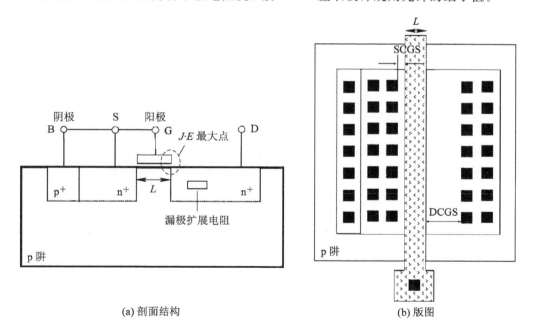

(a) 剖面结构   (b) 版图

图 2.41 GGNMOS 版图参数

从图 2.42 给出的实测特性来看,漏接触与栅的间距 DCGS 越大,沟道长度 L 越短,则 HBM 失效电压越高,亦即 ESD 鲁棒性越好。而且,加入硅化物之后,会使 HBM 失效电压大幅下降且不再随 DCGS 而变化。

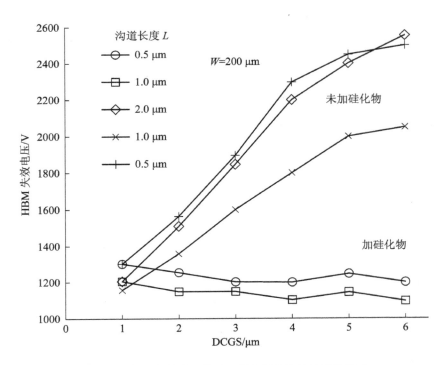

图 2.42　版图参数及工艺对 GGNMOS 防护效果的影响

　　为了减少栅介质的漏电流，GGNMOS 的栅介质可以改用更厚的场氧（FOX，Field OXide）制作，被称为厚氧 NMOS（TGNMOS，Thick-Gate NMOS）。不过，其触发电压要高于薄栅氧的 GGNMOS，常用于二级输入防护架构中的第一级。图 2.43 给出了 TGNMOS 管的剖面结构和版图，除了采用厚场氧作为栅氧化层之外，还在 n^+ 区下方增加了深 n 阱，目的是

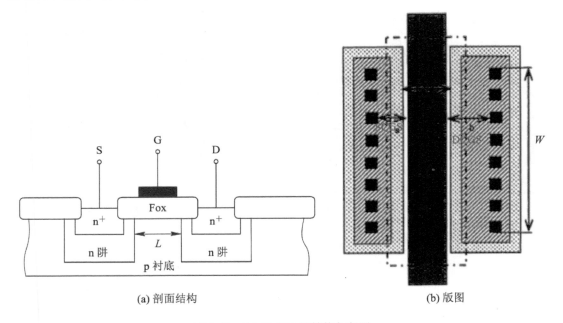

图 2.43　TGNMOS 的结构与版图

进一步增强 TGNMOS 的散热能力，从而改善 ESD 鲁棒性。图 2.44 给出了 TGNMOS 的 HBM 失效电压随漏接触与栅缘的间距 DCGS 变化的实测特性，规律与薄栅 GGNMOS 相同，也表明使用 LDD 和硅化物会显著降低 TGNMOS 的防护效果。

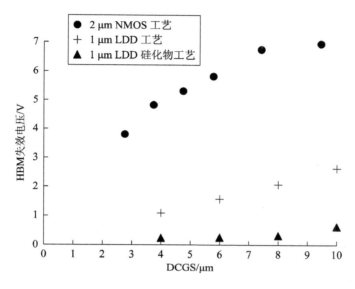

图 2.44　版图参数及工艺对 TGNMOS 防护效果的影响

　　通常 GGNMOS 接到 I/O 与 V_{ss} 之间，如果 I/O 出现正向 ESD 脉冲（PS 模式），则 GGNMOS 可以提供骤回特性的 ESD 防护；如果 I/O 出现的是负向 ESD 脉冲（NS 模式），GGNMOS 的漏-衬底 n^+/p 结也能提供正偏二极管钳位保护，不过防护性能弱于 PS 模式。

　　GGNMOS 不宜直接用于 I/O-V_{DD} 防护。图 2.45 给出了 GGNMOS 用于 PD 模式防护的场景，此时 ESD 放电脉冲直接加在栅氧化层两侧，很容易导致栅氧击穿。通常采用栅接电源的 GDPMOS（gate-V_{DD} PMOS）完成 I/O-V_{DD} 之间的 ESD 防护，在 ND 模式下寄生 pnp 管导通形成骤回防护 I-V 特性，在 PD 模式下靠漏-衬底二极管形成钳位保护，作用机理与 GGNMOS 类似。图 2.46 给出了同时采用 GGNMOS 和 GDPMOS 的双向 ESD 防护电路。为叙述简便，以下将 GGNMOS 和 GDPMOS 统称为 GGMOS。

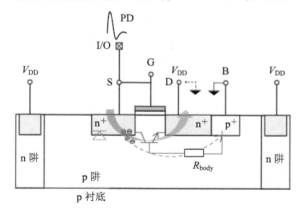

图 2.45　GGNMOS 用于 PD 模式防护场景

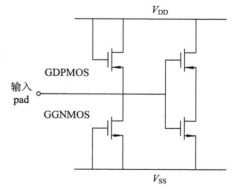

图 2.46　采用 GGNMOS 和 GDPMOS 的双向 ESD 防护电路

不过，CMOS 结构中的寄生 pnp 管相对于寄生 npn 管性能更差，因空穴迁移率低于电子迁移率，导致电流增益低，从而维持电压更高，失效阈值更低。GDPMOS 在 0.18 μm 工艺和同样版图尺寸下的二次击穿电流 I_{t2} 比 GGNMOS 小 30%（参见图 2.47），而且不得不采用更大的面积，只是漏电流比 npn 管小。

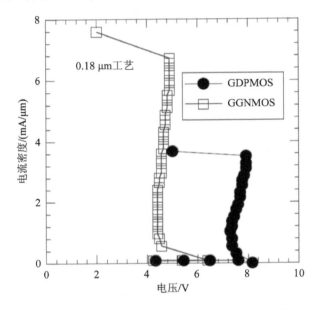

图 2.47　GDPMOS 和 GGNMOS 防护特性的比较

事实上，在 CMOS 工艺制作的 PMOS 管下方，同时存在着横向 pnp 管和纵向 pnp 管。如图 2.48 所示，既可以利用横向 pnp 管实现 GDPMOS，作为 I/O $-V_{DD}$ 防护；也可以利用纵向 pnp 管实现 p^+/n 阱二极管，亦可作为 I/O $-V_{DD}$ 防护。

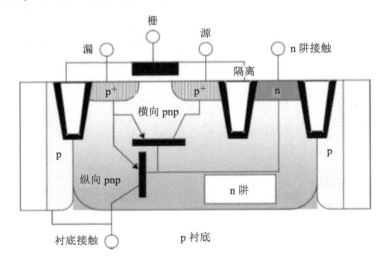

图 2.48　CMOS 结构中的寄生 pnp 管

为了提高寄生双极晶体管的横向电流容量，GGNMOS 和 GDPMOS 都可以采用阴极环绕阳极的版图结构，如图 2.49 所示。

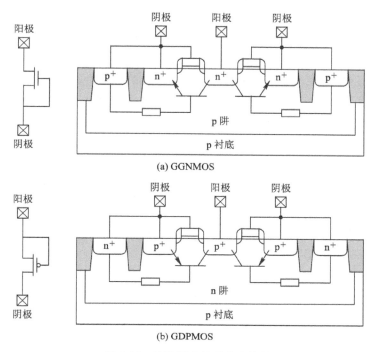

图 2.49 GGMOS 的环绕式结构

GGMOS 防护器件的优点是与标准 CMOS 结构和工艺全兼容,属于最简单的骤回器件,而且可利用已有的 SPICE(Simulation Program with Integrated Circuit Emphasis)成熟模型与功能电路一起进行仿真验证,同时也易于平移到尺寸更小的工艺,而不至于使 ESD 性能产生大的退化。缺点则体现在三个方面:一是鲁棒性差,与二极管和 SCR 防护器件相比,GGMOS 泄放电流的能力最差,导通电阻也较高;二是面积开销大,寄生效应严重,不太适合高频、管脚密度大和面积敏感的芯片;三是触发电压高且有均匀性要求,可引入栅触发或/和衬底触发电路来降低触发电压,并改善多叉指器件的触发均匀性。

2. 栅耦合与衬底触发

为了降低触发电压,在 ESD 脉冲来临之际,给 NMOS 管施加一定的栅压,诱发衬底电流,使寄生 npn 管的 BE 结更趋于正偏,称为栅耦合 NMOS(GCNMOS,Gate-Coupled NMOS)。GCNMOS 的具体实现有以下两种方案:

(1) RC 触发。如图 2.50(a)所示,其中 R_C、C_C 的值应这样选择:在正常工作条件(pad 电压最大为 V_{DD})下,栅压小于 NMOS 管的阈值电压 V_{TH}(最好为 0);在 ESD 条件(pad 电压为 ESD 触发电压 V_{t1})下,栅压大于 V_{TH},且处于使触发电压最低的范围内(参见图 2.51)。例如,ESD 使 pad 电压 0→9 V/10 ns 时,栅压的最佳值为 1.8 V,而正常工作条件下 pad 电压 0→V_{DD}/10 ns 时,栅压为 0.4 V。对于 100 μm 宽的 NMOS 管,可取 R_C=9.4 kΩ、C_C= 200 fF。C_C 常用短路源-漏与栅之间形成的 MOS 管电容,R_C 常用 n 阱电阻。如果 NMOS 管本身的栅-漏电容能够满足触发要求,可以不另加 C_C。C_C 有时可用齐纳二极管代替。R_C 为 ESD 触发完成后的 C_C 提供放电通道,避免 NMOS 管的放电影响。

(2) 栅触发。如图 2.50(b)所示,在正常工作条件下,栅耦合 NMOS 管截止;在 ESD 条件下,栅耦合 NMOS 管导通(导通机制与 GGNMOS 类似),为主防护 NMOS 管提供一定的栅压。

图 2.51 是 5 μm 工艺下 GCNMOS 触发电压与栅压的关系。可见，与栅直接接地的 GGNMOS 相比，GCNMOS 通过提高栅压确实可以显著降低触发电压。不过，过高的栅压可能会使 NMOS 表面出现反型沟道，ESD 电流亦可通过此沟道放电，又会使触发电压回升，而深亚微米器件使用的浅结和 LDD 结构会对此电流的量有所限制。沟道尺寸越小，栅耦合的有效性越弱。与栅触发相比，RC 触发对栅压的控制更为精确，但会给 pad 引入数百飞法(fF)的电容，对高频应用产生不利影响。

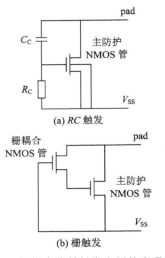

图 2.50　栅耦合降低触发电压的实现方案

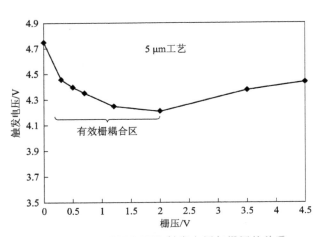

图 2.51　GCNMOS ESD 触发电压与栅压的关系

图 2.52 对 1 μm 硅化物工艺下多叉指 GGNMOS 和 GCNMOS 的 ESD 失效电压分布进行了对比。可见，栅耦合不仅能够有效地降低触发电压，改善 ESD 鲁棒性，而且可以改善多叉指器件的触发均匀性。比较宽长比同为 500 μm/1 μm 的 GGNMOS 和 GCNMOS 的失效电压分布，就可以看出这一点。

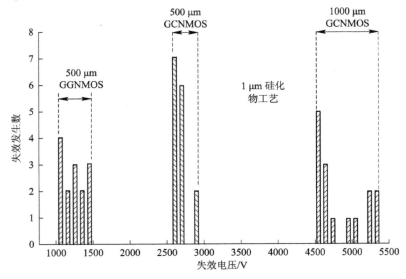

图 2.52　多叉指 GGNMOS 和 GCNMOS ESD 失效电压分布的比较

　　图 2.53 是利用 RC 触发 GCNMOS 实现输入到 V_{SS} 的两级防护电路。靠 GCNMOS2 即可完成 HBM 防护,再加上 GCNMOS1 和隔离电阻可完成 CDM 防护。GCNMOS2 的尺寸大约是 GCNMOS1 的 1/5,二者所用的 R、C 的值是相同的。隔离电阻的典型值为 100 Ω。同时,利用两个层叠 NMOS 管实现输入到 V_{DD} 的防护。

　　图 2.54 是利用 RC 触发 GCNMOS 实现输出到 V_{SS} 的防护电路,其中的隔离电阻仅当输出缓冲器的 MOS 管尺寸过小(如宽度小于 50 μm)时才需要加。

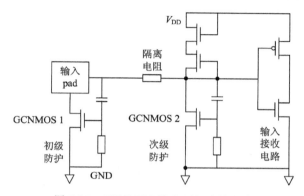

图 2.53　GCNMOS 输入两级防护电路

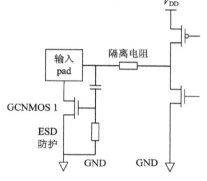

图 2.54　GCNMOS 输出防护电路

　　如果衬底电阻率较低或是采用了硅化物工艺,栅耦合的效果将会降低,此时可考虑采用衬底触发。如图 2.55 所示,NMOS 衬底触发是在主防护 NMOS 管的衬底加一个小的偏压,相当于增加了寄生 npn 管的基极电压,增强了其 BE 结的正偏,从而降低了触发电压。正常工作条件下,衬底触发 NMOS 管截止,不会贡献漏电流;ESD 条件下,衬底触发 NMOS 管导通,形成的衬底电流为防护 NMOS 管提供一定的衬底偏压。从图 2.56 可见,衬底触发在降低触发电压的同时,还可显著增加二次击穿电流 I_{t2}。

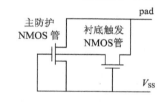

图 2.55　衬底触发 GGNMOS 电路

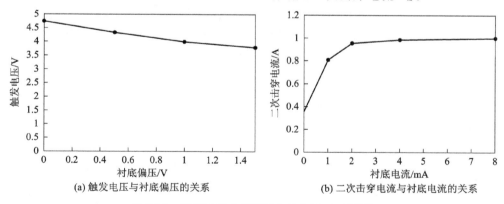

(a) 触发电压与衬底偏压的关系　　　(b) 二次击穿电流与衬底电流的关系

图 2.56　衬底触发 GGNMOS 的电流-电压特性

　　栅触发与衬底触发还可以联合应用,电路如图 2.57(a)所示。栅触发和衬底触发电路的共同缺点是增加的触发管大大增加了正常工作条件下的漏电流,原因是 ESD 放电结束后,栅触发的残余电荷使主防护 NMOS 管处于中等或强反型,而衬底偏压降低了主防护 NMOS 管的阈值电压。为减少漏电,可增加一个 NMOS 管,如图 2.57(b)中的 M_{leak}。该管在正常工作条件下导通,将主防护 MOS 管的栅极短路到地;在 ESD 条件下因未加 V_{DD} 而浮空,整个电路成为栅-衬底触发 NMOS。实测结果表明,在 $0.18~\mu m$ 工艺下,此法可降低漏电流达五个数量级。

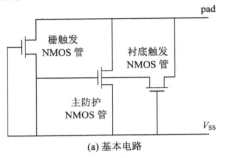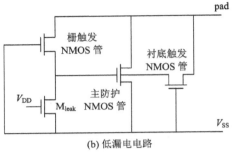

图 2.57　栅-衬底触发 NMOS 防护电路

利用 PMOS 管而非 NMOS 管同样能实现衬底触发。如图 2.58 所示,在正常工作条件下,V_{DD} 有效使 PMOS 管截止,不会贡献漏电流和改变衬底偏压;在 ESD 条件下,V_{DD} 浮空,PMOS 管导通(机制与 GDPMOS 类似),其漏源电流流过衬底电阻 R_{sub},为主防护 NMOS 管提供一定的衬底偏压。PMOS 触发的限制条件是 I/O 电压不得超过 V_{DD},而 NMOS 衬底触发则允许 I/O 电压超过 V_{DD}。图 2.59 是 PMOS 触发的一种实现结构,其中主防护 NMOS 管是两个 NMOS

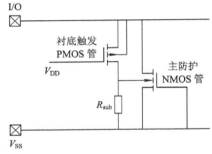

图 2.58　PMOS 触发的 NMOS 防护电路

管的并联,目的是增加导通电流;PMOS 触发管的有源区表面和 NMOS 管的漏区表面都加有硅化物阻挡层(SAB),目的是增加 ESD 鲁棒性。

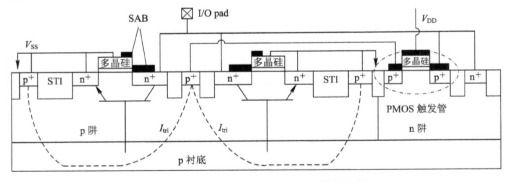

图 2.59　PMOS 触发 NMOS 防护结构实例

通过 TLP I-V 测试,将常规 GGNMOS 与三种尺寸的 PMOS 衬底触发 NMOS 进行了比较,结果如图 2.60 所示。可见,常规 GGNMOS 的触发电压明显高于 PMOS 触发 NMOS 的触发电压;对于 PMOS 衬底触发 NMOS 而言,PMOS 管宽度越大,触发电压越低。如果 NMOS 宽度为 $50~\mu m$,PMOS 管的宽度从 $10~\mu m$ 增至 $50~\mu m$ 时,NMOS 的触发电压从 $7~V$ 降至 $5~V$。这是因为大尺寸的 PMOS 可形成更大的注入电流,从而提供更大的衬底偏压。

衬底电阻调制是降低触发电压的另一种方法。如图 2.61(a)所示,在 GGNMOS 的 n^+ 源极与 p 衬底之间插入一个 n 阱区,并使它与防护器件阳极(I/O pad)相连。在 ESD 条件下，n阱与p衬底间pn结反偏加重，耗尽层扩展使得衬底电阻R_{sub}加大，从而可在较小的触发电流下形成较大的BE结正偏压，导致触发电压降低。图2.61(b)是一种对称型带衬底电阻调制的GGNMOS器件结构。

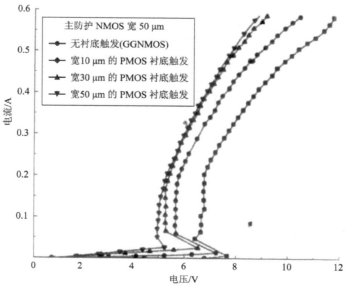

图2.60 衬底触发对MOS防护结构$I-V$特性的影响

(a) 电路图

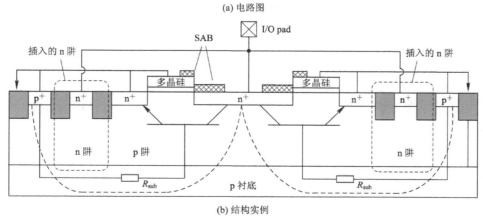

(b) 结构实例

图2.61 带衬底电阻调制的GGNMOS

PMOS触发与衬底电阻调制也可以联合应用，其电路及结构如图2.62所示。图2.63

给出的 TLP 测试结果表明,同时使用 PMOS 衬底触发和衬底电阻调制技术,可以使 200 μm 宽的 GGNMOS 的触发电压从 6.9 V 降至 3 V,同时还可以使失效电流增加 23.5%。

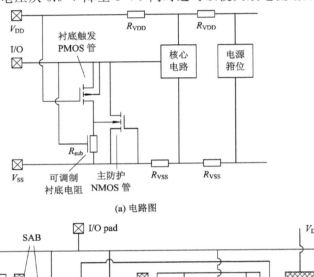

(a) 电路图

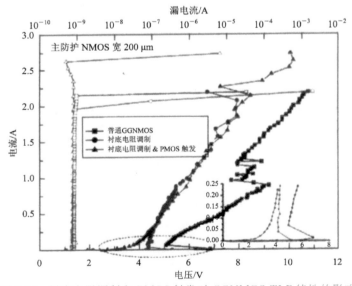

(b) 结构实例

图 2.62 同时使用 PMOS 触发和衬底电阻调制的 GGNMOS

图 2.63 衬底电阻调制和 PMOS 触发对 GGNMOS TLP 特性的影响

3. 多叉指与镇流电阻

要达到 20 V/μm 的防护能力，GGNMOS 的放电电流密度必须达到 3～10 mA/μm，8 kV HBM 就要求 NMOS 的栅宽达到数百 μm。如此大面积的管子，如仍采用条形单指布图，很容易产生因工艺缺陷导致电流集中，形成局部热点，故常采用多叉指版图(multi-finger，也称多梳齿，每叉指约长 10～100 μm)。图 2.64 给出了 GGNMOS 多叉指版图布局的一个例子，其中的 S、G、D 和 B 分别指源、栅、漏和衬底(体)。在常规 CMOS 设计中，这种多叉指版图布局常常出现在输出缓冲管的设计中。

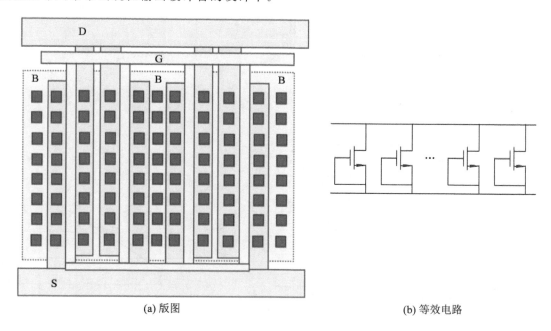

(a) 版图　　　　　　　　　　　(b) 等效电路

图 2.64　GGNMOS 的多叉指布局实例

多叉指要求各个叉指在 ESD 脉冲到来时要同时触发导通，否则可能某些叉指已二次击穿，而其他叉指尚未导通，这将会严重影响 ESD 鲁棒性。图 2.65 给出了一个不均匀导通的 28 叉指 GGNMOS 实例，可见虽然多数叉指在 3000 V 左右导通，但也有少数叉指在 2000 V 左右就导通了，还有叉指的导通电压高达 7000 V 以上，先行导通的叉指可能会承受到它不应该承受的大电流而受损。

图 2.66 给出了两个先行触发的叉指的 ESD I-V 特性。如果某叉指的触发电压大于其失效电压，即 $V_{t1} > V_{t2}$，就会出现第一个导通的叉指已失效，而其他叉指尚未导通(出现二次及更多次回滞)的情况，为此需采用栅触发或衬底触发等方法来降低触发电压以保证 $V_{t1} < V_{t2}$，确保在所有叉指导通前不会出现二次击穿。

如果各个叉指都能够同时触发，则叉指数的增加会使二次击穿电流成比例增加，同时保证触发电压和维持电压不变。图 2.67 给出了多叉指均匀触发条件下的 I-V 特性以及失效电流与叉指数的关系。

在漏与 I/O pad 之间串入电阻，不仅可限制 ESD 发生时通过 GGNMOS 的电流，而且有助于改善多叉指 GGNMOS 的电流均匀性，使各个叉指能够均匀触发，称之为镇流电阻(Ballast Resistor)。图 2.68 给出了加镇流电阻前后的多叉指 GGNMOS 等效电路。

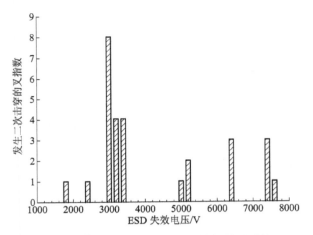

图 2.65 28 叉指 GGNMOS 不均匀导通时的
失效电压分布

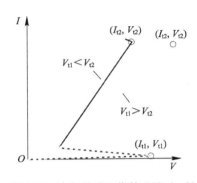

图 2.66 先行导通叉指的 ESD I-V
示例特性

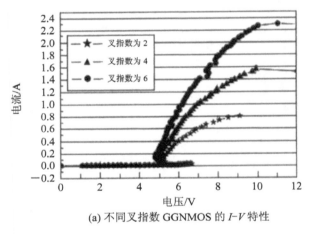

(a) 不同叉指数 GGNMOS 的 I-V 特性

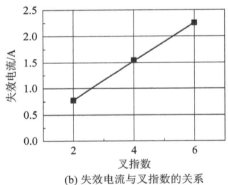

(b) 失效电流与叉指数的关系

图 2.67 均匀触发 GGNMOS 的 I-V 特性与叉指数的关系

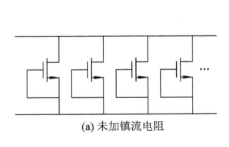

(a) 未加镇流电阻

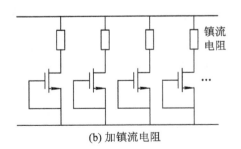

(b) 加镇流电阻

图 2.68 多叉指 GGNMOS 等效电路

这里稍详细地分析一下镇流电阻改善叉指间电流均匀性的机理。以两叉指 GGNMOS 为例，如果没有镇流电阻（图 2.69(a)），假定 ESD 脉冲使叉指 1 先被触发，$V_{pad} = V_{d1} = V_{d2}$ 下降，使得叉指 2 无法被触发。如果叉指 1 的二次击穿电压 V_{t2} 小于叉指 2 的触发电压 V_{t1}，则直到叉指 1 失效，叉指 2 也未能导通，故在此过程中叉指 1 承担了全部的泄放电流。如果

有镇流电阻 R_{bal}（图 2.69(b)），假定 ESD 脉冲使叉指 1 先被触发，此时 $V_{d1}=V_{t1}$，$V_{pad}=V_{t1}+R_{bal}I_{t1}$，叉指 2 可能仍然无法导通。不过，随着电流的增加，V_{pad} 不断上升，就可能在叉指 1 二次击穿前，叉指 2 被触发，从而分担泄放电流（单叉指电流从 $I_{r1,max}$ 下降到 $0.5I_{r1,max}$）。在这种情况下，不会出现叉指 1 比叉指 2 先击穿的条件是

$$V_{t1}+R_{bal}I_{t1}<V_{t2}+R_{bal}I_{t2} \tag{2.3}$$

由此可计算出镇流电阻限值的下限：

$$R_{bal}>\frac{V_{t1}-V_{t2}}{I_{t2}-I_{t1}} \tag{2.4}$$

而镇流电阻的上限由维持电压值决定。例如，10 叉指 GGNMOS 要求泄放电流 1 A、维持电压 1 V，则 $R_{bal}=10\ \Omega$。

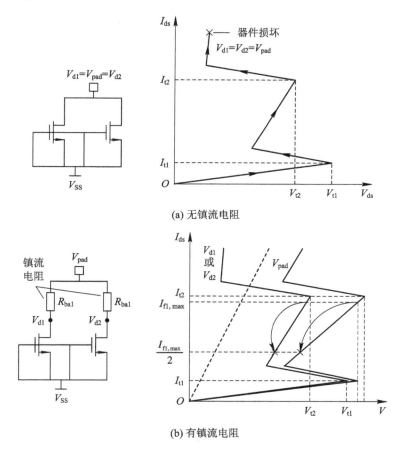

(a) 无镇流电阻

(b) 有镇流电阻

图 2.69 镇流电阻对 GGNMOS ESD 特性的影响

镇流电阻可用 n 阱电阻或者多晶硅电阻来实现。n 阱电阻因电阻率较高，相对于别的扩散电阻占用硅面积较小，而且具有通往衬底的垂直热阱，散热能力强。多晶硅电阻可以不占用硅面积，但热导率低，容易导致自身的热失效。图 2.70 给出了引入镇流电阻的 GGNMOS 剖面结构以及多叉指版图。之前所述的通过增加 GGNMOS 的漏区接触孔与沟道的间距 DCGS 来加强 ESD 鲁棒性，实际上相当于通过增加漏区扩展长度来增加镇流电阻。

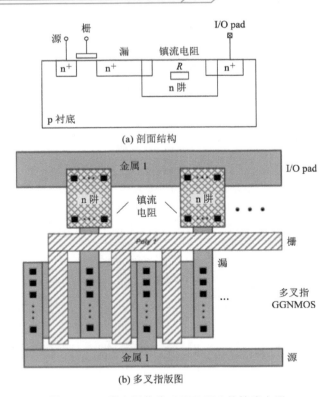

(a) 剖面结构

(b) 多叉指版图

图 2.70   n 阱电阻作为 GGNMOS 的镇流电阻

多叉指 NMOS 器件的防护能力也与版图布局方式有关，因为后者会影响叉指间电流分布的均匀性。推荐的布局方式有 BSGD－DGSBSGD－DGSB、B－DGSGD－B－DGSGD－B、BSGD－GSGDGSB 和 BSGD－GSB－SGDGSB 等。图 2.64(a)的布局方案就是 BSGD－DGSBSGD－DGSB，常被看作是多叉指 GGNMOS 的最佳布局方案。

4. 版图设计优化

在 GGNMOS 的版图设计中，源区和漏区靠近栅的一侧采用圆角或斜角而非直角，这有利于避免电流集中和局部过热。图 2.71 是漏源区内侧采用圆角的厚氧 GGNMOS 的版图。

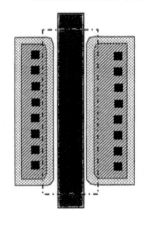

图 2.71   漏源区内侧采用圆角的厚氧 GGNMOS 版图

与之前二极管链的设计(图 2.25)类似,由互连走线决定的 GGNMOS 输入与输出电流的走向会导致不同的电流密度空间分布,对 ESD 的防护效果产生显著的影响。图 2.72 给出了三种防护效果不同的电流走向设计,图 2.72(a)的电流右上入、右下出,输入与输出电流走向相反,导致右侧区域的电流密度远高于左侧区域,是相对最差的一种设计;图 2.72(b)的电流右上入、左下出,输入与输出电流走向相同,左、右侧的电流密度相当,是相对较好的一种设计;图 2.72(c)的电流上入、下出,输入与输出电流沿宽度方向流动,不仅电流分布均匀,而且平均电流密度小,属于最好的一种设计,但占用版图面积大,布线也相对困难。

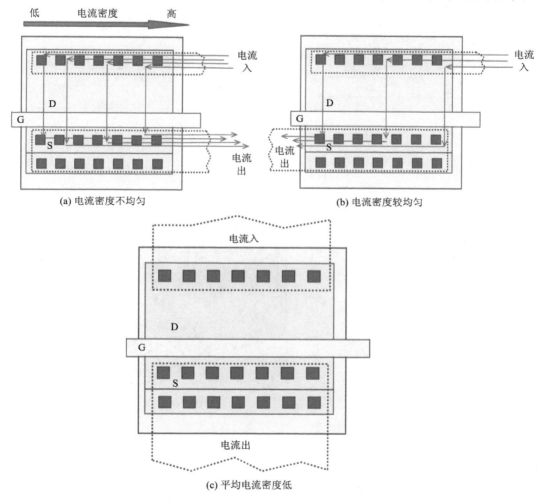

图 2.72　输入输出电流走向不同的三种 GGNMOS 版图布局

接触孔密度的均匀性也会影响电流密度以及温度分布的均匀性。图 2.73 给出了两种接触孔间距不均匀的版图实例。在图 2.73(a)中,接触孔间距的不均匀加剧了电流走向不合理导致的电流密度的不均匀,从而形成局部过热效应。在图 2.73(b)中,上半部分接触孔均匀排布,电流密度均匀;下半部分接触孔不均匀排布,电流密度不均匀。

为了改善 MOS 型防护器件泄放电流小的缺点,对需要大电流防护的电路(如输出 pad 防护电路),GGMOS 可以采用某种特殊形状的图形。图 2.74 给出了其中两种,其中图 2.74(a)的形状很像华夫饼干,被称为华夫(Waffle)形单元,漏区的菱形结构使版图中尖锐

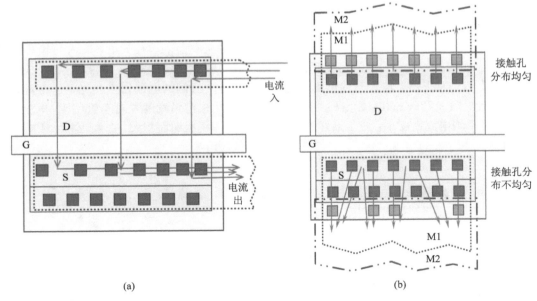

图 2.73　接触孔间距不均匀的版图实例

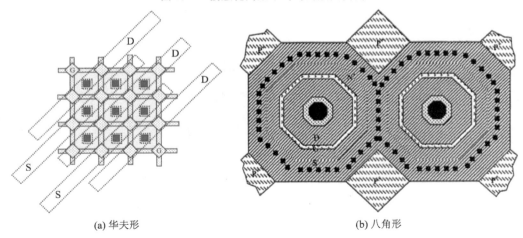

(a) 华夫形　　　　　　　　　　(b) 八角形

图 2.74　大电流防护用 MOS 型防护器件的版图示例

的角变平滑，抑制了局部电场强度，适合具有 LDD 结构和采用硅化物工艺的 MOS 防护器件；图 2.74(b) 是八角形单元，其作用与华夫形单元类似，因为用钝角取代了直角，故具有更强的 ESD 防护能力，而且与 pad 布图的适配性更好。实测结果表明，在 $0.6~\mu m$ 工艺下，八角形单元的 ESD 防护能力比常规多叉指 MOS 布图提高了近 40%。

2.2.3　基于 SCR

在第 1 章中讨论过的闩锁效应是 CMOS 芯片独有的一种失效模式，在内部电路中要避免这种效应的发生。不过，利用这种效应却能制作出性能最为优异的 ESD 防护器件，这就是 SCR(Silicon Controlled Rectifier，可控硅或晶闸管) 防护器件。在 CMOS 芯片内部电路出现闩锁会导致芯片被烧毁，在 CMOS 芯片端口处加入 SCR 防护器件却能有效地防止静电等电过应力导致的破坏。

1. SCR 防护结构

SCR 防护器件的剖面结构、等效电路和 $I-V$ 特性如图 2.75 所示。CMOS 工艺实现的 SCR 结构是 pnpn 四层结构，由 npn 管、pnp 管、n 阱电阻和 p 衬底（或 p 阱）电阻组成。为了与分立的晶闸管相区别，用 CMOS 实现的 SCR 常被称为横向 SCR(LSCR, Lateral SCR)。在正常工作电压下，npn 管和 pnp 管都截止，从阳极到阴极无电流。在正向 ESD 脉冲下，阳极电压增加时，npn 管和 pnp 管的 BC 结反向偏压都增加，直至 npn 管的 BC 结形成雪崩击穿（因 npn 管的电流增益高于 pnp 管，故先于 pnp 管被击穿）；形成的电流流过 n 阱电阻使 pnp 管导通，导通电流流过 p 衬底（或 p 阱）电阻后又使 npn 管导通；此正反馈使得无须增加阳极电压即可出现从阳极到阴极的大电流，形成骤回 $I-V$ 特性。这个过程与 CMOS 形成闩锁的机制完全相同。图 2.75(a)中标出了 SCR 导通时放电电流的路径。在反向 ESD 脉冲下，SCR 相当于正偏二极管，由 n 阱/p 衬底（或 p 阱）pn 结构成，呈现非骤回 $I-V$ 特性。

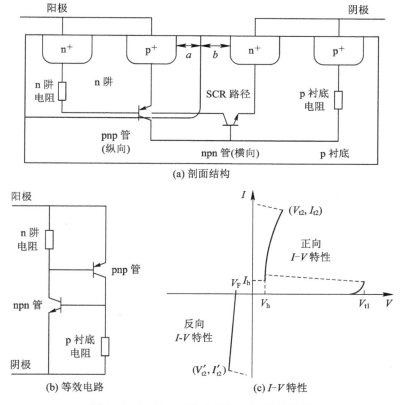

图 2.75 CMOS 工艺实现的 SCR 防护器件

SCR 防护器件的关键版图参数是阴极 p^+ 区与阳极 n^+ 区的横向间距，即我们在分析闩锁时重点讨论过的 p^+/n^+ 间距，因为它在很大程度上决定了 ESD 放电通道的阻抗与 SCR 电流增益的乘积。如图 2.75(a)和图 2.76 所示，p^+/n^+ 间距由 a 和 b 两部分构成，a 是阴极 n^+ 区与 p 阱边缘的横向间距，相当于横向 npn 管的基区宽度，越短则 npn 管的电流增益越大，如果过短则易在正 ESD 脉冲下诱发不期望的穿通效应；b 是 p 阱边缘与阳极 p^+ 区的横向间距，相当于横向 pnp 管的基区宽度，越短则 pnp 管的电流增益越大。另外，互连线与接触孔的布局位置也很重要。

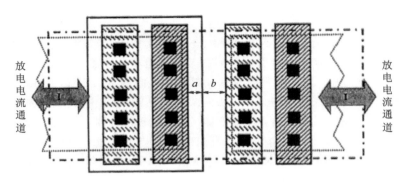

图 2.76　SCR 防护器件的版图

SCR 器件可以用于各种防护模式，包括 $I/O-V_{ss}$、$I/O-V_{DD}$ 和电源钳位。与二极管防护器件和 MOS 防护器件相比，SCR 防护器件的优点和缺点都非常突出。SCR 防护器件的优点体现在以下方面：

（1）最小的功耗和最大的失效电流。在所有 ESD 防护器件中，SCR 具有最优的大电流特性，失效电流 I_{t2} 远高于 GGNMOS。

（2）最高的面积效率。SCR 单位长度的耐压可以达到 $80\ V/\mu m$，远高于 GGNMOS 和二极管。由于实现面积小，所以寄生电容也小。

（3）最深的骤回特性。这是因为 SCR 的触发电压高而维持电压低。

SCR 防护器件的设计难点体现在其闩锁的可控性，即要保证在 ESD 来到时形成闩锁，在正常工作条件下绝不能发生闩锁。就以上介绍的基本 SCR 防护结构而言，SCR 防护器件存在以下缺点：

（1）触发电压 V_{t1} 过高。SCR 的触发电压通常为低掺杂的 p 阱/n 阱结的击穿电压，可达到 $12\sim50\ V$，而 GGNMOS 在类似的工艺与版图尺寸下为 $5\sim10\ V$。此触发电压容易超过栅氧击穿电压，导致在 SCR 防护器件尚未导通的情况下已发生栅氧击穿。这是限制 SCR 在低压 CMOS IC 中应用的主要因素。

（2）维持电压 V_h 过低。SCR 的维持电压常低至 $2\ V$ 以下，对于 $0.18\ \mu m$ CMOS 工艺的典型值约为 $1.5\ V$，而 GGNMOS 为 $3\sim5\ V$。此维持电压容易超过电源电压，在正常工作条件下或老化试验（温度和电压高于正常工作条件，如 $125\ ℃$、$V_{DD}+30\%$）时易诱发内部电路的闩锁，导致芯片损坏。

（3）开启速度比 pn 结二极管慢。这是因为 SCR 的导通过程不止涉及一个 pn 结。

（4）作为骤回器件只能单向使用。基本 SCR 结构在反向时相当于正偏二极管，导通电压过低，不具备骤回特性，因此只能用作单向防护器件。

针对于此，分别从降低触发电压、增大维持电压以及实现双向防护等角度出发，出现了多种改进的 SCR 结构及电路。

2. 降低触发电压

为了降低 SCR 的触发电压，对普通 LSCR 的结构和电路进行改良，形成了多种类型的 SCR 器件与电路。

1）MLSCR 与 LVTSCR

首先出现的是 MLSCR（Modified LSCR）。在普通 LSCR 的 n 阱与 p 阱（或 p 衬底）之间的结表面增加 n^+ 区，使击穿首先发生于此 n^+/p 阱结而非 n 阱/p 阱结，从而使触发电压降低，被称为 N_MLSCR。也可采用在 n 阱/p 阱表面插入 p^+ 区的方法来降低触发电压，被称为 P_MLSCR。MLSCR 在历史上也曾被称为中等触发电压 SCR（MVTSCR，Medium-Voltage Triggered SCR）。图 2.77 是 $0.25~\mu m$ STI 隔离双阱 CMOS 工艺制备的常规 LSCR，图 2.78 是此工艺制备的 N_MLSCR，前者的触发电压为 22 V，后者则降到了 12 V 左右。

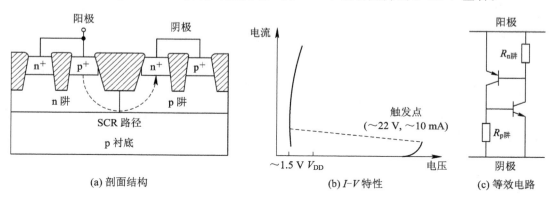

图 2.77　双阱工艺制备的常规 LSCR

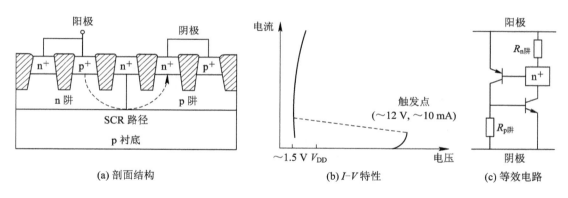

图 2.78　双阱工艺制备的 N_MLSCR

在 MLSCR 结构的基础上，再在表面 n^+ 区与 n^+ 区之间加一栅极，构成一 NMOS 管，此时击穿电压取决于这个 NMOS 管的漏结击穿电压或源漏穿通电压，触发电压可进一步降低到 7～9 V 区间。此结构被称为低触发电压 SCR（LVTSCR，Low-Voltage Triggering SCR），如图 2.79 所示。

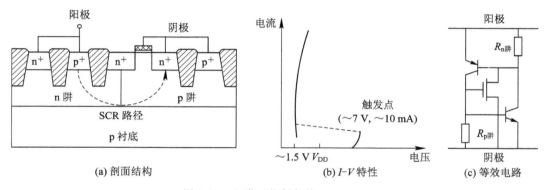

图 2.79　双阱工艺制备的 LVTSCR

2）栅触发 TLSCR

与引入栅触发或衬底触发来降低 GGNMOS 触发电压的方式类似，也可以引入触发电路来降低 SCR 的触发电压。LSCR 和 MLSCR 是靠内部的 pn 结反向击穿来实现触发的，LVTSCR 是靠 MOS 沟道源-漏穿通来实现触发的，这类触发方式被称为被动触发。如果在 ESD 到来时，利用外部辅助电路加入触发电压或者注入触发电流，即可实现 SCR 的提前开启，从而降低了触发电压，这类触发方式称为主动触发。

将 LVSCR 中的触发 MOS 管的栅极从接地改为接 RC 支路。正常工作条件下触发 MOS 管因栅压 $V_g < V_{th}$（MOS 管的阈值电压）而不导通，ESD 条件下触发 MOS 管因栅压 $V_g > V_{th}$ 而导通，进而诱发 SCR（提前）导通。此类栅触发 SCR 有两种类型。如图 2.80 所示，利用 $R_p C_p$ 支路为触发 PMOS 提供栅压，PMOS 导通后为 SCR 中的 npn 管提供正向的基极偏压，诱发 SCR 导通，实现 I/O – V_{DD} 防护，称为 PMOS 触发 SCR（PTLSCR，PMOS-Triggered

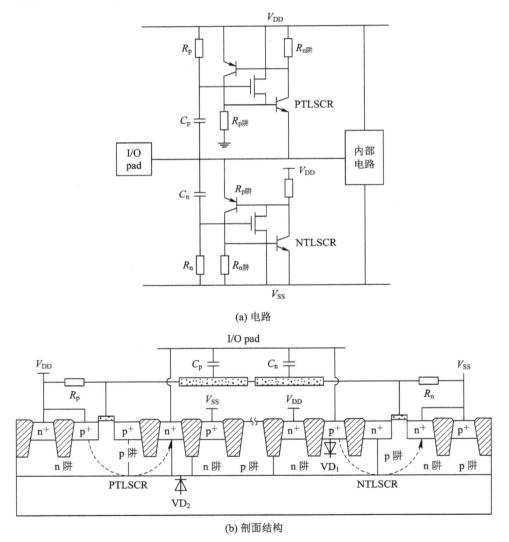

(a) 电路

(b) 剖面结构

图 2.80　双阱工艺制备的栅触发 LSCR

LSCR)；利用 $R_n C_n$ 支路为触发 NMOS 提供栅压，NMOS 导通后为 SCR 中的 pnp 管提供负向的基极偏压，诱发 SCR 导通，实现 I/O $-$ V_{SS} 防护，称为 NMOS 触发 SCR(NTLSCR，NMOS-Triggered LSCR)。图 2.81 给出了 0.25 μm CMOS 工艺下 SCR 触发电压与触发管栅压的关系。触发管获得的栅压 V_g 越大，则 SCR 触发电压越低，故可通过调整 R_p、C_p 与 R_n、C_n 的值来设定合适的触发电压水平。

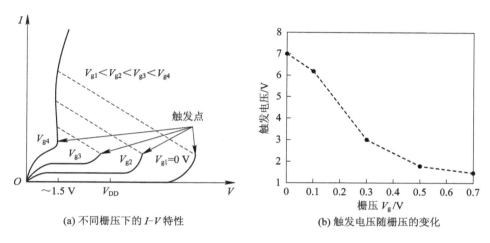

(a) 不同栅压下的 I-V 特性 (b) 触发电压随栅压的变化

图 2.81 SCR 触发电压与触发管栅压的关系

3) 衬底触发 STSCR

栅触发是通过给触发管提供栅压，使之导通来控制 SCR 中的 n 阱和 p 阱电平，也可以不经过触发管，直接通过 RC 支路加反相器为 SCR 内的 n 阱或 p 阱提供偏置电压，这称为衬底触发 SCR(STSCR，Substrate-Triggered SCR)。STSCR 的电路如图 2.82 所示，分为

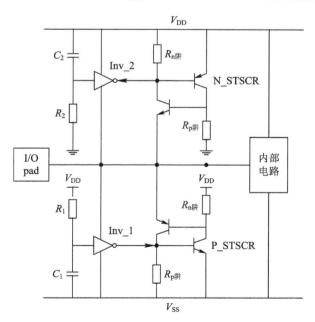

图 2.82 衬底触发 SCR 的电路

P_STSCR(p 阱触发 SCR)和 N_MLSCR(n 阱触发 SCR)两种类型。以 P_STSCR 为例，在正常工作条件下，反相器 Inv_1 的输入为 V_{DD}，输出为 V_{SS}，不会向 p 阱注入电流；在 ESD-PS 条件下，V_{DD} 悬空、I/O pad 为 ESD 高电平，Inv_1 的输入为 0、电源端为高电平，PMOS 管导通导致其输出为高电平，向 p 阱注入电流 I_{bias}，SCR 被触发。采用衬底触发的 LSCR 结构与常规的 LSCR 结构略有不同，P_STSCR 在 p 阱上增加了 p^+ 扩散区，N_STSCR 在 n 阱上增加了 n^+ 扩散区，用于连接 SCR 外部的触发电路，如图 2.83(a)和 2.84(a)所示。从图 2.83(b)和 2.84(b)给出的衬底触发 SCR 器件 I-V 特性可见，注入的触发电流越大，触发电压越低，甚至可以被减少到接近其维持电压的水平。衬底触发不仅可以降低触发电压，还能加快 SCR 的导通速度。实测结果表明，在 $0.25~\mu m$ 工艺下，SCR 针对 5 V、10 ns 上升时间 ESD 脉冲的导通时间缩短到 10 ns 左右，触发电流越大则导通时间越短。

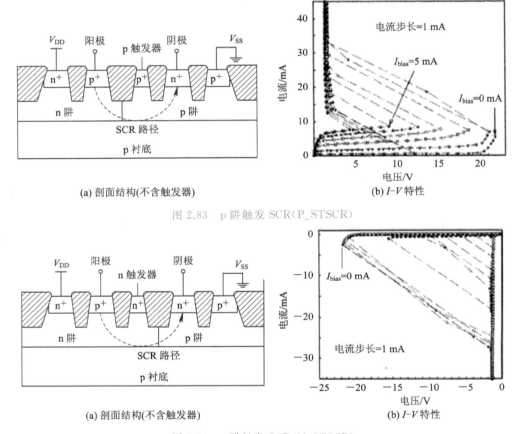

(a) 剖面结构(不含触发器) (b) I-V 特性

图 2.83 p 阱触发 SCR(P_STSCR)

(a) 剖面结构(不含触发器) (b) I-V 特性

图 2.84 n 阱触发 SCR(N_STSCR)

4) 栅与衬底双触发 DTSCR

同时采用栅触发和衬底触发的 SCR 电路如图 2.85(a)所示。利用 RC 支路同时给 SCR 的栅和衬底(实际上就是 n 阱和 p 阱，需增加 n^+ 和 p^+ 引出并接至触发器电路，参见图 2.85(b))注入电流，不仅可以进一步降低触发电压，还可以进一步提高 SCR 的开启速度，称之为双触发 SCR(DTSCR，Double-Triggered SCR)。从图 2.85(c)可知，引入的衬底触发电流或栅触发电流越大，触发电压越低。

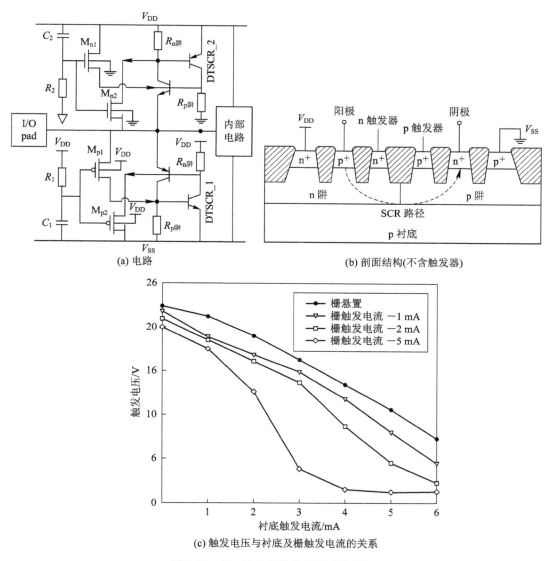

(a) 电路

(b) 剖面结构(不含触发器)

(c) 触发电压与衬底及栅触发电流的关系

图 2.85 栅－衬底双触发 SCR(DTSCR)

5) GGNMOS 触发 GGSCR

触发电压比 SCR 低的 GGMOS 也可以作为 SCR 的触发器件，被称为 GGSCR(Gate-Grounded MOS SCR)。在图 2.86 给出的电路中，分别利用 GDPMOS 触发 SCR 和 GGNMOS 触发 SCR 作为输出缓冲器 PS 模式和 PD 模式的防护器件，不仅可以有效降低触发电压，而且可以与输出缓冲器共用防护环等版图元素，从而大大节省面积。GGMOS 管会先于 SCR 内部器件发生雪崩击穿，产生触发电流，然后诱发 SCR 导通。通过优化 GGMOS 的版图尺寸来确保其触发电压低于 SCR，导通速度快于 SCR。

GGNMOS 触发 SCR 与双叉指输出缓冲 NMOS 管相融合的器件结构如图 2.87(a)所示；GDPMOS 触发 SCR 与双叉指输出缓冲 PMOS 管相融合的器件结构如图 2.87(b)所示。在两种结构中，GGMOS 触发管的沟道长度 L_2 均应略短于输出缓冲 MOS 管的沟道长度 L_1，以防止输出缓冲管在 ESD 期间出现不期望的导通。

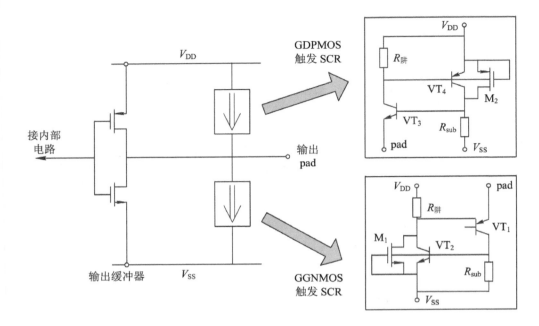

图 2.86　用 GGMOS 触发 SCR 实现输出双向防护

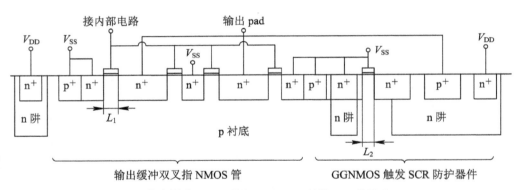

(a) 输出缓冲 NMOS 管与 GGNMOS 触发 SCR 的融合

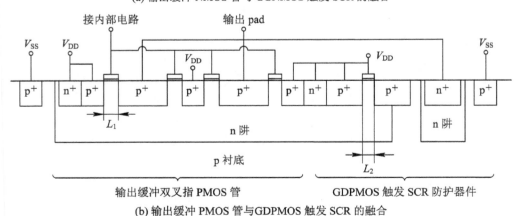

(b) 输出缓冲 PMOS 管与 GDPMOS 触发 SCR 的融合

图 2.87　多叉指输出缓冲管与 GGMOS 触发 SCR 的融合结构

6）二极管触发 DTSCR

最传统也是最简单的触发方案是采用齐纳二极管或者二极管链来触发，如图 2.88 所示，被称为二极管触发 SCR（DTSCR，Diode-Triggered SCR），其触发电压近似等于齐纳二极管的基准电压或者二极管链的总正向导通电压。

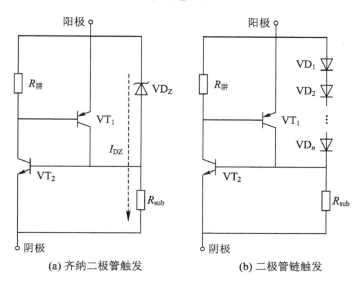

(a) 齐纳二极管触发　　　　　　　(b) 二极管链触发

图 2.88　二极管触发 SCR

图 2.89 给出了二极管链触发 SCR 的实测 I-V 特性，被测器件采用 28 nm CMOS 工艺制备。可见，二极管链触发将 SCR 的触发电压从 12 V 左右降到了 2～4 V，并可通过调整串联二极管的数目来微调触发电压的大小。

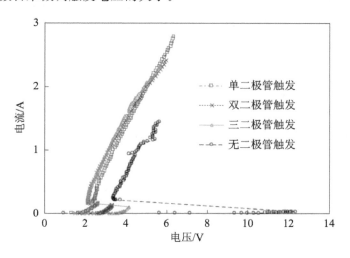

图 2.89　二极管链触发 SCR 的实测 I-V 特性

3. 增加维持电压/电流

SCR 的维持电压有可能低于 V_{DD}，这就有可能在正常工作条件下或老化条件下因发生闩锁而导通，导致对器件的损害，为此应设法增加其维持电压（应比 V_{DD} 至少高 20%）或者增加其维持电流。一个简单的方法是用多个 LVTSCR 单元堆叠或者 LVTSCR 单元加二极管链，其总维持电压等于各器件维持电压之和，如图 2.90 所示。此法的代价体现在两个方面：一是使触发电压也会按同样倍数增加，为此不得不引入栅−衬底触发来将触发电压降到栅击穿电压之下；二是使导通电阻也按同样倍数增加，这限制了 ESD 放电电流强度，为此不得不增加 SCR 的宽度，但又会使寄生电容增加。

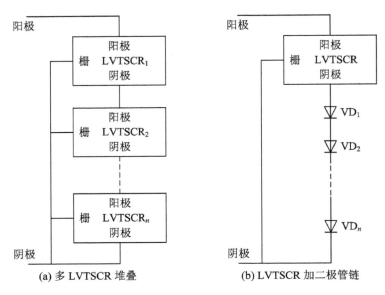

图 2.90　堆叠 SCR 架构

SCR 电路的维持电压 V_h 就是使寄生 BJT 保持导通的最低电压，因此增加 $R_{阱}$ 和 R_{sub} 就可以增加 V_h，不幸的是 $R_{阱}$ 和 R_{sub} 的值均由工艺决定，设计者无法改变。给 npn 管（或 pnp 管）增加一发射极电阻 R_E（参见图 2.91），可使其维持电压从

$$V_h = V_{EB1} + V_{CE2(sat)} \tag{2.5}$$

增加到

$$V_h = V_{EB1} + V_{CE2(sat)} + I_{E2} + R_E = V_{EB1} + V_{CE2(sat)} + I_{E2} + \frac{V_{EB1}R_E}{R_{n阱}} \tag{2.6}$$

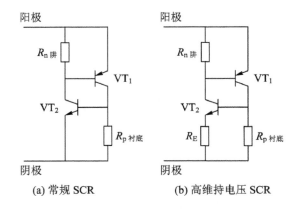

图 2.91　发射极电阻的作用

R_E 可以用多晶硅电阻、二极管或 MOS 管来实现。此方法可使维持电压增加 1 倍以上。图 2.92 是一种实现电路结构，对于常规 SCR，p 衬底上的 n^+ 与 p^+ 是短路的，现改为一个 RC 控制的 NMOS 管。正常工作条件下，n^+ 与 p^+ 悬空；ESD 脉冲到达时，C_c 和 R_c 使 NMOS 管导通，p^+ 和 n^+ 之间连接了一个导通电阻，即为寄生 npn 管的发射极电阻。

增加维持电流也可以使 SCR 在正常工作条件下不导通。忽略基极电流，常规 SCR（图 2.93(a)）的维持电流可表示为

$$I_h = \frac{V_{EB1}}{R_{n阱}} + \frac{V_{EB2}}{R_{p衬底}} \tag{2.7}$$

在 pnp 管的 C-E 之间加电阻 R_{CE} 后，如图 2.93(b) 所示，维持电流增加为

$$I_h = \frac{V_{EB1}}{R_{n阱}} + \frac{V_{EB2}}{R_{p衬底}} + I_{RE} = \frac{V_{EB1}}{R_{n阱}} + \frac{V_{EB2}}{R_{p衬底}} + \frac{V_{EC1(sat)}}{R_{CE}} \tag{2.8}$$

可见减少 R_{CE} 就可以增加 I_h。由图 2.94 可见，R_{CE} 越小，则维持电流越大。这个电阻可以用多晶硅电阻或正偏二极管的动态电阻来实现。图 2.95 给出了一种通过并入 R_{CE} 来实现高维持电流的 SCR 实现结构。

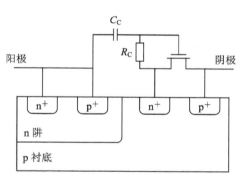

图 2.92 加入发射极电阻的一种电路实现结构

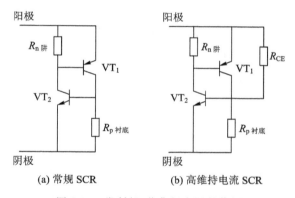

(a) 常规 SCR　　　　　　(b) 高维持电流 SCR

图 2.93 发射极–收集极电阻的作用

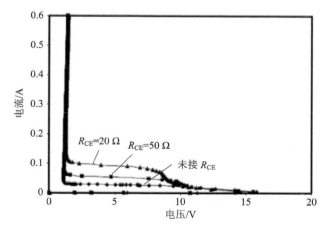

图 2.94 不同 R_{CE} 阻值下的
SCR I-V 特性

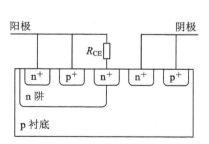

图 2.95 并入发射极–集电极电阻的
一种实现电路结构

在老化试验过程中，器件不仅要承受高电压，而且要承受高温（可达 125℃ 甚至更高），因此需要考察维持电压与温度的关系。维持电压 V_h 等于 BE 结正向导通电压 V_{EB} 与 CE 饱和压降 $V_{CE(sat)}$ 之和，V_{EB} 随温度的上升而近似线性下降，而 $V_{CE(sat)}$ 基本不随温度而变，因此 V_h 随温度的上升而呈近似线性下降。根据实验结果（图 2.96）和理论推算，在各种 SCR 结构中，常规 LVTSCR 和栅触发 LVTSCR 的维持电压随温度上升而下降得最快，而衬底触发 LVTSCR 和高维持电压 LVTSCR 的下降最慢。

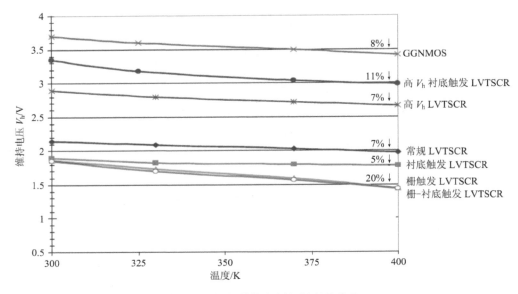

图 2.96　SCR 维持电压与温度的关系

4. 版图设计方案

将基本 SCR 结构（图 2.75(a)）改为图 2.97 所示的对称型结构，形成两条对称的 SCR 放电路径，有利于降低导通电阻，增加导通电流。图 2.97 所示结构采用 STI 隔离双阱 CMOS 工艺，图中所标箭头为正向路径，反向则等效为 p 阱/n 阱二极管，路径也是类似的，只是电流方向相反。这种结构有两种版图布局方案，如图 2.98 所示。在条形方案图 2.98(a) 中，导通时只有条形 n 阱的两个边可以释放电流，另两个边无法释放，却对寄生电容有贡献；在华夫（Waffle）形方案图 2.98(b) 中，方形 n 阱的四条边都可以释放电流，从而改善了 ESD 鲁棒性。

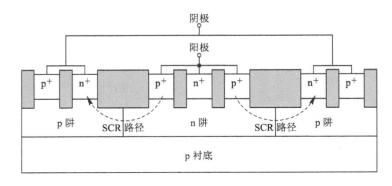

图 2.97　对称型 LSCR 结构

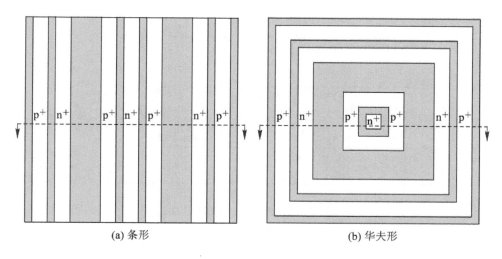

(a) 条形   (b) 华夫形

图 2.98 对称型 LSCR 版图方案

其他类型的 SCR 也可采用类似的版图设计方案。图 2.99 是 P_MLSCR 的对称型结构以及条形、华夫形的版图方案。图 2.100 是 N_MLSCR 的对称型结构以及华夫形版图方案。

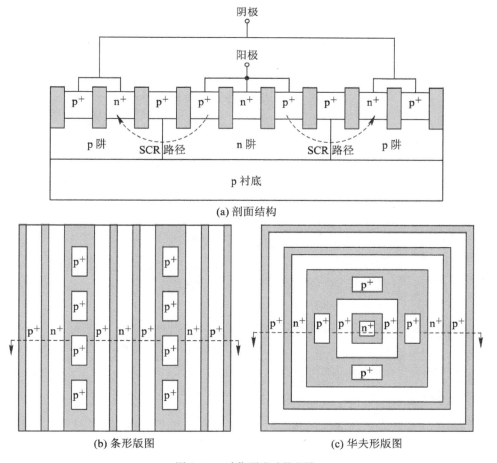

(a) 剖面结构

(b) 条形版图   (c) 华夫形版图

图 2.99 对称型 P_MLSCR

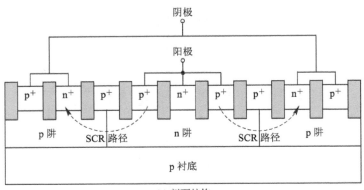

(a) 剖面结构

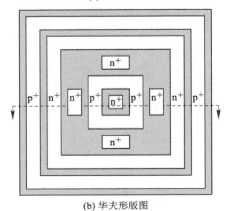

(b) 华夫形版图

图 2.100　对称型 N_MLSCR

基于 $0.18~\mu m$/6 层金属/全硅化物 CMOS 工艺制作了上述三种结构以及两种版图方案的 SCR 防护器件，所有器件的面积相同，均为 $60.62~\mu m \times 60.62~\mu m$。用 TLP 测试得到了每种方案的触发电压 V_{t1}、导通电阻 R_{on}、正向与反向的失效电流 I_{t2}、正向与反向的 HBM 耐压 V_{HBM}、正向与反向的 MM 耐压 V_{MM} 以及在 2.4 GHz 下测得的寄生电容 C_{ESD}，所有数据如表 2.1 所列。可见，P_MLSCR 和 N_MLSCR 的触发电压比 LSCR 小 4 V 左右；华夫形版图的寄生电容明显小于条形版图。

表 2.1　不同结构与版图的 *SCR* 防护器件性能比较

结构	版图	V_{t1}/V	R_{on}/Ω	$I_{t2}(+/-)$/ A	$V_{HBM}(+/-)$/ kV	$V_{MM}(+/-)$/ kV	C_{ESD}@ 2.4 GHz/fF
LSCR	条形	16.92	0.95	>6/<-6	>8/<-8	1.80/-0.90	118.51
	华夫形	16.17	0.96	>6/-5.2	>8/<-8	1.53/-0.65	77.17
P_MLSCR	条形	12.52	1.09	>6/<-6	>8/<-8	1.63/-0.75	178.47
	华夫形	11.91	1.08	>6/-5.0	>8/<-8	1.52/-0.55	115.39
N_MLSCR	华夫形	10.08	0.99	>6/-4.3	>8/-7.0	1.53/-0.65	178.67

提高 SCR 放电区周长/面积的比的另一个办法是仿照 GGNMOS 那样，采用多叉指版图布局。不过，作为深骤回器件，SCR 的多叉指间不均匀导通的问题比 GGMOS 更为严重，有可能发生一个叉指开启工作而其余叉指均未导通的情况，这会导致失效电流显著降低，

对 ESD 鲁棒性形成严重影响。图 2.101 比较了 GGNMOS 与 SCR 多叉指不均匀导通的 $I-V$
特性,可见 SCR 多叉指不均匀导通效应更为严重。

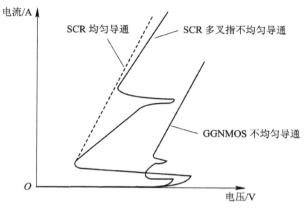

图 2.101　GGNMOS 与 SCR 多叉指不均匀导通特性

　　改善多叉指间不均匀导通效应的一个办法是采用共享阱(shared well)电阻。在版图设
计中,将每个 LVTSCR 的 p 阱中的 p^+ 端或 n 阱中的 n^+ 端(SCR 中相应 BJT 的集电极)连
在一起,形成所有叉指共用一个集电极的状态,可使触发电流更加均匀地流经每个叉指所
在的阱电阻。图 2.102 给出了常规多叉指 LVTSCR 以及采用共享 n 阱接触、共享 p 阱接触

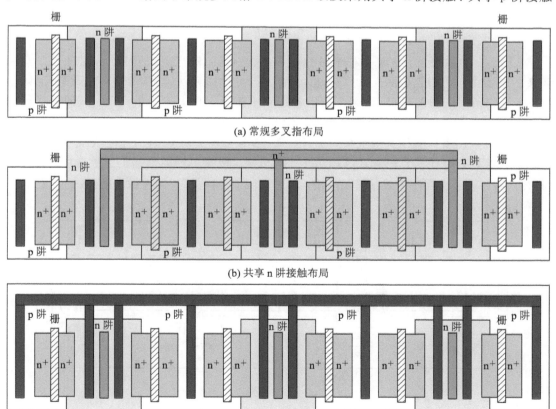

图 2.102　多叉指 LVTSCR 的版图布局

的 LVTSCR 的版图布局示例。TLP 测试表明，在这三种布局中，共享 p 阱接触的效果最好，六叉指的 I_{t2} 达到了 8.7 A，几乎是 30 μm 单叉指 1.44 A 的六倍，说明导通均匀性很好。

5. 双向和全向 SCR 器件

为了实现双向 SCR 骤回防护，可以采用两个单向 SCR 按相反极性（即一个 SCR 的阳极接另一个 SCR 的阴极）并接，这能够同时抑制正向（如 PS 模式）和反向（如 NS 模式）ESD 脉冲，但无疑会使面积及寄生电容加倍。因此，提出了一种双向 SCR 结构，如图 2.103 所示，可抑制 PS - NS 或 PD - ND 模式的 ESD 脉冲，只有 3 个寄生 BJT 和 4 个寄生电阻，占用面积及寄生电容与一个单向 SCR 差别不大，特别适用于 RF CMOS 及面积敏感的多管脚芯片。

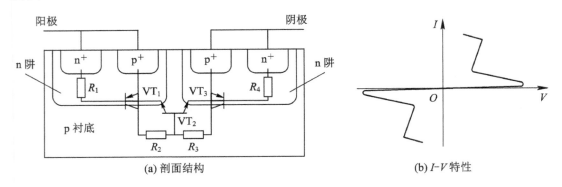

(a) 剖面结构   (b) I-V 特性

图 2.103　双向 SCR 防护器件

从图 2.103(a) 可见，这是一种全对称器件结构，其阳极与阴极互换，功能不变。双向 SCR 的触发电压可根据版图尺寸（如 n 阱间距）调节，比如可以从 5 V 到 55 V 不等。为防止在正常工作条件下诱发闩锁，要使保持电流远大于正常工作电流的最大值，版图上尽可能将 ESD 防护器件靠近大电流的输出缓冲管和电荷泵，并加防护环。

SCR 可以用单一器件实现全向防护。图 2.104 是采用 n 阱 CMOS 工艺实现的一种全向 SCR 器件结构，内有 6 个寄生 BJT 和 7 个寄生电阻。选择不同的雪崩击穿扩散层，设计不同的阱-阱间距，或者外接触发辅助电路，都可以调节全向 SCR 器件触发电压的大小。

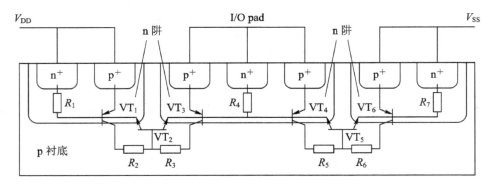

图 2.104　采用 n 阱工艺实现的一种全向 SCR 结构

图 2.105 是采用三阱工艺实现的另一种全向 SCR 结构，其版图可以采用方形布局或者圆形布局，后者的电流均匀性更好。

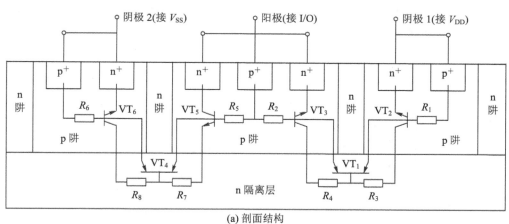

(a) 剖面结构

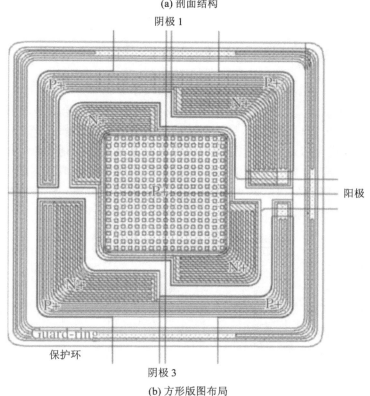

(b) 方形版图布局

图 2.105 采用三阱工艺实现的一种全向 SCR 结构

2.2.4 基于 BJT

双极晶体管（BJT）本身就具有骤回 $I-V$ 特性，因此可直接作为防护器件使用。GGMOS 实际上就是利用 CMOS 结构中的寄生 BJT 来实现 ESD 防护的。图 2.106(a)是用 npn 管和 pnp 管作为 I/O 防护的电路，其中使用的单个 BJT 防护器件的 $I-V$ 特性如图 2.106(b)所示。以 npn 管 VT_2 为例，I/O 口出现正向 ESD 脉冲使其 CB 结反偏压超过击穿电压时，会出现碰撞电离，所产生的空穴使基极电流增加，导致 VT_2 导通乃至饱和，集电极电流急剧增加，直至发生二次击穿。I/O 口出现负向 ESD 脉冲时，VT_3 也会出现类似的骤回防护特性，机理与 VT_2 相同。

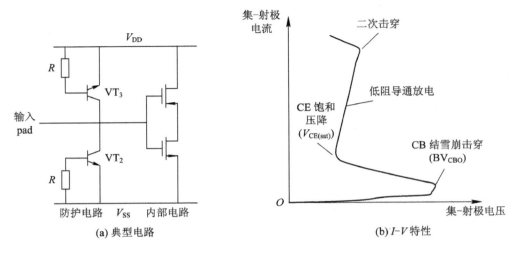

(a) 典型电路　　　　　　　　　　　(b) I-V 特性

图 2.106　BJT 作为防护器件

　　与通过栅耦合降低 GGNMOS 的触发电压类似，也可以通过给防护 BJT 管的基极增加触发电路来降低其触发电压。图 2.107(a) 电路采用齐纳二极管触发，ESD 脉冲到来时齐纳二极管先导通，形成的电流流过 R，提升 VT 的基极电压使之导通，此时触发电压近似等于齐纳二极管的基准电压。这里的齐纳二极管也可以用二极管链取代。图 2.107(b) 电路采用 GCNMOS 触发，ESD 到来时 M_1 先导通，形成流过 R 的电流，促使防护 BJT 导通，此时触发电压取决于 RC 参数。

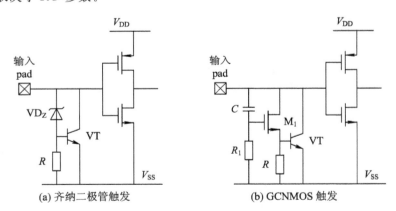

(a) 齐纳二极管触发　　　　　　　　(b) GCNMOS 触发

图 2.107　降低防护 BJT 触发电压的办法

　　在标准 CMOS 工艺中只能利用寄生 BJT，因此参数难以优化，这是采用 BJT 作为 CMOS 防护器件的最大局限性。在 BiCMOS 和 BCD 工艺结构中，则可采用独立设计的纵向原生 BJT 来进行 ESD 防护，因其具有高电流增益、低放电阻抗和纵向的散热通道，防护效果远优于 CMOS 结构中的横向寄生 BJT。纵向原生 npn 的单位长度 HBM 耐压可以达到 30 V/μm 以上，横向寄生 npn 约为 15 V/μm。

　　BiCMOS 工艺制备的纵向原生 npn 管的结构如图 2.108 所示。为了减少发射区-基区电阻，可采用多叉指布图，而且要尽量减少每个叉指的宽度以及叉指之间的间距。在 n$^+$ 发射区与 p 扩区边缘之间的间距应合适，以避免 npn 管在放电面积小的横向先导通；n$^+$ 发射区与 p$^+$ 基区接触之间的横向基区扩展电阻是影响 npn 管电流增益的主要参数，而采用 CBEBC 扩散图形有利于减少此电阻。

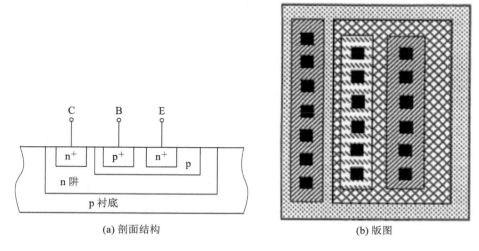

(a) 剖面结构　　　　　　　　　　　(b) 版图

图 2.108　BiCMOS 中纵向 npn 管

作为防护器件的 BJT，在 ESD 到来时必须先于被保护器件导通，而且应具有比被保护器件更小的导通电阻。图 2.109 给出了基于 BJT 的输入防护电路和输出防护电路。在输出防护电路中，主动触发电路（VT$_2$）先导通，产生的电流流过 R 再使主防护 BJT（VT$_1$）导通。BJT 的触发电压 V_{t1} 近似等于 V_{BE}（约为 0.8 V，1 mA 电流产生此压降就要求 R 约为 1 kΩ），远低于 NMOS 管的触发电压。如果 BJT 的鲁棒性为 20 V/μm，则 200 μm 的发射区周长即可实现 4 kV 的耐压。输入防护电路由 VB$_1$ 管的初级防护、VB$_2$ 与 VB$_3$ 管的次级防护以及限流电阻 R_1 构成。如果内部电路是 MOS 输入的话，需要增加 GNNMOS 器件 N$_1$ 来防止发生栅氧击穿。B_3 实现输入 pad 与电源轨 V_{cc} 之间的钳位。此电路可以达到 4 kV 的 ESD 防护能力。

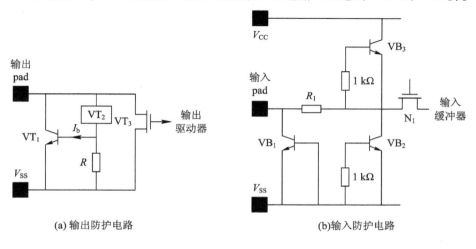

(a) 输出防护电路　　　　　　　　　　(b) 输入防护电路

图 2.109　基于 BJT 的防护电路示例

2.2.5 综合比较

下面对以上介绍的多种片上防护器件结构做些横向比较。用于比较的八种防护器件如图 2.110 所示，分别有：基于二极管的四种，即 n^+/p 衬底二极管、STI 隔离 p^+/n 阱二极管、栅隔离 p^+/n 阱二极管和多晶硅二极管；基于 MOS 的一种，即 GGNMOS；基于 SCR 的三种，即普通 SCR、N_MLSCR 和 P_MLSCR。

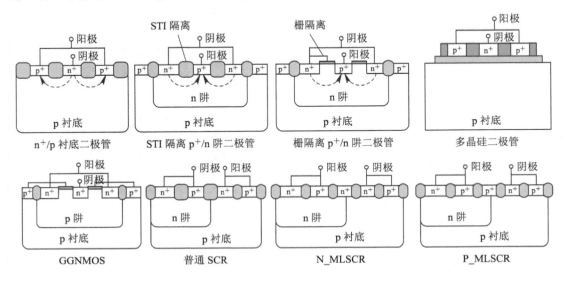

图 2.110　八种片上防护器件结构

这八种器件采用 8 叉指布图时，在 HBM 模式下的单位面积耐受电压和导通电阻如表 2.2 所列，防护器件的面积及电容如表 2.3 所列。四种二极管和 GGNMOS 的 $I-V$ 特性如图 2.111 所示。八种器件在导通时的瞬态特性如图 2.112 所示。

表 2.2　HBM 模式下 8 叉指防护器件的单位面积耐压和导通电阻

器件结构	单位面积耐压/$(V/\mu m^2)$	导通电阻/Ω
n^+/p 衬底二极管	4.610 376	0.984
STI 隔离 p^+/n 阱二极管	4.532 861	1.072
栅隔离 p^+/n 阱二极管	4.617 782	1.119
多晶硅二极管	2.493 409	1.743
GGNMOS	1.722 218	1.980
普通 SCR	8.058 018	1.424
N_MLSCR	5.986 518	1.973
P_MLSCR	5.986 518	1.982

表 2.3 防护器件的面积与电容(0.18 μm CMOS 工艺，3 GHz 测试频率)

器件结构	面积/μm^2		电容/pF		单位面积电容/fF	
	八叉指	十六叉指	八叉指	十六叉指	八叉指	十六叉指
n^+/p 衬底二极管	1815.470	3533.774	0.3794	0.7200	0.2090	0.2037
STI 隔离 p^+/n 阱二极管	1813.424	3531.728	0.3825	0.6880	0.2109	0.1948
栅隔离 p^+/n 阱二极管	1838.545	3578.689	0.8091	1.5208	0.4401	0.4250
多晶硅二极管	1780.695	3498.999	0.2200	0.4195	0.1235	0.1199
GGNMOS	1341.294	2349.966	0.7895	1.4532	0.5886	0.6184
普通 SCR	1861.500	3739.830	0.2226	0.4475	0.1196	0.1197
N_MLSCR	2505.630	5116.830	0.3295	0.6870	0.1315	0.1343
P_MLSCR	2505.630	5116.830	0.3553	0.6699	0.1418	0.1309

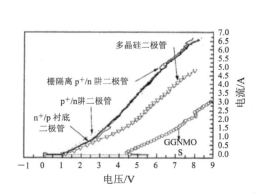

图 2.111 四种二极管和 GGNMOS 的 I-V 特性

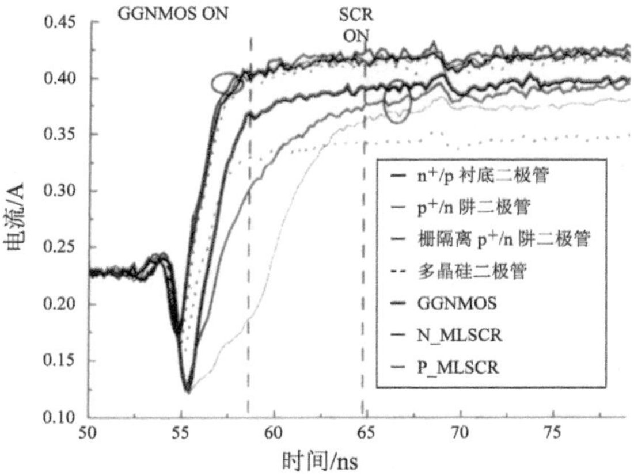

图 2.112 200 ps 上升沿时的 ESD 导通瞬态特性

从单位面积耐受电压和失效电流来看，就 ESD 有效性和鲁棒性而言，SCR 最好（$I_{t2} > 10$ A），其次是二极管，GGNMOS 最差。

从占用面积和寄生电容来看，SCR 的单位面积寄生电容最小，其次是二极管，GGNMOS 的电容最大。在二极管中，多晶硅二极管的寄生电容最小，因为其无衬底电容的贡献；栅隔离二极管的寄生电容最大，与 GGNMOS 很接近。在 SCR 中，MLSCR 的电容比普通 SCR 大，因为增加了 n^+ 或 p^+ 中间扩散桥对衬底或 n 阱的电容。叉指数越多，面积越大，故总电容越大，但单位面积电容相差不大。

从 ESD 开启时间来看，二极管和 GGNMOS 的开启时间快于 SCR。根据 SCR 开启机制，SCR 的开启时间是 2 个基区渡越时间和结电容充电时间的总和。MLSCR 中间插入的 n^+ 或 p^+ 桥增加了寄生 BJT 的基区宽度，因此开启时间比普通 SCR 更长。

2.3　电源箝位

2.3.1　电源钳位的必要性

在 ESD 放电模式中，除了 $I/O-V_{SS}$ 和 $I/O-V_{DD}$ 模式之外，还有 $V_{DD}-V_{SS}$ 和 $Pin-Pin$ 模式。在 $V_{DD}-V_{SS}$ 模式下，如果只在 I/O pad 设有防护单元，则 ESD 电流仍有可能通过内部电路到地，从而对内部电路造成破坏。如果在 $V_{DD}-V_{SS}$ 之间内部设有电源钳位（Power clamp）电路，则可为 ESD 电流提供旁路通道，从而避免这种破坏。在 $Pin-Pin$ 模式下，也必须通过电源钳位电路才能形成到地的完整放电通道，此放电通道完全不会通过内部电路。图 2.113 给出了一个从输入 pad 到输出 pad 放电的实例。可见，放电通道 path1 通过了内部电路，这是不允许的；放电通道 path2 完全未通过内部电路，因此是允许的，但需要电源钳位电路的支持。

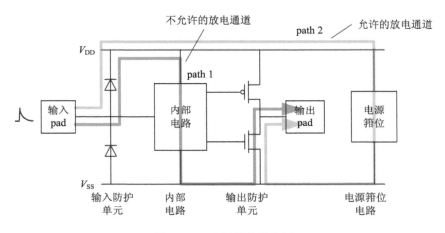

图 2.113　电源钳位的作用

V_{DD} 与 V_{SS} 之间所接的去耦电容及片上寄生电容具有一定的电源钳位作用。假定静电放电的电压为 V_{ESD}、电容为 C_{ESD}，则所产生的电源电压为

$$V = \frac{V_{ESD} C_{ESD}}{C_{ESD} + C_{VDD}} \tag{2.9}$$

如果 HBM 脉冲电压 $V_{ESD}=3$ kV，$C_{ESD}=100$ pF，$C_{VDD}=100$ nF，则 $V=3$ V。通常片上实现的 C_{VDD} 无法达到这么大，故电源钳位电路是必不可少的。不过，即使电源电容不足够大，也能够对 ESD 防护起到有益的作用，例如降低 ESD 电压幅度、缩短电流脉冲的上升时间等。

根据电源钳位电路的响应速度，电源钳位可分为静态钳位和瞬态钳位。对于静态钳位而言，一旦电压超过规定的水平，钳位电路就会导通，限制电源轨电压不超过被保护电路的受损电压，同时为 ESD 电流提供旁路通道。对静态钳位器件的要求是导通后阻抗要足够低，电流通量要足够大。为了防止钳位过程中诱发闩锁，要求钳位电压必须高于 V_{DD}，且留有一定的安全余量（10%～20%），在满足此条件的前提下应尽量低，以免在 ESD 脉冲到来时内部电路先导通。虽然静态钳位实现相对容易、需要器件少、占用面积小，但不一定能对快速变化的 ESD 放电电压或电流及时作出响应，因此实用化的电源钳位电路都是瞬态钳位电路。瞬态钳位利用 RC 支路控制钳位器件的导通与关断时间，比如 HBM 放电脉冲就要求钳位电路迅速导通、缓慢关断，对防护器件的响应速度要求高。

根据触发方式，电源钳位又有电压触发和频率触发两种。电压触发是指电源轨电压超过正常工作范围后，即激活电源钳位电路；频率触发则根据电源轨电压变化的快慢（电源上电或下电时的电平变化通常远比 ESD 脉冲慢）来判断是否属于 ESD 脉冲，从而决定是否触发。有时非 ESD 的瞬态信号（如噪声或电源浪涌）会造成钳位电路误触发，轻则对电路形成干扰，重则会造成意外损毁，频率触发就是应对这种情况的一种对策。显然，静态钳位依据的是电压触发，瞬态钳位依据的是频率触发。

2.3.2 静态钳位

1. 基于二极管

最简单的静态钳位元件就是二极管。电源钳位多使用正偏而非反偏二极管，因为正向导通要比反向击穿能提供更大的电流容量和更低的导通电阻。CMOS 工艺制作的二极管反向击穿电压对于电源钳位而言过高，但单个二极管的正向导通电压又过低，故只能采用多个二极管串接的二极管链来使其正向导通电压达到电源钳位的要求。

二极管链多采用纵向 pnp 管的 EB 结（p^+/n 阱结）来实现，如图 2.114 所示。二极管链用作防护的优点是结构简单，缺点有二：一是串联的二极管越多，接成达林顿模式的 pnp 管的电流放大作用越大，流向衬底的漏电流就越大，同时对钳位电压的影响也越大（详见 2.2.1 节的分析）；二是二极管的正向导通电压随温度的上升而下降（每升 100°C 大约减少 20%），高温老化时就需要更长的防护链（串联电阻也就更大），而这又会削弱防护链的可靠性。

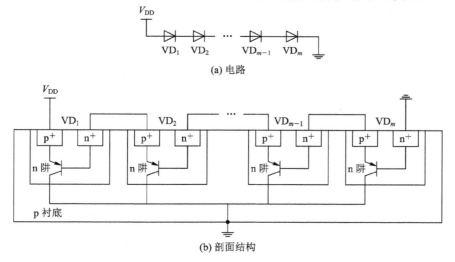

图 2.114 用于电源钳位的 p^+/n 阱二极管链

在电路正常工作时，为了避免电源钳位二极管链导致对衬底的过量漏电流，可以设法将二极管链切断。图 2.115 给出的"悬臂二极管链"电路能够做到这一点。电路正常工作时，M_1 管不导通，从而将二极管链与地（V_{ss}）隔断，避免了二极管链引起的衬底漏电流；ESD 出现后，M_1 导通使二极管链起电源钳位作用。M_2 的漏源导通电阻和 MOS 电容 C 构成的

RC 触发器决定了 M_1 何时导通，而长沟道的 M_3 和 M_4 管为整个电路提供偏置电压，小尺寸的 M_5 管限制了对 M_2 和 C 之薄栅所加电压。图中给出了在 $0.35~\mu m$ 工艺下各个 MOS 管的宽度/长度（以 μm 为单位）。

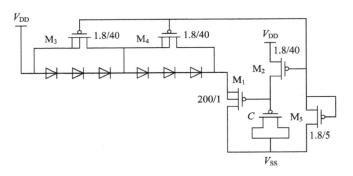

图 2.115　"悬臂二极管链"电源钳位电路

2. 基于 MOS

基于 MOS 的电源钳位电路的优点是工艺实现简单，缺点是面积大，会提高芯片制造成本，加重寄生效应，增大版图布局难度。图 2.116 给出了五种基于 MOS 的静态钳位电路，各自的特点如下：

（1）GGNMOS。为能承受大的 ESD 电流，要求宽度超过 $800~\mu m$，常采用多叉指版图，面积很大；导通电压较高，寄生电容大，触发时间有可能比被保护电路的某些 MOS 管更长。

（2）齐纳二极管栅触发 NMOS。触发电压由齐纳二极管的击穿电压决定，比常规GGNMOS 低。

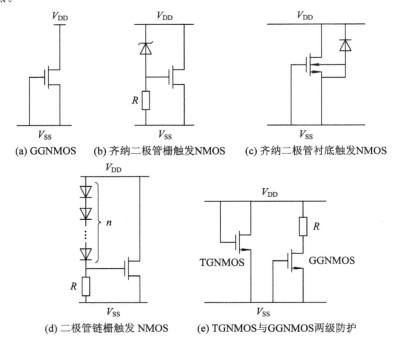

图 2.116　基于 MOS 的静态钳位电路

（3）齐纳二极管衬底触发 NMOS。触发电压也由齐纳二极管的击穿电压决定，也比常规 GGNMOS 低。

（4）二极管链栅触发 NMOS。触发电压由正偏二极管链决定，可以低于常规 GGNMOS，缺点是漏电流大。如采用 pn 结二极管链，漏电流可高达 mA 级；改用多晶二极管链，可降至 $1\ \mu A$ 以下（$V_{DD}=5$ V 时）。为使正常工作条件下的漏电流最小，电路中 R 的最优值约为 100 kΩ，二极管数的最优值是 6～9 个。

（5）GGNMOS 与 TGNMOS 两级防护。厚氧 TGNMOS 的触发电平高，泄放电流大；GGNMOS 的触发电平低，泄放电流小（受 R 限制）。二者的结合可以兼顾触发电平和电流容量。

如果芯片中有多个电源电压，而且相互独立，则可利用其中一个电源电压作为参考电压来实现对另一个电源电压的钳位。图 2.117 给出了两个实例。图 2.117（a）电路有两个电源电压，即 I/O 电压 V_{DDio} 和内核电压 V_{DD}。正常工作条件下，V_{DD} 为额定电压，NMOS 管导通，使主钳位管 MESD 不导通；ESD 条件下，空置的 V_{DD} 因电源电容而几乎处于 V_{SS} 电平，PMOS 管导通，使 MESD 管因栅触发而导通，从而实现对 V_{DDio} 的钳位。图 2.117（b）电路也有两个电源电压 V_{DD1} 和 V_{DD2}。对 V_{DD1} 钳位时，以 V_{DD2} 作为参考电源；对 V_{DD2} 钳位时，以 V_{DD1} 作为参考电源。这种方法的有效性要求两个电源相互独立，而且参考电源对地的电容应较大。

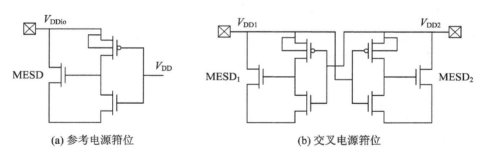

(a) 参考电源箝位　　　　　　　(b) 交叉电源箝位

图 2.117　参考电源栅触发钳位电路

3. 基于 SCR

与 CMOS 结构兼容的 LVTSCR 具有相对较低的触发电压（~10 V，0.35 μm 工艺），面积小，电流容量大，适合 CMOS 芯片的电源钳位。例如，对于 65 nm CMOS，用 $70\ \mu m \times 70\ \mu m$ 的 NMOS 可以达到 4 kV HBM 的防护能力，用 $60\ \mu m \times 8\ \mu m$ 的 LVTSCR 就可以达到 8 kV HBM 的防护能力。与 NMOS 相比，SCR 的不足之处是维持电流较小、维持电压较低，在正常工作条件下容易被外来的干扰脉冲误触发而诱发闩锁。

图 2.118 给出了两个 SCR 电源钳位电路实例，均采用了 GGNMOS 触发。图 2.118（a）是高维持电流的 LVTSCR，用外接多晶硅电阻 R_{poly}（~10 Ω）与衬底电阻 R_{psub} 并联，要维持 VT_n 导通就需要更大的电流，从而提高了维持电流，大约可增加三倍。图 2.118（b）是高维持电压的 LVTSCR，利用二极管链提升触发电压，确保维持电压大于 V_{DD}。链上二极管越多，触发电压越高，但正常工作条件下的漏电流越大。当触发电压为 5.5 V 时，通常 2～3 个二极管为最佳。

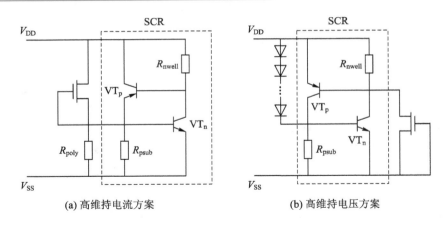

(a) 高维持电流方案   (b) 高维持电压方案

图 2.118 用于电源钳位的 LVTSCR 实例

2.3.3 瞬态钳位

1. RC 栅控钳位

瞬态钳位通过加入 RC 网络，使钳位器件在 ESD 出现时能够快速导通（上升时间～1 ns，HBM）、缓慢关断（脉冲宽度 600～750 ns，HBM），在正常工作条件下确保不导通，从而达到比静态钳位更好的钳位效果。

最基本的 RC 栅控 NMOS 钳位电路如图 2.119(a) 所示。在正常工作条件下，V_{RC} 为低电平，NMOS 管不导通；ESD 脉冲出现时，因电容 C 两端的电压不能突变，V_{RC} 为高电平（高于 NMOS 的阈值电压），NMOS 管导通，提供电源钳位保护，然后随着对 C 的充电，V_{RC} 逐渐降低，最终使 NMOS 管截止。NMOS 的导通时间取决于 R、C 的值。R、C 的具体值需根据 ESD 所需的导通时间、关断时间、触发电压要求（必须低于 NMOS 管的栅氧击穿电压）以及电源电容 C_{VDD} 值，经电路-器件混合仿真来确定，典型值为 50 kΩ、20 pF。此类钳位电路呈现的是非骤回 $I-V$ 特性。

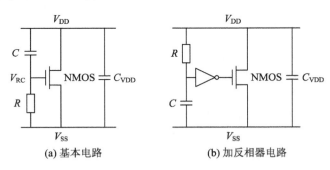

(a) 基本电路   (b) 加反相器电路

图 2.119 RC 栅控 NMOS 钳位电路

高阻值的 R 常采用 n 阱电阻实现，因为 n 阱电阻的电阻率相对较高；高容值的 C 常采用 NMOS 栅电容来实现，因为栅电容具有最高的单位面积电容值。不过，ESD 触发所需的 R、C 的值对于 CMOS 实现来说还是太大，需占用很大的面积。为此，可在 RC 支路与 NMOS 管之间加反相器（图 2.119(b)）。反相器至少有三个作用：一是增加钳位电路导通的时间常数，相应降低所需的 RC 值；二是将对主钳位器件的控制信号由模拟信号转换为数字信号，从而提升了可控性；三是加大了对大面积主钳位器件的驱动能力。注意，图 2.119 中(b)电路的 R、C 接法与(a)电路的相反。V_{DD} 与 V_{SS} 间的寄生电容及去耦电容 C_{VDD} 也会使导通时间增加。

RC 支路也可以通过栅触发或者衬底触发的方式控制 LVTSCR 的通断，从而实现瞬态钳位。考虑到常规 LVTSCR 的维持电压只有 $1\sim1.5$ V，有可能在正常工作时因外界干扰诱发闩锁导致 SCR 导通，使核心电路损坏，可采用 LVTSCR 与二极管链串接的方式实现钳位，如图 2.120 所示。二极管链的导通电压应设计得高于 $V_{DD}-V_{SS}$，从而避免 LVTSCR 在正常工作时导通，而 LVTSCR 阻断了二极管链引发的从 V_{DD} 到 V_{SS} 的漏电流。

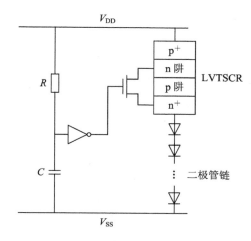

图 2.120 RC 栅控 LVTSCR 钳位电路

2. 延迟链设计

可以将多个反相器串联来进一步增加时间常数。图 2.121 给出了使用三级反相器和四级反相器的瞬态钳位电路，其中的触发电路由 RC 支路构成的上升沿探测电路和由反相器链构成的放电保持延迟电路构成。反相器个数为奇数时，R 在上、C 在下；个数为偶数时，R 在下，C 在上。反相器的尺寸通常越往后级越大。反相器个数越多，时间常数越大，同时对 NMOS 管的驱动能力越强，但 NMOS 管的触发导通时间也越长，还可能引起电压毛刺，同时也会占用过大的芯片面积，因此多数情况下采用 $1\sim3$ 个反相器。图 2.122 给出了 0.8 μm CMOS 工艺制备的三级反相器瞬态钳位的具体电路参数，其中 R_2 的作用是当 ESD 结束后使芯片复位。总体来看，整个电路占用面积不小，这会给芯片的成本控制、寄生效应抑制和版图设计带来不利的影响。

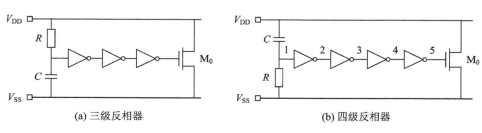

(a) 三级反相器   (b) 四级反相器

图 2.121 多级反相器瞬态钳位电路

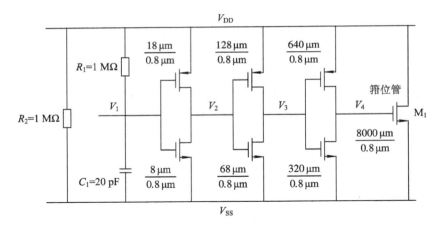

图 2.122　三级反相器瞬态钳位电路实例

　　为了进一步减少 RC 支路和反相器占用的面积，可以采用其他时间常数更大、占用面积更小的电路来取代反相器。图 2.123 所示的二级瞬态钳位电路是用"导通"时间更长的锁存器来取代反相器，可显著减少 RC 占用的面积。仿真结果表明，由 RC 决定的 V_1 脉冲宽度很窄，故可采用较小的 R、C 值；经反相器和锁存器之后的 V_3 脉冲宽度增大到 1 μs 以上，可充分满足 ESD 钳位要求。最大电压峰值约为 6.5 V，满足 0.18 μm 工艺 100 ns 脉冲下规定的栅氧击穿电压（～10 V）要求。要确定电路中各个管子的尺寸，不得不考虑雪崩击穿和热效应，这就需要借助于器件-电路与电-热混合仿真而非简单的 SPICE 仿真。

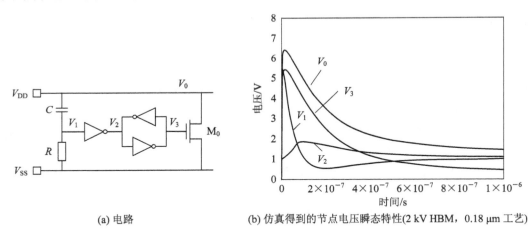

(a) 电路　　　　　　　　　　(b) 仿真得到的节点电压瞬态特性(2 kV HBM，0.18 μm 工艺)

图 2.123　带锁存器的二级瞬态钳位电路

　　用两只管子构成的 CMOS 闸流管代替两个反相器构成的锁存器，如图 2.124(a)所示，同样可以达到延长放电时间的目的，占用面积更小，而且静态功耗低，对电源电压和温度变化不敏感。基于 0.18 μm CMOS 工艺制作的电路的仿真结果如图 2.124(b)所示，栅氧厚度 $t_{ox}=4$ nm，主放电管 M_7 的宽度 400 μm，带 40 个叉指，闸流管 M_4 和 M_6 的宽度均为 10 μm，RC 时间常数～40 ns，放电时间（即 ESD 触发条件下 M_0 的导通时间）超过 1 μs，V_{M6} 的最大值 5.8 V 小于栅氧击穿电压 8 V，达到与锁存器型电路相同的效果，而面积远小于后者。

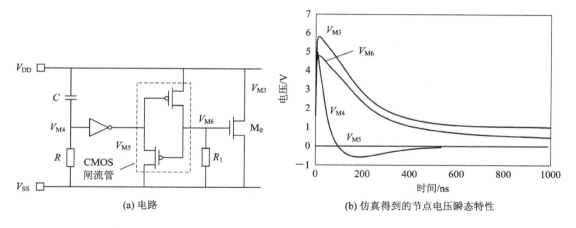

(a) 电路   (b) 仿真得到的节点电压瞬态特性

图 2.124 带 CMOS 闸流管的二级瞬态钳位电路

除了反相器、锁存器、闸流管之外，正沿 D 触发器也能用作延迟元件，在 ESD 期间将主钳位管的输入锁定为高电平，电路如图 2.125(a) 所示。为使主钳位管 M_0 在正常工作条件下关断，M_2 的栅极连接到时钟 clk，使正常工作条件下 M_2 导通而 M_0 关断。M_1 设计得比 M_2 和 M_3 大，保证在正常工作条件下能使反相器的输入上拉。在 2 kV HBM、0.18 μm 工艺、$t_{ox} = 4$ nm 和 M_0 宽度为 400 μm 的参数条件下，仿真得到的节点电压瞬态特性如图 2.125(b) 所示，表明延迟时间超过 2 μs、峰值驱动电压 5.8 V。

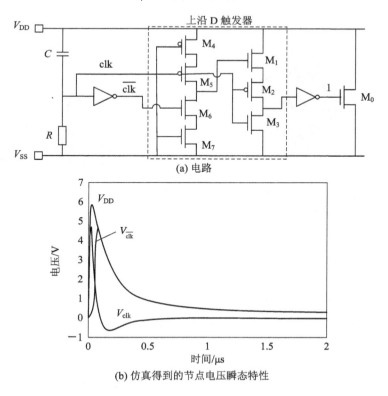

(a) 电路

(b) 仿真得到的节点电压瞬态特性

图 2.125 使用触发器的二级瞬态钳位电路

2.3.4 钳位电路的优化

1. 避免误触发

瞬态钳位最容易出现的问题是在非 ESD 条件下被误触发，导致电源钳位电路出现不期望的导通。这不仅会导致电路功能失常，而且还有可能诱发内部电路的闩锁，导致更大的破坏。瞬态钳位电路误触发的诱因很多，如电源快速上电或快速断电、RC 反相器链自身产生的振荡、附近 I/O pad 电流脉冲引发的衬底电荷注入（参见 4.3.1 节）等，需要采用不同的对策加以防范。

对于电源上电或者断电过程中可能出现的误触发，可通过调整 RC 的值和反相器的级数来控制 RC 时间常数。RC 时间常数可选为 $0.1\sim1~\mu s$，使之远高于 ESD 脉冲的上升时间（$1\sim10$ ns，HBM），同时远低于电源正常开启或关断的上升或下降时间（$100~\mu s\sim1$ ms），即可避免误触发。

反相器链在 ESD 或电源正常开启期间都有可能出现高频振荡。例如，在四级瞬态钳位电路（图 2.121（b））中，V_{DD} 突然上升，节点 1 电压随之跳变（电容电压无法突变），使 M_0 导通；V_{DD} 减少，节点 1 电压随之下降，达到第一个反相器阈值电压之下时，M_0 关断，使 V_{DD} 再次上升，M_0 再次导通；周而复始就会形成振荡。只要振荡的幅度不超过 M_0 的栅氧击穿电压，对 ESD 钳位影响不大（图 2.126（a）），但如出现在电源正常开启期间（图 2.126（b）），就会对电路产生严重影响，必须加以避免。

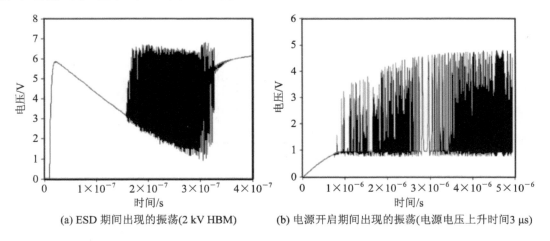

(a) ESD 期间出现的振荡(2 kV HBM)　　(b) 电源开启期间出现的振荡(电源电压上升时间3 μs)

图 2.126 RC 瞬态钳位电路引发的振荡

电源开启过程中是否出现振荡以及振荡的频率，与电源开启上升时间以及电源线的电容负载有关。根据振荡理论，当开环增益大于 1 且增益相位为 180° 时，环路出现不稳定。此钳位电路通过电源线形成闭环，如为奇数级反相器，必满足相位为 180° 的条件，故只能设法使开环增益不满足振荡条件。图 2.127 给出了某瞬态钳位电路开环增益的幅频与相频仿真特性，可见钳位电路在相位为 $-180°$ 且开环增益为 8.49 时，会出现约 1 MHz 频率的振荡，故设计反相器时应避免出现这个开环增益值。

为了避免电源快速上电（如上升时间小于 10 μs）过程中瞬态钳位电路出现误触发，可在反相器链中加入反馈管。图 2.128 是在三级反相器链中加入了一个 PMOS 反馈管 MPFB。

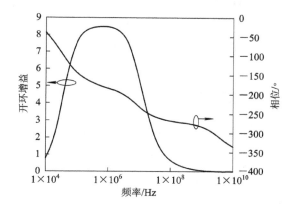

图 2.127 某瞬态钳位电路开环增益的幅频与相位频率仿真特性

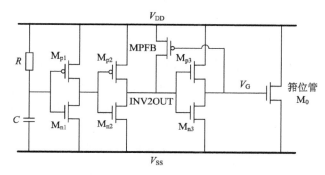

图 2.128 加入 PMOS 反馈管的三级瞬态钳位电路

电源未上电之前，V_G 为低电平，MPFB 导通，INV2OUT 为高电平，通过 M_{p3} 与 M_{n3} 构成的反相器使 V_G 锁定为低电平；电源上电过程中，即使 V_{DD} 上升很快，由于上述锁定作用，仍然能保证 V_G 维持低电平，不会发生误触发。

图 2.129 在上述电路的基础上又加入了一个 NMOS 反馈管 MNFB。MNFB 并不影响 MPFB 对于电源快速上电引发误触发的抑制作用，但加强了 ESD 放电期间主钳位管栅极电位 V_G 的稳定性。ESD 放电器件的 V_G 由 M_{p2}、M_{n2}、MPFB 和 MNFB 的动态电流决定，故需要仔细确定这些管子的面积（尤其是 M_{p2} 与 MNFB 的面积比）。

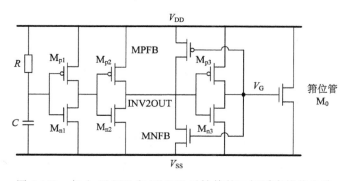

图 2.129 加入 PMOS 和 NMOS 反馈管的三级瞬态钳位电路

另一种做法是将 MPFB 反馈管以堆叠的方式接到第二级反相器的 PMOS 管上，如图 2.130所示。在 ESD 放电期间，MPFB 关断，INV2OUT 仍能维持低电平，在比正常 RC 时间常数更长的一段时间内，钳位 NMOS 管能够维持导通，这将有利于降低 R、C 的值。在电源断电后 V_G 为较低电平，MPFB 弱导通，此时如电源快速上电，V_{DD} 就会通过 MPFB 的亚阈区电流对 INV2OUT 节点充电，从而拉低 V_G 电平，也能在一定程度上起到抑制误触发的作用。

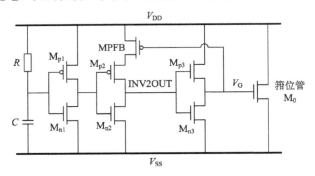

图 2.130　加入堆叠 PMOS 反馈管的三级瞬态钳位电路

2. 防止"类闪锁"导通

在某些瞬态钳位电路中，发现 ESD 应力结束后，钳位 NMOS 管无法解除钳位而继续导通。在这种情况下，一旦加上电源电压，就会产生从 V_{DD} 到 V_{SS} 的大电流 I_{DD}，导致与正常闪锁类似的破坏，故常被称为类闪锁（latchup-like）效应。类闪锁效应是否出现，与具体的瞬态钳位电路以及所加 ESD 应力的大小有关。

表 2.4 是针对图 2.119、图 2.128、图 2.129、图 2.130 四种瞬态钳位电路的测试结果，所有测试芯片均采用 0.18 μm CMOS 工艺制作。测试时，先在 V_{DD} 与 V_{SS} 间加上正常电源电压（1.8 V），然后加入正向或负向瞬态过电压。观察瞬态过电压结束后 I_{DD} 是否还会持续增加，以此判断是否出现了类闪锁效应。

表 2.4 给出的测试结果表明，常规电路和 PMOS 反馈管电路在瞬态过电压峰值超过 1 kV 时都不会出现类闪锁效应，NMOS＋PMOS 反馈管电路和堆叠 PMOS 管电路则会出现类闪锁效应，尤以 NMOS＋PMOS 反馈管电路最为严重，在＋12 V 和－4 V 时就会出现类闪锁效应，其中＋12 V 时其 V_{DD} 和 I_{DD} 随时间变化的波形如图 2.131 所示。

表 2.4　四种瞬态钳位电路的实测类闪锁效应

瞬态钳位电路	正向过电压（DS 模式）	负向过电压（NS 模式）	是否出现类闪锁效应
常规 RC 触发	＞＋1 kV	＞－1 kV	否
PMOS 反馈管	＞＋1 kV	＞－1 kV	否
NMOS＋PMOS 反馈管	＋12 V	－4 V	是
堆叠 PMOS 反馈管	＋700 V	－120 V	是

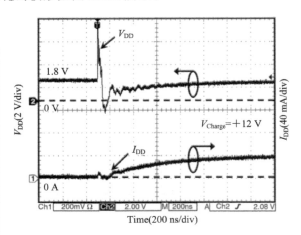

图 2.131　PMOS＋NMOS 反馈管电路在＋12 V 脉冲作用下的 V_{DD} 和 I_{DD} 波形

为了抑制类闩锁效应，需对电路进行适当改进。对于 PMOS＋NMOS 反馈管电路，可通过优化器件尺寸来减少反馈环的强度，也可以加入复位管。如图 2.132 所示，在钳位 NMOS 的栅极与地之间加入复位管 M_{nr1}。在 ESD 放电期间，V_{Filter} 低于 NMOS 管的阈值电压 V_{TH}，M_{nr1} 如同 M_{n1} 一样不导通；在 ESD 放电结束后，V_{Filter} 高于 V_{TH}，M_{nr1} 导通，将 V_G 拉到低电平，从而防止钳位 NMOS 管继续导通。图 2.133 给出了加复位管前后 V_G 随时间的变化，可见确实消除了类闩锁效应，而且复位管尺寸越大，效果越好。实测结果也表明，加入复位管之后，此电路在 ± 1 kV 的 ESD 脉冲作用下也未出现类闩锁效应。

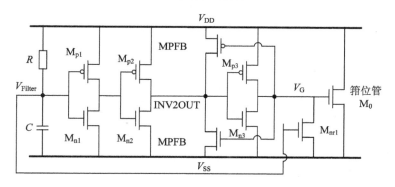

图 2.132　改进后的 PMOS＋NMOS 反馈管电路

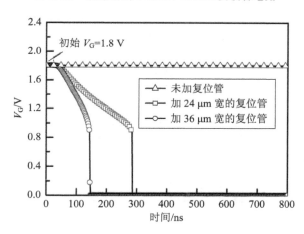

图 2.133　加复位管前后的 V_G 仿真波形

3. 降低漏电流

当 CMOS 进入纳米尺度之后，电源钳位电路的漏电流就不得不加以考虑了。图 2.134 是 RC 栅控 p 型 SCR 实现的电源钳位电路，其中的电容 C 采用 MOS 栅电容，在正常工作条件下其端电压为 $V_{DD}-V_{SS}$，栅到衬底会形成隧穿漏电流，该电流流过 R 又会使 V_{rc} 下降，导致 M_p 管产生亚阈区漏电流。栅漏电流会随着器件尺寸的缩小迅速增加，从表 2.5 给出的数据来看，当 CMOS 尺寸从 90 nm 降到 45 nm，NMOS（PMOS）管在 1 V 电源电压下的栅漏电流从 11 nA（3 nA）增加到了 260 nA（95 nA），增幅达 20 倍以上！如果电源钳位电路的 NMOS（PMOS）管尺寸为 30 $\mu m \times 24$ μm，其漏电流在 65 nm 工艺下可达到 55 μA（13 μA）。因此，对于纳米级 CMOS，必须寻求降低电源钳位电路漏电流的对策。

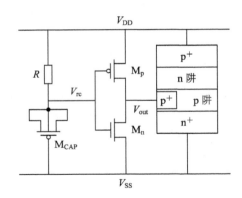

图 2.134　RC 栅控 p 型 SCR 电源钳位电路

表 2.5　MOSFET 的栅漏电流与工艺尺寸的关系

工艺节点	MOS 类型	栅氧厚度 t_{ox}	栅漏电流（$V_{DD}=1$ V，$\frac{W}{L}=1$ μm/1 μm）
90 nm	NMOS	$\sim$2.3 nm	$\sim$11 nA
	PMOS	$\sim$2.5 nm	$\sim$3 nA
65 nm	NMOS	$\sim$2.0 nm	$\sim$140 nA
	PMOS	$\sim$2.2 nm	$\sim$80 nA
45 nm	NMOS	$\sim$1.9 nm	$\sim$260 nA
	PMOS	$\sim$2.1 nm	$\sim$95nA

　　一个简单的改进方法是在反相器的输出与输入之间加入一个 PMOS 反馈管 M_f，如图 2.135 所示。在正常工作期间，V_{out} 处于低电平，M_f 导通，将 V_{rc} 稳定在高电平，从而避免 M_p 因不充分截止而出现的亚阈区漏电流。如前所述，M_f 还可以防止电源上电过程中的误触发。

　　用金属-氧化层-金属（MOM，Metal-Over-Metal）电容取代 MOS 栅电容，如图 2.136 所示，能够大大减少栅漏电流。与 MOS 栅电容相比，MOM 电容具有低漏电流、高线性度、高 Q 值和小温度系数的优势，但容值/面积比远小于 MOS 栅电容。不过，随着工艺尺寸的缩小，金属层与金属层之间介质的厚度也在不断缩小，有利于提升 MOM 电容的面积效率。

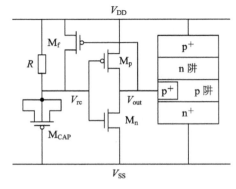

图 2.135　加入正反馈 PMOS 管

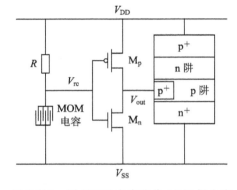

图 2.136　用 MOM 电容取代 MOS 栅电容

采用堆叠 PMOS 管构成的二极管链为 MOS 栅电容提供栅压,如图 2.137 所示,可以有效降低 MOS 电容在正常工作期间的端电压,从而降低栅漏电流。不过,二极管链本身也有一定的漏电流,但可以通过增加二极管的数量或者 PMOS 管的沟道长度来抑制。

图 2.138 电路是利用 M_{p3} 和 M_{n2} 构成的反相器,在正常工作条件下抬高 MOS 电容的栅电压使漏电流降低,在 ESD 条件下压低 MOS 电容的栅电压以实现稳定钳位。在正常工作条件下,V_{out} 为低电平,$V_B \approx V_{DD}$,使得 MOS 电容两端的电压几近为 0,栅漏电基本消除;ESD 到来时,$V_B \approx V_A \approx V_{SS}$,$M_{p1}$ 和 M_{p2} 导通,从而驱动 SCR 导通,形成钳位,同时此时 V_{out} 的高电平使得 M_{n2} 导通,进一步锁定了 V_B 的低电平。

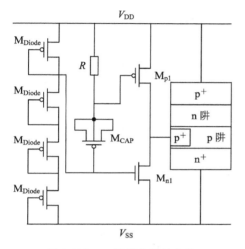

图 2.137 二极管偏置链电路

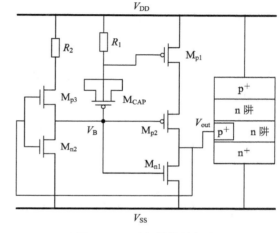

图 2.138 反相器控制电路

图 2.139 电路通过将两个 MOS 电容堆叠来降低电容端电压,从而减少栅漏电。在正常工作条件下,M_{p1} 因输入为 V_{DD} 而关断,M_{n1} 因栅压被偏置在 0.45 V 左右(高于阈值电压)而开启,使 V_{out} 处于低电平。当 ESD 来临时,M_{p1} 的输入为低电平,使 SCR 导通。M_{p2} 和 M_{p3} 用于为 M_{c1} 的栅极提供合适的偏压。RC 时间参数应选得能区分开 ESD 脉冲和电源上电时序,由 R、M_{c1}、M_{c2} 和 M_n 共同决定。

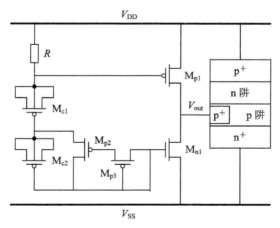

图 2.139 堆叠 MOS 电容电路

上述 6 个电路在 65 nm CMOS 工艺下的 ESD 耐压和漏电流的实测及仿真结果如表 2.6 所列。可见，电路的改进可以使瞬态钳位电路的漏电流从 21 μA 降低到 96 nA，而仍然能保持足够高的 ESD 鲁棒性。其中，加入正反馈管只能降低亚阈值电流，不能降低栅电流，因此其效果没有后四个电路那么明显。

表 2.6　65 nm CMOS 工艺制备的六种电源钳位电路的比较

电路类型	ESD 耐压		漏电流($V_{DD}=1$ V)	SCR 尺寸
	MM	HBM		
常规 RC 钳位	—	—	21 μA(仿真)	—
加入正反馈管	—	—	12 μA(仿真)	—
MOM 电容	350 V	4 kV	358 nA	40 μm×7.8 μm
二极管偏置链	750 V	>8 kV	228 nA	60 μm×7.8 μm
反相器控制	>800 V	>8 kV	116 nA	60 μm×7.8 μm
堆叠 MOS 电容	325 V	7 kV	96 nA	45 μm×7.8 μm

2.4　片上防护架构

全芯片的片上防护架构如图 2.140 所示，由输入防护电路、输出防护电路和电源钳位电路三部分构成。正常工作条件下，所有并入的 ESD 防护器件应视为开路；ESD 条件下，则构成低阻通路。输入/输出防护多为双向防护，电源钳位多为单向（正向）防护。输入防护要求的钳位(触发)电压比输出防护要求的低，因为输入击穿电压是栅介质击穿电压，而输出击穿电压是漏源 pn 结击穿电压。输入防护视需要可采用两级防护，输出缓冲器本身通常也具有一定的 ESD 防护作用。

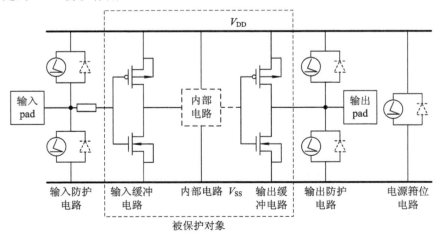

图 2.140　全芯片片上防护架构

2.4.1 输入防护架构

1. 输入两级防护架构

对于放电电流很大的应用场景（如 CDM 防护），输入防护可以采用两级防护架构。如图 2.141 所示，来自输入 pad 的 ESD 脉冲首先触发次级防护器件导通，产生的电流通过限流电阻上的压降，形成更高的触发电压使初级防护器件导通，旁路掉大部分能量。与一级防护架构相比，两级防护架构可承受更大的放电电流，适合 CDM 防护，但串联电阻和寄生电容较大，不适合模拟电路和高速 I/O 防护。

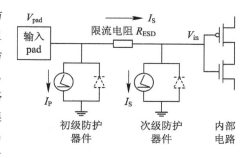

图 2.141　两级输入防护架构

在两级防护架构中，初级防护应选择触发电压高、导通阻抗低、电流容量大的防护器件，目的是泄放电流，多采用厚氧 NMOS(TGNMOS)、SCR 或二极管链；次级防护应选择触发电压低、维持电压也较低、响应速度快的防护器件，目的是保护内部器件的栅氧，采用 GGNMOS 居多。图 2.142 是 TGNMOS＋GGNMOS 两级防护电路的实例，图 2.143 是 SCR＋GGNMOS 两级防护电路的实例。

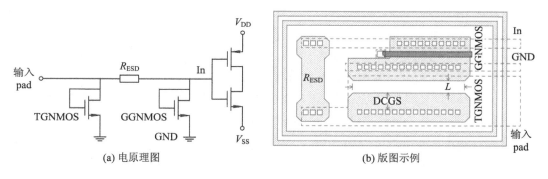

(a) 电原理图　　　　　　　　　　(b) 版图示例

图 2.142　TGNMOS＋GGNMOS 两级防护电路

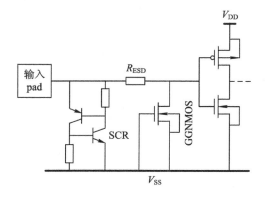

图 2.143　SCR＋GGNMOS 两级防护电路

初级与次级之间的限流电阻(亦称隔离电阻)R_{ESD}用于限制流入次级防护电路及被保护电路的电流,阻值取决于初级的触发电压和次级的失效电流,要求既能满足限流需要,又不影响电路速度。现以图 2.141 为例,分析一下 R_{ESD} 选择的依据。次级防护电路先导通,其触发电压很小,但二次击穿电流也小。次级导通时的维持电压加上 R_{ESD} 上的压降 $I_s R_{ESD}$,形成更大的触发电压使初级导通。流过 R_{ESD} 的电流可表示为

$$I_s = \frac{V_{pad} - V_{sp\text{-}s}}{R_{ESD} + R_{on\text{-}s}} \tag{2.10}$$

此电流应小于次级防护器件的二次击穿电流。式中,V_{pad} 是加在输入 pad 上的电压,$R_{on\text{-}s}$ 和 $V_{sp\text{-}s}$ 分别是次级防护导通区的 $I-V$ 斜率的倒数和在 V 轴上的截距(参见图 2.144)。内部电路输入节点的电压可表示为

$$V_{in} = \frac{V_{sp\text{-}s} R_{ESD} + V_{pad} R_{on\text{-}s}}{R_{ESD} + R_{on\text{-}s}} \tag{2.11}$$

此电压应小于栅氧击穿电压 BV_{ox}。利用以上两个公式可以确定 R_{ESD} 的值。作为经验判据,取 $R_{ESD} \gg R_{on\text{-}s}$(次级导通电阻)亦可,典型值为 100~300 Ω。

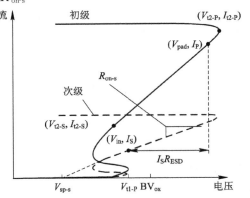

图 2.144 二级防护架构的 $I-V$ 特性

限流电阻有两种实现形式:一是做在 n 阱上的 n^+ 扩散电阻,其好处是电流容量大,硅衬底可提供有效热阱,散热容易,缺点是存在寄生二极管,而且要防止高压下出现对衬底的雪崩击穿;二是多晶(硅)电阻,阻值不随偏置变化,寄生电容和漏电流小,但因为其周围的氧化层阻碍散热,限制了其电流容量和可靠性。通常 ESD 能量较小时采用低寄生的多晶电阻,ESD 能量较大时则用电流容量大的 n 阱电阻。图 2.145 给出了未接限流电阻的 GGNMOS、扩散电阻+GGNMOS 和多晶电阻+GGNMOS 三种结构的防护 $I-V$ 特性,均采用 1.6 μm CMOS 工艺制作,GGNMOS 的尺寸均为 80 μm/2 μm。测试结果表明,未加限流电阻的 GGNMOS 的 ESD 耐压为 0.9~1.2 kV;加 150 Ω 扩散电阻时,ESD 耐压为 1.9~3.1 kV;加 150 Ω 多晶电阻时,ESD 耐压为 1.9~3.1 kV。

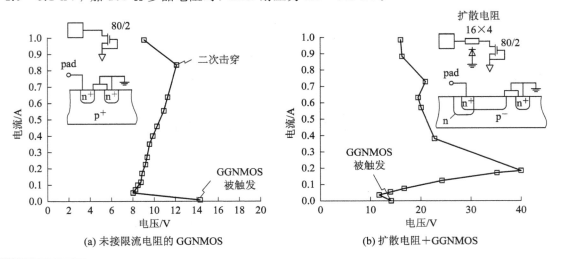

(a) 未接限流电阻的 GGNMOS　　　　　　(b) 扩散电阻+GGNMOS

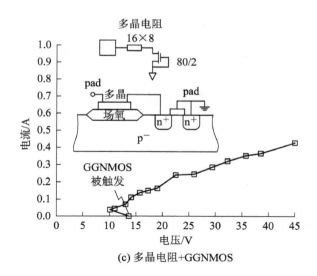

图 2.145　不同限流电阻条件下的防护 $I-V$ 特性

2. 基于二极管的输入防护架构

双二极管防护电路是最简单的 I/O pad 防护电路,如图 2.146 所示,常用于要求寄生电容较小的电路(如 RF 模拟和高速数字电路)。ESD 条件下,至少有一个防护二极管正偏导通,形成低阻放电通道,同时限制输入 pad 的电压,从而保护了输入缓冲管的栅极。不过,如果放电电流较大(如 CDM 模式),同时防护二极管本身的衬底电阻也较大,就可能形成足够高的输入缓冲管栅压,导致其失效。解决方案之一是在输入 pad 与输入缓冲器之间加一个电阻(图 2.146 中的 R,阻值应远高于防护二极管的导通电阻),起分压和限流作用。更好的办法是采用两级二极管防护电路,如图 2.147 所示,第一级主要用于泄流,第二级主要用于钳位,其间的串联电阻主要用于限流,可有效防止 HBM 与 CDM 失效。

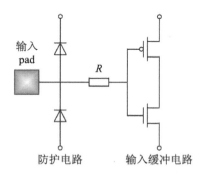

图 2.146　双二极管加限流电阻防护电路

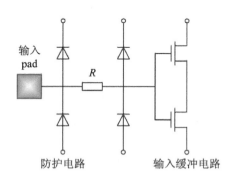

图 2.147　两级双二极管防护电路

图 2.148 是双二极管加限流电阻防护电路的一种工艺实现结构,其中上二极管采用 p^+/n 阱结,下二极管采用 n 阱/p 衬底结,限流电阻采用埋层电阻(BR,Buried Resistor),在二极管两侧加有接至 V_{DD} 的 n^+ 保护环。BR 相当于在浅 n^- 埋层上制作的 NMOS 管,为降低栅介质内的电场强度,可将 BR 的栅极连接至其源极或漏极。

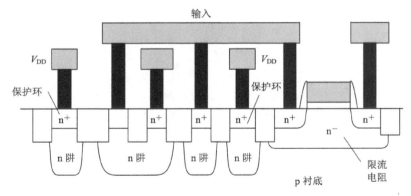

图 2.148　双二极管加限流电阻防护电路的一种工艺实现结构

初级采用双二极管、次级采用 GGNMOS、限流电阻采用埋层电阻的两级防护电路如图 2.149(a)所示。此时，发生 ESD 时加在输入缓冲管栅上的电压取决于限流电阻压降与 GGNMOS 导通电压之比。图 2.149(b)给出了此电路 HBM 耐压与 GGNMOS 宽度的实测关系。未使用 GGNMOS 时 HBM 耐压只有 2 kV，使用 GGNMOS 管后 HBM 耐压增加到 8 kV。为提高 ESD 鲁棒性，设计时要使 GGNMOS 的面积足够大，而且紧靠输入缓冲管，但不可避免地增加了寄生电容的影响。

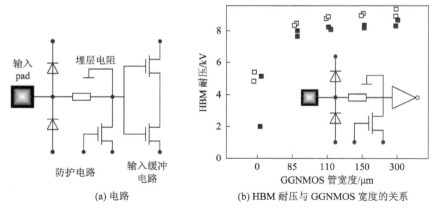

(a) 电路　　　　　　　(b) HBM 耐压与 GGNMOS 宽度的关系

图 2.149　双二极管＋GGNMOS 两级防护电路

3. SCR＋GGNMOS 输入防护架构

如果采用初级为 SCR、次级为 GGNMOS、级间加限流电阻的两级防护架构，ESD 耐压可以增加到 6 kV 以上。图 2.150 和图 2.151 是这种架构的两个实例，二者的区别在于前者的限流电阻 R 采用 150 Ω 的扩散电阻，后者采用 85 Ω 的多晶电阻，SCR 均采用 MLSCR 结构。GGNMOS 的触发电压为 8 V，当流过 GGNMOS 和 R 的电流达到 100 mA(扩散电阻)或 150 mA(多晶电阻)时，R 和 GGNMOS 的压降达到 25 V，SCR 即被触发。R 的值根据下式确定：

$$R \geqslant \frac{V_{\text{trig}} - V_{\text{sp}}}{0.75 I_{t2}} \tag{2.12}$$

式中，V_{trig} 是 SCR 的触发电压，V_{sp} 是 GGNMOS 的维持电压，I_{t2} 是 GGNMOS 的失效电流。实测结果表明，此结构的 HBM 耐压达到 6 kV 以上，MM 耐压亦可达到 1 kV。

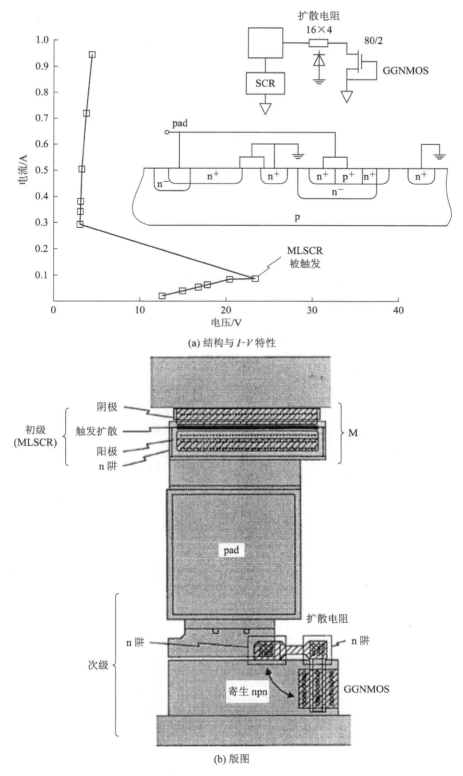

(a) 结构与 $I\text{-}V$ 特性

(b) 版图

图 2.150 SCR＋扩散电阻＋GGNMOS 防护架构

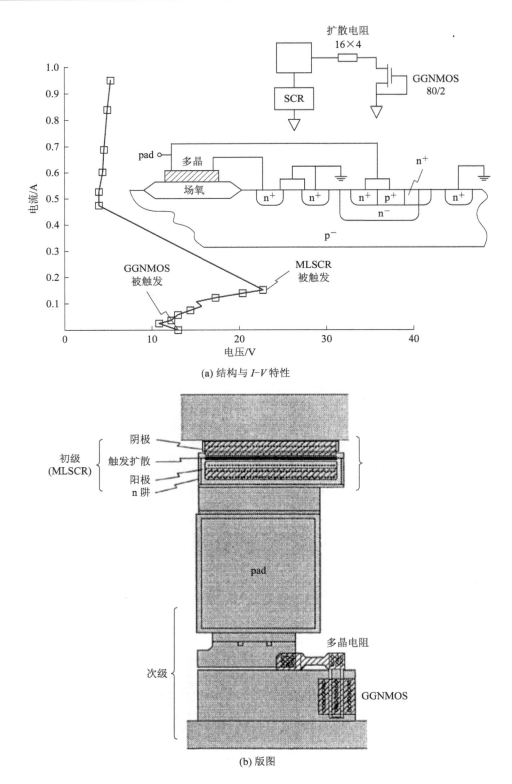

(a) 结构与 I-V 特性

(b) 版图

图 2.151　SCR＋多晶电阻＋GGNMOS 防护架构

2.4.2 输出防护架构

输出 pad 连接到输出缓冲 MOS 管的漏/源极而非栅极，因此 ESD 失效不是栅击穿而是结击穿，击穿电压更高，但击穿时流过内部电路的电流更大，而且大电流所产生的干扰更容易诱发 ESD 防护电路出现不期望的导通，因此要求触发电流更大。

输出 ESD 防护无须考虑栅击穿，故采用一级架构即可。采用的防护器件与输入 ESD 防护相同，如 GGMOS 和 SCR 等。图 2.152 给出了输出双向防护基本架构以及 GGMOS 实现方案。GGMOS 可以采用与输出缓冲器的 MOS 管相同的漏/源层甚至相同的沟道长度，但要有比输出缓冲管更低的触发电压和导通电阻。

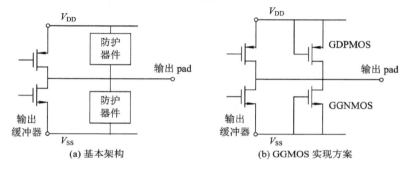

图 2.152 输出双向防护架构

输出防护器件与输出缓冲管相互并联，因此要考虑与输出缓冲管之间的协同设计。例如，在图 2.152(b) 电路中，GGNMOS 和 GDPMOS 与输出缓冲器的 NMOS 和 PMOS 管在结构上非常相似，在版图上相互邻近，因此在 ESD 冲击下就有可能同时导通，而输出缓冲管的电流容量远低于防护器件，这就有可能导致内部电路的损伤或失效。因此，设计上要保证：输出防护管比输出缓冲管先导通，即输出防护管的触发电压低于输出缓冲管的触发电压；输出防护管的触发速度要快于输出缓冲管的触发速度；输出防护管的导通电阻小于输出缓冲管的导通电阻，即使二者同时导通，也要确保放电电流主要从输出防护管中泄放。

输出缓冲器中的下拉 NMOS 管是最容易出现 ESD 失效的器件，故应重点保护。可采用两种方案：一是厚氧 NMOS(TGNMOS)方案，考虑到 TGNMOS 的触发电压较高，可增加 RC 衬底触发电路降低其触发电压，如图 2.153 所示；二是横向 npn 管方案，如图 2.154 所示，应使横向 npn 管 VT_2 的基区宽度比下拉 NMOS 管 M_1 的寄生 npn 管 VT_1 的基区宽度（亦即 M_1 的沟道长度）窄，因而先于后者导通，以便实现对 M_1 的防护。

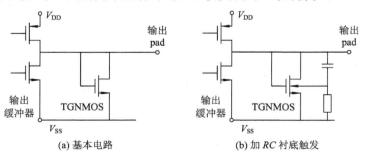

图 2.153 对下拉 NMOS 缓冲管的厚氧 NMOS 防护方案

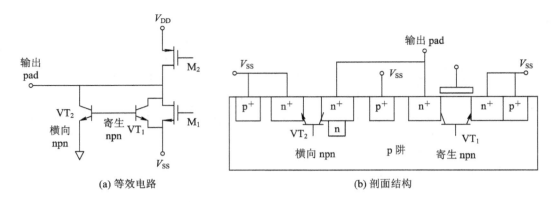

图 2.154　对下拉 NMOS 缓冲管的横向 npn 防护方案

如果输出缓冲下拉 NMOS 管与 ESD 防护用的 GGNMOS 管采用相同的尺寸，但前者采用硅化物，后者采用硅化物阻挡，则在 ESD 条件下，后者就会比前者先导通而损坏。串接限流电阻 R_S 可增大输出缓冲管的 ESD 触发电压，从而避免此效应。采用栅触发等方法降低 GGNMOS 的触发电压，也可达到同样的目的。图 2.155 给出了串接限流电阻 R_S 后的 GGNMOS 保护电路。图 2.156 比较了 GGNMOS、加 R_S 前后的输出 NMOS 器件的 $I-V$ 特性。当 ESD 出现时，为了保证 GGNMOS 先于输出 NMOS 被触发，GGNMOS 的触发电压和二次击穿电压必须同时小于输出 NMOS 的触发电压与 R_S 上压降之和，即有

$$V_{t1ESD} < V_{t2OD} = I_{t2OD} R_S \tag{2.13}$$

$$V_{t2ESD} < V_{t2OD} = I_{t2OD} R_S \tag{2.14}$$

因此，R_S 的阻值应满足：

$$R_S > \frac{V_{tmaxESD} - V_{t2OD}}{I_{t2OD}} \tag{2.15}$$

$$V_{tmaxESD} = \max\{V_{t1ESD}, V_{t2ESD}\} \tag{2.16}$$

例如，$V_{tmaxESD} = 11\ V$，$V_{t2OD} = 9\ V$，$I_{t2OD} = 200\ mA$，则 $R_S \geqslant 10\ \Omega$。

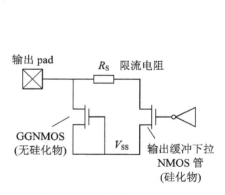

图 2.155　串接限流电阻后的 GGNMOS 电路

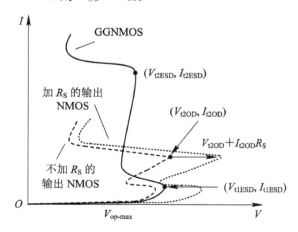

图 2.156　加 R_S 前后的输出 NMOS 与 GGNMOS 的 $I-V$ 特性比较

输出缓冲管本身就具有大尺寸和强输出电流的驱动能力，因此具有一定的 ESD 自防护

能力，但要兼顾信号驱动能力和 ESD 防护能力，需对其设计略做调整。例如，大面积缓冲管的多叉指结构容易诱发电流/热分布的不均匀，但又不能使用与 GGNMOS 类似的栅耦合方法，因为它会改变缓冲性能。给缓冲管的漏极串接镇流电阻是改善其电流均匀性的有效方法，最好采用 n 阱扩散电阻（参见图 2.157），尺寸较小且纵向散热能力佳，但不适用于硅化物工艺。硅化物工艺可改用场氧穿通扩散电阻或多晶电阻，不过散热性能又不如 n 阱电阻。

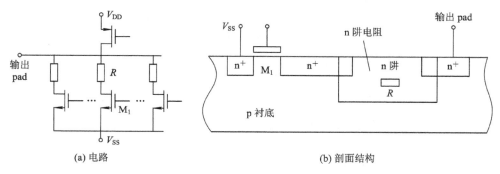

(a) 电路   (b) 剖面结构

图 2.157 多叉指输出缓冲管用 n 阱电阻作为镇流电阻

如果采用 p^+/n 阱二极管（纵向 pnp 管的 EB 结）作为输出 pad 与 V_{DD} 之间的防护元件，则只需在输出 PMOS 缓冲管结构中增加接至 V_{DD} 的 n^+ 条即可，如图 2.158(b) 所示。图 2.158(a) 标出了此防护电路中输出 pad 的 ESD 放电路径。

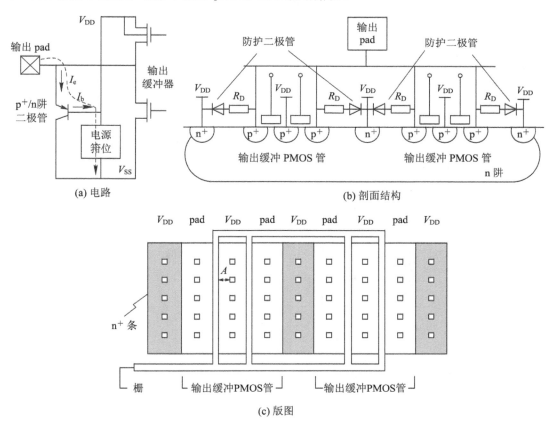

(a) 电路   (b) 剖面结构

(c) 版图

图 2.158 带 p^+/n 阱防护二极管的输出缓冲 PMOS 管

2.4.3 电源钳位架构

1. 全芯片电源钳位网络

与 I/O 防护电路相比,电源钳位电路的电流通量更大,占据芯片面积也更大。同时,电源轨线的长度也远大于信号线长度,导致的压降也不容忽视。例如,2 kV HBM 的放电电流为 1.3 A,连线电阻即使仅为 1~2 Ω,也会引入 1.3~2.6 V 的压降。为了避免 ESD 电流在长的电源轨线上形成较大的压降,同时使电源钳位电路的尺寸不至于过大而导致布局困难,同一芯片上常采用多个电源钳位单元以及多个电源管脚。图 2.159 给出了一个全芯片电源钳位架构的例子,电源钳位单元位于芯片的四个角。这是经常被采用的位置,因为对于管脚密度较大的芯片,四个角落是冗余面积较多之处。不过,根据芯片的实际版图布局和晶体管密度来确定电源钳位单元的数量和位置更为科学合理。

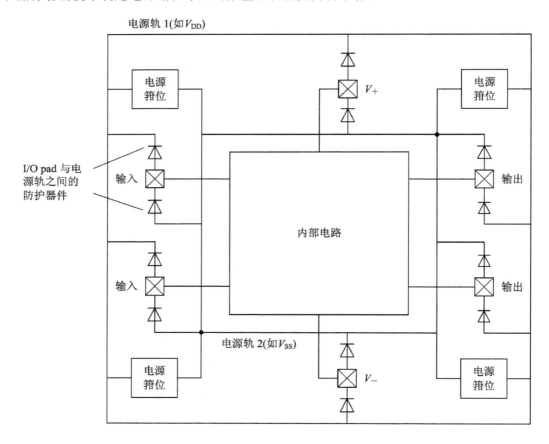

图 2.159 全芯片电源钳位架构示例 1

图 2.160 给出了另一个全芯片电源钳位架构的例子,共设计了四个电源管脚、四个电源钳位单元以及四个地线管脚,电源钳位电路分布在电源管脚附近,最大限度地减少了电源线与地线阻抗的影响。每个 I/O pad 采用了 pnp 管的 EB 结二极管作为防护器件,与电源钳位单元共同构成 I/O pad→V_{DD}→V_{SS} 的 ESD 电流泄放路径。

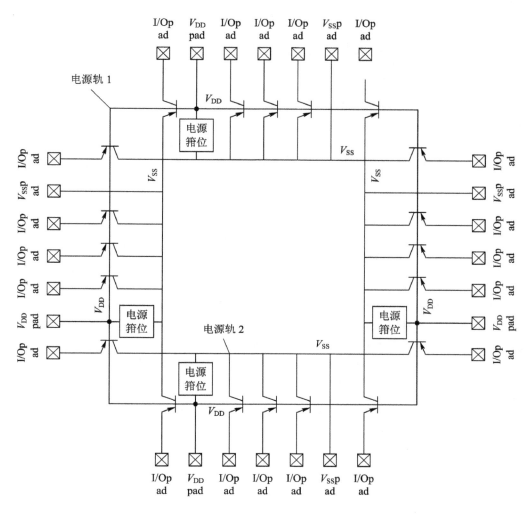

图 2.160 全芯片电源钳位架构示例 2

2. 多电压域芯片防护

某些芯片会采用多电压域，如数字芯片中 I/O 电路采用比内核电路更高的电源电压，SOC 芯片中数字电路、模拟电路和存储器等的电源电压各不相同。也有某些芯片采用多条地线，如在数模混合信号芯片中，数字电路和模拟电路分别采用数字地和模拟地。此时，不仅在各个电源电压轨到地必须加入各自独立的电源钳位电路，而且要在不同电压轨之间以及不同地线之间接入 ESD 防护器件。这些轨间的防护器件，在 ESD 条件下是不同电压轨共享的泄流和钳位通道，在正常工作条件下起着不同电压轨之间的隔离及噪声抑制作用，后者对于 RF 和模拟电路尤为重要。

在图 2.161 所示的电路中，电源域 1 的电压 V_{DDL} 低于电源域 2 的电压 V_{DDH}，同时为了避免不同地线之间的干扰而使用了不同的地轨 V_{SSH} 和 V_{SSL}。于是，在 $V_{DDH} \rightarrow V_{SSH}$ 和 $V_{DDL} \rightarrow V_{SSL}$ 分别加有电源钳位电路，同时在 $V_{DDH} \rightarrow V_{DDL}$ 加二极管链，在 $V_{DDL} \rightarrow V_{DDH}$ 加单个二极管，在 V_{SSL} 与 V_{SSH} 间加背靠背二极管，用于轨间的 ESD 防护及干扰隔离。

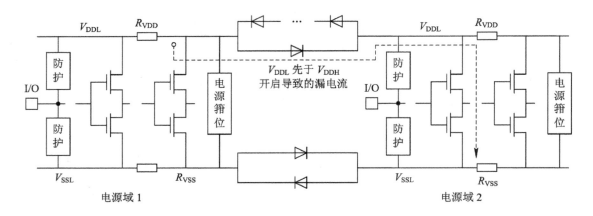

图 2.161　不同电压域间的防护电路示例($V_{DDH}>V_{DDL}$)

不同电源轨之间的 ESD 防护电路需保证在正常工作条件下不导通,在 ESD 条件下导通。如采用二极管链作为轨至轨的 ESD 防护电路,链上二极管数量的选择与电路类型有关。对于数字电路,应根据轨间电压差选择,二极管的数量应保证二极管链的总正向导通电压高于轨间电压差,单个二极管的反向击穿电压也要高于轨间电压差;对于 RF 电路,还应考虑噪声容限选择,因为串联二极管数量越多,则总电容越小。例如,0.25 μm 工艺制作的 100 MHz 微处理器,内核电压 2.5 V,I/O 电压 5 V,则应选用 6 个二极管串联。

在多电源电压域中,如果两个电源开启时间不一致,就有可能出现不期望的漏电流。在图 2.161 的例子中,如果 V_{DDL} 比 V_{DDH} 先开启,则有可能出现如图中虚线所示的漏电流。为此可采用跨电源域的电源钳位方案。图 2.162 给出了一个跨电源域的电源钳位电路实例。

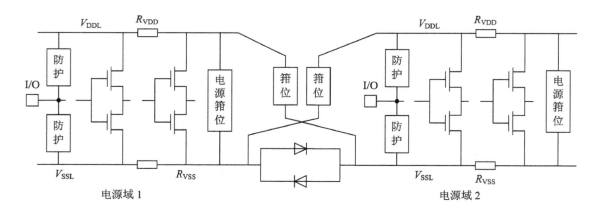

图 2.162　跨电源域的电源钳位方案

如果出于隔离共地干扰的目的而设置了多个正常工作条件下互不连通的地,如混合信号芯片中的数字地和模拟地,则应在不同的地轨之间串接背靠背的二极管或二极管链,为可能出现的地与地之间的 ESD 泄放电流提供双向通道。二极管链上的二极管数量必须保证在正常工作条件下不导通，否则会造成电路性能的退化(尤其是模拟电路)，在 ESD 条件下必导通。二极管的串联不仅可提高隔离电压，亦可降低其寄生电容。图 2.163 给出了一个混合信号芯片(锁相环)的电源钳位架构的实例，其中有两种类型的电源和四种类型的地。

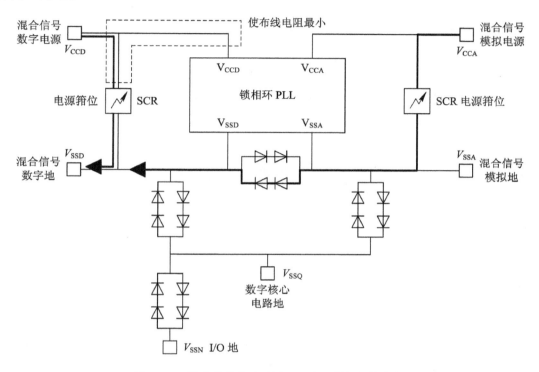

图 2.163　混合信号芯片(锁相环)电源钳位架构实例

　　混合信号芯片(如 ADC 和 DAC)中信号从数字域到模拟域(或模拟域到数字域)的传输可能会采用如图 2.164 所示的电路。如果发射电路中出现 ESD，放电电流就有可能通过衬底和输出缓冲管传送到接收电路输入缓冲管的栅极，对其形成破坏。为此已提出了多种解决方案，如在发射电路和接收电路的电源轨及地轨之间串接背靠背的二极管(图 2.165(a))，或者在两者之间的信号通道上接限流电阻和 GGNMOS(图 2.165(b))。

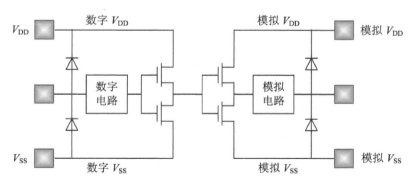

图 2.164　使用不同电压域的数字与模拟电路之间的信号通道

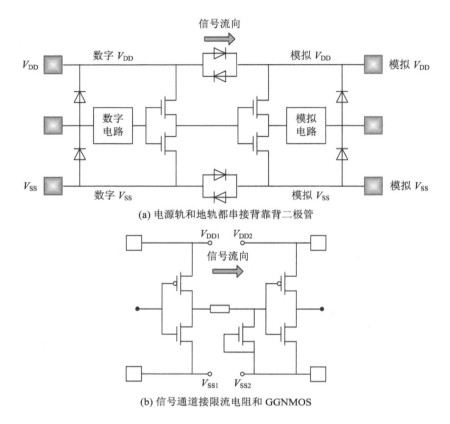

(a) 电源轨和地轨都串接背靠背二极管

(b) 信号通道接限流电阻和 GGNMOS

图 2.165　避免不同电压域间相互影响的办法

对于两个以上的更多电压域的芯片的电源钳位，可以引入层次化的树状电源轨和 ESD 总线，其总体架构如图 2.166 所示。整个芯片设置专门的电源轨 ESD 总线和地轨 ESD 总线，作为公共的放电电流泄放低阻通道；ESD 总线与子电源轨和子地轨之间的 ESD 防护（即

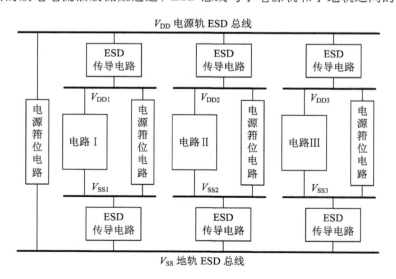

图 2.166　多电源域芯片电源钳位总体架构

图 2.166 中的 ESD 传导电路)可采用二极管链，但可能会导致过大的导通电阻和触发延时，亦可改用双向 SCR 或双向 GGMOS；ESD 电源轨总线与地轨总线之间、子电源轨与子地轨之间的电源钳位电路则可采用 GGNMOS、RC 触发的 PMOS 或 NMOS 触发的 SCR 等防护器件。

图 2.167 是一个内有数字电路、模拟电路和射频电路的系统芯片（SOC，System on Chip）电源钳位架构的实例。数字电路、模拟电路和射频电路应分区布局，而且之间应设置隔离槽或保护环来防止它们之间的干扰。每种类型的电路应加各自独立的电源钳位电路，而且不同类型的电源和地之间也要加适当的防护器件，以便保证 ESD 来到时放电通道的畅通。

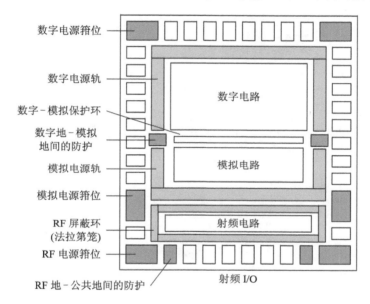

图 2.167　SOC 芯片电源钳位架构实例

3. 分布式防护网络

为了减少面积占用，可使多个 pad 共用一个电源钳位电路（亦可共用 RC 触发元件），这称为分布式 ESD 防护网络。在图 2.168 电路中，多个 pad 防护器件共享了一个 RC 触发电路，RC 触发总线的引入可以使 RC 触发元件分布在芯片的不同位置，便于实现合理的版图布局和空间利用。

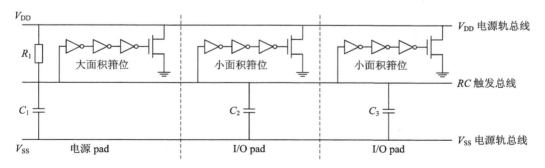

图 2.168　多个 pad 共享一个 RC 触发网络

多少个 I/O pad 可以共用一个电源钳位电路，以及 I/O pad 防护电路与电源钳位电路的面积相对大小，取决于电源轨的电阻（R_{VDD}、R_{VSS}）。电源轨电阻越小，则一个电源钳位电路可服务的 I/O pad 数越多，所要求的 I/O pad 防护电路的面积越小。例如，轨电阻较高的电源总线网络，每组最佳的 I/O pad 数为 21 个；轨电阻较低的电源总线网络，每组最佳的 I/O pad 数则为 61 个。如果每组的 I/O pad 数取最佳值，则电源轨钳位器件的有效宽度与轨电阻关系不大。例如，对于 0.25 μm 工艺，最佳的轨宽度约为 1800~2000 μm。图 2.169（a）和（b）分别给出了 0.25 μm 工艺下 I/O pad 防护器件和电源钳位器件的有效宽度与电源轨电阻的关系。

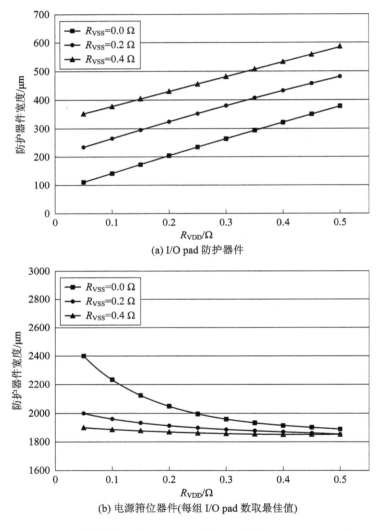

(a) I/O pad 防护器件

(b) 电源箝位器件（每组 I/O pad 数取最佳值）

图 2.169　防护器件有效宽度与电源轨电阻的关系（0.25 μm 工艺）

对于基于 MOS 的电源钳位电路，可通过给钳位管增加栅压（V_{DS} 不变时增加 V_{GS}）来加大其电导，从而提升 ESD 电流泄放能力，称为自举（Boost）电源钳位电路。图 2.170 所示电路采用 GGNMOS 和 GDPMOS 作为 I/O pad 的主防护器件，采用 NMOS 管作为电源钳位器件。一旦 I/O pad（这里以 I/O1 pad 为例）出现 ESD 后，使 Boost 总线置位管 VT$_2$ 导通，经 Boost 总线和触发电路使电源钳位管 M_0 导通来实现电源钳位,同时给 M_0 加了一个较大的栅压(9.6 V),使 M_0 的泄放电流更大。与常规电源钳位电路相比,此电路新增了 Boost 总线和 VPNP 管 VT_2(20 μm 宽)。ESD 电流的主泄放通道是通过 M_0、VT_1 和 VD,所以经 VT_2 耦合到 Boost 总线的 ESD 电流很小,Boost 总线即使采用很窄、寄生电阻(R_1)高达 20 Ω 的设计,其上压降仍然很小。Boost 总线对地电压(触发电压)由接成二极管组态的 VT_2 决定。可以证明,M_0 的 V_{GS} 是常规电源钳位电路的 2 倍,使 M_0 可通过更大的电流。若泄放电流强度相同,则 M_0 的尺寸只需常规器件的 1/2.3 即可。为避免 M_0 损坏,其 V_{GS} 不能大于栅击穿电压和 V_{DS},且要设计得使 M_0 不出现骤回特性。

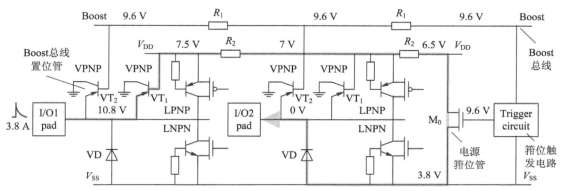

图 2.170 自举电源钳位电路

分布式的自举电源钳位电路网络如图 2.171 所示。可用分别位于各个 I/O pad 处的多个面积较小的电源钳位管(M_1)取代之前的一个大的电源钳位管(M_0),并采用三总线架构,即电流小的、窄的 Boost 和 Trigger 总线,电流大的、宽的 ESD 总线(可接到 V_{DD},也可浮空)和 V_{SS} 总线。图中的 VT_1 和 VT_2 实际上是 VPNP 管的 EB 结,分别为 Boost 总线和 Trigger 总线提供合适的偏压。触发电路只连接到压降很小的 Boost 总线和 Trigger 总线上,因此可以放在距离 I/O pad 较远的地方,实现"遥控"触发,这有利于节省面积。

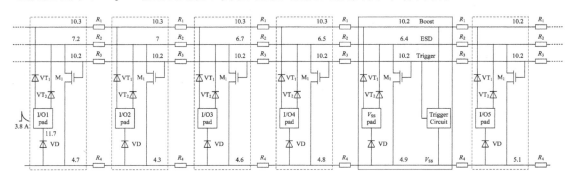

图 2.171 分布式自举电源钳位电路网络

2.4.4 总体防护架构

1. 单向、双向和全向架构

全芯片的总体防护至少应该包括 I/O - V_{DD} 防护(ND、PD 模式)、I/O - V_{SS} 防护(PS、

NS 模式)和电源钳位(DS 模式),各种模式的测试方法参见 1.2.1 节。

各种模式的防护可以采用单向、双向和全向三种方式实现。基于单向防护器件组建的总体防护架构如图 2.172 所示。单向防护器件可以采用具有非骤回 $I-V$ 特性的正偏二极管(链),也可以采用具有骤回 $I-V$ 特性的 GGMOS 和 SCR。图 2.173 给出了单向骤回防护器件的 $I-V$ 特性。图 2.174 给出了用四个 GGMOS 管衬底触发的单向 SCR 组建的 I/O pad 防护电路。基于单向器件组建的防护架构的缺点是使用器件数量多,占用芯片面积大,寄生效应(电容和漏电流)严重。

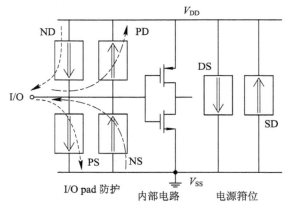

图 2.172　基于单向防护器件组建的总体防护架构

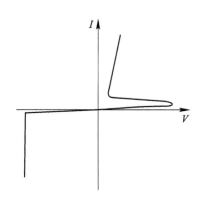

图 2.173　单向骤回防护器件的 $I-V$ 特性

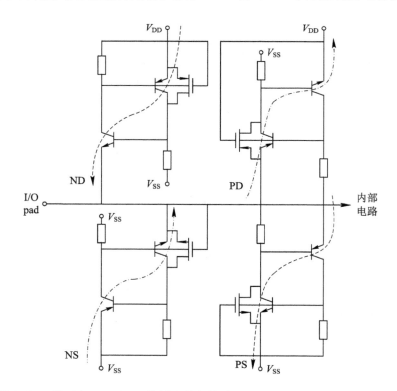

图 2.174　用四个 GGNMOS 管衬底触发的单向 SCR 组建的 I/O pad 防护电路

基于双向防护器件组建的总体防护架构如图 2.175 所示，使用的器件数量少，占用芯片面积小，寄生效应相对弱，但可选择的器件类型有限。典型的双向防护器件是双向 SCR，具有双向骤回 $I-V$ 特性（图 2.176）。

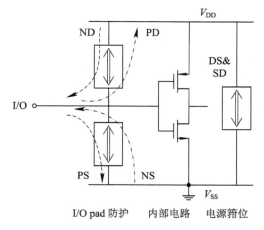
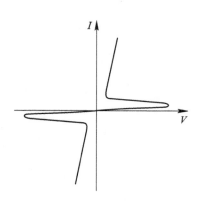

图 2.175 基于双向防护器件组建的总体防护架构　　　图 2.176 双向骤回防护器件的 $I-V$ 特性

基于全向（All in one）器件组建的总体防护架构只需一个防护器件，就可以同时抑制 ND、PD、PS、NS、DS 五种模式的 ESD 脉冲（图 2.177），面积开销及寄生电容要比实现同样功能的单向及双向器件小得多，适合超高速、极小尺寸的 IC（Integrated Circuits，集成电路）或超快放电脉冲（如 CDM）下的 ESD 防护。不过，具备全向防护功能的器件结构非常少，2.2.3 节给出了一种全向 SCR 结构。

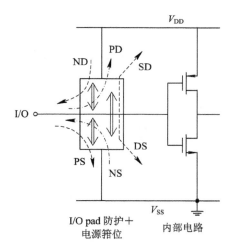

图 2.177 基于全向防护器件组建的总体防护架构

2. 总体布局考虑

多电压供电芯片中存在多个电源轨和地轨，防护架构的设计应保证任意两个 pad 之间都有放电通道，而且最长放电通道的阻抗（包括防护单元的导通电阻和电源线的阻抗）能够满足 ESD 防护要求。如图 2.178 所示芯片，输入电压 V_{DD1}、内核电压 V_{DD} 和输出电压 V_{DD2} 各不相同，并有三个参考地 V_{SS1}、V_{SS} 和 V_{SS2}，防护架构共采用了 9 个单向防护器件（可采用二极管、GGMOS 或 SCR），存在多条放电通道，如输入 pad 至 V_{DD1} 只经过 1 个防护器件（ESD_1），V_{DD1} 至输入 pad 可经过 4 个防护器件，即 $ESD_6 \rightarrow ESD_5 \rightarrow ESD_8 \rightarrow ESD_2$，而最长的一条是输入 pad 至输出 pad 的 $ESD_1 \rightarrow ESD_6 \rightarrow ESD_5 \rightarrow ESD_9 \rightarrow ESD_4$，共经过了 5 个防护器件，如图中虚线所示，应保证此通道的阻抗足够低。

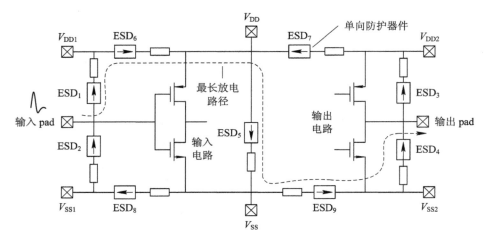

图 2.178 单向防护器件构建的多电源电压芯片防护架构

采用双向甚至全向防护器件不仅能够节省面积，简化布局布线，还能缩短放电路径，减少放电通道阻抗。图 2.179 是采用双向防护器件和 ESD 全局放电总线的防护架构。ESD 全局总线作为所有 pad 的泄流通道，应设计得尽可能宽，最好在金属线下方设置高掺杂扩散条，既可降低总线阻抗，又可改善总线到衬底的散热能力。

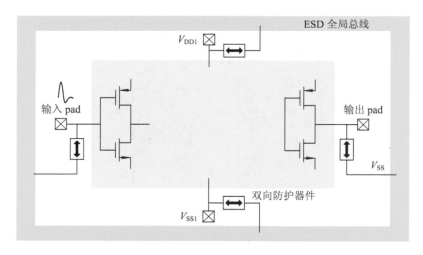

图 2.179 采用双向防护器件与 ESD 全局放电总线的防护架构

在 I/O 防护架构的设计中，一定要保证防护器件的触发电压低于内部电路，同时保证防护器件放电通道的导通阻抗比内部电路低。如果内部电路的触发电压比防护器件低，就会导致内部电路在 ESD 脉冲下先导通；如果内部电路的触发电压与防护器件相当，但放电通道阻抗比防护器件低，就会导致多数放电电流从内部电路流过。这两种情况都会导致内部电路产生损伤或早期失效，被称为"竞争放电"。在图 2.180 给出的例子中，应保证

GGNMOS 防护器件 M_{ESD} 的触发电压低于内部电路的 NMOS 管 M_n 的触发电压,而且放电阻抗也低于 M_n 的放电阻抗(可取更短的沟道长度)。

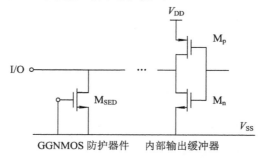

图 2.180 采用 GGNMOS 的输出防护电路

在图 2.181 所示的防护架构中,如果电源钳位电路距离电源引脚比内部 I/O 电路中的 n 阱/p 衬底保护环二极管更远,而且因电源线存在阻抗 R_{bus} 而触发得更慢,就会导致 ESD 到来时防护二极管先于电源钳位电路导通,有可能在保护环区域形成破坏。为此,应通过调整电源钳位电路的版图位置并改进电源线设计来避免这种情况的发生。

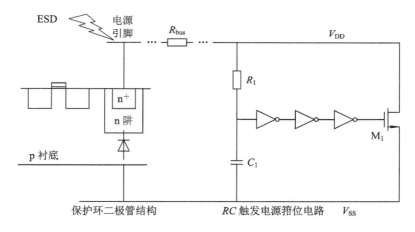

图 2.181 电源钳位电路与内部电路的相对位置

对于 SOC 芯片,由于不同信号类型(数字、模拟、RF、功率等)、不同工作电压(内核电压、I/O 电压等)、不同 I/O 形态(输入、输出、输入/输出双向等)共存,应采用不同的防护器件及电路。图 2.182 是在某 SOC 芯片中的四个子电路域的防护架构。在数字输入域中,重点防范输入缓冲 MOS 管的栅氧击穿,5 nm CMOS 工艺制备的 FinFET 的栅氧击穿电压已低至 0.95 V,考虑 20% 的裕量之后,防护器件的触发电压应为 0.75 V 左右。如果考虑超快 CDM 放电,则防护器件的触发时间应短至 100 ps。在数字输出域中,重点防范输出缓冲 MOS 管的漏-源击穿,防护器件的触发电压应低于漏-源击穿电压,同时导通电阻应远低于输出缓冲管的导通电阻,以防出现热失效。在模拟域中,重点保护差分放大器中 BJT 的基区和集电区,防护器件的触发电压应低于 BJT 的 BE 和 BC 击穿电压,还要防止过电流引发的热损伤。在 RF 域中,针对三级分布式毫米波(28~38 GHz)天线开关电路,重点要考虑防护器件寄生电容对 RF 性能的影响,同时防范微带传输线中金属-金属间击穿,特别是底层金属(线薄、介质厚度也薄)。

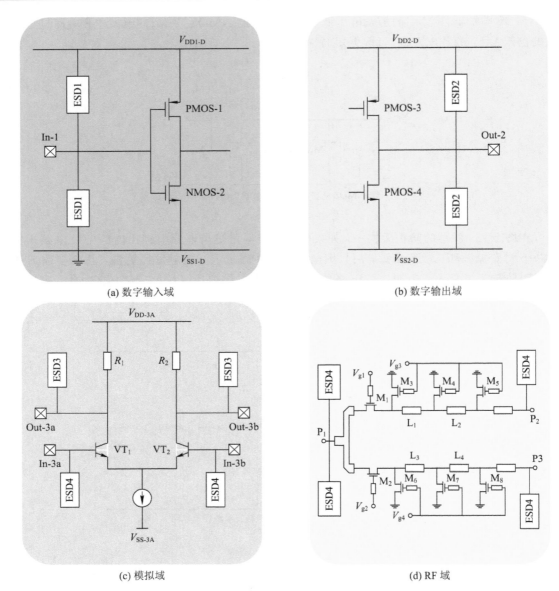

(a) 数字输入域   (b) 数字输出域

(c) 模拟域   (d) RF 域

图 2.182　SOC 芯片中不同电路域的防护架构

本 章 要 点

- 抵抗静电等电过应力对芯片的冲击，可采用环境防护、片外防护和片内防护三种途径，其中片内防护是最为经济且有效的手段，但会受到芯片本身材料、结构和工艺的限制。
- 对防护电路的基本要求是：导通电压高于被保护电路的额定工作电压，小于被保护电路的极限工作电压；泄放电流高于被保护电路的电流容量；响应速度高于被保护电路的响应速度；导通阻抗尽量小，正常工作条件下引入的寄生电容尽量小；占用面积尽量小。

- 二极管防护器件结构简单，导通电阻低，寄生电容小，但其非骤回特性的防护效果不如骤回器件，而且导通电压偏低，采用二极管链时又可能产生不期望的"漏电流倍增"和"电容倍增"效应。

- GGMOS 防护器件与 CMOS 工艺的兼容性最好，但泄放电流能力差，实现面积大，寄生效应严重，触发电压高且有均匀性要求。引入栅耦合和衬底触发等方式可以降低GGMOS 的触发电压；采用多叉指版图可以增加电流容量，辅之以镇流电阻可改善叉指间的触发均匀性。

- 在所有防护器件中，SCR 具有最大的电流容量、最高的面积效率和最深的骤回特性，缺点是触发电压过高、维持电压过低、开启速度略慢。MVTSCR、LVTSCR 等结构和栅触发、衬底触发等电路，都是降低 SCR 触发电压的有效方法。

- 电源钳位不只是防止来自电源端的电过应力，也要为 I/O 防护提供放电通道。静态钳位只要求限制电压，可以采用二极管、GGMOS 和 SCR 等来实现；瞬态钳位则有响应时间要求，主要采用 RC 触发加多级反相器调控时间常数的方法来实现，是更有效的电源钳位方法。

- 对于放电电流更大的 CDM 等脉冲，输入可采用两级防护架构。其中，初级防护主要是为泄流，次级防护主要是为限压，初级与次级间的限流电阻应兼顾泄流与限压要求。

- 输出防护设计应充分考虑与内部输出缓冲器的耦合性。一方面，要避免 ESD 条件下内部电路先于防护电路导通；另一方面，可以通过输出防护电路与输出缓冲电路在工艺结构上的融合设计来提高面积效率。

- 电源钳位电路占用面积较大，布局时可以置于芯片四角、电源管脚附近等空余位置处，也可以引入 ESD 总线、树状电源轨和共享触发元件等方式来提高面积效率。

- 对于多电压域芯片，除了各个电源轨需施加各自独立的电源钳位电路之外，不同电源轨之间还要加诸如二极管链这样的防护元件，为 ESD 提供全方位的放电通道。

- 对于全芯片各种放电模式的综合防护，可以采用单向、双向、全向防护器件来实现。基于单向器件的架构占用面积最大，寄生效应显著，而双向和全向防护只有 SCR 这样的防护器件才能实现。

综 合 理 解 题

在以下问题中选择你认为最合适的一个答案(注明"多选"者可选 1 个以上答案)。

1. 具有非骤回 $I-V$ 特性的防护器件类型是_____。

A. 二极管　　　　　B. GGNMOS　　　　　C. SCR　　　　　D. BJT

2. 对于 CMOS 芯片，决定防护器件钳位电压最大值的通常是_____。

A. 电源电压　　　　　　　　　B. 栅介质击穿电压

C. 漏－源击穿电压　　　　　　　D. 漏 pn 结击穿电压

3. 对于 CMOS 芯片，决定骤回防护器件维持电压最小值的是_____。

A. 电源电压　　　　　　　　　B. 栅介质击穿电压

C. 漏－源击穿电压　　　　　　　D. 漏 pn 结击穿电压

4. 二极管防护主要利用正偏 pn 结而非反偏 pn 结的原因是_____。（多选）

A. 导通电压低   B. 电流通量大

C. 动态电阻小   D. 寄生电容小

5. 常用于 $I/O - V_{DD}$ 防护而非 $I/O - V_{SS}$ 防护的二极管是_____。

A. n^+/p 衬底二极管   B. p^+/n 阱二极管

C. n 阱/p 衬底二极管   D. 齐纳二极管

6. 关于二极管阳极与阴极之间的隔离，哪一种方法的失效电流最小？_____。

A. STI 隔离   B. 栅隔离   C. MOS 隔离

7. 用 p^+/n 结串接而成的二极管链的主要缺点是_____。（多选）

A. 放电电流小   B. 导通电压低

C. 漏电流大   D. 温度影响大

8. 改善 GGNMOS 防护效果的对策有_____。

A. 增加沟道长度   B. 增加漏接触与栅边缘的间距

C. 增加源接触与栅边缘的间距   D. 减少 p 衬底或 p 阱的电阻率

9. 对于 GGNMOS 和 SCR，采用栅触发或者衬底触发的目的是_____。

A. 降低触发电压   B. 提高维持电压

C. 增加维持电流   D. 提高二次击穿电压

10. 二级防护电路特别适用于_____。

A. HBM 输入防护   B. HBM 输出防护

C. CDM 输入防护   D. CDM 输出防护

11. 镇流电阻的作用是_____。（多选）

A. 降低触发电压   B. 提高维持电压

B. 限制放电电流   C. 改善各叉指间触发均匀性

12. 能够用单个器件实现双向或全向保护的防护器件类型是_____。

A. 二极管   B. GGNMOS   C. SCR   D. BJT

13. 在以下四种 SCR 防护器件中，哪一种触发电压最低？_____。

A. LSCR   B. N_MLSCR

C. P_MLSCR   D. LVTSCR

14. 在以下四种防护器件中，哪一种单位面积寄生电容最大？_____。

A. 二极管   B. GGNMOS

C. MLSCR   D. 普通 SCR

15. RC 栅控瞬态钳位电路中反相器的主要目的是_____。（多选）

A. 降低触发电压   B. 减少 RC 占用的面积

C. 提高维持电压   D. 提高对钳位管的驱动能力

16. 背靠背的二极管通常接在_____。

A. 不同电源轨之间   B. 不同地轨之间

C. 电源轨与地轨之间

第3章 片上防护设计专论

闻道有先后，术业有专攻。——唐·韩愈《师说》

随着 CMOS 技术数十年的持续发展，电路类型从传统的数字 CMOS 发展出模拟 CMOS、RF CMOS 和功率 MOS 等专门类型电路，相应地工艺结构也在标准 CMOS 的基础上发展出 BiCMOS 和 BCD 等特殊类型工艺。对于这些具有专门功能与性能要求或者具备特殊工艺结构的芯片，片上防护设计需要采用不同的防护策略和实现方式。RF CMOS 和高速数字芯片需要考虑片上防护电路的寄生效应对其工作频率和信号带宽的影响，高压和大功率芯片采用的防护器件结构也需要做相应的改变。本章重点讨论 RF CMOS、功率芯片及类似专用电路的片上防护设计方法，最后一节对近年来被广泛关注的片上安全防护设计的发展趋势及关键技术做一简要介绍。

3.1 RF CMOS 防护

3.1.1 RF 性能与片上防护的相互影响

射频(RF，Radio Frequency)通常是指 100 MHz～100 GHz 的频率范围，因常被用于各种无线电波通信而得名。RF 芯片广泛应用于语音数据交换、蜂窝式个人通信、低轨道卫星通信、无线局域网、无线接入系统、卫星电视和全球卫星定位(GPS，Global Position System)等系统。随着特征工艺尺寸的不断缩小，CMOS 器件的特征频率已能满足 RF 电路的需求，原本基于 GaAs、InP 等材料的 RF 器件逐渐被工艺更成熟、成本更低、更易集成的硅基 CMOS 及 SiGe BiCMOS 结构的 RF CMOS 芯片所取代，并为实现将射频前端、模拟基带和数字后端集成在单一芯片中的系统芯片(SOC)创造了条件。

在 RF CMOS 芯片的片上防护设计中，最突出的问题就是 RF 性能与 ESD 防护的相互影响。这体现在两个方面：

(1) ESD 防护器件对内部电路 RF 性能的影响。防护器件即使在截止状态，其本身的寄生电容、漏电流和固有噪声也会对电路性能产生影响。以二极管为例(参见图 3.1)，其寄生电容会影响高频及射频电路的性能，漏电流会影响模拟电路的性能，固有噪声则会影响小信号电路的性能。对于 RF 芯片而言，防护器件的寄生电容会导致 I/O 口到地的信号泄漏、输入阻抗失配及 RC 延迟的改变，并形成衬底耦合干扰、信号发射以及过剩噪声等(参见图 3.2)。

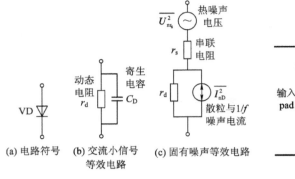

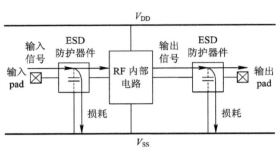

图 3.1　计入寄生参数的二极管等效电路　　　图 3.2　ESD 防护器件给 RF 电路带来了损耗

（2）RF 电路对 ESD 防护性能的影响。高速、高频信号的快电压变化速率 dv/dt 通过 ESD 防护器件中的寄生电容 C，会诱发位移电流 $i=Cdv/dt$。位移电流有可能成为防护器件的触发电流，在 ESD 未出现时就出现不期望的导通，导致正常工作条件下的电路故障。在这种情况下，防护器件的 ESD 触发电压 V_{t1} 与信号的上升沿 t_r 有关，t_r 越小，亦即 dv/dt 越大，V_{t1} 就越低。

决定 RF 性能与 ESD 防护相互影响程度的关键要素有二：一是片上防护结构中寄生电容的大小；二是 RF 电路的工作频率或者高速数字电路的信号速率，通常可用信号电压随时间的变化率 dv/dt 来表示。图 3.3 给出了因 RF 信号速率过高导致片上防护电路意外导通的两个例子。在图 3.3(a) 给出的 GGNMOS 防护结构中，dv/dt 信号通过 GGNMOS 结构中的漏/衬底结电容 C 诱发位移电流 $I_{sub}=Cdv/dt$，其在 R 上的压降导致寄生 npn 管 VT 导通；在图 3.3(b) 给出的 SCR 防护结构中，dv/dt 信号通过 SCR 结构中 p 阱/n 衬底结电容 C 诱发位移电流 $I_{sub}=Cdv/dt$，其在 R 上的压降导致 VT_2 导通。

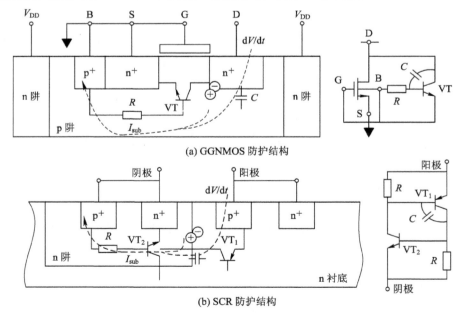

图 3.3　片上防护结构被 RF 信号误触发实例

当片上防护结构的 dv/dt 触发阈值与 RF 信号的 dv/dt 接近时，容易出现上述防护器件被意外触发的情况。GGNMOS 和 SCR 防护结构的 dv/dt 触发阈值约为 $3\times10^{10}\sim1\times10^{11}$ V/s；HBM 和 TLP 测试使用的 ESD 脉冲的 dv/dt 约为 $7\times10^{8}\sim1\times10^{11}$ V/s，而目前的 RF CMOS 电路的信号 dv/dt 已经相当接近上述阈值，如 2.5 GHz CMOS 时钟恢复电路的 dv/dt 约为 2.5×10^{8} V/s，1 GHz CMOS 时钟合成器的 dv/dt 约为 4.3×10^{7} V/s。

工艺尺寸越小，ESD 防护器件的面积就越小，其寄生效应越弱，对 RF 性能的影响越小，即"透明性"越好，但同时也会造成 ESD 失效电流越小，即防护的"鲁棒性"越差，因此对于 RF 芯片而言，透明性与鲁棒性往往构成一对矛盾。

随着 RF CMOS 工作频率的提升，片上防护的策略也在不断发生着变化。如图 3.4 所示，当 RF CMOS 的工作频率在 1 GHz 以下时，基本无需考虑 ESD 防护电路的寄生参数对 RF 电路的影响，ESD 防护电路与 RF 电路可各自独立设计；当 RF CMOS 的频率在 1~5 GHz 时，就需要考虑 ESD 防护电路寄生参数对 RF 性能的影响，防护电路的设计应尽量减少寄生电容；当 RF CMOS 的频率升到 5~10 GHz 时，ESD 防护电路必须与 ESD 防护电路协同设计，才能兼顾两者的指标；当 RF CMOS 频率继续升到 10~50 GHz 时，单靠片内防护电路已经无法满足 ESD 的防护要求，必须同时采取片内防护和片外防护；当 RF CMOS 的频率升到 50 GHz 以上时，片内防护已经无法奏效，只能采取片外设计了。限于本书主题，本节的重点放在低寄生电容 ESD 防护电路和 RF-ESD 协同设计上。

图 3.4 ESD 防护技术随 RF CMOS 芯片工作频率的演变

3.1.2 RF 寄生效应分析

1. 寄生电容的作用

数字电路片上防护设计的重点是防护器件能否提供较低的导通电阻、均匀的电流分布和较高的失效能量，而 RF 与高速电路还要考虑防护器件的寄生电容对性能（如输入阻抗、线性度和噪声系数等）的影响。

防护器件寄生电容的主要成分是 pn 结电容和 MOS 栅电容。其中，二极管和 SCR 防护器件的寄生电容主要是 pn 结电容，而 GGMOS 的寄生电容既有 pn 结电容也有栅电容。

在正常工作条件下，防护二极管和 SCR 基本上处于反偏状态，因此其寄生电容主要是 pn 结的反偏耗尽层电容。根据 pn 结空间电荷区理论，其单边突变结的耗尽层电容可以表示为

$$C_{j}=A\sqrt{\frac{q\varepsilon N_{A}N_{D}}{2(N_{A}+N_{D})}}\frac{1}{\sqrt{\Psi_{0}-V_{D}}}=\frac{C_{j0}}{\sqrt{1-\dfrac{V_{D}}{\Psi_{0}}}} \tag{3.1}$$

式中：A 是结面积；q 是电子电量；ε 是硅的介电常数；N_{A} 和 N_{D} 分别是冶金结两侧的受主和施主掺杂浓度；V_{D} 是外加结偏压；C_{j0} 是结偏压为 0 时的结电容；Ψ_{0} 是 PN 结的内建电势差，可表示为

$$\Psi_0 = V_T \ln \frac{N_A N_D}{n_i^2} \qquad\qquad (3.2)$$

其中，V_T 是热电势（300 K 时为 26 mV），n_i 是本征载流子浓度（300 K 时为 1.5×10^{10} cm^{-3}）。由式（3.1）可知，pn 结反偏时的电容随外加偏置电压幅值的增加而减少，而且反比于偏压的平方根，因而是非线性关系，这是引起模拟电路失真的原因之一。

GGNMOS 阳极到阴极之间的电容 C_{gb} 是栅氧化层电容 C_{ox} 与漏-衬底 pn 结耗尽层电容 C_{js} 的串联，可表示为

$$C_{gb} = \frac{C_{ox} C_{js}}{C_{ox} + C_{js}} \qquad\qquad (3.3)$$

注意，C_{ox} 的大小与偏压无关，而 C_{js} 的大小与偏压有关（服从式（3.1）），即具有非线性，可能对核心电路的性能有影响。

单阱工艺实现的双二极管防护电路的寄生电容由下二极管的 n 阱/p 衬底结电容和上二极管的 p^+/n 阱结电容组成，如图 3.5 所示。在正常工作条件下，两个二极管都处于反偏状态。根据 pn 结反偏电容随偏压的变化关系（式（3.1）），随着输入电压的增加，一个二极管的反偏压升高导致电容减少，另一个二极管反偏压降低导致电容增加，使得总电容随输入电压的变化变缓，而且有一个最低值，如图 3.6 所示，这对于减少寄生电容对线性度的影响是有利的。

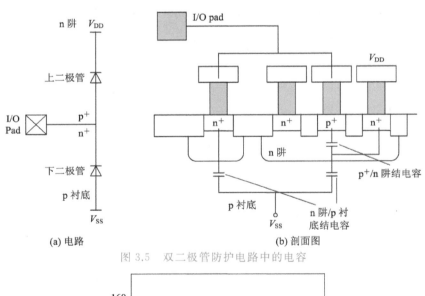

图 3.5　双二极管防护电路中的电容

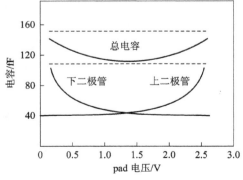

图 3.6　双二极管防护电路的电容随 pad 电压的变化

pn 结电容因会随结偏置电压的变化而变化，故对 RF 性能的影响要比栅电容大。这里举两个模拟-数字转换器（ADC，Analog-Digital Converter）芯片的实例。芯片 1 是一个 12 bit 65 MS/s ADC，采用 0.35 μm CMOS 工艺制备，SFDR（Spurious Free Dynamic Range，无杂散动态范围）为 85 dB@32.5 MHz，采用双二极管 ESD 防护（图 3.7(a)），面积为 100 μm×77 μm，寄生电容约为 0.7 pF；芯片 2 是一个 14 bit 125 MS/s ADC，采用 0.18 μm CMOS 工艺制备，SFDR 为 82 dB@ 100 MHz，采用栅耦合 NMOS 防护电路（图 3.7(b)），面积为 90 μm×221 μm，寄生电容也约为 0.7 pF。尽管这两款芯片的寄生电容值相当，但实测得到的二极管防护电路的三次谐波失真（HD$_3$）比 MOS 防护电路高 3 dB 左右（参见图 3.7(c)），这是因为前者的寄生电容完全来自反偏 PN 结，而后者只有 75% 的电容来自反偏 pn 结，占比 25% 的栅电容在 1 V 以上几乎不随电压而变化。

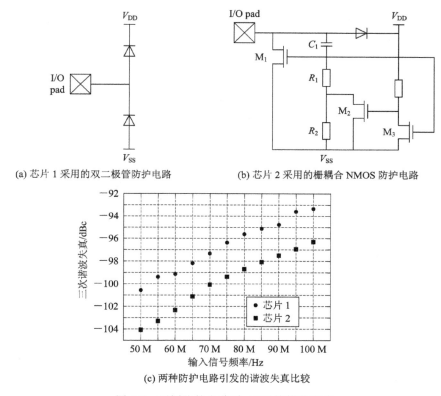

(a) 芯片 1 采用的双二极管防护电路   (b) 芯片 2 采用的栅耦合 NMOS 防护电路

(c) 两种防护电路引发的谐波失真比较

图 3.7 不同防护电路对 ADC 性能的影响

2. 防护器件的比较

这里对常用的 ESD 防护器件的寄生电容进行较全面的比较。

首先，对常用防护器件的寄生电容及占用的硅面积进行比较。用于比较的防护器件共有八种，即 GGNMOS、二极管及二极管链（二极管数 1～5 个）、SCR、双向 SCR，均采用 0.35 μm BiCMOS 工艺制备，设计时通过 TCAD 仿真优化使寄生电容设计值达到最小，设计目标是达到 2 kV HBM 耐压，采用 S 参数测试结合去嵌入（de-embedding）技术测量提取出寄生电容 C_{ESD} 的值。

在 0.5～9 GHz 频带内，这些防护器件的寄生电容 C_{ESD} 随频率的变化如图 3.8 所示。由图 3.8(a)可见，GGNMOS 的 C_{ESD} 远高于其他防护器件，不宜用于 RF 芯片的 ESD 防护。剔除 GGNMOS 之后，将其他器件的数据按纵轴放大后显示于图 3.8(b)，可见在 6 GHz 以下频率，二极管具有明显优势，在更高的频率上 SCR 的优势开始凸显出来。对于二极管链而言，串接的二极管越多，C_{ESD} 越小，不过二者并非线性关系，两个二极管串接的寄生电容 C_{ESD} 几乎降到了单个二极管的寄生电容 1/2，但 4 个二极管串接与 5 个二极管串接的 C_{ESD} 差别不大，这是在 2.2.1 小节讨论过的"电容倍增"效应所致的。对于 SCR 而言，双向 SCR 器件的 C_{ESD} 明显小于单向 SCR 器件的 C_{ESD}。

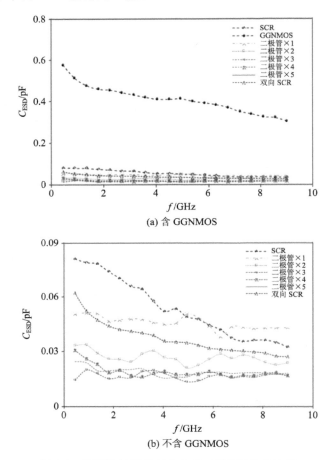

图 3.8　不同防护器件寄生电容 – 频率特性的比较

　　实际的防护器件设计还需考虑所占用的硅面积。图 3.9 比较了上述八种器件占用的硅面积。防护器件的面积与所需要达到的失效电流或防护电压有关，此处均是针对 2 kV HBM 耐压的防护目标的设计。可见，除了 ×3～×5 二极管链之外，GGNMOS 的面积最大，SCR 的面积效率最高。综合考虑面积占用和防护效果，二极管链器件采用两个二极管串接似乎为最佳方案。

　　然后，对常用防护器件的 RF 优值进行比较。由于寄生电容 C_{ESD} 和失效电压 V_{HBM} 都随防护器件的面积增加而增加，因此可将防护器件的 V_{HBM} 与 C_{ESD} 之比作为表征 RF 芯片 ESD 防护的一个优值（FOM，Feature Of Merit），其定义为

$$FOM = \frac{V_{HBM}}{C_{ESD}} \tag{3.4}$$

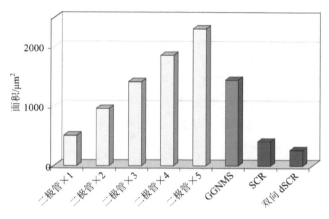

图 3.9　不同防护器件满足 2 kV HBM 耐压需占用的硅面积

也可用失效电压随寄生电容的变化率，来作为 RF ESD 防护的相对优值，其定义为

$$\Delta\mathrm{FOM}=\frac{\Delta V_{\mathrm{HBM}}}{\Delta C_{\mathrm{ESD}}} \tag{3.5}$$

在 C_{ESD}-V_{HBM} 失效电压关系曲线（图 3.10）中，FOM 就是防护器件所在位置纵坐标与横坐标之比，ΔFOM 则是该位置斜率的倒数。按照此图，如果将失效电压 2 kV 和寄生电容 200 fF 作为 RF CMOS 的最低防护要求，则只有二极管和 SCR 适合作为 RF 防护器件。

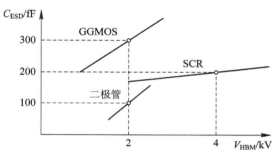

图 3.10　防护器件寄生电容 - 失效电压关系曲线示例

图 3.11 给出了常用的八种片上防护器件的 FOM 值，这些防护器件包括四种二极管（n^{+}/p 衬底二极管、p^{+}/n 阱二极管、栅隔离 p^{+}/n 阱二极管、多晶硅二极管）、一种 MOS 器件（GGNMOS）和三种 SCR 器件（普通 LSCR、N-MLSCR、P-MLSCR）。可见，按器件类型分，SCR 的优值最高，其次是二极管，GGNMOS 的最差。

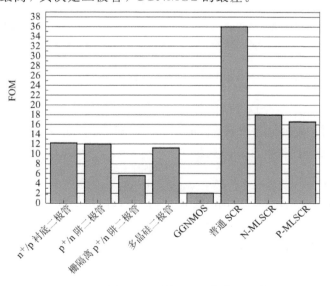

图 3.11　常用防护器件 FOM 优值的比较

图 3.12 的实测数据对不同防护器件结构的 C_{ESD}-V_{HBM} 特性进行了更具体的比较，从中很容易判断 FOM 和 ΔFOM 的优劣程度。从图 3.12(a)可见，对于 GGNMOS 而言，不带硅化物扩展漏结构要优于带硅化物扩展漏结构；从图 3.12(b)可见，二极管要优于 GGNMOS；从图 3.12(c)可见，SCR 要优于 GGNMOS；从图 3.12(d)可见，对于二极管而言，多晶隔离优于浅槽隔离(STI)，但二者的相对优值相当。对于所有器件结构，面积越大(即图 3.12 中所标的器件宽度 W 越大)，则防护能力越强，同时寄生电容也越大。

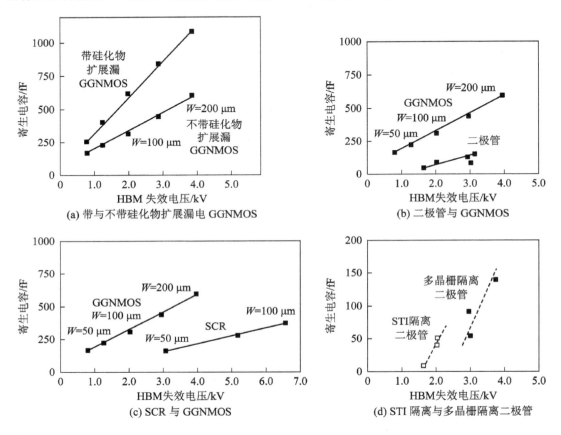

图 3.12　不同防护器件结构的寄生电容-HBM 失效电压特性比较

根据以上数据，就 RF-ESD 优值而言，SCR 最好，但其过高的触发电压限制了它在低压 RF 芯片领域的应用；其次是二极管，目前二极管在 RF 芯片上的应用最广泛；GGNMOS 最差，一般不将其用于 RF 芯片的 ESD 防护。

3. 防护架构的比较

最后，再通过一个实例，对单向、双向、全向三种防护架构的寄生电容及对电路性能的影响进行比较。图 3.13 给出了三种防护架构方案：(a)方案采用单向 GGNMOS，共需 5 个器件，占用面积最大；(b)方案采用双向 SCR，共需 3 个器件，占用面积中等；(c)方案采用全向 SCR，总共只需 1 个器件，占用面积最小。所有器件均采用 0.18 μm 6 层金属化 BiCMOS 工艺制作，V_{DD}=1.5 V，要求通过 4 kV HBM ESD 全模式测试。

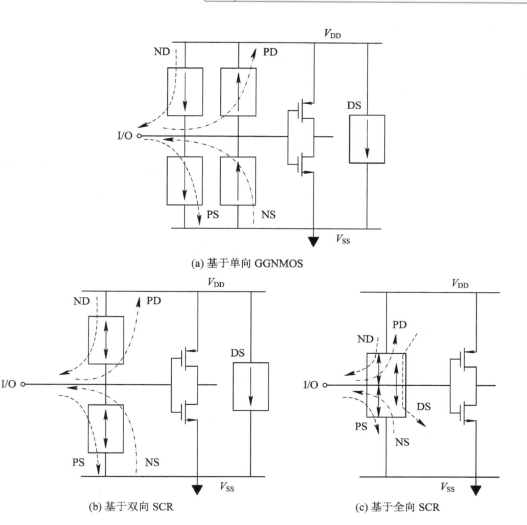

(a) 基于单向 GGNMOS

(b) 基于双向 SCR

(c) 基于全向 SCR

图 3.13 三种片上防护架构

三种片上防护架构的实测寄生电容值如表 3.1 所列，其中硅寄生电容 C_{Si} 与防护器件的数量以及占用芯片有源区面积有关，互连寄生电容 C_M 含有金属线的电容以及接触电容（金属−金属、金属−多晶、金属−硅之间的接触等），总电容 $C_{ESD} = C_{Si} + C_M$。可见，相对于 GGNMOS，双向 SCR 和全向 SCR 方案的总电容大约节省了 85% 和 89%；相对于 Al 互连，Cu 互连的电容大约节省了 30%。

为了验证三种防护方案对电路性能的实际影响，将它们用于同一款低功耗运算放大器的 ESD 防护。该放大器的电原理图如图 3.14 所示，其功耗为 0.43 mW。表 3.2 给出了此电路在三种防护方案下的实测数据以及相对于未加 ESD 保护电路的变化百分比，包括特征频率、相位裕量、压摆率和建立时间。可见，不同的防护器件与架构对电路性能的影响差异较大。以 Cu 互连为例，单向 GGNMOS 方案使单位增益带宽下降了 35.8%，而双向 SCR 和全向 SCR 方案只分别下降了 8.3% 和 6.4%；单向 GGNMOS 方案使压摆率下降了 27.2%，而双向 SCR 和全向 SCR 方案只分别下降了 4.7% 和 3.8%。

表 3.1　三种片上防护架构的寄生电容

防护方案		单向 GGNMOS	双向 SCR	全向 SCR
硅电容 C_{Si}/pF		0.54	0.09	0.07
互连电容 C_M/pF	Cu	0.30	0.029	0.019
	Al	0.43	0.041	0.028
总电容 C_{ESD}/pF	Cu	0.84	0.12	0.09
	Al	0.97	0.13	0.10

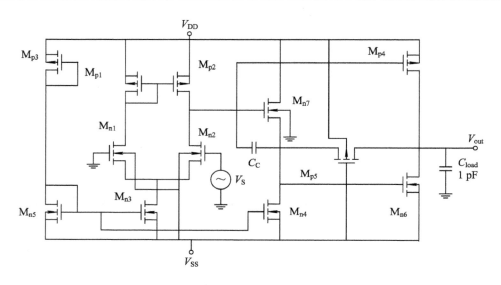

图 3.14　一款低功耗运算放大器电原理图

表 3.2　不同防护架构的低功耗运算放大器主要电性能指标对照

性能指标		单位增益带宽		相位裕量		压摆率		建立时间	
		MHz	%	°	%	mV/ns	%	ns	%
未加防护		120.70		70.10		115.90		3.77	
GGNMOS	Al	74.00	−38.7	60.00	−14.4	81.00	−30.1	17.07	352.8
	Cu	77.50	−35.8	61.20	−12.7	84.40	−27.2	11.92	216.2
双向 SCR	Al	109.90	−8.9	68.70	−2.0	109.90	−5.2	7.60	101.6
	Cu	110.70	−8.3	68.80	−1.9	110.40	−4.7	7.47	98.1
全向 SCR	Al	112.20	−7.0	69.00	−1.6	111.10	−4.1	7.15	89.7
	Cu	113.00	−6.4	69.10	−1.4	111.50	−3.8	6.85	81.7

实测数据表明,从抑制寄生效应对 RF 电路性能的影响角度看,SCR 优于 GGNMOS,双向和全向 SCR 优于单向 SCR,Cu 互连优于 Al 互连。

3.1.3 RF CMOS 防护设计

RFCMOS 和高速数字 I/O 芯片的 ESD 防护由 I/O 防护电路和电源钳位电路构成。输入防护电路可采取一级防护电路或二级防护电路,但二级防护电路的寄生电容大于一级防护电路。图 3.15 是输入采用两级防护的 RF 芯片防护架构,每一级都是由 p 型防护器件和 n 型防护器件构成的。p 型防护器件常采用 p 型二极管(p^+/n 阱二极管及其衍生结构),n 型防护器件常采用 n 型二极管

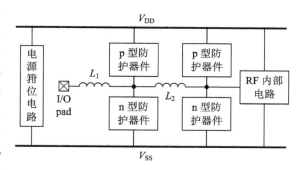

图 3.15 输入采用两级防护的 RF 芯片防护架构

(n^+/p 阱二极管及其衍生结构)。两级防护中间的隔离电感不仅起到限流作用,而且可以在一定程度上抵消 ESD 防护器件寄生电容对 RF 性能的影响。

1. 二极管与堆叠二极管

如 3.1.2 节所分析,二极管的寄生电容最小,因而是 RF CMOS 和高速 I/O 电路首选的防护器件结构。图 3.16 是输入采用单级双二极管防护的 RF 芯片防护架构,重点是降低寄生电容 C_{ESD} 对 RF 信号带来的损耗。I/O-V_{DD}防护采用 p^+/n 阱二极管(VD_p),结构如图 3.17(a)所示;I/O-V_{SS}防护采用 n^+/p 阱二极管(VD_n),结构如图 3.17(b)所示。

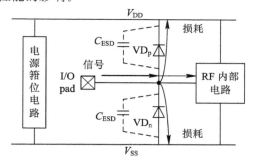

图 3.16 输入采用双二极管防护的 RF 芯片防护架构

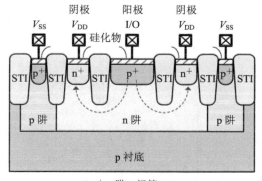

(a) p^+/n 阱二极管(VD_p)

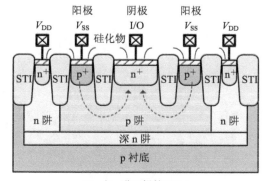

(b) n^+/p 阱二极管(VD_n)

图 3.17 防护二极管结构示例

将防护器件堆叠使用是减少寄生电容最简单的方法,而且还可降低漏电流,代价是增加了导通电阻和钳位电压。图 3.18 给出了用两个防护器件堆叠形成的 I/O 防护架构以及两个二极管堆叠使用的电路实例。从图 3.19 给出的增益-频率特性来看,防护器件寄生电容

的存在降低了 RF 电路的增益(S_{21})；频率越高，寄生电容的影响越大：采用两个 500 fF 电容的防护器件串联，可以使电容降至 250 fF，不仅减少了损耗而且改善了频率均匀性。

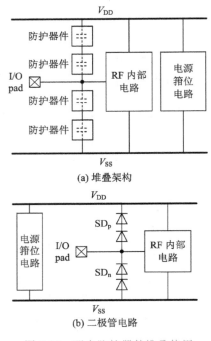

图 3.18　两个防护器件堆叠使用　　　　图 3.19　堆叠对 RF 增益的影响示例

如果采用齐纳二极管作为防护器件，虽然导通电压较高，但因其寄生电容达 2～4 pF，且随 pad 电压而敏感变化，呈现出极高的非线性，并不是理想的解决方案。图 3.20(a)所示的齐纳二极管保护电路用于 0.8 μm 工艺制备的 12 bit 20 MS/s ADC 时，造成的二次谐波失真达到 −62.3 dBV，如图 3.20(b)所示。如果采用图 3.21(a)给出的自举齐纳二极管防护电路，在正常工作条件下，PMOS 源跟随器使得二极管 VD_2 的压降基本不随输入电压而变，从而显著改善了非线性，使上述电路的二次谐波失真降至 −80 dBV。在图 3.21(b)中，PMOS 管的偏置电流取为 300 μA，以保证带宽和压摆率。

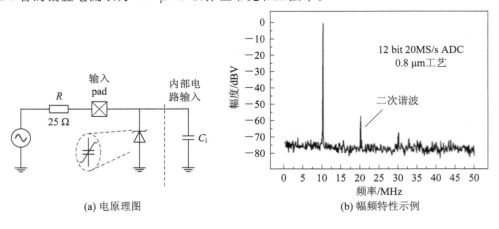

图 3.20　齐纳二极管防护电路

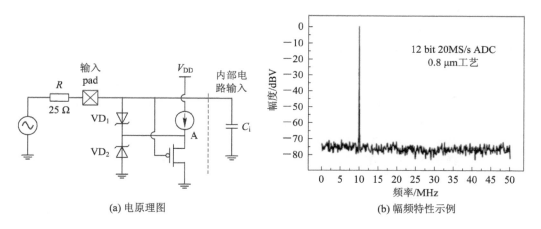

(a) 电原理图

(b) 幅频特性示例

图 3.21 自举齐纳二极管防护电路

2. 二极管内嵌 SCR

将 SCR 与二极管融合形成的嵌入 SCR 二极管结构，可以进一步改善二极管的防护特性，包括导通电阻、面积效率、寄生电容和 ESD 健壮性等。内嵌 SCR 的 p 型二极管和 n 型二极管的结构如图 3.22 所示，SCR 的 pnpn 结构由 p^+/n 阱/p 阱/n^+ 形成，n 阱与 p 阱用金属线相连是为了减少 SCR 的触发电压。在 ESD 应力作用下，ESD 电流首先流过金属线，使二极管导通，然后触发 SCR，形成 ESD 主放电通道。

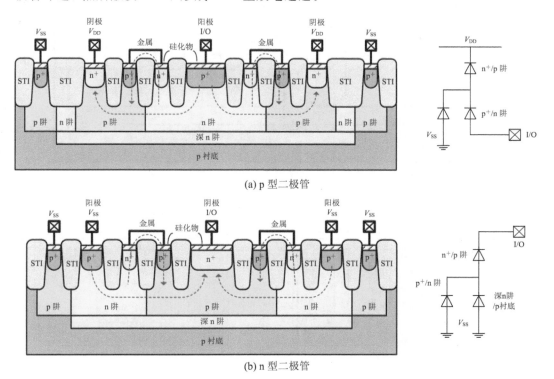

(a) p 型二极管

(b) n 型二极管

图 3.22 内嵌 SCR 的二极管结构

如果让金属线两侧的 p^+ 与 n^+ 扩区相邻，同时表面用硅化物将此 p^+ 与 n^+ 短路，从而取消金属线，不仅可以缩短 SCR 放电路径，进一步降低导通电阻，提升 ESD 鲁棒性，而且可以简化金属布线，减少占用面积。做此改进后的内嵌 SCR 之二极管结构如图 3.23 所示。此结构的版图如图 3.24 所示。

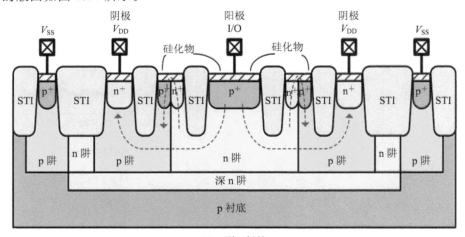

(a) p 型二极管

(b) n 型二极管

图 3.23 改进的内嵌 SCR 二极管结构

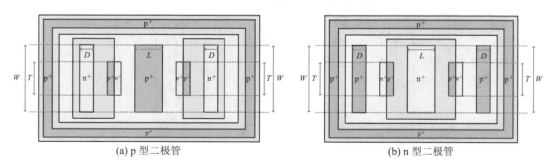

(a) p 型二极管　　　　　　　　　　　　　(b) n 型二极管

图 3.24 改进内嵌 SCR 二极管的版图

以下对上述的八种基于二极管的 ESD 防护器件的实测性能进行评估比较，其中 p 型二极管和 n 型二极管各四种，二极管的结构分别为单二极管、双二极管堆叠、内嵌 SCR 的双二极管堆叠和改进型内嵌 SCR 双二极管堆叠。所有防护器件均采用 130 nm 1.2 V 全硅化物 STI 隔离三阱 CMOS 工艺制备，这是针对频率为 0.1～5 GHz 的高速芯片的标准工艺，所有结构无需额外的附加工艺和掩模，基本版图尺寸相同，中心结的长度均为 $L=1.3~\mu m$，外围结的长度均为 $D=0.8~\mu m$，除了 SCR 触发结 p^+/n^+ 之外，所有结的宽度均为 30 μm。为了提高 SCR 性能，触发结的宽度越小越好，故选为 $T=1~\mu m$。

实测的四种防护器件寄生电容的频率特性如图 3.25 所示，其中已采用去嵌入方法剔除了来自 pad 和外部金属线的寄生电容。可见，双二极管堆叠的寄生电容明显小于单二极管，尤其是在高频段，在 5 GHz 时堆叠二极管的寄生电容可以减小到单二极管的 10％ 左右。内嵌 SCR 进一步减少了寄生电容，在 5 GHz 时的寄生电容大约相当于未内嵌 SCR 结构的 25％。不过，改进型内嵌 SCR 结构的寄生电容与常规内嵌 SCR 的相差不大。

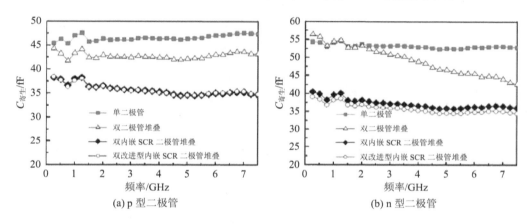

(a) p 型二极管　　　　　　　　(b) n 型二极管

图 3.25　基于二极管的四种防护器件寄生电容的比较

分别用 TLP 和 VF-TLP 对四种防护器件的 $I-V$ 特性进行了测试，其中 TLP $I-V$ 特性如图 3.26 所示。

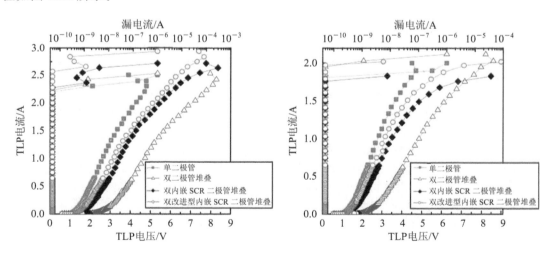

图 3.26　基于二极管的防护器件的 TLP $I-V$ 特性

表 3.3 对测试得到的相关防护参数及其优值进行了总结，涉及两种类型、四种结构的防护二极管，类型分为 p 型二极管和 n 型二极管，结构分为单二极管（VD_n、VD_p）、双二极管堆

叠（SD_n、SD_p）、内嵌 SCR 的双二极管堆叠（$SDSCR_n-1$、$SDSCR_p-1$）、改进的内嵌 SCR 双二极管堆叠（$SDSCR_n-2$、$SDSCR_p-2$）。良好的防护器件应该具备小的寄生电容（$C_{寄生}$）、低的导通电阻（R_{on}）、大的失效电流（I_{t2} 和 $VF-I_{t2}$）、高的 ESD 耐压（HBM 和 HMM）、小的电压过冲，这些参量之间的不同组合构成了防护器件的多个优值（FOM），表 3.3 中列出了四个优值。TLP 测试时的失效判据是 ESD 应力后 $I-V$ 曲线相对初始值平移了 20%，或者漏电流超过 $1\ \mu A$。漏电流是在直流偏压为 $-1.2\ V$ 条件下测量的，常态漏电流在 pA 量级。

表 3.3　八种二极管防护器件实测性能的比较

类　型		p 型二极管				n 型二极管			
器件结构		VD_p	SD_p	$SDSCR_p-1$	$SDSCR_p-2$	VD_n	SD_n	$SDSCR_n-1$	$SDSCR_n-2$
$I-V$ 参数	V_{t1}/V	1.03	2.1	2.00	1.63	1.02	1.98	1.86	1.73
	R_{on}/Ω	1.51	2.32	2.08	1.96	1.69	2.7	2.5	2.27
	I_{t2}/A	2.31	2.43	2.64	2.84	1.9	1.95	1.76	1.97
	$VF-I_{t2}/A$	6.18	6.4	4.95	7	6.76	6.75	5.62	7.12
耐压	HBM/kV	4	4.2	4.5	5	4	4	3.5	4.2
	HMM/kV	1.4	1.1	1.4	1.7	1.3	1.1	1.3	1.5
	过冲/V	22.0	28.6	32.4	25.4	22.8	26.5	33.7	26.3
寄生电容	$C_{寄生}/fF$ (5 GHz)	46.4	42.2	34.0	33.7	52.5	46.6	30.5	29.4
优值	$R_{on}\cdot C_{寄生}/\Omega\cdot fF$	70.06	97.90	70.72	66.05	88.72	125.8	76.25	66.74
	$I_{t2}/C_{寄生}$ /(mA/fF)	49.78	57.58	77.65	84.27	36.19	41.84	57.70	67.01
	HBM/$C_{寄生}$ /(V/fF)	86.21	99.53	132.3	148.4	76.19	85.84	114.7	142.9
优值	$VF-I_{t2}/($过冲$\cdot C_{寄生})$ /(mA/(V·fF))	6.05	5.30	4.49	8.18	5.65	5.47	5.46	9.21

从表 3.3 中的数据可以发现如下规律：

（1）采用 2 个二极管串联后的双堆叠结构的触发电压 V_{t1} 比单个二极管大 1 倍左右，从 1.02 V 增加到 2 V 左右，从而超过了电源电压 1.2 V。这是采用双二极管堆叠带来的好处，不过堆叠后的导通电阻 R_{on} 有所增加，但并未成倍增加。

（2）内嵌 SCR 使堆叠二极管的导通电阻减少、寄生电容减少、失效电流 I_{t2} 增加，而触发电压只是略有降低。改进型内嵌 SCR 结构的上述效果比常规内嵌 SCR 结构更好。

（3）采用 VF-TLP 测试得到的失效电流 I_{t2} 大约是常规 TLP 测试得到的 I_{t2} 的 2～3 倍，这是因为常规 TLP 测试所加激励是准静态的，其自加热效应远比 VF-TLP 的瞬态激励要大。常规 TLP 测试的脉冲宽度为 100 ns，上升时间为 10 ns，而 VF-TLP 的脉冲宽度为 5 ns，上升时间为 200 ps。

（4）HMM 耐压（1.1～1.7 kV）低于 HBM 耐压（3.5～5 kV）。

3. 版图设计

二极管的有效周长越大，失效电流（正偏电流）越大；面积越大，寄生电容（反偏结电容)越大。因此,版图设计应尽可能增加二极管有效周长与面积的比值(被称为 Q 值)。常用的有条形、华夫(Waffle)形和八角形图案,尽管它们的中心剖面结构相同,但八角形和华夫形的 Q 值远大于条形。八角形和华夫形的周长和面积都比华夫形的小 17%,具有相同的 Q 值,但钝角的八角形的 ESD 防护能力依然优于直角的华夫形。比较 n^+/p 衬底二极管的实心剖面结构(图 3.27)和空心剖面结构(图 3.29),可以看出:在实心 n^+/p 结构中,由于电流总是寻求最短路径,故在 n^+ 中心区的电流密度远低于边缘区,该区域却贡献了结电容的大部分,因此空心 n^+/p 结构可在保持电流强度不变的条件下,降低 n^+ 区的有效面积,从而提高了 Q 值。图 3.28 给出了 n^+/p 衬底二极管的三种实心类版图布局,其 Q 值等于图中 n^+ 区的周长/面积比。图 3.30 给出了 n^+/p 衬底二极管的两种空心类版图布局。

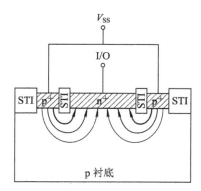

图 3.27 n^+/p 衬底二极管的实心类剖面结构(版图中 A-A′剖面)

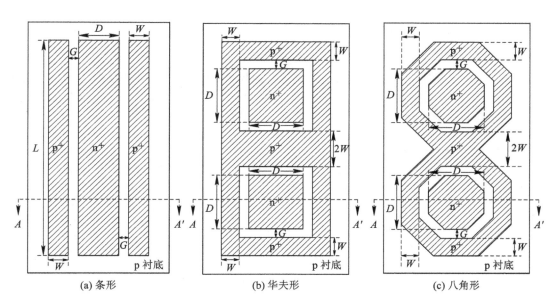

图 3.28 n^+/p 衬底二极管的实心类版图布局

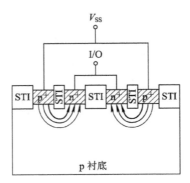

图 3.29　n^+/p 衬底二极管的空心类剖面结构（版图中 $A-A'$ 剖面）

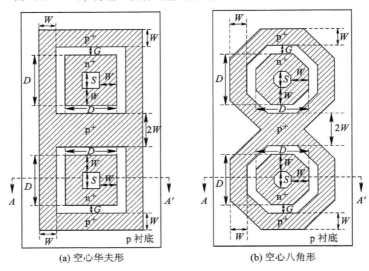

(a) 空心华夫形　　　　　　　　(b) 空心八角形

图 3.30　n^+/p 衬底二极管的空心类版图布局

　　表 3.4 给出了上述五种二极管布图的关键几何尺寸，图 3.31 和图 3.32 分别给出了五种布图的周长/面积比和 HBM 耐压/寄生电容比（FOM）。可见，总体上看，八角和华夫形布局优于条形布局，空心布局优于实心布局。

表 3.4　五种二极管布图的关键几何尺寸

版图形状	条形	华夫形			八角形			空心华夫形			空心八角形		
尺寸组合	D	A	B	C	A	B	C	A	B	C	A	B	C
关键尺寸 /μm	$W=1$ $G=0.5$ $D=2$ $L=40$	$W=1$ $G=0.5$ $D=3$	$W=1$ $G=0.5$ $D=4$	$W=1$ $G=0.5$ $D=5$	$W=1$ $G=0.5$ $D=3$	$W=1$ $G=0.5$ $D=4$	$W=1$ $G=0.5$ $D=4$	$W=1$ $G=0.5$ $D=3$ $S=1$	$W=1$ $G=0.5$ $D=4$ $S=2$	$W=1$ $G=0.5$ $D=5$ $S=3$	$W=1$ $G=0.5$ $D=3$ $S=1$	$W=1$ $G=0.5$ $D=4$ $S=2$	$W=1$ $G=0.5$ $D=5$ $S=3$
n^+ 结周长/μm	80	24	32	40	19.92	26.56	33.20	24	32	40	19.92	26.56	33.20
n^+ 结总面积/μm	80	18	32	50	14.94	26.56	41.50	16	24	32	13.28	19.92	26.56
n^+ 结周长/总面积/μm	1.00	1.33	1.00	0.80	1.33	1.00	0.80	1.50	1.33	1.25	1.50	1.33	1.25

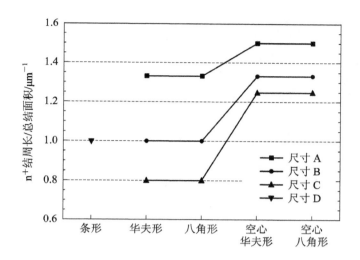

图 3.31　五种二极管布图的周长/面积比

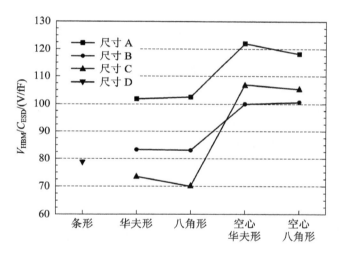

图 3.32　五种二极管布图的 HBM 耐压/寄生电容比

　　二极管如果能采用圆形布图，则可以彻底消除边角处的电场集中，电流密度分布全对称，避免了局部的高电流密度，缓解了隔离、硅化物、纵-横向走线带来的困难，特别适合 ESD 防护器件。其局限性是尺寸和面积受限，而且 EDA 设计和制版处理较为困难。图 3.33(a)给出了 p^+/n 阱二极管的圆形布图。这种圆形防护二极管可以放在 RF 芯片常用的八边形焊盘的四角，如图 3.33(b)所示，二者相互较为匹配。

　　在多层金属化布线中，防护器件连接 I/O 的一端宜采用顶层金属布线，目的是减少金属层与硅衬底之间的电容（因为层间距大）以及减少金属层间电容（因为越往顶层，线间距越大），但与通孔相关的电容无法避免。连接 V_{DD} 或 V_{SS} 一端宜采用底层金属布线，目的是避免途径过长、过多的层间通孔，有利于降低防护器件的导通电阻。在图 3.34 给出的例子中，p^+/n 阱防护二极管接 I/O pad 的一端采用顶层(M_3)而非底层(M_1)金属，有利于减少金属与硅衬底电容以及金属-金属线间电容；接 V_{DD} 的一端采用底层(M_1)金属，有利于减少导通电阻。

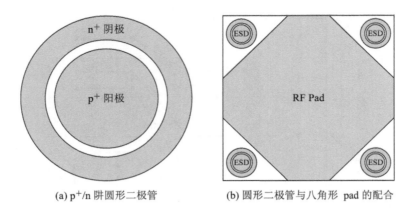

(a) p⁺/n 阱圆形二极管   (b) 圆形二极管与八角形 pad 的配合

图 3.33   圆形二极管布图

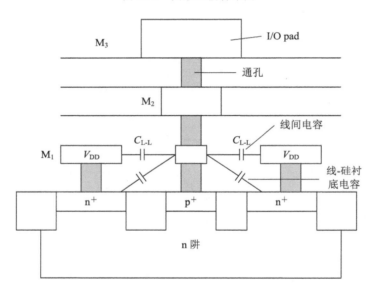

图 3.34   p⁺/n 阱二极管接金属层实例

3.1.4　RF-ESD 协同设计

RF-ESD 协同设计的基本思想是将 ESD 防护器件作为 RF 电路的一部分，以便兼顾 ESD 防护性能和 RF 电性能，或者引入额外的 RF 元件来抑制 ESD 防护器件寄生效应的不利影响。

1. 电感耦合方案

考虑到 RF 电路的工作频率与 ESD 放电脉冲的频率不一定相同，而 ESD 防护器件可以等效为一个电容元件（当然其品质因数 Q 值比标准电容要低），因此可以将它与电感元件相互组合，形成 LC 谐振回路或者阻抗匹配网络，利用其滤波或谐振特性，构造不同的 RF-ESD 协同设计方案，可以兼顾 ESD 防护性能与 RF 电路性能。图 3.35 比较了四种 ESD 模型与目前主要无线通信技术所占用的频段，可见在大部分情况下 RF 工作频率高于 ESD 放电频率，二者并不重合，这就为 RF-ESD 协同设计提供了可能性。

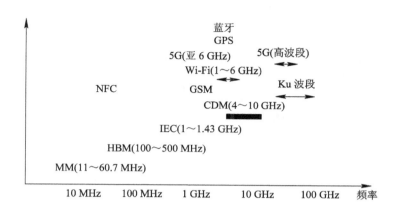

图 3.35 ESD 放电频率与无线通信频率的比较

目前已提出的 RF-ESD 协同设计的方法有并联电感法、串联电感法、串联 LC 回路法、阻抗匹配法和 T 线圈法等。

并联电感法是在 RF 芯片的 I/O 口并联电感 L，使之与 ESD 防护电路的电容 C_{ESD}（亦可加入 I/O pad 的寄生电容）构成 LC 谐振回路（如图 3.36(a) 所示），并设计得使其谐振频率等于 RF 芯片的正常工作频率（如图 3.36(a) 中的 5 GHz 左右）。在正常工作条件下，LC 回路因谐振而呈现极高阻抗（相当于电容为 0），对 RF 性能的影响很小；在 ESD 条件下，放电脉冲频率（如 ~10 MHz）远低于谐振频率，L 表现为低阻抗（数欧姆），成为 ESD 电流的泄放通道。此法也被称为"阻抗抵消（Impedance Cancellation）"法。LC 回路的谐振角频率由下式计算

$$\omega_a = \frac{1}{\sqrt{LC_{ESD}}} \tag{3.6}$$

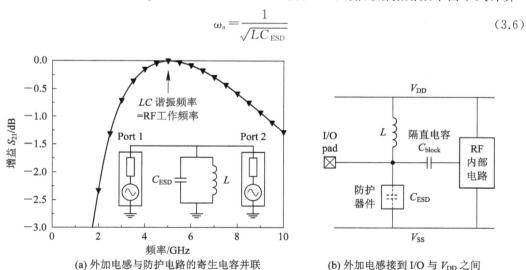

(a) 外加电感与防护电路的寄生电容并联　　　　(b) 外加电感接到 I/O 与 V_{DD} 之间

图 3.36 并联电感法

一种改进是将电感 L_{ESD} 接到 I/O 口与 V_{DD} 之间，如图 3.36(b) 所示，这样不仅能起到同样作用，而且可作为 I/O-V_{DD} 的静电放电通道。因电感对直流相当于短路，故需加入隔直电容 C_{block}，以避免对 RF 电路的直流偏置产生影响。并联电感法的局限性体现在两个方面：一是如果 RF 芯片的工作频率不充分高（如 1～5 GHz），则片上电感需占用较大面积；二是有效频率范围窄，不适用于宽频带 RF 电路。

　　为了解决并联电感法带宽窄的问题，可改用串联电感法。这种方法是在 C_{ESD} 上串联一个电感 L（图 3.37（a）和（b）），并使此 LC 支路的谐振频率远低于 RF 芯片的工作频率范围。在正常工作条件下，LC 回路主要呈现感抗，在相当宽的频率内（高于 LC 谐振频率即可）呈现高阻抗，对 RF 宽带性能的影响很小；在 ESD 条件下，LC 回路呈现低阻抗，成为 ESD 电流的泄放通道。为了减少片上电感占用的体积，可以让一个 L 被上下两个 C_{ESD} 同享（图 3.37（c））。此时不仅只需一个电感，而且因为串联 LC 支路的电容是两个电容的和，在同样的谐振频率下可采用较小的电感值。

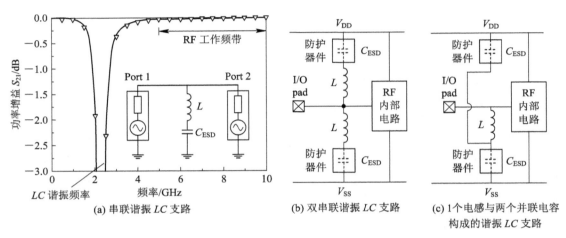

(a) 串联谐振 LC 支路　　　　(b) 双串联谐振 LC 支路　　　　(c) 1个电感与两个并联电容构成的谐振 LC 支路

图 3.37　串联电感法

　　另一种方法是外接 LC 谐振回路与防护器件（如二极管）串联，并使其谐振频率等于 RF 工作频率，则在 RF 工作条件下，LC 回路呈现高阻抗，相当于断开了 ESD 防护器件；在 ESD 条件下，LC 回路呈现低阻抗，相当于接通了 ESD 防护器件。采用多个 LC 谐振回路串联，可进一步改善隔离效果。此法叫作"阻抗隔离法"。图 3.38 给出了与防护二极管串联的 LC 谐振回路的两种组态，图 3.39（a）是在谐振频率和防护二极管电容（600 fF）固定时 HBM 耐压随谐振回路 LC 值的变化，图 3.39（b）是在谐振频率和谐振回路 LC 值（$L=$ 5.88 nH、$C=596$ fF）固定时 HBM 耐压随防护二极管电容的变化。

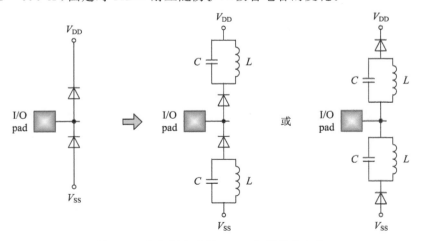

图 3.38　阻抗隔离法用于双二极管防护电路

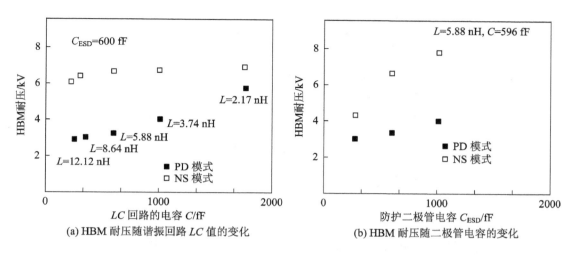

(a) HBM 耐压随谐振回路 LC 值的变化   (b) HBM 耐压随二极管电容的变化

图 3.39 采用阻抗隔离法的二极管防护电路特性

可将 ESD 防护器件的寄生电容（亦可加入 I/O pad 的寄生电容）作为 RF 电路阻抗匹配网络的一部分，既可实现输入或输出的阻抗匹配，又可完成 ESD 防护。图 3.40 是利用二极管防护器件与电感元件构成的阻抗匹配网络的例子。图 3.41 是用防护器件与其他元件共同

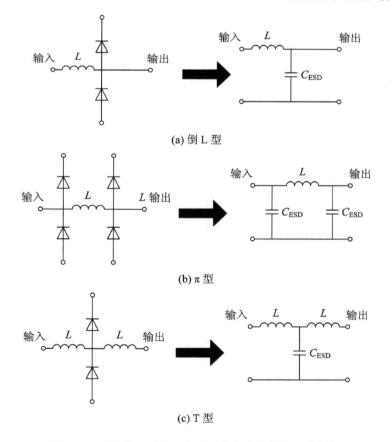

图 3.40 用防护二极管与电感元件构成的阻抗匹配网络

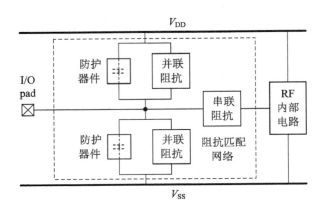

图 3.41　RF 电路完整的阻抗匹配网络

构成的 RF 电路阻抗匹配网络架构。此方法可以实现窄带，也可实现宽带的阻抗匹配，其设计难点在于要精确掌握 ESD 防护器件的寄生参数，并建立 ESD 防护器件的射频小信号模型。

这里给出一个采用阻抗匹配法设计 1.9 GHz 低噪声放大器的实例。处于射频接收通道最前端的低噪声放大器(LNA，Low-Noise Amplifier)直接与外部天线相接，是对 ESD 最敏感的电路，也是受 ESD 寄生效应影响最大的 RF 电路。ESD 防护器件的寄生电容及电阻会影响 LNA 的匹配、增益和噪声。此 LNA 的电路如图 3.42 所示，采用 0.25 μm CMOS 工艺，要求达到 3 kV HBM ESD 防护水平。输入和输出的 π 形阻抗匹配网络与 GGNMOS 的 ESD 防护电路融为一体。隔直电容 C_{in} 和 C_{out} 可以使正常工作条件下输入和输出直流电压恒定，从而减少输入电容随偏置电压的变化导致的线性度下降。表 3.5 给出的仿真结果和表 3.6 给出的实测结果表明，与分离的 ESD 防护相比，这种 RF‐ESD 协同设计显著地减少了 ESD 防护对 LNA 性能的影响。对 LNA 而言，S_{11} 表征输入匹配，S_{22} 表征输出匹配，S_{21} 表征功率增益。

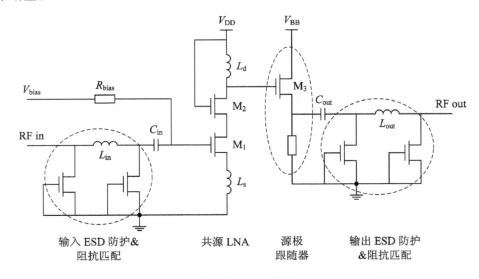

图 3.42　加入 ESD 防护阻抗匹配网络的 1.9 GHz LNA 电路

表 3.5 ESD 防护设计对 LNA 性能的影响(仿真值)

电路架构	无 ESD 防护电路	分离设计的 ESD 防护电路	RF－ESD 协同设计电路
功率增益 S_{21}/dB	25.73	19.67	19.62
输入匹配 S_{11}/dB	-13.93	-10.34	-12.84
输出匹配 S_{22}/dB	-29.63	-11.5	-16.1
噪声系数/dB	2.56	4.95	3.85
IIP3/dBm	-24.31	-19.45	-20.15

表 3.6 LNA 的 S 参数与噪声系数(实测值)

S_{21}/dB	S_{11}/dB	S_{22}/dB	噪声系数/dB
8.7	-14.5	-15	5

在 RF 工作频率远高于 ESD 频率的条件下,可以直接使用适当感值的电感作为 ESD 防护元件,如图 3.43 所示,因为它在 RF 工作的较高频率下呈现相对高阻抗,不影响 RF 性能;在 ESD 的较低频率下呈现相对低阻抗,可作为放电通道。电感值应取得使它与电容构成的(并联)LC 回路的谐振频率近似等于 RF 工作频率。电感对直流相当于短路,故均需加隔直电容。此法的缺点是电感的线宽要足够宽以便达到 ESD 放电所需的电流容量,所占芯片面积较大,而且电感抗 ESD 冲击的能力有限,还有可能出现 $L(\mathrm{d}i/\mathrm{d}t)$ 导致的瞬态高电压。

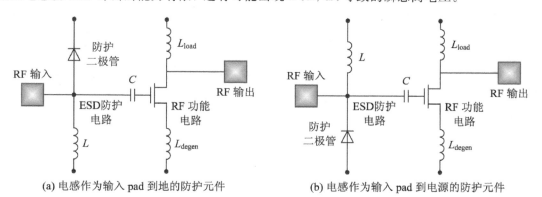

(a) 电感作为输入 pad 到地的防护元件　　　(b) 电感作为输入 pad 到电源的防护元件

图 3.43 电感元件作为防护电路的一部分

图 3.44(a)所示的 T 线圈(T-coil)电路可在一个相当宽的频率范围内表现为纯电阻 R_T,只要满足以下条件

$$L_\mathrm{ESD}=L_2=\frac{C_\mathrm{ESD}R_\mathrm{T}^2}{4}\Big(1+\frac{1}{4\zeta^2}\Big) \tag{3.7}$$

$$C_\mathrm{B}=\frac{C_\mathrm{ESD}}{16\zeta^2} \tag{3.8}$$

$$k=\frac{4\zeta^2-1}{4\zeta^2+1} \tag{3.9}$$

式中，k 是 L_2 和 L_{ESD} 之间的耦合因子，ζ 是传输函数 V_x/I_{in} 的阻尼因子。电容 C_B 可以利用 L_{ESD} 和 L_2 之间的寄生电容来实现。只要采用适当的设计，电路中的 ESD 防护器件可以采用大面积的二极管或者 SCR，而不会影响 RF 性能。从图 3.44（b）的实测 S_{21} 频率特性来看，此方法可以实现相当宽的频带内的高阻抗，缺点依然是电感的面积开销太大。

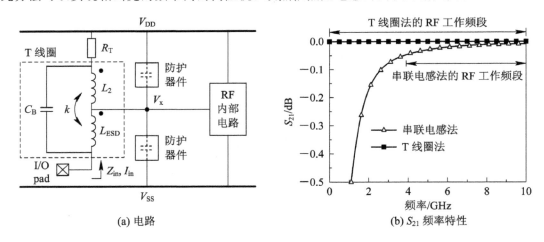

(a) 电路   (b) S_{21} 频率特性

图 3.44   T 线圈法实现宽带防护

2. 分布式防护网络

RF 器件及传输线的寄生参数常具有分布式的特征。与之相匹配，也可以采用分布式的 ESD 防护网络，有利于降低损耗随频率的变化，从而实现宽频带应用。图 3.45 比较了单个防护单元和 n 个防护单元构成的防护电路，其中的电容等效于 ESD 防护单元，Z_0 是阻抗匹配元件，可以是电感、传输线或者共平面波电导。同一传输线上，电路单元越多，则截止频率越高，这对于提高 RF 性能是有利的。不过，ESD 单元越多，则每个单元的面积越小，其电流容量就越小，这对于 ESD 防护是不利的。综合考虑 RF 性能和 ESD 防护，最佳单元数为四个左右。

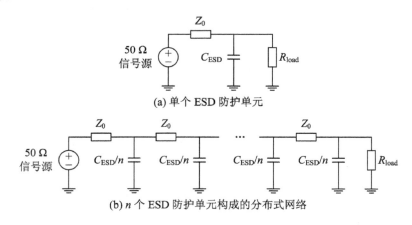

(a) 单个 ESD 防护单元

(b) n 个 ESD 防护单元构成的分布式网络

图 3.45   集总式和分布式 ESD 防护

在分布式 ESD 网络中，每个防护单元的尺寸可以相同，也可以不同（如图 3.46 所示）。考虑到越靠近输入端的 ESD 器件流过的电流越大，四个单元可采用不同的尺寸，越靠近输入端的单元尺寸取得越大。验证结果表明，分布式防护网络的总 ESD 电路寄生电容 200 fF 对于 10 GHz RF 信号的衰减只有 0.273 dB；渐减 ESD 网络的 ESD 防护能力可以达到 8 kV，高于等尺寸 ESD 网络的 5.5 kV。

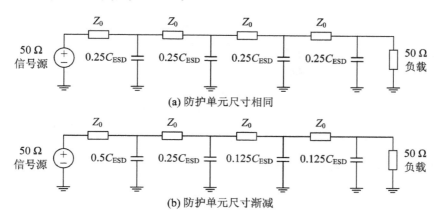

图 3.46　防护单元尺寸设计

图 3.47 给出了两级和三级 π 形二极管防护电路。仿真和实测结果(图 3.48)表明，此三级防护电路的带宽明显优于此二级防护电路。将三级防护电路用于 60 GH 宽带电路，实测结果表明其 HBM 耐压达 2 kV，而损耗只有 2 dB。

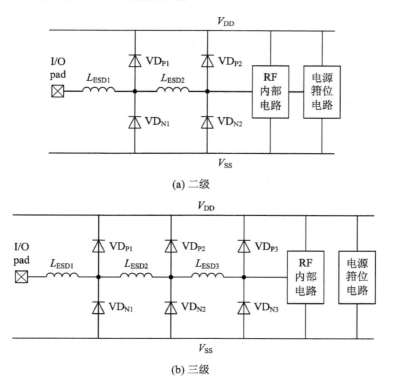

图 3.47　分布式 π 形二极管防护电路

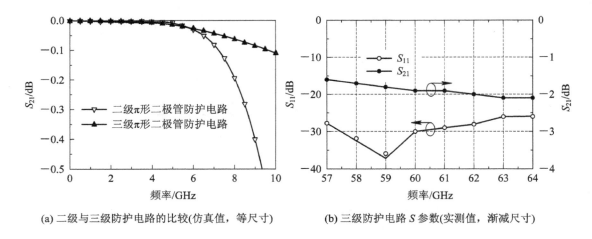

(a) 二级与三级防护电路的比较(仿真值,等尺寸)　　(b) 三级防护电路 S 参数(实测值,渐减尺寸)

图 3.48　采用分布式 π 形二极管防护的 RF 电路特性

分布式防护器件也可插入分布式 RF 电路内部,可以获得更好的防护效果。图 3.49 就是将二极管防护器件插入三级分布式 RF 放大器的一个例子。各个双二极管防护器件分别为各级放大器的电源轨和信号轨提供双向 ESD 防护。二极管的数量和尺寸也可以从输入级到输出级渐减,如第一级采用两个尺寸为 16 μm 的二极管串联,后级采用单个尺寸为 8 μm 的二极管。

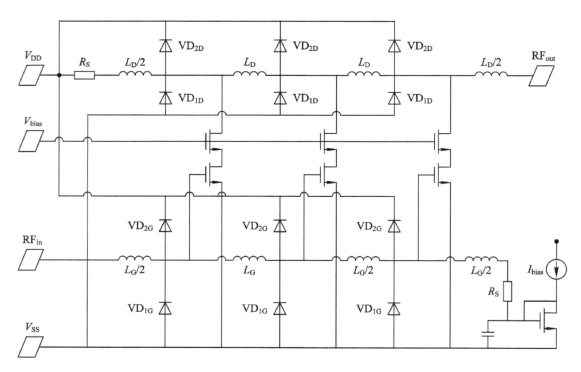

图 3.49　分布式放大器的分布式二极管防护网络

3. 综合比较

表 3.7 对上面介绍的 9 种 RF CMOS 的防护方案进行了总结。其中，设计复杂度在无需引入电感时为"低"，需引入电感时为"中等"，需引入多个电感时为"高"；信号损耗用 S_{21} 表征；钳位电压中的 R_{ESD} 或 L_{ESD} 是指防护元件对于内部电路而言等效为电阻还是电感。

表 3.7 RF CMOS 片上防护方案的综合比较

防护方法	工作频率	设计复杂度	等效寄生电容	信号损耗	钳位电压	HBM/CDM鲁棒性	面积效率
常规	<5 GHz	低	几十至数百	高频损耗大	$1R_{ESD}$	较好/较好	好
堆叠	<10 GHz	中等	几十至数百	高频损耗大	$2R_{ESD}$	好/好	好
并联电感	>5 GHz（窄带）	高	~0（设计频率处）	~0（设计频率处）	$1R_{ESD}$	较好/较好	差
串联 LC 回路	>5 GHz（窄带）	高	~0（设计频率处）	~0（设计频率处）	$1R_{ESD}+1L_{ESD}$	好/好	差
串联电感	>5 GHz	高	~0（设计频率处）	~0（设计频率处）	$1R_{ESD}+1L_{ESD}$	好/差	差
阻抗匹配	>5 GHz	高	~0（设计频率处）	~0（设计频率处）	$1R_{ESD}$	较好/较好	差
纯电感	>5 GHz	高	~0（设计频率处）	~0（设计频率处）	$1L_{ESD}$	较好/差	差
T 线圈	>5 GHz	高	~0（设计频率处）	~0（设计频率处）	$1R_{ESD}$	较好/较好	差
分布式网络	>5 GHz	高	~0（设计频率处）	~0（设计频率处）	$1R_{ESD}$	较好/较好	差

由此可见，引入串联电感的"串联 LC 回路"和"串联电感"法，钳位电压高于其他电路，因而不适用于工艺尺寸小的纳米级芯片。片上电感会占用很大的硅面积，因此相关防护电路的面积效率都低。电感在极快的 ESD 脉冲下会出现很大的电压过冲，故引入电感的防护电路不适用于上升时间小于 1 ns 的 CDM。

图 3.50 给出了上述九种防护方案的版图示例。其中 ESD 防护器件均采用 STI 隔离的二极管，外加电感均为螺旋电感，外加电容均为 MIM 电容；f_0 均指谐振频率。显然，在所有方案中，电感占用面积远大于其他元器件。

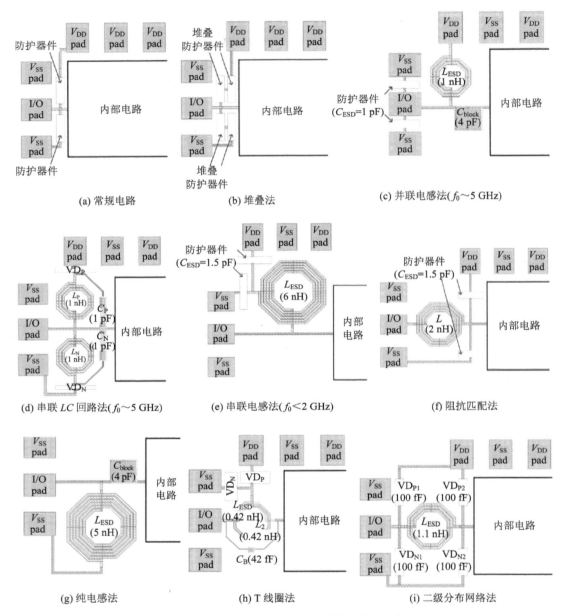

图 3.50　RFCMOS 片上防护方案版图布局示例

3.2　功率芯片防护

功率芯片常基于 BCD 工艺，将双极、CMOS 和 DMOS 等不同结构的器件以及逻辑电路、低压模拟电路（1.8～5 V）和高压驱动电路（20～60 V）等不同类型的电路集成于一块芯片上，用于工业设备、家用电器、汽车电子和显示驱动等。功率芯片常常工作在高电压、大电流、强负载、强电磁干扰条件下，应用环境常常比低压、小功率芯片更为严酷，因此需要更高的可靠性防护等级。

功率芯片通常由低压控制和功率驱动（高压输出）两部构成，前者可使用之前介绍的各种防护方法，后者则需进行特殊的加固设计。基于 BCD 工艺的功率芯片可以使用 LDMOS、BJT 和低压 MOS 管作为防护器件。

以 LDMOS（Lateral Double-diffused MOS）为代表的功率驱动器件自身具有一定的 ESD 防护能力，故称"自防护器件"。如果其自防护能力足够强，就无须再做其他的 ESD 防护设计，否则需要通过加大其宽长比或增加其他防护器件等手段，来增强其 ESD 防护能力。图 3.51 给出了功率驱动芯片防护设计的思路。

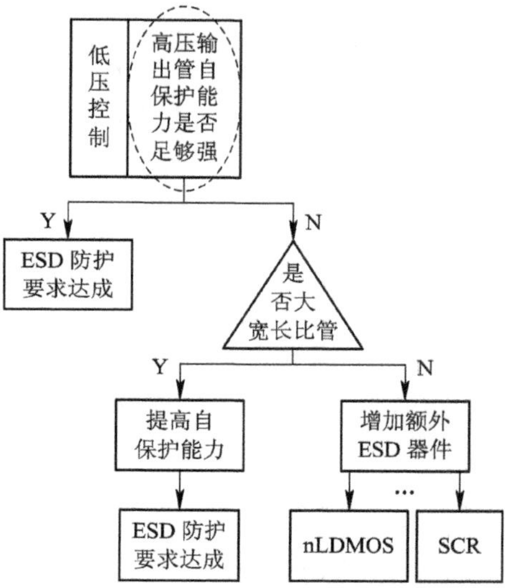

图 3.51 功率驱动芯片防护设计思路

3.2.1 基于 LDMOS

LDMOS 的结构与 CMOS 兼容，通过加入漏与沟道引出端之间的高阻漂移区来降低电场，目的是增加漏结击穿电压。图 3.52 给出了 n 沟道 LDMOS 的典型结构图，与常规 MOSFET 相比，增加了用 n 阱和深 n^+ 埋层（NBL，n-Buried Layer）实现的高阻漂移区。与 MOSFET 一样，LDMOS 的主要失效模式是漏–源间的二次击穿和栅介质击穿，二次击穿主要发生在漂移区，栅击穿可能由漏–源过电压通过电容耦合造成。

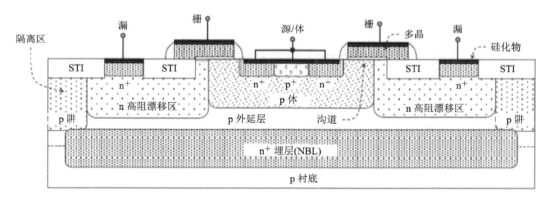

图 3.52 n 沟道 LDMOS 剖面结构

LDMOS 自身具备一定的 ESD 防护能力，可直接作为 I/O 防护器件，也可作为电源钳位器件。由于电子迁移率远高于空穴迁移率，所以要达到同样的电流容量，n 沟道 LDMOS 需要的面积比 p 沟道小得多。因此，一般采用 n 沟道 LDMOS（nLDMOS）作为功率输出管和 ESD 防护器件。

与普通 MOS 不同的是，LDMOS 的漏与源在结构上并不对称，因此作为防护器件使用时正、反向特性也不对称。漏接阴极、源接阳极时的反向 ESD 防护特性就是正偏二极管特性，泄放电流很大，导通电阻很小。图 3.53 给出了一个 nLDMOS 的反向 TLP I–V 特性曲线，沟道宽度为 40 000 μm 时的电流容量高达 10 A 以上，而导通电阻仅为 0.072 Ω。

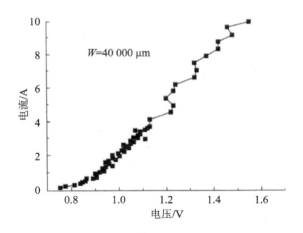

图 3.53　nLDMOS 反向 TLP I-V 特性实例

　　LDMOS 当漏接阳极、源接阴极时的正向 ESD 特性呈现骤回特性，如用于自防护的话，需要通过提升与改进器件结构来保证其鲁棒性。图 3.54 给出了 TLP 测试得到的 40 V nLDMOS 接成 GGNMOS 时的正向 ESD 特性。注意，出现了二次骤回特性，可以归因于寄生 BJT 的 Kirk 效应。实测触发电压约为 27.2 V（直流为 50 V），维持电压约为 7 V，200 μm 宽器件的二次击穿电流为 2.7 A。

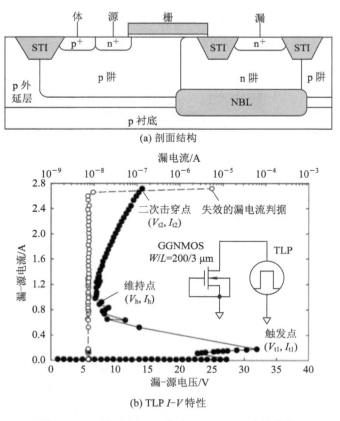

图 3.54　40V nLDMOS 作为 GGNMOS 防护器件

在用 LDMOS 作 GGNMOS 防护器件时，触发电压 V_{t1} 需大于 $1.2\ V_{DD}$，以防发生误触发；维持电压 V_h 应大于 V_{DD}，以防发生闩锁。LDMOS 器件的 BV_{ox} 较高，故 $V_{t1} < BV_{ox}$ 的要求容易满足。高压器件的 V_{t1} 和 V_h 有可能在试验过程中出现退化，故要对器件进行多次重复应力打击，确保不会出现退化现象。

LDMOS 作为专用的防护器件使用时，要求在正常工作条件下不导通，在 ESD 条件下导通。为达到此条件，常需增加额外的栅触发电路（如 RC 触发或二极管触发）。图 3.55 是利用 RC 触发 LDMOS 实现电源钳位，电源上电时间常数较大（>1 ms），LDMOS 不会被触发，处于关态；ESD 脉冲时间常数很短（~ 10 ns），LDMOS 被 RC 回路触发而导通。RC 时间常数通常选为 $0.1 \sim 1.0\ \mu s$，居于两者之间，如取 $R = 40$ kΩ、$C = 5$ pF 时时间常数为 $0.2\ \mu s$。图 3.56 是采用齐纳二极管触发 LDMOS 实现输入防护的，二极管的导通电压高于最高输入工作电压（20 V 或 40 V），正常工作条件下 LDMOS 不导通，ESD 条件下 LDMOS 获得足够高的正栅压而导通。

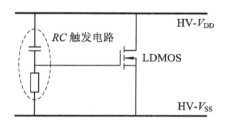

图 3.55 RC 触发 LDMOS 实现电源钳位

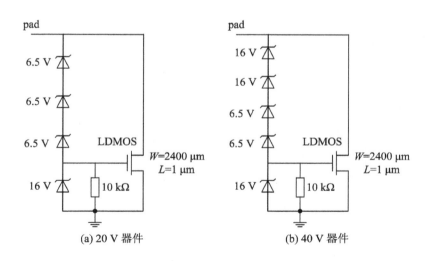

图 3.56 齐纳二极管触发 LDMOS 实现输入防护

LDMOS 的触发电压与其漂移区长度有关。如图 3.57 所示，漂移区越长，则触发电压越高，因此作为防护器件使用的 LDMOS 的漂移区长度可以设计得与功能应用的 LDMOS 有所不同。

二极管触发 LDMOS 可以改用两个 LDMOS 管构成达林顿组态，来提高其 ESD 健壮性。如图 3.58 所示，LDMOS1 取最小宽度，ESD 出现时靠电容耦合而导通，形成的电流流过 R_2，再使主钳位管 LDMOS2 导通。实测表明，此结构可使 20 V 器件的 HBM 达到 8 kV、40 V 器件达到 5 kV。

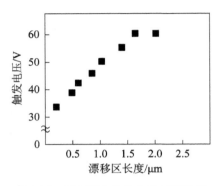

图 3.57 LDMOS 触发电压与漂移区长度的关系

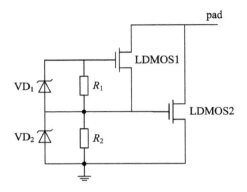

图 3.58 增强 ESD 健壮性的二极管触发 LDMOS 电路

图 3.59 给出了一个 DC-DC 转换器芯片的保护架构实例。5 V 输入采用 GGNMOS 保护；12 V 输出采用厚氧 GGNMOS 保护；输入地与输出地之间采用背靠背二极管隔离；65 V 输入采用高压 SCR 和 LDMOS 两级保护，具体电路如图 3.60 所示，其中第二级用多叉指的 nLDMOS 作为主防护器件，利用电阻 R_3 和 nLDMOS 的栅源电容完成 RC 栅触发，用使能信号控制第二级防护电路是否接入。

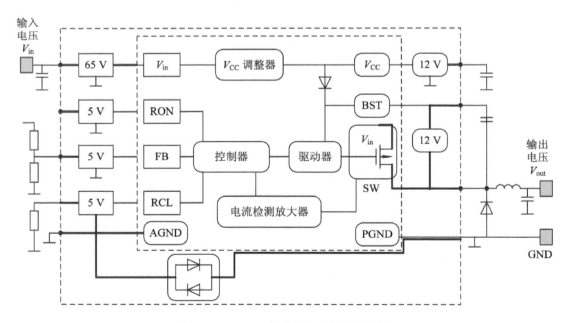

图 3.59 DC-DC 转换器的防护架构实例

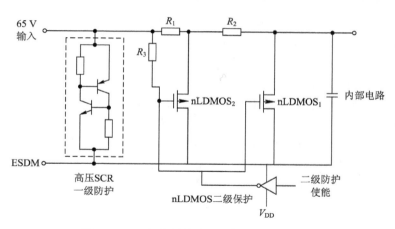

图 3.60 65 V 高压输入 pad 的两级防护电路

3.2.2 基于 BJT

场氧器件(FOD，Field Oxide Device)是常用的高压防护器件结构之一。FOD 的剖面结构如图 3.61(a)所示，实际上是一种横向 npn 管，发射极、基极和集电极接触之间用 STI 隔离，与 p 衬底之间用 NBL 隔离。作为 I/O pad-V_{SS} 或者 $V_{DD}-V_{SS}$ 间的钳位器件，FOD 既可以等效为栅极悬置、源极接地的 NMOS 管，也可以等效为基极接地的 npn 管，具有骤回 $I-V$ 曲线。

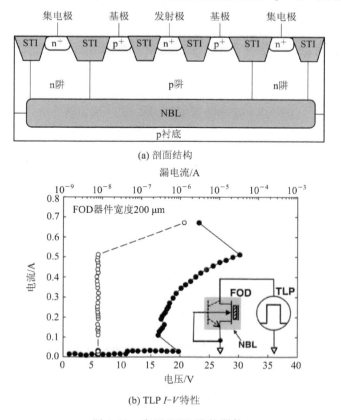

(a) 剖面结构

(b) TLP $I-V$ 特性

图 3.61 高压 FOD 防护器件

图 3.61A(b)给出了一种高压 FOD 的 TLP $I-V$ 实测特性,采用 0.25 μm 40 V CMOS 工艺制备,器件宽度为 200 μm,发射区与基区的间距为 6 μm。可见,TLP 触发电压为 19.7 V(直流为 50 V),维持电压约为 16 V,二次击穿电流为 0.5 A。在上升时间为 10 ns 的 TLP 脉冲作用下,dv/dt 通过漏-体结之间寄生电容产生的位移电流会使得 npn 管在未产生雪崩击穿时就提前导通,这是 TLP 瞬态触发电压低于直流触发电压的原因。

诸如 BCD 这样的功率芯片工艺可以制作纵向双极晶体管,可作为防护器件使用,只是不同工艺制作出的纵向 BJT 结构有所不同。图 3.62 是一种基极接地的纵向 npn(VGBNPN,Vertical Grounded Base NPN)管结构。它在负向 ESD 脉冲下相当于一个正偏二极管,形成低阻大电流通道;当正向 ESD 应力超过其 BE 结击穿电压时,出现雪崩电流,经内部寄生电阻 R_b 产生正反馈,形成骤回特性,也是一种良好的 ESD 防护器件,其正向 HBM 防护电压从 3.5 kV(26 V/μm)到 10 kV(75 V/μm),正向 MM 防护电压从 700 V(5 V/μm)到 1300 V(9.5 V/μm)。图 3.63 是采用 1.8 μm 65 V BCD 工艺制作的 VGBNPN 的骤回 $I-V$ 特性,可见其触发电压为 67 V,维持电压为 25 V,HBM 耐压达到 8 kV。

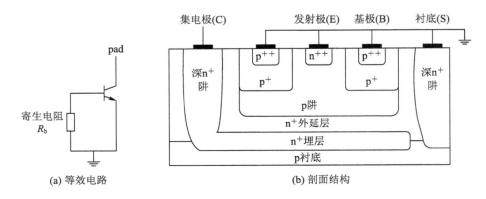

图 3.62　一种基极接地的纵向 npn 管(VGBNPN)

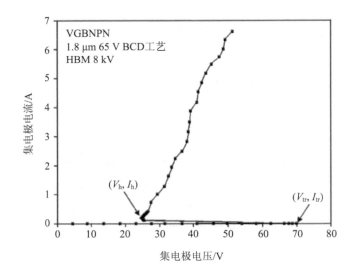

图 3.63　VGBNPN 的骤回 $I-V$ 特性实例

CMOS 和 LDMOS 结构中存在的横向 npn 管也能用作 ESD 防护器件，其防护性能与版图尺寸关系很大。与 MOS 器件相比，BJT 器件作 ESD 防护的缺点是功耗较大，稳定性较差。图 3.64 示出了 0.7 μm 三阱 CMOS 工艺形成的横向 npn 管和纵向 npn 管。在横向 npn 管中，n 阱与 p 区的横向间距 t 对触发电压影响很大，而 p 区边缘与 n$^+$ 发射区边缘的横向间距 d 则在很大程度上决定了维持电压。图 3.65 给出了五种不同的 t-d 组合值的 TLP 测试特性，可见，$d=5$ μm 时，t 从 0.5 μm 到 3 μm，触发电压就从 75 V 增加到 110 V；$t=4$ μm 时，d 从 3 μm 到 20 μm，维持电压就从 5 V 升至 40 V。

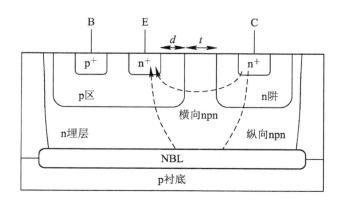

图 3.64 0.7 μm 三阱 CMOS 工艺形成的横向 npn 管和纵向 npn 管

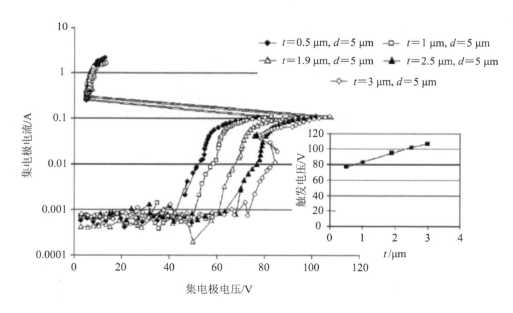

图 3.65 横向 npn 管的版图参数与防护 I-V 特性的关系

在图 3.64 结构中，横向 npn 管和纵向 npn 管的触发条件以及防护作用与 d 值有很大关系：

（1）d 较小时（如 3 μm），横向 npn 管占主导地位，最大电流约为 16 mA/μm，适合做 I/O 防护；

（2）d 进一步增加，横向 npn 管的电流增益减少乃至最终截止，此时纵向 npn 管将被触发，电流主要流过 n⁺ 埋层；

（3）d 较大时（如 20 μm），纵向 npn 管占主导地位，具有大的维持电压（40 V），最大电流约为 1.6 A/80 μm（20 mA/μm），适合做电源钳位；

（4）d 为中等大小时（如 5 μm），两种器件相互竞争，防护能力较弱，最大电流降至 6 mA/μm 左右。

图 3.66 给出的相同 t 值（4 μm）、不同 d 值（3 μm、10 μm、20 μm）下的实测 TLP 特性证明了上述分析的正确性。

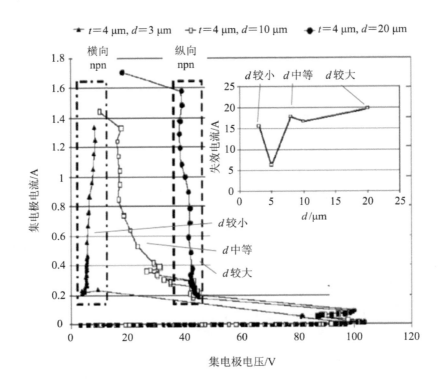

图 3.66　不同 d 值下的实测 TLP 特性

3.2.3　基于 SCR

1. 高压 SCR

在各种 ESD 防护器件中，SCR 具有最低的功耗和最高的单位面积防护效率，可以在小面积下实现很高的鲁棒性。图 3.67 给出的高压器件 TCAD 仿真结果表明，在 5 kV HBM 应力下，SCR 防护结构的晶格温度远低于 BJT 防护结构的晶格温度。从鲁棒性的角度看，SCR 非常适用于功率芯片的防护。不过，SCR 结构用于功率芯片防护的弱点在于其维持电压过低，而功率芯片的电源电压通常较高，导致维持电压低于电源电压，使得 SCR 防护器件在芯片正常工作期间容易出现闩锁而不期望地导通。

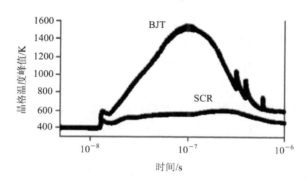

图 3.67　5 kV HBM 应力下高压器件的晶格温度变化

图 3.68 是采用 0.25 μm 40 V CMOS 工艺制备的高压单向 SCR 结构,在正向 ESD(电流由阳极流向阴极)下呈现骤回特性,而在反向 ESD 下等效为一个正偏二极管(p 阱/n 阱)。TLP I-V 特性表明,它的鲁棒性很好,I_{t2} 在 200 μm 宽度下达到 6 A,但维持电压很低,约为 4 V。

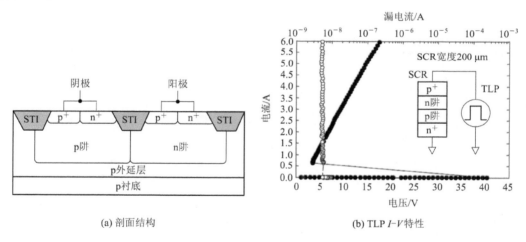

(a) 剖面结构　　　　　　　　　　　　(b) TLP I-V 特性

图 3.68　高压 SCR 防护器件实例

某些应用(如 PC 机的串口 IC)要求连接到高压输入 pad 的所有防护器件必须位于浮空的 p 阱之上。此时,可将浮空 p 阱通过一个 HV NMOS 管接地。在 ESD 到来时,响应速度相对较快的 HV NMOS 先导通,然后触发双向 SCR 导通,其结构如图 3.69 所示。在这种结

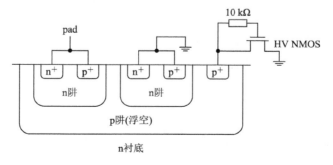

图 3.69　处于浮空 p 阱上的双向 SCR 防护结构

构中，将载流子注入 SCR 的 HV NMOS 是最容易失效的器件。同时，为了避免正常工作条件下出现闩锁（触发电流 50 mA 即有可能发生）而损坏电路，要求 HV NMOS 尽可能远离 SCR 下的 p 阱区域，不过这会使 ESD 从 5 kV 降至 2 kV。实际设计应在 ESD 防护能力和抗闩锁能力之间权衡。

汽车突然掉负载会引起 +40 V 浪涌，突然接通感性负载会引起 −40 V 浪涌，故正常工作条件下芯片的输出管脚要能抵抗 ±40 V 的电压冲击，而 ESD 条件下则要能抵抗 4 kV 甚至 8 kV HBM。这么大的能量需要在硅体内而非在薄沟道层耗散，而且防护电路应具有低的导通电阻及维持电压，BJT 能够满足前一条件，不能满足后一条件，而 SCR 可同时满足。镜像 LSCR（MILSCR，Mirrored Lateral SCR）是为汽车的这种防护应用而开发的一种双向 SCR，其剖面结构和等效电路如图 3.70 所示。

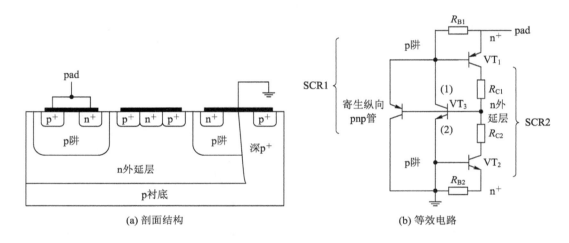

(a) 剖面结构   (b) 等效电路

图 3.70   面向汽车应用的 MILSCR 防护器件

如图 3.70(a)所示，在 MILSCR 中，两个串联的 SCR 共享一个横向 pnp 管 VT_3，形成镜像对称结构。在正向 PS 模式下，VT_3 的(1)结正偏，当 VT_3 的基极电压亦即 VT_2 的 BC 结偏压超过击穿电压时 SCR2 导通，形成从 pad 到地的低阻通道。在负向 NS 模式下，VT_3 的(2)结正偏，VT_1 的 BC 结击穿会触发 SCR1。采用 1.4 μm 功率 MOS 工艺制作的 MILSCR 面积只有 75 μm×100 μm，比常规的双 SCR 结构节约了约 15% 的面积。PS 模式下的触发电压为 90 V，维持电压为 2.5 V，关断电流为 17 mA；NS 模式下的触发电压 46 V，维持电压 1.7 V，关断电流 5 mA。ESD 耐压超过 ±10 kV HBM。MILSCR 的主要缺点是维持电压及保持电流较低，在正常工作条件下有诱发闩锁的可能，解决办法是增加 p^+ 掺杂来降低 VT_1 和 VT_2 的基区电阻。

2. LDMOS − SCR

SCR 与 LDMOS 融合形成的 nLDMOS-SCR 防护结构如图 3.71 所示，与前述的高压 SCR 相比，可获得更大的触发电压和失效电流。在此结构中，栅极下增加的局部厚栅氧是为了提高器件的耐压，形成 SCR 的 pnpn 结构是由 p^+ 阳极/高压 n 阱/p 区/n^+ 阴极构成的。在正常工作条件下，其 I−V 特性与 LDMOS 相同；在 ESD 应力下，SCR 导通提供低阻放电通道。

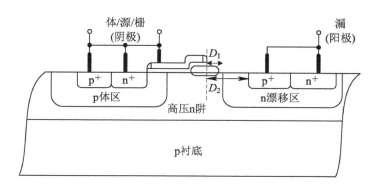

图 3.71　nLDMOS - SCR 结构

nLDMOS - SCR 的实测 TLP 特性如图 3.72 所示，测试芯片采用 0.35 μm BCD 工艺制备，nLDMOS 的工作电压为 30 V，器件宽长比为 200 μm/0.6 μm，漏电流在 30 V 直流电压下测试，以超过 1 μA 为失效判据。可见，该结构的鲁棒性很好，失效电流达到 5.5 A，骤回段的导通电阻小而稳定（～1Ω），触发电压与漏接触-栅间距 D_2 以及 n 漂移区-栅间距 D_1 有关。假设 D_1 固定为 0.25 μm，则当 D_2 为 1.5～4.2 μm 时，触发电压保持在 50 V 以上；D_2 减少到 0.6 μm 时，触发电压降到 34 V，D_2 再降至 0.25 μm 时，触发电压进一步降至18 V。这是因为 D_2 尺寸过短时，会造成 LDMOS 的漏-源穿通。

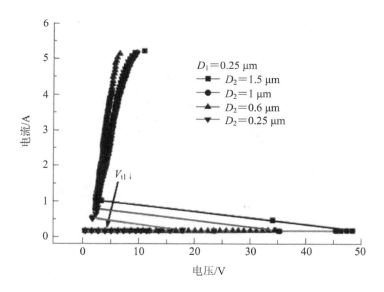

图 3.72　nLDMOS-SCR 实测 TLP I - V 特性示例

考虑到不同工艺所需的 D_2 不同，为避免漏-源穿通风险，可在漏极插入一个 n$^+$ 扩散区，改进的 nLDMOS - SCR 结构如图 3.73(a) 所示。拓宽后的漏区不仅能够保证高的触发电压，而且能够改善电流均匀性。从改进结构的 TLP 特性（图 3.73(b)）来看，即使插入的 n$^+$ 区与栅的间距 D_3 短至 0.6～1.5 μm，触发电压仍然保持在 45 V 以上，鲁棒性也基本不受影响（可以达到 5.4 A）。如果插入的 n$^+$ 区也接至漏极，则因 n$^+$ 区比 p$^+$ 区更靠近源极，导致

MOS 路径先于 SCR 路径开启，导致防护器件失效，因此 n$^+$ 区必须浮空。从 3.73(a)还可看出，当浮空 n$^+$ 区的宽度 D_4 从 0.9 μm 增大到 3.6 μm 时，导通电阻会明显变大，失效电流也会显著降低，因此 D_4 不宜过大。上述两种 LDMOS-SCR 结构采用 200 μm 宽的器件，能够达到 8 kV HBM 和 800 V MM 的 ESD 保护能力。

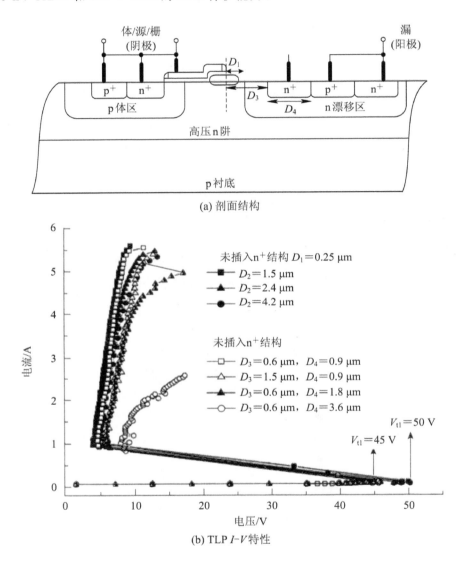

(a) 剖面结构

(b) TLP I-V 特性

图 3.73　改进型 nLDMOS-SCR

3. 堆叠 SCR

SCR 器件用于高压防护时存在的主要问题是维持电压过低（不到 5 V），很有可能高于功率芯片的电源电压，从而在正常工作条件下引发闩锁。采用多个 SCR 堆叠几乎可以使维持电压成倍增加。图 3.74 就是两个 nLDMOS-SCR 单元堆叠形成的剖面结构。图 3.75 是 nLDMOS-SCR 堆叠器件的 TLP 测试结果，验证芯片采用 0.35 μm 30 V/5 V BCD 工艺制备，单元器件宽度为 50 μm，漏电流是在 30 V 偏压下测试的。可见，两个单元堆叠可使维持电压从 4.1 V 增加到 8.3 V，三个单元堆叠可使维持电压增加到 16.8 V。

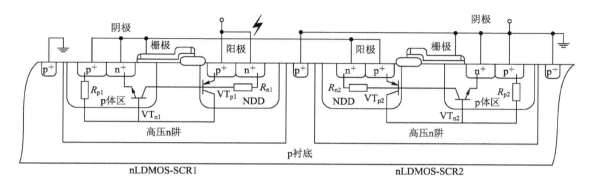

图 3.74 双 nLDMOS-SCR 堆叠器件的剖面结构

不过，堆叠在使维持电压近似成倍增加的同时，也使触发电压近似成倍增加。从图 3.75 的测试结果来看，两个 nLDCMOS−SCR 堆叠使触发电压 V_t 从 48.9 V 增加到 97.9 V，三个堆叠可增加到 194 V。此问题的一个解决方案是利用单元之间的 p$^+$ 保护环电阻。两个单元堆叠时的剖面结构如图 3.76(a) 所示，与图 3.74 结构的区别在于两个单元之间的 p$^+$ 保护环的一部分（图 3.76(b) 中距离为 D 的那一段）并不覆盖金属或钨塞通孔而低阻接地，形成一定的电阻 R_{ing}（∼60 Ω），并与高压 n 阱和阴极 p$^+$ 区一起形成一个寄生 pnp 管（图 3.76(a) 和图 3.77 中的 P$_{ext}$）。图 3.76(b) 是该结构的版图，可见对于右边的堆叠单元，部分内 p$^+$ 环未被金属覆盖，形成电阻 R_{ing}。版图中防护器件外围的 p$^+$ 保护环和 n$^+$ 保护环是为了防止正常工作条件下外部干扰诱发闩锁而设置的。

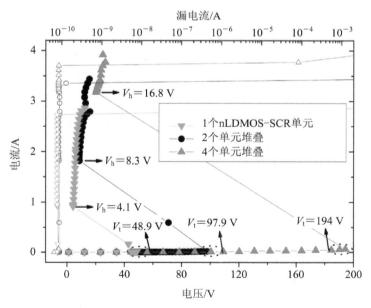

图 3.75 nLDMOS−SCR 堆叠器件的 TLP $I-V$ 特性

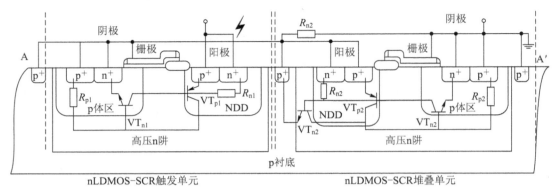

(a) 剖面结构(A-A′剖面)

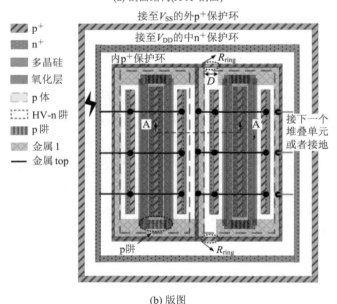

(b) 版图

图 3.76　改进的双 nLDMOS - SCR 堆叠器件

常规堆叠器件与上述改进堆叠器件的等效电路分别如图 3.77(a)和(b)所示。对于常规堆叠器件，ESD 到来时，触发电流通道(path1)是依次通过各个单元器件的，因此触发电压和维持电压是各个单元触发电压和维持电压之和。对于改进堆叠器件，情况就有所不同。ESD 到来时，第一个单元首先被正常触发，形成的触发电流流入第二个单元，由于初始触发电流(80 mA)在 R_{ing}($\sim$60 Ω)上形成的压降远低于单元的触发电压($\sim$50 V)，因此初始触发电流从第二个单元的 R_{ing} 而非内部电路流过(path2)。依次类推，整个堆叠链的触发电压主要取决于第一个单元的触发电压，而非所有单元触发电压之和。触发电流在 R_{ing} 上形成的压降会帮助 R_{ing} 所属单元被触发。待所有单元的触发完成后，由于导通单元本身的电阻远低于 R_{ing}，放电电流改从单元本身而非 R_{ing} 通道流过，维持电压等于各个单元维持电压之和。

图 3.78 是改进后结构的 TLP 测试结果。可见，即使多达 6 个单元堆叠，触发电压基本与 1 个单元相同，变化区间仅为 48.9～53.3 V；随着单元从 1 个增加到 6 个，维持电压从 3.9 V 增加到 22 V。由于放电单元的增加，ESD 放电产生的热也更加容易耗散，因此失效电流 I_{t2} 也从 2.8 A 增加到了 3.5 A。所有结构在 0～35 V 直流偏压下的漏电流不超过 35 pA。

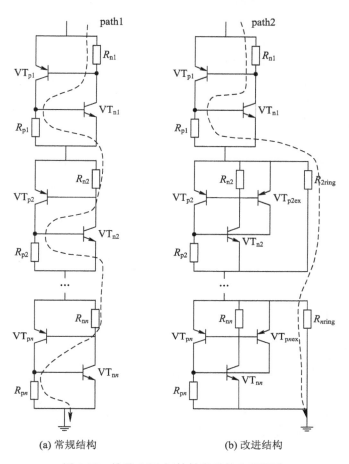

(a) 常规结构　　　　　　　　(b) 改进结构

图 3.77　堆叠 SCR 初始触发时的电流通道

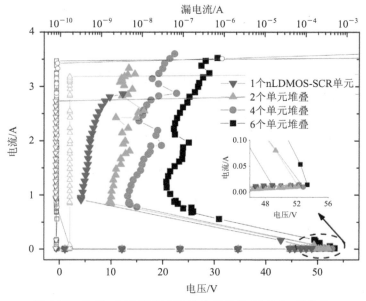

图 3.78　改进 nLDMOS-SCR 堆叠器件的 TLP I - V 特性

3.2.4　电源钳位

功率芯片的电源钳位可以使用场氧 MOS 器件(FOD，Field-Oxide Device)，也可以采用 SCR 器件。图 3.79 是 0.25 μm 40 V CMOS 工艺制作的 FOD 器件的 TLP 特性。可见其触发电压约为 20 V，维持电压约为 16 V，在宽度 200 μm 下的二次击穿电流为 0.5 A，HDM 耐压为 2 kV。16 V 的维持电压用于高压芯片的电源钳位，有可能因低于电源电压而诱发闩锁。为此，可采用多个 FOD 堆叠来线性地增加维持电压。采用 650 μm 宽度的双堆叠 FOD 可将维持电压增加到 35 V 以上，但触发电压也会随之增加。为了减少触发电压和导通时间，可以引入衬底触发电路。图 3.80 就是一种带 RC 衬底触发电路的双堆叠 FOD。

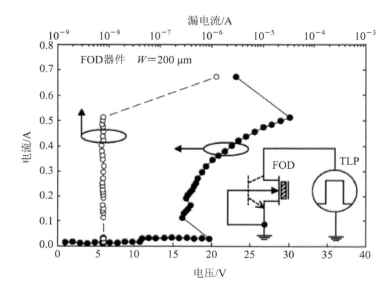

图 3.79　FOD 的 TLP I-V 特性示例

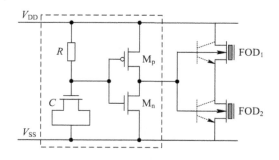

图 3.80　带 RC 衬底触发的双 FOD 电路

场氧 MOS 器件用于 ESD 电源钳位的缺点是占用面积过大。要达到 2 kV HBM，单个 FOD 就需要 650 μm 宽；高压应用要达到 4~8 kV HBM，FOD 就要更宽。此时，采用 SCR 电源钳位可能更为合适。图 3.81 是一种热载流子触发 SCR(HCTSCR，Hot-carrier triggered SCR)电路，M_2~M_5 控制 M_1 形成衬底热载流子，用于触发 SCR。正向 ESD 期间，电容 M_2 将来自 V_{DD} 的 ESD 浪涌耦合至 M_1 的栅极；M_5 使 M_3 导通，令 M_1 的栅极向 V_{SS} 放电；

M_2 和 M_3 的尺寸比应确保 M_1 的栅压高于 V_{TH}，以保证 M_1 导通；M_4 用于限制 M_2 栅压，避免被击穿。正常工作期间，仍导通的 M_3 将 M_1 的栅极接至 V_{ss}，使 M_1 关断，防止出现 SCR 被触发而引起闩锁。负向 ESD 期间，靠 VT_2 基极（n 阱）与 p 衬底之间的二极管来提供防护。在 $0.5~\mu m$ CMOS 工艺下，HCTSCR 可达到 8 kV HBM 和 2 kV CDM，而 SCR 和触发管的宽度只有 88 μm。可以通过改变 M_1 的栅长来改变触发电压的大小，实际取值要对 ESD 防护能力和防止闩锁均衡考虑。图 3.82 是该电路触发电压与触发 NMOS 管（M_1）沟道长度的关系。

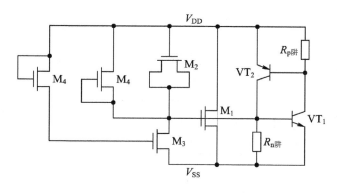

图 3.81　热载流子触发 SCR 电源钳位电路

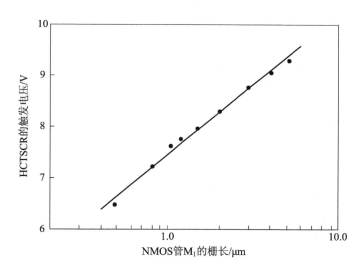

图 3.82　HCTSCR 触发电压与主触发 NMOS 管沟道长度的关系

3.3　其他专用电路防护

3.3.1　高速 CML 缓冲 I/O 防护

数字电路常用反相器或者同相器作为输出缓冲器，因其电路简单、漏电流极小、噪声容限大，但 PMOS 管限制了它的工作频率，而且单端组态限制了它的共模干扰抑制能力，所以高速芯片通常不采用反相器，而是采用电流模式逻辑（CML，Current Mode Logic）驱动器作为缓冲器。CML 的传输速率高达 5 Gb/s 以上，尤其适用于低信号电压和低电源电压下的超高速电路，其差分结构具有高共模抑制比，不足之处是电路复杂、静态功耗较大。

二级 CML 驱动器的电路原理图如图 3.83 所示，采用 $0.13 \mu m$ CMOS 工艺制作，面向 4 Gb/s 应用，输出压摆率可优于 800 mV/150 ps，抖动小于 1 ps。该电路采用差分输入和差分输出，R_{bias} 为片外电阻，用于调整输出压摆率；R_{L1} 和 R_{L2} 为 50 Ω 多晶电阻。

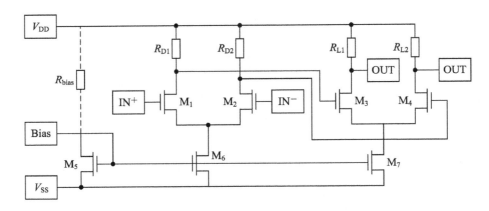

图 3.83　二级 CML 驱动器

CML 驱动器的防护架构如图 3.84 所示，由输入防护电路、输出防护电路和电源钳位电路三部分构成。防护电路的寄生电容对 CML 驱动器的性能有显著影响，表 3.8 给出了因采用不同防护电路而为 CML 引入不同的输入寄生电容时，CML 主要性能的变化。可见，当寄生电容从 50 fF 增加到 600 fF 时，压摆率下降 15%，上升时间增加 34%，而抖动增加了 14 倍，故防护电路的寄生电容对驱动器输出抖动的影响远大于对压摆率和上升时间的影响。最好能将寄生电容控制在 150 fF 以下。

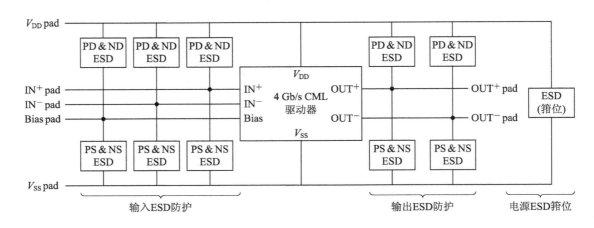

图 3.84　CML 驱动器的防护架构

表 3.8 防护电路对 CML 驱动器性能的影响

电容/fF	差分输出摆幅/mV	上升时间/ps	输出抖动/fs
50	888	121	284
150	824	132	511
300	782	146	1160
600	711	163	4060

CML 驱动器的防护器件可以采用 GGMOS，也可以采用 SCR。采用结构简单、栅宽为 $300~\mu m$ 的 GGMOS 作为防护器件时，交流仿真得知每个 pad 的寄生电容约为 663 fF，用 3 Gb/s 的伪随机输入电压测得的输出抖动均方根值约为 1.27 ps。采用单向 SCR 作为防护器件时，如设计得使 SCR 寄生电容（主要是阱/衬底 pn 结电容）与 GGMOS 相当，则二者的抖动相差不大。不过，由于 SCR 具有高得多的单位面积 ESD 防护水平，按单位面积或单位能量来考量，SCR 对抖动的影响要比 GGMOS 低得多。

如第 2 章所述，为了提高 MOS 防护器件的触发电压，常引入栅触发或者衬底触发。图 3.85 给出了三种触发方案，实测结果表明每个方案对 CML 驱动器的抖动影响不同。图 3.85(a) 是最简单的栅触发电路，与 GGMOS 相比，降低了触发电压，而 pad 电容增加得很少，但抖动从 1.27 ps 增加到 6 ps，这是因为主防护 NMOS 管的栅在 ESD 放电时浮空所致；图 (b) 是改进的栅触发电路，增加的 M_L 管在正常工作条件下使主防护管 M_0 的栅极接地，不仅可减少漏电，而且可改善抖动，ESD 防护性能不变，将抖动从 6 ps 降至 1.8 ps；图 3.85(c) 是衬底触发电路，触发管的面积较大，故 pad 电容比 GGMOS 高，但 ESD 防护水平不变，抖动为 1.55 ps，远小于常规栅触发 NMOS。

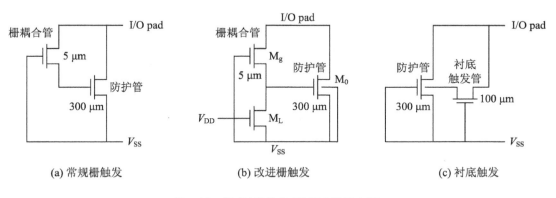

(a) 常规栅触发　　　　(b) 改进栅触发　　　　(c) 衬底触发

图 3.85 栅/衬底触发 NMOS 防护电路

栅触发和衬底触发也可以联合应用。图 3.86 是栅-衬底触发全向 MOS 防护电路，其中 M_n 和 M_p 是主防护管，宽度为 $320~\mu m$；M_{ps} 和 M_{ns} 是衬底触发管，宽度为 $80~\mu m$；M_{pg} 和 M_{ng} 是栅耦合管，宽度为 $5~\mu m$。TLP 测试得到的触发电压为 4.5 V，二次击穿电流为 1.76 A，HBM 耐压为 ± 3 kV。用于 CMOS 驱动器时的差分输出压摆率达到 500 mV/315 ps。实测得到的驱动器输入信号的抖动为 7 ps，输出抖动为 10.7 ps，则驱动器对抖动的贡献为 3.7 ps。

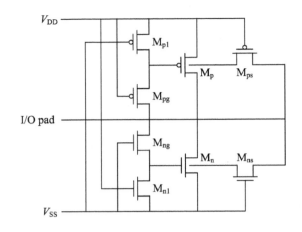

图 3.86 栅-衬底触发全向 MOS 防护电路

CML 驱动器除了采用 MOS 防护器件之外，还可采用 SCR 防护器件。图 3.87 给出了一个栅-衬底触发全向 LVTSCR 防护电路的结构，也采用 0.13 μm CMOS 工艺，LVTSCR 的宽度为 100 μm，衬底耦合管 M_{ps} 和 M_{ns} 的宽度为 20 μm，栅耦合管 M_{pg} 和 M_{ng} 的宽度为 5 μm。测量得到的 ESD 触发电压为 5 V，HBM 为 ± 3 kV；用于 CML 驱动器时获得的差分输出压摆率为 700 mV/148 ps。采用 SCR 防护的 CML 的输入信号抖动为 7 ps，输出抖动为 7.7 ps，则驱动器对抖动的贡献只有 700 fs，可见基于 SCR 的防护电路对性能的影响远小于基于 MOS 的防护电路。

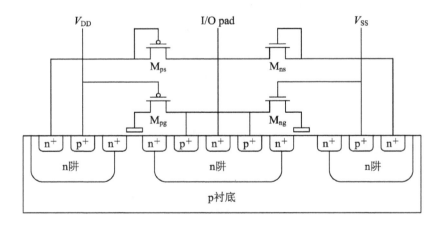

图 3.87 栅-衬底触发全向 LVTSCR 防护电路

3.3.2 混合电压 I/O 防护

现代数字芯片的电源电压随着工艺尺寸的缩小而不断降低。为了使 I/O 口能够应对不同代际的芯片信号，往往要求其能够接收高于本芯片内核电路电源电压的输入信号电平，或者能够发出高于本芯片内核电路电源电压的输出信号电平。例如，在图 3.88 的 I/O 电路中，接收端内核电路的电源电压为 3.3 V（或 2.5 V），I/O 口允许收发信号电压为 5 V（或 3.3 V）。

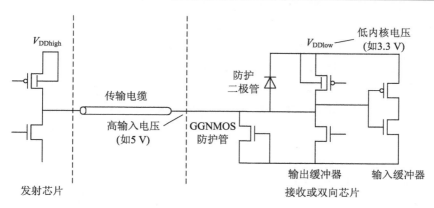

图 3.88 I/O 输入电压高于内核电源电压的 I/O 电路

高的 I/O 信号电压不仅有可能导致功能失常，如输出缓冲器的 PMOS 管因漏-体结正偏而导通，防护二极管出现正偏而导通，而且会导致严重的可靠性问题，如输入缓冲 MOS 管或 GGNMOS 的漏-源电压过高导致热载流子退化，栅-漏或栅-源电压过高导致栅氧击穿等。

用堆叠 NMOS 管作为 I/O 缓冲器下拉管或者作为 GGNMOS 管，可有效降低单个 NMOS 管的偏置电压，从而避免上述问题。以图 3.89 和图 3.90 所示的双管堆叠为例，正常工作条件下，上管栅压接到电源电压 V_{DD}，I/O 缓冲器的下管栅压接内部驱动器，而 GGNMOS 的下管栅压接 V_{ss}，两管相接的漏极无须接任何偏置。这样即使 pad 电压大于 V_{DD}，所有 NMOS 管的栅-源-漏之间的电压都不会超过 V_{DD}。ESD 条件下，堆叠 NMOS 仍然可有效工作在骤回模式下，在此期间，V_{DD} 对 V_{ss} 的旁路电容使上栅几乎为 V_{ss}，相当于上下管均可等效为 GGNMOS，此时的等效电路如图 3.90(b) 所示。

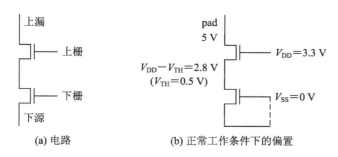

图 3.89 双管堆叠 NMOS 的工作条件

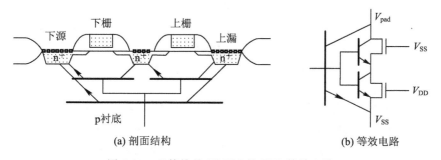

图 3.90 双管堆叠 NMOS 的 ESD 等效电路

从图 3.91 给出的实测结果可以看出，堆叠 GGNMOS 的维持电压比单个 GGNMOS 高 1.5 V，因此在同样失效功率下的失效电流（I_{t2}）也小于前者。此器件采用 0.5 μm 工艺，栅宽 0.75 μm，无硅化物。从图 3.92 可以看出，厚氧 GGNMOS 因具有更厚的栅氧和更长的沟道，而具有比薄氧 GGNMOS 更强的耐高压能力；增加堆叠器件的多晶栅与多晶栅的间距（如 1.625 μm→2.5 μm）可使维持电压有所提升。此器件也采用 0.5 μm 工艺，采用了硅化物和 LDD。

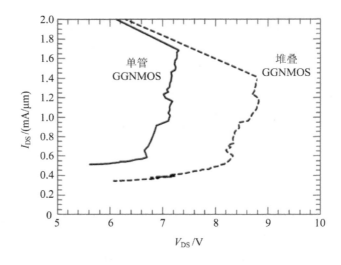

图 3.91　堆叠与单管 GGNMOS $I-V$ 特性的比较

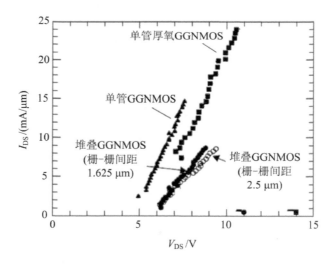

图 3.92　单管 GGNMOS、堆叠 GGNMOS 和厚氧 GGNMOS $I-V$ 特性的比较

输出缓冲器和防护器件均采用双管 NMOS 堆叠的电路与版图如图 3.93 所示。输出缓冲器的堆叠 NMOS 采用硅化物，以降低接触电阻；输出 ESD 防护用的堆叠 NMOS 不采用硅化物，以提高防护能力。10 Ω 隔离电阻增加了输出驱动器在 ESD 期间的触发电压，并起到隔离输出缓冲下拉 NMOS 与 GGNMOS 的作用。为了避免相互影响，输出缓冲 NMOS

管与 GGNMOS 最好处于不同的有源区。为了避免上管漏极的雪崩击穿电流改变下管的偏置状态，二者也应有一定的间距。

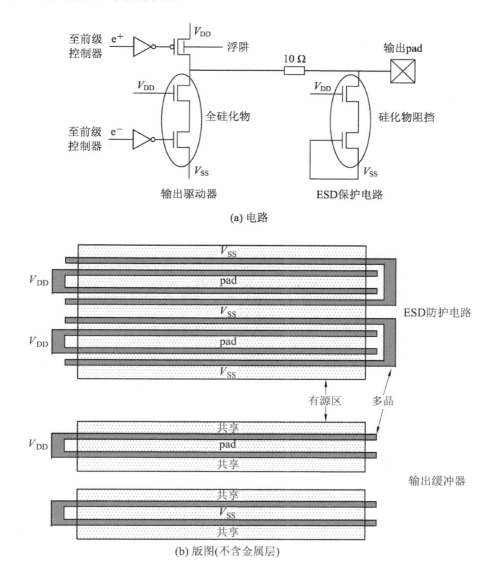

(a) 电路

(b) 版图(不含金属层)

图 3.93　输出缓冲区和防护器件均采用双管 NMOS 堆叠的设计

　　对于需要输出高电压信号的 I/O 口，ESD 防护电路既要能承受正常工作时比内核电路电压(V_{DD})高的 I/O 电压(V_{DDioh})，又要满足 ESD 鲁棒性与有效性要求。图 3.94(a) 在 V_{DDioh}-V_{DD} 间及 V_{DD}-V_{SS} 间都设置 RC 触发 GGMOS 瞬态钳位电路。只要 $V_{DDioh} \leqslant 2V_{DD}$，则在 ESD 条件下，GT→$V_{DDioh}$，GB→$V_{DD}$，$M_{NT}$ 和 M_{NB} 导通；正常工作条件下，GT→V_{DD}，GB→V_{SS}，M_{NT} 和 M_{NB} 不导通。缺点是 M_{NB} 只能被较低的 V_{DD} 而非 V_{DDioh} 触发。改进电路如图 3.94(b)，PB_1 的源级不接到 V_{DD} 而是接到被 V_{DDioh} 驱动的 GT，使得两个钳位器件能同时被 V_{DDioh} 触发。此时的 EC 不再连接到 V_{DD}，而是利用两个 pnp 二极管被箝制到 $V_{DDioh}/2$。

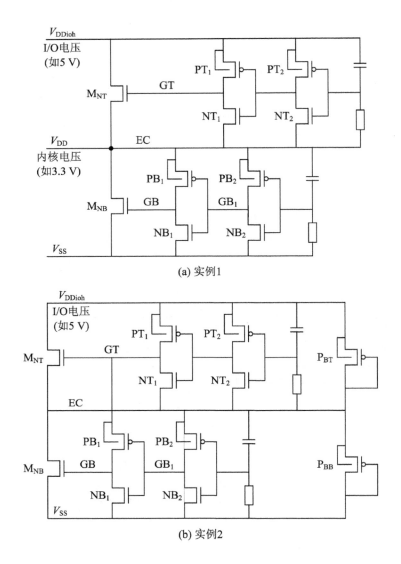

(a) 实例1

(b) 实例2

图 3.94　高供电电压 I/O 的防护电路

3.3.3　模拟放大器防护

　　ESD 防护电路对模拟电路的影响除了寄生电容之外，还要考虑漏电流的影响。低频小信号模拟电路主要关注漏电流，高频和射频模拟电路主要关注寄生电容。

　　用 GGMOS 作为模拟电路的防护器件时，其漏源之间的泄漏电流和寄生电容会对电路性能产生影响。图 3.95 是用 GGNMOS 对模拟电路输入 pad 到 V_{SS} 进行防护的电路。用 GGMOS 对模拟电路进行防护时存在三个方面的困难：一是防护 MOS 管面积的选择面临两难，ESD 防护要求大面积以保证放电电流，高性能模拟电路则要求小面积以减少寄生电容；二是无法采用二级防护架构，因为它会引入更大的输入串联电阻和寄生电容，对模拟性能影响颇大；三是不同模式下的防护水平差异大，譬如采用 50 μm/0.5 μm 宽长比的

NMOS 管，在 PS 模式下的耐压为 HBM 6 kV，在 NS 模式下为 HBM 8 kV。

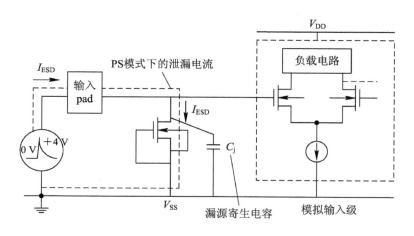

图 3.95　模拟电路的 GGNMOS 输入防护电路

相对较为完整的模拟电路 ESD 防护电路如图 3.96 所示。输入 pad 到 V_{DDA} 和 V_{SSA} 分别用 GGNMOS 和 GDPMOS 防护，VD_{n1} 和 VD_{p1} 是 MOSFET 等效二极管；电源钳位采用 RC 触发 GGNMOS 电路。为减少 pad 寄生电容，与 pad 直接相连的 MOS 管 M_{p1} 与 M_{n1} 均采用足够小的面积（0.35 μm 工艺下宽长比为 50 μm/0.5 μm），电源钳位电路的主放电管 M_{n3} 采用足够大的面积（1880 μm/0.5 μm），后者对电路的输入电容没有贡献。pad 防护电路与电源钳位电路之间的连线电阻应尽可能小，以确保双方的互动迅速而有效。该电路在三种模式下的放电通道如图 3.97 所示，其中图（a）为 PS 模式，M_{p1} 等效为正偏二极管，而 M_{n1} 并未导通；图（b）为 ND 模式，M_{n1} 等效为正偏二极管，而 M_{p1} 并未导通；图（c）为 pad-pad 模式，此时电源轨 V_{DDA} 和 V_{SSA} 均悬空。表 3.9 给出了该电路在五种 ESD 测试模式和两种测试模型（HBM 和 MM）下的实测防护水平。

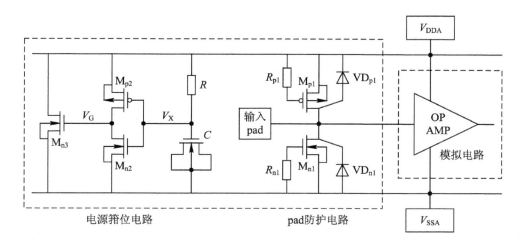

图 3.96　模拟电路的完整防护方案

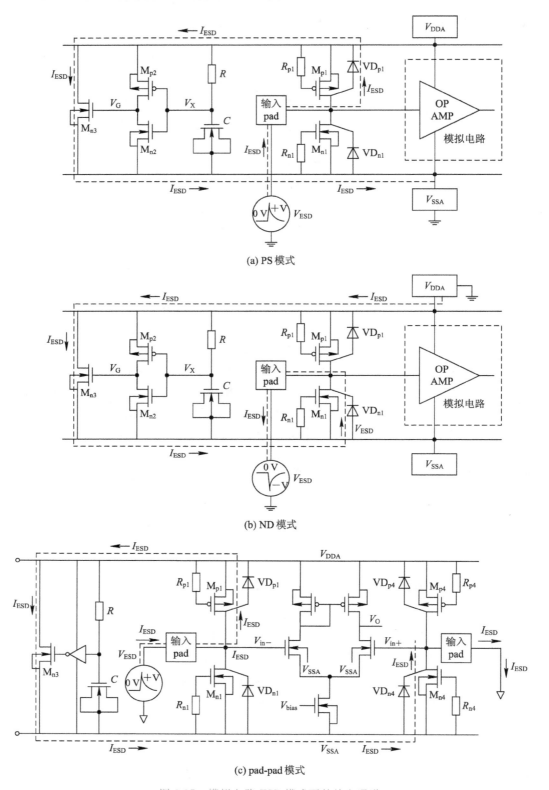

(a) PS 模式

(b) ND 模式

(c) pad-pad 模式

图 3.97　模拟电路 ESD 模式下的放电通道

表 3.9 模拟电路的 ESD 防护水平示例

	PS 模式	NS 模式	PD 模式	ND 模式	pad – pad
HBM/V	6000	−8000	7000	−7000	6000
MM/V	400	−400	400	−400	400

在图 3.96 电路中，输入 pad 的电容 C_{in} 由压焊区的寄生电容 C_{pad}、M_{n1} 的漏 pn 结电容 C_n 和 M_{p1} 的漏 pn 结电容 C_p 三部分组成，即

$$C_{in} = C_{pad} + C_n + C_p \qquad (3.10)$$

M_{n1} 和 M_{p1} 采用六种不同面积时漏 pn 结电容随 pad 电压的变化如图 3.98 所示，其中 W_n 和 W_p 分别是 M_{n1} 和 M_{p1} 管的宽度。输入信号电压增加时，M_{n1} 的结电容减少，而 M_{p1} 的结电容增加；输入信号电压减少时，M_{n1} 的结电容增加，而 M_{p1} 的结电容减少。因此，如果合理地设计 M_{n1} 和 M_{p1} 的版图面积和间距，有可能使输入电容随电压的变化最小化。如图 3.98 中，当 $W_n = W_p = 100\ \mu m$ 时，输入电容随电压的最大变化不会超过 1%。输入结电容的绝对值及其随电压的变化范围与防护 MOS 管的面积有关。如栅长均为 $0.5\ \mu m$，$50\ \mu m$ 栅宽时的输入电容为 $0.4 \sim 0.37\ pF$（输入电压 $0 \sim 3\ V$），$400\ \mu m$ 栅宽时就会增加到 $1.83 \sim 1.12\ pF$。压焊点的尺寸为 $96\ \mu m \times 96\ \mu m$ 时，其寄生电容约为 $0.67\ pF$，故本电路的总输入电容为 $1.04 \sim 1.0\ pF$（输入电压 $0 \sim 3\ V$）。

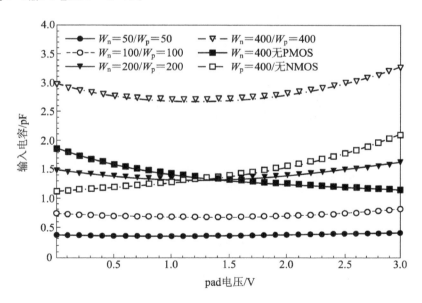

图 3.98 输入结电容随 pad 电压的变化

即使输入信号电压从 0 变到 3 V（V_{DD}），输入电容最后能保持基本不变，这对于某些模拟电路是至关重要的。例如，ADC 当输入电压 $0 \sim 2\ V$ 时输入电容如在 $4 \sim 2\ pF$ 之间变化，将会增加谐波失真，使其精度从 14 位退化到 10 位。

对于差分放大器而言，在反相输入端和同相输入端都要加独立的对 V_{SS} 和对 V_{DD} 的防护器件，还要在反相输入端和同相输入端之间加双向防护器件。双向防护器件可以用二极管

链、齐纳二极管或者基极接 V_{DD} 的 pnp 管或 pnp 管链。图 3.99 是二极管链差分防护方案，其中差分端口之间采用二极管链实现双向防护；图 3.100 是 pnp 管差分防护方案，其中差分端口之间采用 pnp 管实现双向防护。

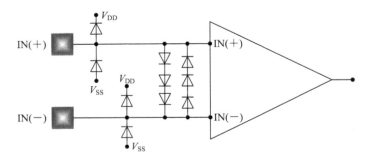

图 3.99　差分端口间二极管双向防护方案

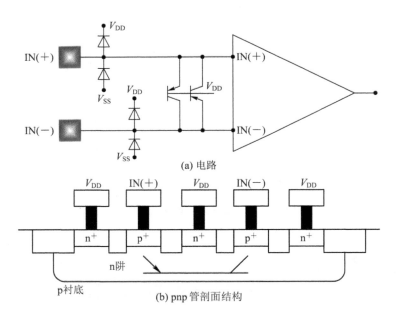

图 3.100　差分端口间 pnp 管双向防护方案

3.4　片上安全防护设计

3.4.1　从芯片安全到安全芯片

电子信息产品由硬件和软件两部分组成。依照传统的观念，硬件总是可信而安全的，安全隐患大多来自软件以及所处理的信息。随着集成电路规模与性能的发展，以集成电路安全为核心的硬件安全反而成为电子信息系统最大的隐患，集成电路本身的安全防护成为整个电子信息系统安全防护体系的重要组成部分。

集成电路产业链在历史上一直被认为既封闭又复杂,攻击者无法轻易攻破集成电路。随着尖端工艺的代工成本和系统芯片设计复杂度的不断提高,曾经局限于一个国家甚至一个公司的 IC 产业链已经遍布全球,半导体行业早已由基于集成设计制造商(IDM, Integrated Design Manufacturer)的垂直商业模式转换为基于产业链的水平商业模式。图 3.101 示出了现代 IC 产业链的每一个环节。产业链每个环节的参与者都无法控制全产业链的可信性,他们可能是安全隐患的受害者,也可能是安全隐患的引入者。

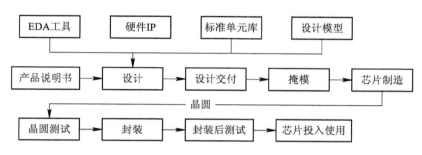

图 3.101　现代集成电路产业链

硬件攻击对芯片的影响主要体现在三个方面:一是使芯片内的敏感信息外泄;二是使芯片功能失常或性能改变;三是使芯片可靠性下降。硬件攻击的效率可能远高于软件攻击,有可能修改几个晶体管或者几个逻辑门,或者微调一道工序(如对掺杂曲线略作调整),就可以使数百万门的 SOC 芯片工作失常或者信息泄露。

因此,在集成电路设计时,必须考虑如何保障芯片的信息安全和物理安全。具备片上安全防护功能或者为保护系统芯片而设计的芯片可称为"安全芯片(Secure Chip)"。为保证芯片安全而提出的设计方法称为"安全性设计(DFS,Design For Secure)"或者"可信设计(DFT,Design For Trust)"。

安全防护需求最为强烈或者对恶意攻击最为敏感的芯片有三类:

(1)密码芯片。密码芯片最容易发生的攻击是密钥窃取和密钥篡改。窃取电路可以在芯片内部(如硬件木马),也可以在芯片外部(如侧信道攻击),后者可以采用有线方式(如测量电源电流),也可以采用无线方式(如测量电磁辐射、热辐射)。图 3.102 给出了一个利用侧信道功率探测来窃取密钥的例子,其中的 PRNG (Pseudorandom Number Generator)是伪随机数发生器。

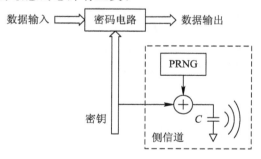

图 3.102　利用侧信道功率检测窃取密钥

(2)微处理器与存储器芯片。这类芯片最容易发生的攻击是固件窃取和存储内容的泄漏。不可信制造商安装的芯片后门,可以在某种罕见条件下使芯片的安全启动机制失灵,或者避开访问控制机构进入芯片内存。

(3)SOC 芯片。对于以 IP 整合为基本构架的 SOC,与 IP 有关的攻击更为多见,包括 IP 窃取、IP 恶意克隆、IP 篡改等。而且,SOC 使用的 IP 可能来自多家不可信或者可信度无法考证的第三方机构,出现安全隐患的概率更大。

安全芯片作为一种重要的基础安全功能单元，在各种信息产品和系统中应用非常广泛。安全芯片需建立从算法级、电路级到系统级的多层次安全防护体系。

（1）算法级。安全芯片直接或间接地使用密码算法来处理密钥和敏感信息。密码算法可以分为对称密码算法和非对称密码算法(亦称公钥算法)两大类。对称密码算法的防护功能包括多重掩码、F 函数、多级流水线并行叠扰和冗余校验等，常用的有 DES(Data Encryption Standard)和 AES(Advanced Encryption)算法；非对称密码算法的防护功能包括私钥随机化、消除私钥全零窗口、参数随机化、原子化操作和正反校验等，常用到的有 RSA 和 ECC(Elliptic Curve Cryptosystem)算法。随机数发生器在密钥的生成和加密算法的实现中是必不可少的，包括真随机数发生器(TRNG，True Random Number Generator)和伪随机数发生器(PRNG)。

（2）电路级。在集成电路设计的 RTL 级、网表或电原理图级以及版图级采取各种设计方法来加强芯片的安全，包括硬件木马的防范、抵御旁路攻击、防止错误注入攻击以及增设硬件来加强软件运行的安全等。具体举措如下：

- CPU 安全性设计；
- 总线加扰和存储器保护，其中存储器数据可以通过数据加密和增加校验进行增强；
- 基于物理不可克隆函数的芯片实现，确保芯片内关键数据存储的根密钥安全；
- 各种环境监测传感器设计，包括温度、电压、时钟、电磁辐射、热量和光的检测等；
- 对版图的保护可以采用金属层保护(包括主动和被动形式)、关键模块深层布线和逻辑区的混合布线技术；
- 芯片测试模式保护技术等。

（3）系统级。在软件层采用防篡改(包括数据、控制和执行的冗余)、掉电保护、防火墙机制、抗逻辑攻击、异常状态检测的方法，有针对性地进行安全加固。

3.4.2　硬件木马及对策

在现阶段，硬件木马可能是对集成电路最大的安全威胁，因此对硬件木马的防范也是集成电路安全最先出现的技术。本节将首先对硬件木马对集成电路的危害做简要分析，重点讲述对硬件木马的防护方法，以此作为集成电路片上安全防护设计的一个示范。

1. 硬件木马的危害

硬件木马(Hardware Trojan)是指攻击者对集成电路设计进行恶意修改，导致电路在运行时产生意外行为的硬件电路。受硬件木马影响的 IC 可能会发生功能或规范被修改、泄露敏感信息、性能下降及可靠性退化等情况。木马(Trojan)一词来源于古希腊军队在特洛伊之战中将士兵及武器藏在木马中送入敌方城池之事。

与软件病毒、软件木马不同，硬件木马无法通过固件更新轻易消除。与随机发生的工艺缺陷和无意引入的设计缺陷不同，硬件木马无法通过已有的故障模型来表征，也就无法用常规的功能测试方法检测出来。硬件木马可能来自集成电路产业链的任一个环节，包括不可信的 IP 供应商、半导体代工厂、IC 设计公司、EDA 工具提供商及使用者、系统集成商等。

硬件木马植入芯片的基本形式如图 3.103 所示。木马电路由木马激活电路和有害载荷电路两部分构成。木马电路一旦检测到预先确定的时间或条件，就会激活有害载荷执行恶意行为。通常木马电路只在极其罕见的情况下被激活，故有害载荷在大部分时间内均保持着非活动状态，因而难以探测。木马激活的后果是使原始电路工作失常，或者是使原始电路中的信息泄露。硬件木马在芯片中的插入位置常常是版图中的空余面积，不一定会影响芯片的功能布图。

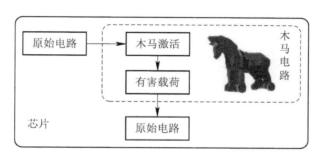

图 3.103　硬件木马植入芯片的基本形式

硬件木马的主要激活方式和有害加载方式如图 3.104 所示。对于不同的电路，木马激活的方式有所不同。数字电路中的组合逻辑基于小概率组合逻辑运算激活，时序逻辑利用触发器激活，模拟电路则可以通过片上传感器检测温度、延迟或者器件老化效应来激活。除了图中给出的形式之外，硬件木马也可以通过工艺的些微改变来加害于芯片，如改变栅氧化层制备过程中的氢浓度或退火温度，就能够通过增强负温偏不稳定性（NBTI，Negative

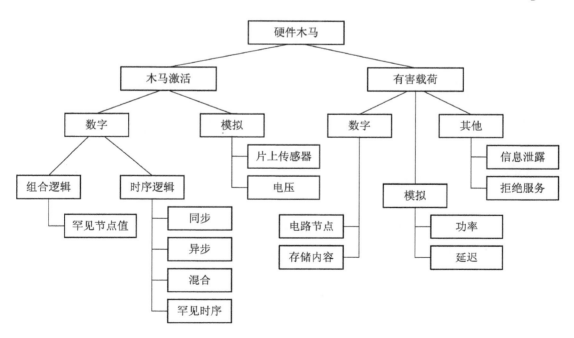

图 3.104　硬件木马的作用方式

Bias Temperature Instability)和热载流子注入(HCI,Hot Carrier Injection)等退化机制来缩短芯片的寿命。

数字电路中木马激活与加载的示例如图 3.105(a)所示。在组合逻辑电路中,比较器根据极小概率的输入向量(a 和 b)获得的输出值,通过异或门激活木马,将原始电路的正确值 ER 改成错误值 ER^*;在时序逻辑电路中,计数器对极小概率的输入时序(p 和 q)进行计数,计数值达到 2^k-1 时,同样可以激活木马并修改原代码。图 3.105(b)显示出木马引发的原始电路节点值的变化,这是木马探测时编制输入激励向量的依据。

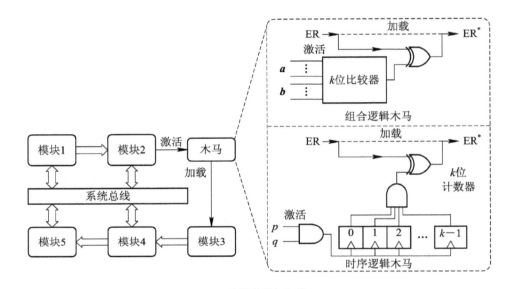

(a) 木马激活与加载

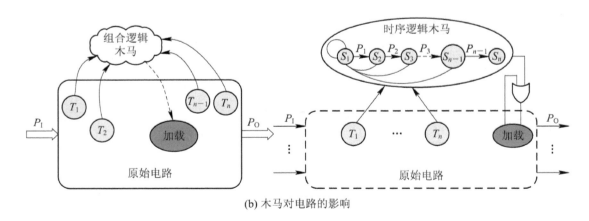

(b) 木马对电路的影响

图 3.105 组合逻辑木马与时序逻辑木马示例

2. 硬件木马的防范

对于硬件木马的防护,可采用的对策可以分为木马探测、可信设计和运行期监测三大类(参见图 3.106)。以下选择其中若干重要的方法进行具体讲解。

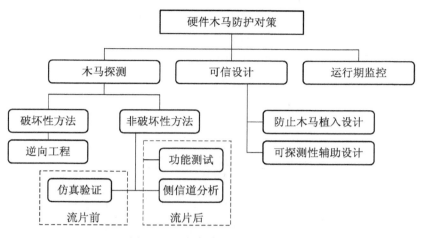

图 3.106　硬件木马的防护对策

1）木马探测

木马探测既可以针对流片前的设计代码，也可以针对流片后的成品芯片，后者又可分为破坏性和非破坏性的方法。木马探测有如下几种方法：

（1）逆向工程：将某一成品芯片用物理/化学方法进行逐层剖析，以确认其未植入木马。此方法所需时间与经济成本极为高昂，而且无法应对攻击者仅在个别芯片中植入木马的情形，故实用价值不大，不过可用于提取黄金设计或者黄金模型。

（2）功能测试或仿真验证：功能测试是在芯片测试阶段增加常规功能测试中没有的测试向量，仿真验证（包括功能仿真、形式化验证等）是在设计阶段增加常规验证中没有的输入向量，目的都是为了找到罕见的木马激活状态。此法的难点在于激活木马的小概率事件并无标准定义，需要依赖黄金模型、黄金设计甚至黄金 IC 来作为参照物，而这种模型或设计的获得并不容易。

（3）侧信道分析：木马的植入不可避免地会对电路的延迟、功耗、温度、电磁辐射、热量等产生影响，因此检测及分析这些参量及组合的微小变化，可以判断是否有木马植入。这种方法受工艺偏差和环境变化的影响较大，同样需要黄金模型的支持。电路功耗的变化可以通过测试静态电源电流、动态电源电流以及电源线对外电磁辐射等方法来判断。图 3.107 是

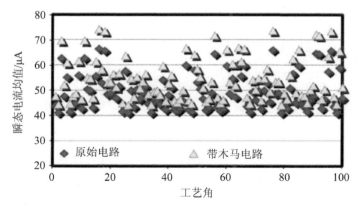

图 3.107　植入木马对瞬态电流均值的影响

8 bit ALU(Arithmetic Logic Unit，算术逻辑单元)芯片在植入木马前后瞬态电流均值的变化(仿真值)。图 3.108 是 512 bit RSA 密码芯片在植入木马前后电源线电磁发射的相对变化(实测值)，其木马电路面积只占整个芯片面积的 1.4%。

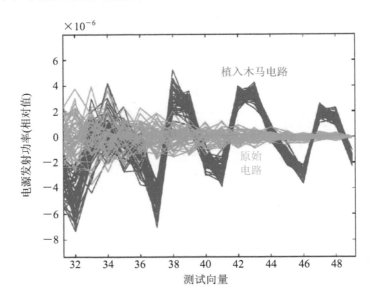

图 3.108　植入木马对电源线发射功率的影响

2) 可信设计

可信设计(DFT)的目标之一是防止攻击者插入木马，尤其是防止攻击者通过逆向工程来获取电路功能。此方面的方法主要有下述几种：

(1) 逻辑混淆。逻辑混淆是通过插入额外的逻辑门或状态机，形成正常与混淆两种工作机制，并由特定的密钥所控制。图 3.109 给出了一个简单的例子，在原有的半加器电路(a)中，插入了一个异或门和一个反相器，仅在密钥 $K=1$ 的条件下，电路才能执行正确的功能。在不知道正确输入向量的情况下，这种机制大大增加了攻击者识别 IC 真正功能的难度。

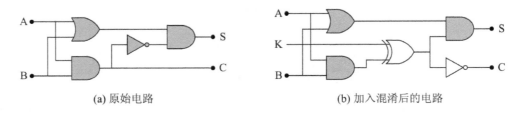

图 3.109　半加器电路的混淆设计

(2) 电路伪装。电路伪装的形式之一是伪装逻辑门，通过添加虚拟接触或连接，使伪装逻辑门的布局与标准逻辑门的布局不同；形式之二是伪装填充，在完成常规的版图布局布线之后，用伪装逻辑门填充版图的空白区域。这两种方法都能在不影响原有电路的功能、设计流程及所采用工艺的前提下，大大增加攻击者在逆向工程中通过对不同层成像来提取门级网表的难度。图 3.110 给出了标准单元阵列在伪装填充前后的版图实例。

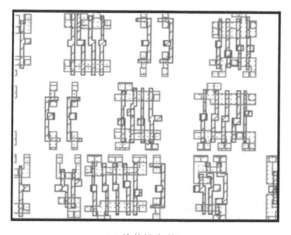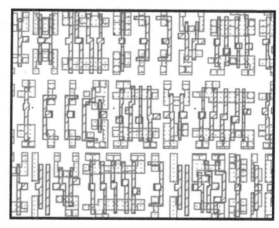

(a) 伪装填充前　　　　　　　　　　　　　　　　(b) 伪装填充后

图 3.110　标准单元阵列的伪装填充版图实例（只显示了多晶、有源区和接触孔层）

（3）功能性单元填充。由于硬件木马常常插入在版图的空白区，如果采用标准逻辑单元而非虚拟单元填充这些空白区（图 3.111 给出了一个 SOC 的填充实例），一方面阻挠了木马的植入设计，另一方面也有一定的逻辑混淆作用。如果将填充的所有功能单元都连接成一个可测试的组合电路，而此电路如在芯片后期测试中失败，则预示着填充的某些功能单元已被木马替代。不过，对于那些只篡改原始电路的连线或者晶体管尺寸的木马，这种方法难以奏效。

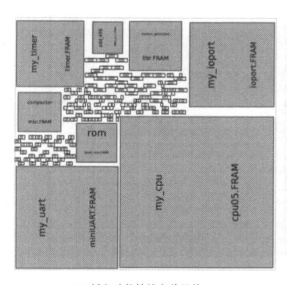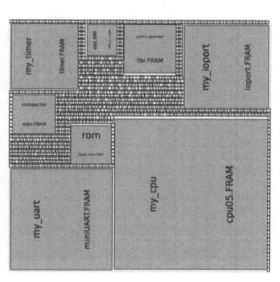

(a) 插入功能性填充单元前　　　　　　　　　　　(b) 插入功能性填充单元后

图 3.111　某 90 nm SOC 版图实例

（4）分离制造。芯片制造的前道工序（FEOL，Front End Of Line)由成本高但可信度差的代工厂完成，后道工序（BEOL，Back End Of Line）由成本低但可信度好的代工厂完成，这被称为分离制造或分块制造（Split-fabrication）。前、后道工序的分界线可以有不同的定义，对于常规的 2D 集成，可用 FEOL 完成硅加工及底层互连，BEOL 完成中上层互连，在图 3.112 的例子中，硅层和第一层金属 M1 层由不可信代工厂制造，M1 以上的通孔（Vx）及金属层（Mx）由可信代工厂制造；对于 2.5D 及未来的 3D 集成，可以利用不同代工厂完成不同硅层的加工。在无法获得完整版图的情况下，攻击者试图通过逆向工程提取完整电路几乎成为不可完成的任务（参见图 3.113）。

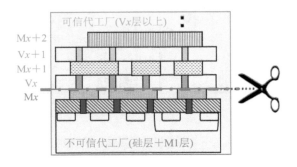

图 3.112　分离制造示意图

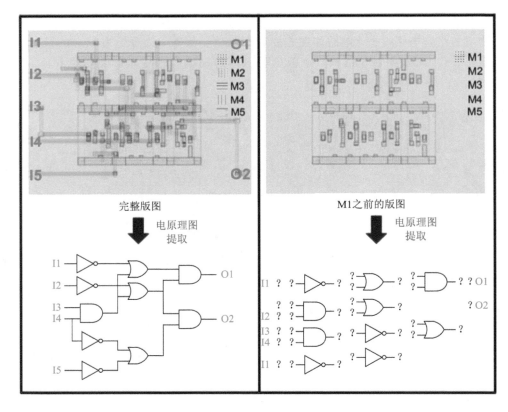

图 3.113　分离制造对逆向工程电路提取的影响

在一个数百万门的芯片中，木马电路可能只有1～100个晶体管，所产生的延迟或电源电流的变化是非常微小的，故而难以观测。因此，在设计中应设法提高木马探测的可控制性和可观测性，以提高木马功能测试、仿真验证以及侧信道分析的灵敏度。这是可信设计的第二类方法。

3）运行期监控

运行期监控是在芯片上机使用期间，利用已有的或补充的片上结构来监测芯片行为或操作条件（如瞬态功率、温度和延时的异常变化），一旦发现异常即禁用芯片或旁路异常通道。这可以看作是芯片安全防护的最后一道防线。图3.114是一个带有可重构运行时监控功能的SOC实例。安全监测单元（SM）通过信号探测网格（SPN）对每个IP的运行状态进行监测，而且每个SM的功能可以独立地被可重构控制处理器（CCPRO）进行配置，以便覆盖所有可能的异常状态。

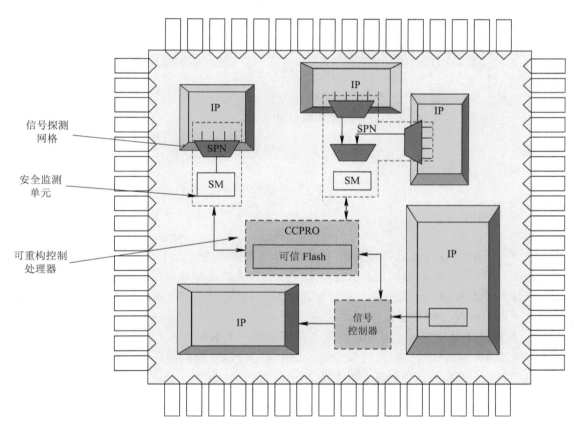

图3.114 带有可重构运行监控单元的SOC示例

片上电流检测器不仅可以用于运行时监控，而且有助于侧信道分析。如图3.115（a）所示，将片内电流监测器布置在每个功能模块至电源网格的接入点处，可以对每个模块的电源电流进行监测，一旦发现异常即可得知哪个模块可能存在木马行为。从图3.115（b）给出的实测数据可以看出，片内电流监测器的灵敏度远高于片外电流监测器。

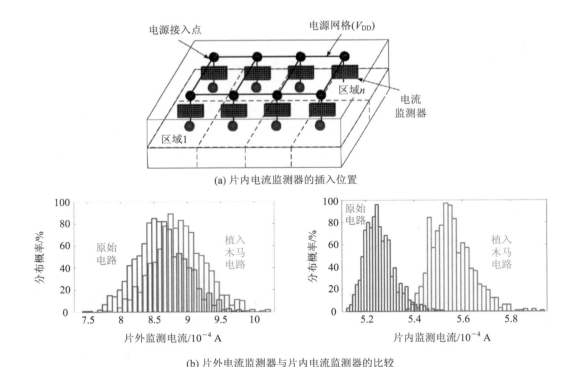

(a) 片内电流监测器的插入位置

(b) 片外电流监测器与片内电流监测器的比较

图 3.115　片内电流检测器的作用

本 章 要 点

· RF CMOS 设计既要考虑防护电路对 RF 性能的影响，又要考虑 RF 电路对防护效果的影响。RF CMOS 的防护设计已经从低寄生电容防护设计转向 RF-ESD 协同优化设计。防护器件寄生电容的主要成分是 PN 结电容和 MOS 栅电容，前者随偏置电压而变，因此会给模拟电路引入额外的非线性。

· 常用失效电压与寄生电容之比来表征防护器件用于 RF CMOS 的优值。SCR 的优值最高，但其 RF 应用受到其过高的触发电压的限制；二极管的优值居中，在 RF 芯片上的应用最为广泛；GGMOS 优值最低，不太适用于 RF 芯片的防护。

· 二极管堆叠不仅可增加触发电压，而且可以减少寄生电容。将 SCR 内嵌入二极管，可以进一步改善导通电阻、面积效率、寄生电容和失效电流等特性，但实现的工艺结构比较复杂，需要精心设计。

· 在 RF CMOS 防护器件的版图设计中，要尽量增加有效周长与面积之比，目的是增加失效电流、降低寄生电容。华夫形和八角形布图优于条形布图，空心布图优于实心布图，圆形布图优于多边形布图。连接 pad 尽量用底层金属，连接 V_{DD} 或 V_{ss} 尽量用顶层金属。

· 引入外加电感与防护器件的电容配合，可兼顾 ESD 防护性能和 RF 电性能。方法有：电感与防护器件并联构成 LC 回路，使其谐振频率等于 RF 工作频率；电感与防护器件

串联构成 LC 支路，使其谐振频率远低于 RF 工作频率；外接 LC 回路与防护器件串联，使其谐振频率等于 RF 工作频率；防护电容作为 RF 电路阻抗匹配网络的一部分。这些方法的共同缺点是电感占据面积较大，对高速脉冲的响应不理想。

- 在高压 I/O 口的防护中，为了解决防护 MOS 管和 I/O 缓冲管的漏–源电压和栅–源电压过高导致的可靠性问题，可采用多个 MOS 管堆叠方案。
- 低电平模拟电路的防护除了要考虑寄生电容的影响之外，还要考虑防护器件带来的泄漏电流。差分模拟电路的防护除了要考虑各个输入端口对 V_{DD} 和 V_{SS} 的防护外，还要考虑反相输入端与同相输入端之间的防护。
- 基于 BCD 工艺的功率芯片的 I/O 防护可以基于 LDMOS、BJT 或 SCR 结构。LDMOS 自身具有一定的防护能力，亦可作为专用的防护器件，此时需增加额外的触发电路来保证它在正常工作条件下不导通，在 ESD 条件下导通。功率芯片的电源钳位可用场氧MOS 或 SCR 结构，后者可以有机地嵌入到 LDMOS 工艺结构中去。
- SCR 与 LDMOS 融合形成的 LDMOS-SCR 防护器件，可获得更大的触发电压和失效电流。LDMOS-SCR 堆叠是增加其维持电压的主要办法。
- 集成电路安全已成为电子信息系统安全的重要组成部分。硬件木马是目前集成电路安全的最大威胁，可采用木马探测、可信设计和运行时监控等途径来加以防范。木马探测的方法有逆向工程、功能测试或仿真验证和侧信道分析等；可信设计的方法有逻辑混淆、电路伪装、功能性单元填充和分离制造等。

综合理解题

在以下问题中选择你认为最合适的一个答案（注明"多选"者可选 1 个以上答案）。

1. RF CMOS 的工作频率在 5~10 GHz 时，其防护电路的主要实现策略是_____。

A. 常规设计　　　　　　　　　　B. 寄生电容最小化设计

C. RF-ESD 协同设计　　　　　　D. 片内–片外协同设计

2. RF CMOS 用得最多的片上防护器件类型是_____。

A. 二极管　　　　B. BJT　　　　C. GGNMOS　　　　D. SCR

3. 理论上，下列防护二极管的布图中最优的是_____。

A. 条形　　　　B. 华夫形　　　　C. 八角形　　　　D. 圆形

4. 下列电感耦合方案中更适合宽频带防护的是_____。

A. 并联电感法　　　　　　　　　B. 串联电感法

C. 阻抗隔离法　　　　　　　　　D. 阻抗匹配法

5. 对于分布式防护网络，各防护单元从输入到输出的尺寸变化最好的是_____。

A. 不变　　　　B. 渐减　　　　C. 减增

6. 防护器件采用堆叠的好处是（多选）_____。

A. 寄生电容小　　　　　　　　　B. 漏电流小

C. 失效电流大　　　　　　　　　D. 导通电阻小

7. LDMOS 作为防护器件的优点是（多选）_____。

A. 触发电压低　　　　　　　　　B. 维持电压高

C. 栅击穿电压高　　　　　　　　D. 失效电流大

8. 在功率芯片的片上防护中，下列防护器件的综合性能最好的是_____。

A. LDMOS　　　　B. BJT　　　　C. 高压 SCR　　　　D. LDMOS – SCR

9. 从提高集成电路安全性的角度来看，芯片版图空余面积的最佳处理方式是_____。

A. 完全不填充　　　　　　　　　B. 填充金属

C. 填充悬置的逻辑单元　　　　　D. 填充功能可测试的逻辑单元组合

第4章 片上防闩锁设计

千丈之堤，以蝼蚁之穴溃。——先秦·韩非《韩非子·喻老》

与民用芯片相比，工业芯片的使用环境更加复杂，而且器件结构更加多样化。使用环境的复杂化会带来更多的诱发闩锁的外部条件，器件结构的多元化会导致更多地形成闩锁的内部机制，因此工业芯片的防闩锁更值得重视。根据第1章对于闩锁起源与表征的分析，闩锁的形成是"外因（触发条件）"与"内因（形成机制）"共同作用的结果。片上防闩锁设计的首要目标是消除"内因"，然后才是阻止"外因"侵入。本章将从芯片本身设计的角度出发，分别在工艺（器件纵向结构）、版图（器件横向尺寸）和电路三个层面，讨论如何防止CMOS芯片产生闩锁。

4.1 工艺设计

4.1.1 外延 CMOS 工艺

在20世纪90年代及之前，为了改善栅氧完整性、成品率和闩锁特性，CMOS数字芯片常采用重掺杂 p^+ 衬底，在其上做轻掺杂 p^- 外延，然后在外延层上做n阱，形成的外延CMOS工艺结构如图4.1所示。此图实现的电路是CMOS反相器，其中亦标出了形成闩锁的寄生BJT和寄生电阻，p^+ 保护环和 n^+ 保护环是为了抑制闩锁所加。现代CMOS芯片大多已改用了低成本且衬底耦合噪声小的低掺杂p型衬底，并取消了外延层，但在图像处理电路、高压CMOS和功率芯片中仍有采用这种外延CMOS结构的。

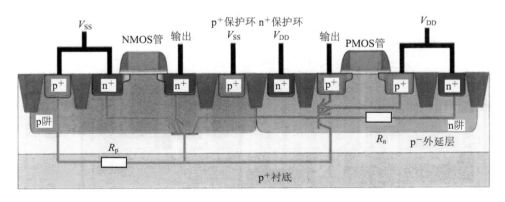

图 4.1　外延 CMOS 工艺结构

外延 CMOS 结构有利于防闩锁的原因是多方面的。其一，NMOS 管的横向衬底电流主要从低阻重掺杂 p^+ 衬底流过，从而减少了 R_{sub}；其二，起支配作用的俄歇复合缩短了少子寿命，降低了寄生 BJT 的电流增益，同时加快了对于瞬态闩锁的时间响应；其三，阱与 p^+ 衬底之间反偏结的电容非常之大，这有利于抑制瞬态闩锁；其四，p^+ 衬底/p^- 外延层高低结形成的纵向内建电场，提高了保护环的保护效率。

随着工艺特征尺寸的不断缩小，外延层厚度会逐渐减少，n 阱深度以及 n^+ 扩区到 p 阱下沿的纵向间距也会按相应比例减少，这会增加 npn 管的电流增益，从而削弱防闩锁能力。从 $0.25~\mu m$ CMOS 工艺的实测数据（表 4.1）来看，外延层厚度的减少在使 npn 管电流增益加大的同时，却使 pnp 管的电流增益有所减少，这可以解释为在 p^-/p^+ 高低结界面的反弹效应造成 pnp 管纵向电子传输的减弱和横向电子传输的增强。图 4.2 给出了外延 CMOS 工艺 npn 管电流增益随外延层厚度以及 n^+/p 阱间距的变化，可见外延层越薄，或 n^+/p 阱间距越小，则 npn 管的电流增益越大，越容易发生闩锁。

表 4.1　外延层厚度对寄生 BJT 电流增益的影响（测试温度 25℃）

外延层厚度（μm）	npn 管电流增益 β_{npn}		pnp 管电流增益 β_{pnp}	
	n^+/p 阱间距 0.4 μm	n^+/p 阱间距 0.275 μm	p^+/n 阱间距 0.45 μm	p^+/n 阱间距 0.3 μm
2.3	2.0	2.5	1.2	1.3
2.12	2.5	4.0	1.0	1.0
1.77	3.0	4.5	1.0	1.0

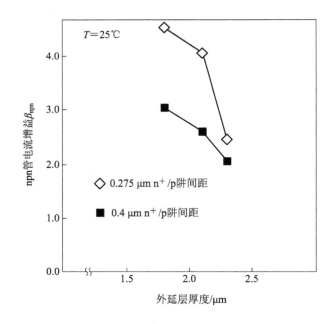

图 4.2　外延 CMOS 工艺 npn 管电流增益与外延层厚度及 n^+/p 阱间距的关系

4.1.2 倒阱掺杂工艺

早期 CMOS 的 n 阱掺杂是采用热扩散工艺，形成的掺杂浓度分布是表面浓度最高，然后随深度增加呈指数型衰减。这种分布对于防闩锁是不利的：其一，会显著增加位于体内的阱电阻 R_{well}($R_{阱}$)；其二，会形成一个纵向的内建电场，加速来自表面 p^+ 区的少子（空穴）扩散，从而增加 pnp 管的电流增益。这种掺杂分布对 ESD 防护器件也会有不利影响，譬如会降低 p^+/n 阱二极管的正向导通电压。

之后发展出的倒阱（retrograde well）掺杂工艺，采用高能（MeV 级）离子注入可以获得与扩散工艺完全不同的掺杂浓度分布，即表面最低，越往内部越高。图 4.3 给出了不同外延层厚度及外延薄层电阻下的倒阱纵向掺杂浓度分布。内部的高掺杂浓度，有利于改善闩锁；中部的中等掺杂浓度，可以抑制 MOS 管源-漏穿通并改善短沟道 DIBL（Drain Induced Barrier Lowering，漏感应势垒降低）效应；表面附近的低掺杂浓度，用于调节阈值电压。从缩短工艺尺寸的角度看，倒阱工艺可以更精确地控制阱掺杂的深度及横向扩散程度，从而有利于制造更小特征尺寸的芯片；从防闩锁的角度看，倒阱工艺不仅可以降低阱电阻 R_{well}，还可以通过引入与扩散阱极性相反的纵向自建电场，增强少子在阱区的复合，使寄生 BJT 的电流增益减少。

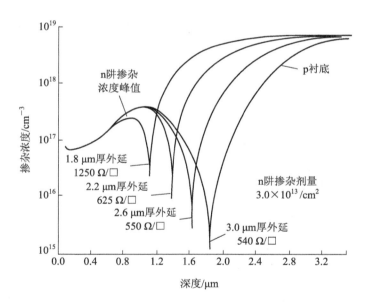

图 4.3　不同外延层参数下的倒阱纵向掺杂浓度分布

在 STI 隔离倒 n 阱 CMOS 结构中，pnp 管电流增益 β_{pnp} 与 n 阱注入剂量以及 p^+/n 阱间距 L_{pnp} 的关系如图 4.4 所示。可见，β_{pnp} 随 n 阱注入剂量的增加而显著减少，但随 L_{pnp} 的变化不大。图 4.5 给出了不同倒 n 阱注入剂量下，闩锁维持电压随瞬态脉冲宽度的变化实测曲线。可见，倒阱掺杂显著增加了瞬态闩锁的维持电压，掺杂注入剂量越大，则维持电压越高。图 4.5 的测试采用 pnpn 四条测试结构，外接有 200 kΩ 的等效阱电阻和 10 kΩ 的等效衬底电阻。

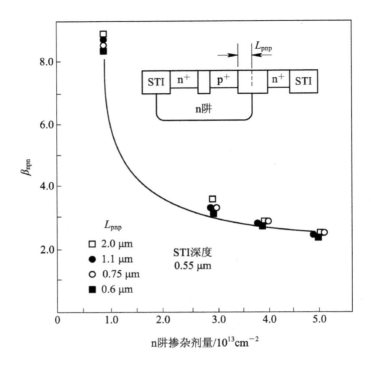

图 4.4 STI 隔离倒 n 阱 CMOS 的 pnp 管电流增益与 n 阱注入剂量以及 p⁺/n 阱间距的实测关系

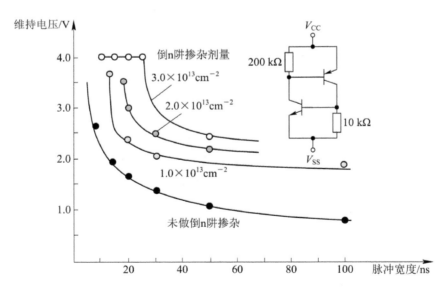

图 4.5 不同倒 n 阱注入剂量下瞬态闩锁维持电压-脉冲宽度的实测特性

n 阱掺杂特性除了影响 pnp 管电流增益之外，对 CMOS 芯片的多种特性都有影响，如 DRAM 的保持时间、ESD 抗 HBM 的能力、p^+/n 阱电容、n 阱薄层电阻等，如图 4.6 所示。综合考虑上述效应，可接受的 n 阱注入剂量范围（亦称设计窗口（design box））为 $2.8 \sim 3.8 \times 10^{13}/cm^2$。值得注意的是，从图 4.6 可知，增加 n 阱注入剂量对于防闩锁以及二极管防护结构的抗静电都是有利的。

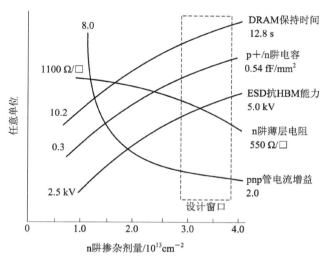

图 4.6   综合优化后的 n 阱掺杂剂量设计窗口

4.1.3   隔离工艺

CMOS 工艺所采用的隔离方法对闩锁有重要影响,因为它会改变横向电流/纵向电流比、有效的基区几何宽度、体复合与表面复合和 p^+/n^+ 间距等。

1. 浅槽隔离(STI)

在 20 世纪 80 年代至 90 年代,1.0~0.25 μm CMOS 的隔离主要采用 LOCOS(硅局部场氧化,Local Oxidation Of Silicon)。LOCOS 的制备工艺如图 4.7 所示,淀积氮化硅掩蔽有源区后对隔离区进行选择性场氧化形成绝缘岛,再去除氮化硅制作 MOSFET,形成的隔离场氧一半在硅平面以上,一半在硅平面以下。其优点是工艺简单,缺点是氧化对有源区的横向延伸形成"鸟嘴(bird's beak)",横向延伸距离正比于氧化层厚度,减少了 MOSFET 的有效面积,限制了集成密度的提升。

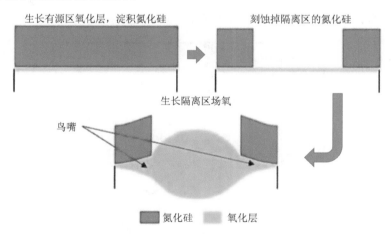

图 4.7   LOCOS 的制备工艺示意图

0.35 μm 工艺节点之后引入浅槽隔离(STI,Shallow Trench Isolation)来避免 LOCOS 隔离对集成密度的限制。它彻底消除了鸟嘴,隔离区占据表面积显著减少,但工艺复杂度及制造成本因此而增加。STI 的制备工艺如图 4.8 所示，淀积氮化硅（SiN）后在隔离区用等离子刻蚀出一定深度的沟槽，再氧化并用 CVD（化学气相淀积，Chemical Vapor Deposition）在槽中淀积 SiO_2，最后用 CMP（化学机械抛光，Chemical Mechanical Polishing）将其平坦化。在 STI 隔离中，n^+ 比隔离槽要浅，不会影响来自 p^+ 和 n 阱的载流子扩散，因此减少了阱串联电阻，同时增加了有效基区宽度，这对于抑制闩锁是有利的。鉴于 STI 工艺相对复杂、成本更高，目前在低成本 CMOS、高压 CMOS 以及功率芯片中仍有采用 LOCOS 隔离，用于高压功率芯片的原因是 LOCOS 使所产生的热量能够沿芯片表面方向传输，从而降低了热阻。

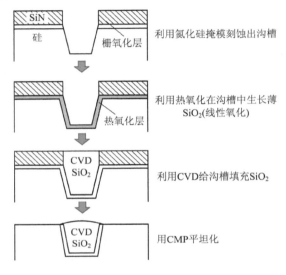

图 4.8　STI 的制备工艺示意图

随着工艺尺寸按比例缩小，STI 的横向与纵向尺寸需按相同比例缩小，以维持宽深比不变。相应地，p 阱和 n 阱的深度也得按相同比例缩小，以保证 n 阱/p 阱边界仍然在 STI 之下。这会导致 npn 管与 pnp 管的电流增益增大，更易发生闩锁。图 4.9 和图 4.10 表明，STI 越浅，闩锁维持电压越小，对触发电压基本无影响。

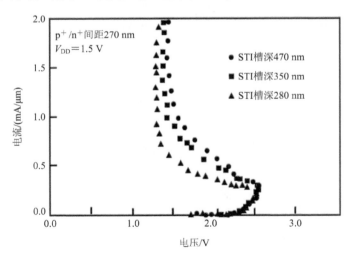

图 4.9　不同 STI 槽深 CMOS 的闩锁 $I-V$ 特性

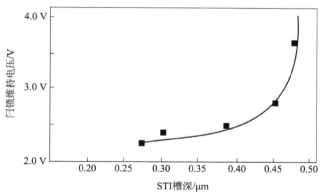

图 4.10　闩锁维持电压与 STI 槽深的关系

2. 沟槽隔离(TI)

随着工艺尺寸的缩小，STI 的宽度与深度也必须随 p^+/n^+ 间距的缩小而减少，从而对闩锁性能产生不利的影响。为此，又出现了一种较 STI 更深的隔离方式与 STI 共存，被称为沟槽隔离(TI,Trench Isolation)。TI 常被用作环绕整个 n 阱区域的保护环，如图 4.11 所示，以保证 n 阱的击穿电压与 p 阱及其他周边结构无关，从而使 n 阱在正脉冲下的闩锁触发电压增加。同时，横向 pnp 管的电流增益显著减少，因为空穴无法从 p^+ 发射结流向 p 阱收集结，几乎彻底消除了横向 pnp 管效应，使得闩锁对 p^+/n^+ 间距更不敏感，更有利于实现按比例缩小。对于横向 npn 管，从发射结流向 n 阱收集结的电子被 TI 阻挡，主要从 n 阱下方流动。图 4.12 给出的实测结果证实了这一规律，可见引入 TI 隔离后，β_{npn} 和 β_{pnp} 都可以降到 1.0 以下。更有意思的是，β_{npn} 和 β_{pnp} 不仅不随 p^+/n^+ 间距的缩小而增加，反而还略有下降。

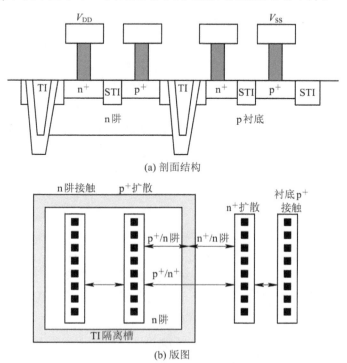

(a) 剖面结构

(b) 版图

图 4.11　采用沟槽隔离的 CMOS pnpn 结构

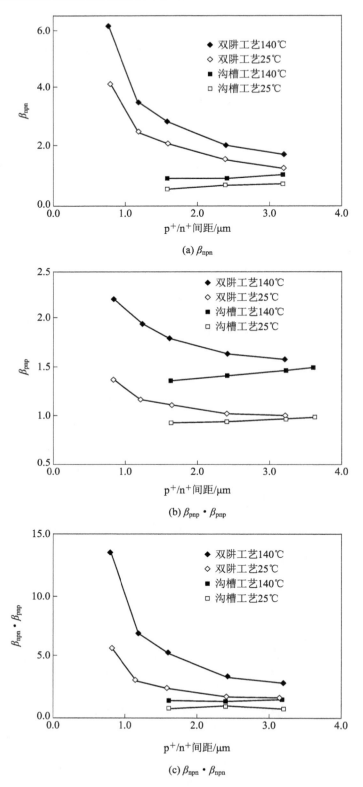

图 4.12　沟槽隔离对寄生 BJT 电流增益的影响

3. 深槽隔离(DTI)

对于沟槽隔离，如果继续加深沟槽的深度，可形成深槽隔离（DTI，Deep Trench Isolation），这将有助于闩锁特性的进一步改善。深槽隔离制作的 CMOS pnpn 结构如图 4.13 所示。这种工艺技术最早用于高性能双极型处理器，槽中填充物从 SiO_2、聚酰亚胺发展到多晶硅，目前仍然被用于 BiCMOS、RF CMOS、DRAM 以及 LDMOS、IGBT 等耐压在 $20\sim120$ V 范围内的 BCD 功率器件。对于容易出现大的感性负载或容性负载导致的浪涌（如汽车应用），以及重离子入侵或者宇宙射线辐照（如空间应用）等应用环境，要求芯片具有更强的闩锁抑制能力，此时可采用深槽隔离。

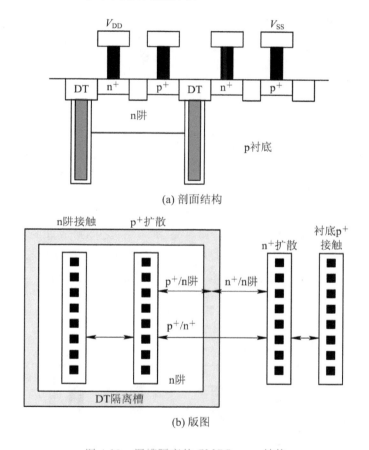

(a) 剖面结构

(b) 版图

图 4.13 深槽隔离的 CMOS pnpn 结构

深槽隔离改善 CMOS 闩锁鲁棒性的原因体现在两个方面：一是 DTI 保护环与其他保护结构相结合，可以更彻底地将注入源与被保护电路隔离开来，阻挡外部闩锁触发源的侵入；二是 DTI 保护环能够更有效地保护 PMOS 管所在的 n 阱区域，大大削弱了内部 n 阱区与 p 阱区之间的耦合。深槽隔离既能起到无源隔离作用，也能起到有源隔离作用，隔离效果优于 STI 和 TI。

闩锁触发电压与 DTI 沟槽深度的关系如图 4.14 所示。当无沟槽时，闩锁触发电压约为 10 V；当沟槽深度尚未超过 n 阱深度（小于 $2~\mu m$）时，触发电压并无明显变化，这相当于之前所述 TI 的状态；当沟槽深度超过 n 阱深度后，触发电压开始随沟槽深度的增加而急剧增加，至沟槽深度达到 6 μm 时，触发电压达到 50 V 以上，对于 2.5 V CMOS，这几乎是电源电压的 25 倍。图 4.15 是闩锁维持电压随 DTI 沟槽深度的变化规律。规律是类似的，当沟槽深度超过 3 μm 时，维持电压超过 10 V，几乎达到了 2.5 V 电源电压的 5 倍。显而易见，对于容易出现浪涌的汽车应用或者空间应用，DTI 提供了高压脉冲触发闩锁的强有力保护。

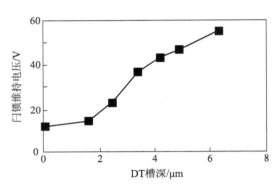

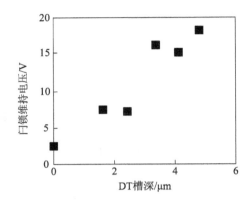

图 4.14　DTI 深度与闩锁触发电压的实测关系　　图 4.15　DTI 深度与闩锁维持电压的实测关系

对于采用多晶硅作为填充物的沟槽，发现同样深度下闩锁的健壮性要优于其他介质填充的沟槽。譬如 2 μm 深 DTI 的触发电压会增加 20 V 甚至 30 V。究其原因，即使沟槽中的多晶硅处于电浮空状态，但当 n 阱被偏置在高电压时，会通过二者之间电容的静电感应，会使 DTI 处于高电压。n 阱、DTI 多晶硅和衬底（如 p 阱）之间形成如图 4.16 所示的电容分配网络，其中 $C_{TR\text{-}SX}$ 是沟槽多晶硅与 p 衬底之间的电容，$C_{NW\text{-}TR}$ 是 n 阱与沟槽多晶硅之间的电容。当 n 阱电压为 V_{NW}、衬底电压为 V_{SX} 时，沟槽多晶硅的电压为

$$V_{TR} = \frac{V_{NW} - V_{SX}}{1 + \dfrac{C_{TR-SX}}{C_{NW-TR}}} \tag{4.1}$$

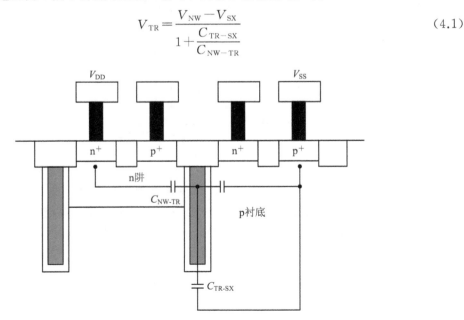

图 4.16　深槽隔离结构中的寄生电容

显然，沟槽与 p 衬底之间的面积远大于与 n 阱之间的面积，因此 $C_{\text{TR-SX}}$ 的值要远大于 $C_{\text{NW-TR}}$。不过，增加 n 阱深度或者增加 n 阱掺杂浓度（如增加 n^+ 埋层），都会使 $C_{\text{NW-TR}}$ 增加，从而使这种效应更强，导致的闪锁触发电压的增加更多。

为了制作 DRAM 的沟槽电容而开发出了一种新的工艺，使得沟槽中的多晶硅可作为一个电极引出，如图 4.17 所示。通过改变此电极的偏压，可以人为地改变闪锁的特征电压，此类隔离方法常被称为"有源"隔离。针对 pnpn 结构的实测结果如表 4.2 所列。可见，在同样的闪锁导通电压下，沟槽偏置到 p 型衬底电压（V_{SS}）时，n 阱与沟槽电容之间的电压差达到最大，相当于 $C_{\text{TR-SX}}$ 电容的贡献达到最大，闪锁触发电压比沟槽多晶硅悬浮时更低，仅为 40 V；沟槽偏置到 n 阱电压时，相当于 $C_{\text{NW-TR}}$ 电容的贡献达到最大，闪锁触发电压比沟槽多晶硅悬浮时高得多，达到 80 V，在这种情况下观察不到骤回特性，而是保持在触发点。这是因为沟槽电容中的驻留电荷对闪锁状态的调制所致。

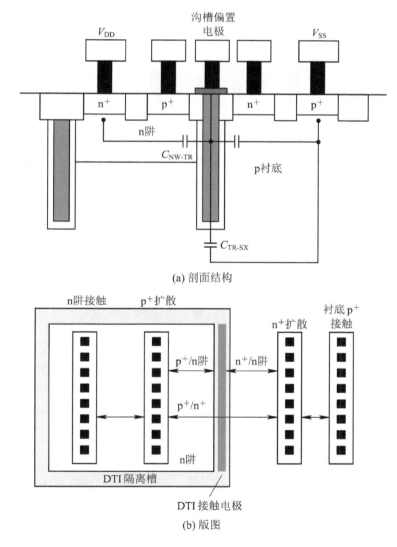

(a) 剖面结构

(b) 版图

图 4.17　带沟槽多晶硅电接触的深槽隔离结构

表 4.2　不同沟槽偏置状态下的 pnpn 结构闩锁特性

沟槽状态	导通电压/V	触发电压/V	触发电流/mA	维持电压/V	维持电流/mA
沟槽接地（V_{SS}）	12	40	8	25	45
沟槽悬置	12	58	8	22	38
沟槽接 n 阱	12	80	3.5	—	—

4.1.4　三阱 CMOS 工艺

在 p 型衬底上制备 n 阱使得我们能同时制作出 NMOS 管和 PMOS 管；而之后在 p 型衬底上制备 p 阱形成双阱工艺，使得我们能够同时制备出性能良好的 NMOS 管和 PMOS 管。采用 STI 的双阱 CMOS 是目前使用最为广泛的 CMOS 工艺结构，如图 4.18 所示。

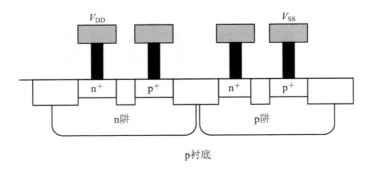

图 4.18　STI 的双阱 CMOS 结构

在 RF 及混合信号芯片中，所有 NMOS 管和 PMOS 管共享同一个 p 型衬底，尽管二者分别做在 p 阱和 n 阱上，直流上是隔离的，但难以避免数字电路中的高频信号通过与衬底间的寄生电容或寄生电感耦合到模拟电路中去。解决这种"衬底耦合噪声"问题的一个途径是使用高电阻率的衬底，这使得在近 30 年的技术发展进程中，RF 及混合信号芯片的衬底电阻率随着工作频率的提升一直在不断增加（参见图 4.19）。

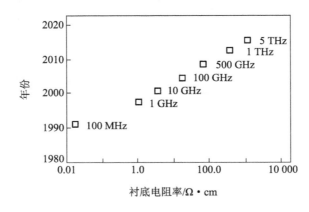

图 4.19　近 30 年 RF 器件特征频率及衬底电阻率的演变

　　衬底电阻率的增加不仅对晶圆材料质量提出了更高的要求,也会促使衬底电阻 R_{sub} 增大而使闪锁性能劣化,为此可在 p 阱下方增加 n 型埋层,将 p 阱与 p 衬底彻底隔开。此 n 型埋层常与常规 n 阱相通,故称为深 n 阱。深 n 阱亦称 n 埋层(NBL)。同时具备 p 阱、n 阱和深 n 阱的 CMOS 结构,被称为三阱 CMOS 工艺。深 n 阱之所以能够实现,也是采用了之前倒阱掺杂工艺所用的高能离子注入技术,通常 2~3 MeV 能量的离子注入就可以形成 2.5~3.5 μm 深的深 n 阱。

1. 基本型

　　最早出现的三阱 CMOS 结构如图 4.20 所示,n 阱与深 n 阱构成一个包围 p 阱并接至 V_{DD} 的保护环,实现了 NMOS 管所在的 p 阱与 PMOS 管所在的 n 阱之间的电磁屏蔽与空间隔离,可有效抑制二者之间经由衬底产生的高频噪声干扰。与此同时,也削弱了寄生 npn 管与 pnp 管之间的耦合,从而改善了闪锁特性。

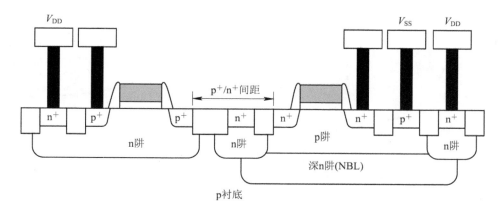

图 4.20　基本型三阱 CMOS 结构

2. 融合型

　　上述三阱结构会导致 p^+/n^+ 间距的加大,影响集成密度,为此又出现了只在一侧接 n 阱的所谓融合型(Merged)三阱 CMOS 结构,如图 4.21 所示,其 p^+/n^+ 间距及版图设计规则与双阱 CMOS 完全相同。

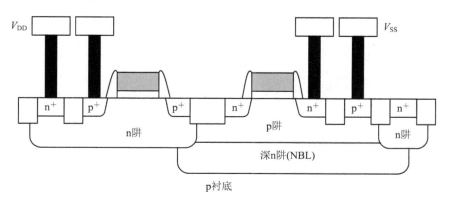

图 4.21　融合型三阱 CMOS 结构

与双阱结构相比，融合型三阱 CMOS 结构在原有的横向 npn 管(n^+/p 阱/n 阱)的基础上又增加了纵向 npn 管(n^+/p 阱/深 n 阱)，导致 npn 管电流增益增加；pnp 管则由原来的以纵向结构为主(p^+/n 阱/p 衬底)，转变为以横向结构为主(p^+/n 阱/p 阱)，导致 pnp 管电流增益减少。npn 管电流增益的增加对于 BiCMOS 工艺制作纵向 npn 管是有益的，但对闩锁是不利的。图 4.22 给出的实测数据证明了这些推断。三阱结构 npn 管的电流增益高于双阱结构，而三阱结构 pnp 管的电流增益低于双阱结构，两种结构的电流增益乘积差别不大。所有结构的电流增益都随温度的上升而增加，随 p^+/n^+ 间距的增加而减少。尽管如此，三阱 CMOS 结构的抗闩锁特性总体上仍然优于双阱结构，至少体现在以下三个方面：一是外界干扰(如高能粒子入射、电磁干扰等)对 NMOS 管的影响大为减弱；二是闩锁与衬底电阻率的相关性减弱，故可采用更高电阻率的衬底；三是对瞬态过冲引发的闩锁有更低的敏感度。

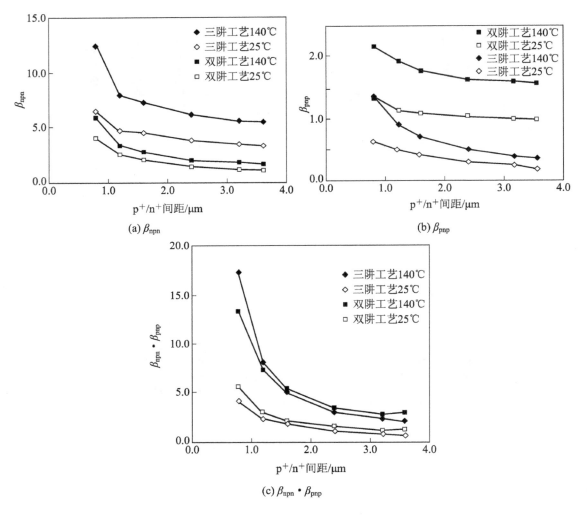

图 4.22　三阱与双阱 CMOS 结构寄生 BJT 电流增益的比较

3. 全覆盖型

在非融合与融合型三阱结构中，考虑到杂质的横向扩散，深 n 阱的边缘与 n 阱边缘有一定的交叠，需要增加版图设计与掩模的版次，来定义深 n 阱的边缘。如果将深 n 阱扩展到整个 n 阱与 p 阱之下，就可以避免这一问题，而且更有利于防闩锁。这种全覆盖（blanket，亦称连续型或无掩模型）的结构如图 4.23 所示，其闩锁特性与之前半覆盖三阱结构的差别体现在：第一，增加了纵向 pnp 管的基区宽度（增加量为深 n 阱的厚度）和基区掺杂总量，从而减少了 pnp 管的电流增益；第二，pnp 管的串联电阻更小，因为有 n 阱电阻与深 n 阱电阻相并联；第三，形成 $n^+/n/n^-$ 高低结，有可能使 pnp 管增益增加或减少；第四，实现了与 p 衬底之间更彻底的电隔离，外界触发难以通过衬底注入；第五，对衬底的电容更大，因为埋层的面积远大于 n 阱，这将会改变瞬态闩锁响应。

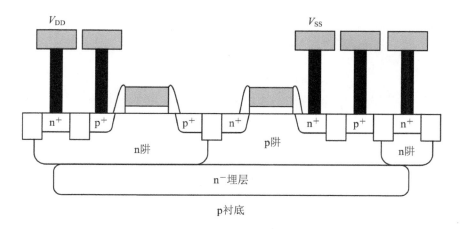

图 4.23　全覆盖型三阱 CMOS 结构

4.1.5　高掺杂埋层工艺

利用高能离子注入技术，可以在 p 阱和/或 n 阱下方制作高掺杂的 p 型或 n 型埋层，从而显著减少 R_{sub} 和 R_{well}，并可通过缩短少数载流子寿命来降低寄生 BJT 的电流增益，从而改善闩锁性能，这被称为高掺杂埋层（HDBL，High-Doped Buried Layer）。高掺杂埋层与三阱 CMOS 中深阱埋层的不同之处在于它不会接到电源或者地，因此不具有隔离干扰的电磁屏蔽作用，同时其掺杂浓度远高于阱掺杂浓度。

1. p^{++} 埋层

在 p 阱和 n 阱下引入 p^{++} 埋层的双阱工艺剖面结构和掺杂浓度分布如图 4.24 所示，其改善闩锁的作用与高掺杂衬底上制备的外延 CMOS 类似，但可以使用低掺杂 p 衬底，同时取消了外延工序。

不同 HDBL p^{++} 注入剂量下的闩锁 $I-V$ 特性仿真曲线如图 4.25 所示。可见，HDBL 掺杂增加了闩锁的触发电压、维持电压和维持电流，掺杂剂量越高，效果越明显。图 4.26 是不同 p^{++} 注入剂量和注入能量下的少子寿命测量值，可见注入剂量越大或者注入能量越大，则少子寿命越短，因而 BJT 的电流增益会越低，即更不容易诱发闩锁。

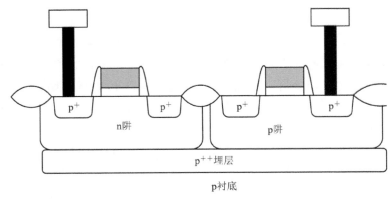

(a) 剖面结构

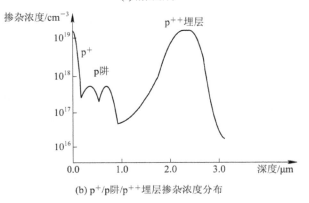

(b) p⁺/p阱/p⁺⁺埋层掺杂浓度分布

图 4.24　双阱工艺中的 p⁺⁺ 埋层

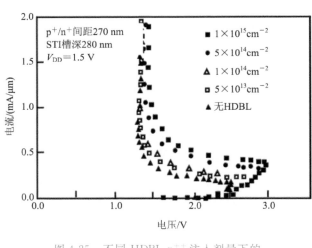

图 4.25　不同 HDBL p⁺⁺ 注入剂量下的
闪锁 I-V 仿真特性曲线

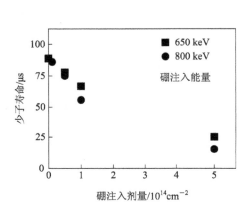

图 4.26　HDBL 注入剂量及注入能量
对少子寿命的影响

2. n⁺⁺ 埋层

在 n 阱下引入 n⁺⁺ 埋层的双阱工艺剖面结构如图 4.27 所示。在双极晶体管和 BiCMOS 工艺中，这种 n⁺⁺ 埋层提供了一个附加的低阻集电区，故也被称为"亚集电区（subcollector）"。

对于有外延层的结构，n^{++}埋层是在生长外延层之前制备的，注入剂量可高达$10^{16}\ cm^{-2}$，掺杂浓度几乎达到硅的极限值（$10^{19}\sim 10^{21}\ cm^{-2}$），薄层电阻极低（$1\sim 10\ \Omega/\square$），$n/n^{++}$结深可达$3\sim 5\ \mu m$；对于无外延层的结构，利用高能 MeV 离子注入掺杂实现n^{++}埋层，结深、掺杂浓度和薄层电阻都比前者小。

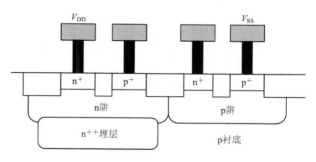

图 4.27　双阱 CMOS 工艺中的 n^{++}埋层

n^{++}埋层对于闩锁的好处主要体现在降低了纵向 pnp 的电流增益 β_{pnp}，因为它使纵向 pnp 管的基区更宽，基区有效掺杂浓度更大，基区少子寿命更短（因高掺杂区以俄歇复合为主导复合机构），同时也显著减少了 n 阱接触与 PMOS 管之间的电阻 R_{well}。不过，n^{++}埋层作为横向 npn 管集电区的一部分，增加了其集电区的面积，缩短了其横向基区的宽度，改善了集电区的电子传输阻抗，从而增加了 β_{npn}。图 4.28 给出的实验结果证明了上述规律，虽然引入 n^{++}埋层使 β_{npn}增加，但使 β_{pnp}减少得更多，二者的乘积下降到无 n^{++}埋层结构的近 $1/2$，总体上对于抑制闩锁是有利的。从图 4.28(b) 还可以看出，引入 n^{++}埋层后显著减少了 β_{pnp}随 p^+/n^+间距的变化。

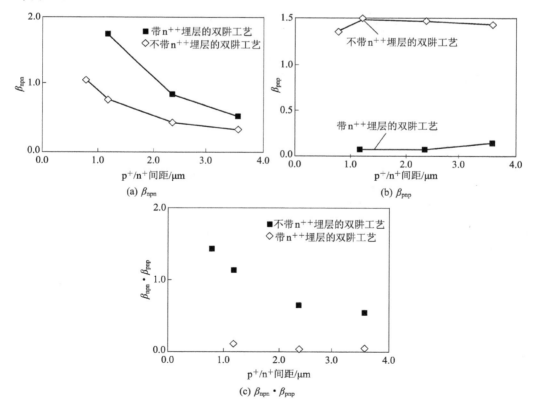

图 4.28　n^{++}埋层对双阱 CMOS 寄生 BJT 电流增益的影响

4.1.6　不同工艺的结合应用

1. 沟槽隔离与 n++ 埋层的结合

在 n 阱周边采用沟槽隔离(TI)，同时在 n 阱下方采用 n++ 埋层，如图 4.29 所示，可以达到比单一改进更好的闩锁抑制效果。此工艺结构已被用于 RF CMOS 和亚 0.1 μm CMOS 芯片。合理选择 TI 深度和 n++ 埋层深度，还可以有效降低 n++ 埋层的侧壁电容。

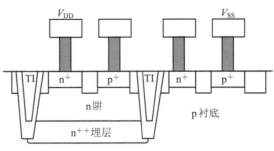

图 4.29　同时采用沟槽隔离与 n++ 埋层的 CMOS pnpn 结构

沟槽隔离与 n++ 埋层工艺对 β_{npn} 的影响如图 4.30(a)所示。与单纯的沟槽隔离工艺相比，沟槽隔离加 n++ 埋层工艺显著降低了 β_{npn}，而且使 β_{npn} 随 p+/n+ 间距的变化以及随温度的变化都变小了。沟槽隔离与 n++ 埋层工艺对 β_{pnp} 的影响如图 4.30(b)所示，可见在无沟槽、有沟槽和沟槽加 n++ 埋层三种工艺中，沟槽加 n++ 埋层结构具有最小的 β_{pnp} 值，达到了

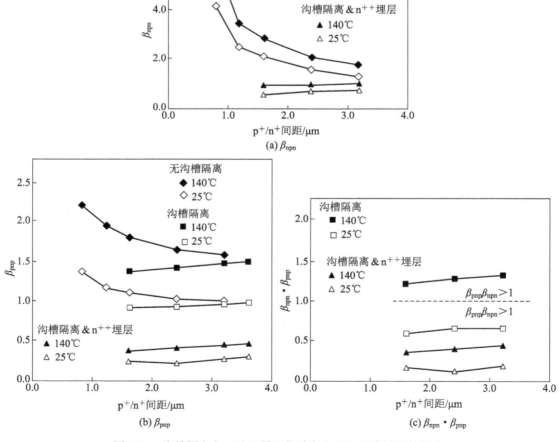

图 4.30　沟槽隔离和 n++ 埋层工艺对寄生 BJT 电流增益的影响

1以下，而且 β_{pnp} 随 p^+/n^+ 间距变化的灵敏度也最低，这对于提高集成密度是十分有益的。图 4.30(c)表明，对于沟槽加 n^{++} 埋层工艺，$\beta_{npn} \cdot \beta_{pnp}$ 低至 1.0 以下。

此外，可以证明沟槽隔离加 n^{++} 埋层结构可以制作极低电容的 ESD 防护器件。从而达到最佳的 HBM 和 MM 防护效果。

2. 深槽隔离与 n^{++} 埋层的结合

深槽隔离(DTI)的效果与衬底电阻率有较大的相关性。图 4.31(a)表明，深槽隔离结构的闪锁触发电压随衬底电阻率的上升而迅速下降；图 4.31(b)表明，只有沟槽深度足够大的时候，这种相关性才会明显。鉴于此，如果能在 n 阱底部增加 n^{++} 埋层，即将 DTI 与 n^{++} 埋层相结合(图 4.32)，可以获得更为理想的隔离效果。这种结构不会增加额外的面积和掩模版，因为 DTI 约束了 n^{++} 埋层的边界。

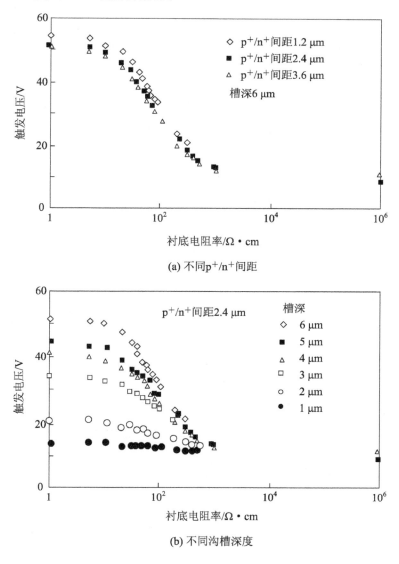

(a) 不同 p^+/n^+ 间距

(b) 不同沟槽深度

图 4.31 深槽隔离 CMOS 的闪锁触发电压与衬底电阻率的关系

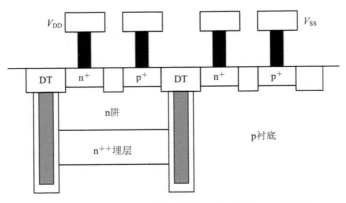

图 4.32　深槽隔离与 n^{++} 埋层结合的 CMOS 工艺结构

从图 4.33 可见，当沟槽深度未超过 n^{++} 埋层深度（1 μm）时，DT 结构与 DT 加 n^{++} 埋层结构的闩锁导通电压和触发电压几乎相同；当沟槽深度明显超过 n^{++} 埋层深度时，后一结构的导通电压和触发电压将远高于前一结构，并随沟槽深度的增加而迅速增加。

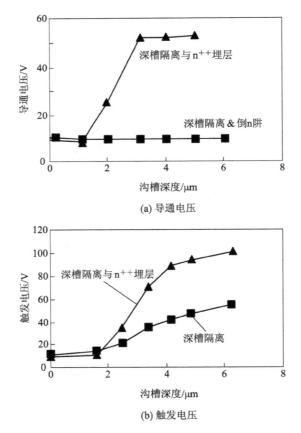

图 4.33　闩锁特征电压与沟槽深度的关系

3. 深槽隔离与三阱 CMOS 的结合

引入深槽隔离的三阱 CMOS 结构如图 4.34 所示，有半覆盖型（即 4.1.4 节所称的融合型）和全覆盖型（即 4.1.4 节所称的全覆盖型或连续型）两种。在半覆盖型结构中，深槽将深

n 阱与 n 阱隔离开来，从而有效地减少了横向 npn 管的电流增益；在全覆盖结构中，深槽之间的深 n 阱增加了纵向 pnp 管的基区宽度以及基区掺杂量，从而减少了纵向 pnp 管的电流增益。这些对于改善闩锁特性都是有利的。从图 4.35 给出的实测特性可知，加入深槽隔离后三阱 CMOS 的 β_{npn} 几乎降到了 0，而且基本不随 p^+/n^+ 间距而变化。

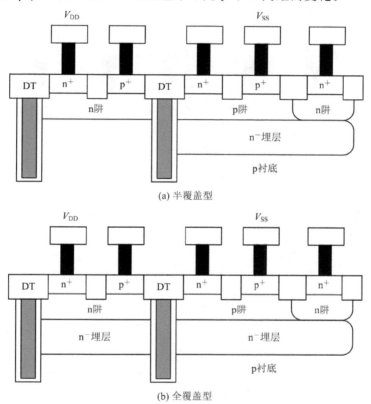

(a) 半覆盖型

(b) 全覆盖型

图 4.34　采用深槽隔离的三阱 CMOS 结构

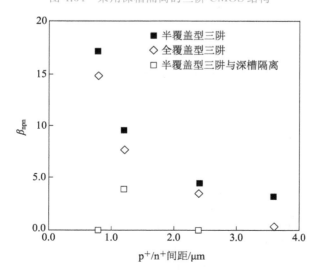

图 4.35　不同类型三阱结构对 npn 管电流增益的影响

如果再在 n 阱与深 n 阱之间增加 n^{++} 埋层，形成如图 4.36 所示结构，可以进一步改善闩锁特性。n^{++} 埋层的加入使得衬底纵向 pnp 的基区更宽，基区有效掺杂浓度更大，基区少子寿命更短，因而降低了 β_{pnp}，而且显著减少了 PMOS 管到 n 阱接触之间的电阻 R_{well}。图 4.37 给出的测试结果证明了这一点。

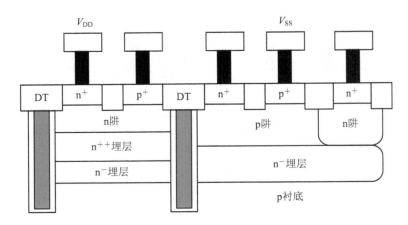

图 4.36　同时采用深槽隔离、深 n 阱和 n^{++} 埋层的 CMOS 结构

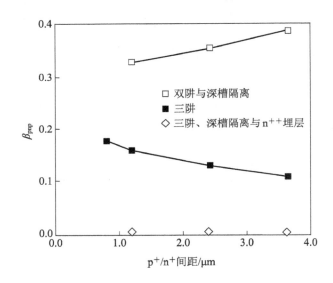

图 4.37　不同 CMOS 工艺结构对 pnp 管电流增益的影响

4.2　版图设计

既然闩锁的形成机制与器件的几何尺寸有相当大的关系，那么版图设计对于抑制闩锁的发生就有着重要的作用。防闩锁版图设计的主要途径有两个方面：一是控制器件与电路之间的尺寸，例如增加 n 型器件与 p 型器件之间的距离，增加 I/O 单元与内部电路之间的距离等；二是增加保护环，包括内部电路的保护环和 I/O 电路的保护环。不过，这些防闩锁

设计几乎都以增加版图面积为代价,与集成密度的提升相冲突。因此,我们必须在安全性与紧凑性之间寻求平衡。

4.2.1 内部保护环

在版图设计中加入保护环,是为了实现器件之间、电路之间甚至芯片之间的电气隔离与空间隔离,不仅可有效防止闩锁和 ESD 的发生,也能抑制不同器件或电路之间的干扰与噪声。此类干扰与噪声涉及数字电路对模拟电路的干扰、高压 LDMOS 器件对低压 CMOS 器件的干扰、大电流输出驱动电路对小信号输入电路的干扰等。

保护环可以分为内部电路保护环和 I/O 电路保护环两类。内部电路保护环通常由接到 V_{DD} 的 n^+ 扩散条和接到 V_{ss} 的 p^+ 扩散条组成,其抑制闩锁的作用体现在三个方面:一是可以通过增加 p^+/n^+ 间距,加大相邻的 NMOS 管与 PMOS 管的距离,同时其重掺杂加强了少数载流子的复合,从而减少寄生 npn 管和寄生 pnp 管的电流增益;二是提供 p 衬底(或 p 阱)到 V_{DD}、n 阱到 V_{ss} 的低阻通道,为泄放注入 p 衬底或 n 阱的少数载流子提供泄放路径;三是削弱来自外部的注入源对内部敏感电路的不利影响。图 4.38 至图 4.40 分别给出了带阱保护环、带衬底保护环以及同时带阱与衬底保护环的 CMOS pnpn 结构。

阱与衬底保护环可以采用半封闭式不连续的单条结构(如图 4.41 所示),也可以采用封闭式连续的环状结构(如图 4.42 所示),后者效果更好,但占用面积更大。此外,利用 4.1 节所述的各种工艺改进结构,如深槽隔离、三阱 CMOS、高掺杂埋层等,与衬底保护环和阱保护环结合应用,可以获得更好的闩锁防护效果。

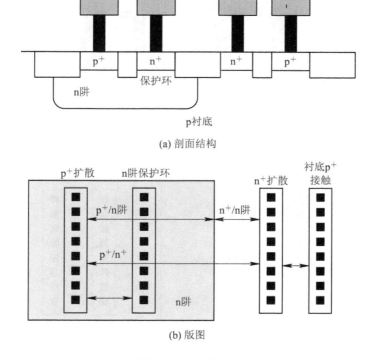

(a) 剖面结构

(b) 版图

图 4.38 带阱保护环的 CMOS pnpn 结构

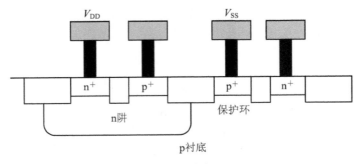

(a) 剖面结构

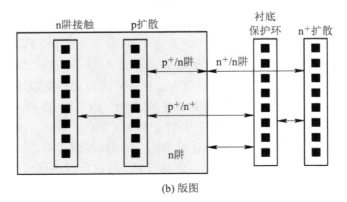

(b) 版图

图 4.39　带衬底保护环的 CMOS pnpn 结构

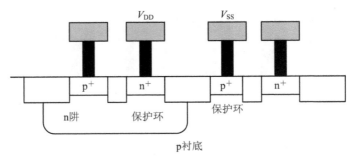

(a) 剖面结构

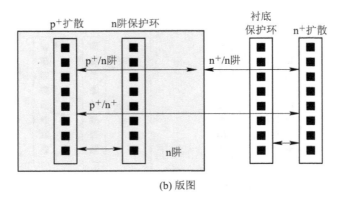

(b) 版图

图 4.40　同时带有阱保护环和衬底保护环的 CMOS pnpn 结构

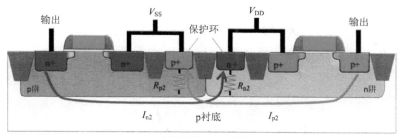

(a) 剖面结构(A—A′剖面)

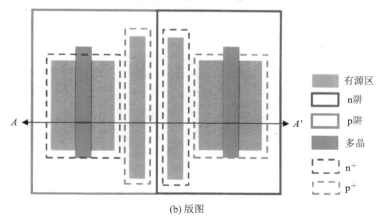

(b) 版图

图 4.41 采用双单条保护的 CMOS 反相器结构

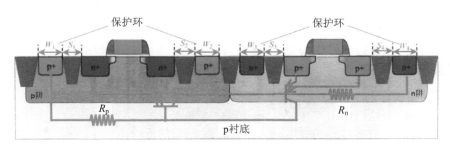

(a) 剖面结构(A—A′剖面)

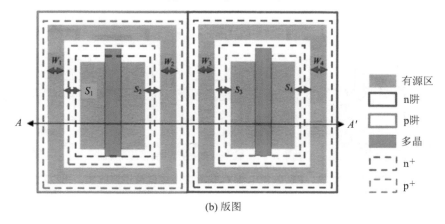

(b) 版图

图 4.42 采用双环保护的 CMOS 反相器结构

在 BCD 芯片中，高压 LDMOS 芯片与低压 CMOS 芯片共存，高压 LDMOS 器件泄放的电流有可能通过衬底侵入低压 CMOS 器件，从而诱发闩锁（参见图 4.43）。针对于此的解决方案一是加大高压 LDMOS 与低压 CMOS 之间的间距，二是在高压 LDMOS 与低压 CMOS 之间增加保护环。

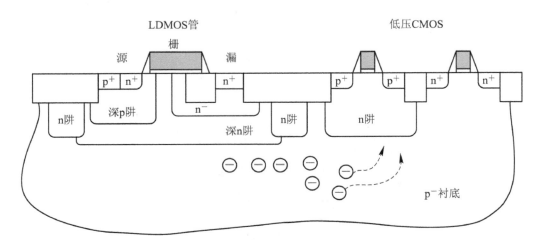

图 4.43　LDMOS 的衬底电流侵入低压 CMOS 形成闩锁

这里给出一个实例。图 4.44 是采用 0.16 μm BCD 工艺制作的器件结构，左侧是 30 V 的高压 pLDMOS，右侧是 1.8 V 的低压 pMOS。为了防止 pLDMOS 对低压 CMOS 诱发闩锁，首先要保证二者之间有足够的间距 S（在此例中 S 设为 20 μm），然后在 pLDMOS 和低压 pMOS 周边设置双层保护环，内层是接 V_{DDH} 或 V_{DDL} 的高压 n 阱保护环，外层是接 V_{SS} 的 p 衬底保护环。双层保护环的版图布局和电路布局如图 4.45 所示，其中的 $V_{trigger}$ 条用于触发电流闩锁测试。进一步的措施是在低压器件与高压器件增设 n^+ 和 p^+ 双保护环，图 4.46 就是这样一种结构，采用 0.25 μm BCD 工艺制备，pLDMOS 工作电压 60 V，pMOS 工作电压 5 V，两种器件的沟道宽度均为 50 μm，TLP 测试得到的维持电压 V_h 为 30 V，失效电流 I_{t2} 为 4.4 A。

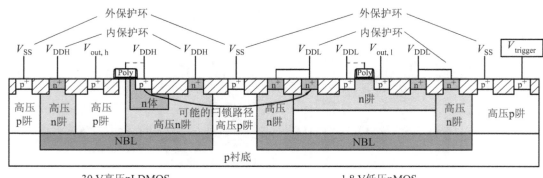

图 4.44　30 V pLDMOS 与 1.8 V 低压 pMOS 并存的 BCD 器件结构

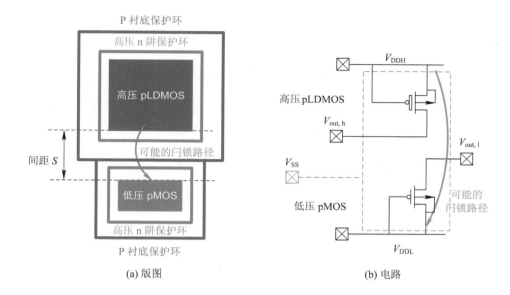

(a) 版图   (b) 电路

图 4.45   高压 pLDMOS 与低压 pMOS 并存结构的版图与电路布局

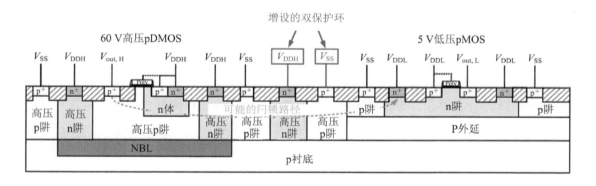

图 4.46   在高压 pLDMOS 与低压 pMOS 之间增设双保护环实例

4.2.2   I/O 保护环

1. I/O 周边保护环

外界过电压或过电流常常通过 I/O 焊盘（pad）进入，从而诱发芯片内部电路出现闪锁或 ESD 放电，因此除了尽量使对闪锁敏感的内部电路远离 pad 之外，可以在 pad 周边设置保护环，其典型结构如图 4.47 所示。保护环相当于接在 pad 与 V_{DD} 和 V_{SS} 之间的反偏二极管，其作用与基于二极管的 ESD 防护电路类似。在正常工作状态下，保护二极管因反偏而截止，不会影响芯片的正常工作。如果 pad 上施加的外部电压超过正常范围，即低于 V_{SS} 或者高于 V_{DD}，保护二极管就会正向导通，提供一条输入电荷到地或者电源的低电阻泄放通道，同时将 pad 电压限制在一定范围之内，从而起到抑制闪锁的作用。n^+ 扩区要采用与 V_{SS}相连的 p^+ 保护环，p^+ 扩区要采用与 V_{DD} 相连的 n^+ 保护环。

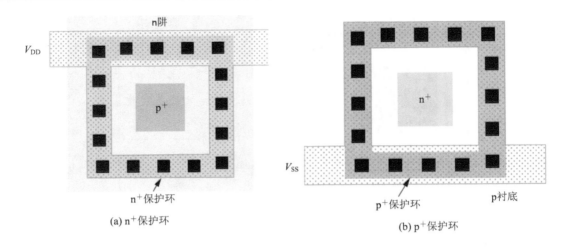

图 4.47　I/O pad 的保护环版图示例

　　与静电效应主要来自输入 pad 的情况不同，闪锁效应在输出 pad 单元周围可能更为严重，尤其是当 pad 的瞬态电压高于 V_{DD} 或低于 V_{ss} 的时候。这样的瞬态可能是由于键合线电感引起的，或是由于驱动力非正常中断的传输线而引起的，也可能两个因素兼而有之。这些瞬态会导致输出 MOS 管漏极与体之间的结产生正偏，迫使电流流入衬底或阱之中，从而引起闪锁效应。如有可能，输出晶体管（特别是漏极直接连至外部的晶体管）使用两层保护环结构。如图 4.48 所示，在梳状输出 NMOS 管外面，先在 p 型衬底（或 p 阱）上做 p^+ 内保护环接 V_{ss}，再在 n 阱上做 n^+ 外保护环接 V_{DD}。如果被保护的是 PMOS 管，则先在 n 阱上做接 V_{DD} 的 n^+ 内保护环，再在 p 型衬底（或 p 阱）上做接 V_{ss} 的 p^+ 外保护环。保护环在扩散区必须连续，而且必须有很密集的到金属层的接触孔。甚至还需要在输出晶体管与内部电路之间放置哑元（Dummy）收集器，哑元收集器包含连接到 V_{ss} 的 p^+ 区和 n 阱中连接到 V_{DD} 的 n^+ 区。哑元收集器和保护环可以收集当漏－体结正偏时注入衬底的大多数扩散载流子。

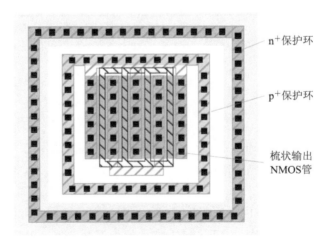

图 4.48　输出 NMOS 管的双层保护环版图

　　图 4.49 给出了一个双层保护环用于输出 pad 的实例。在输出 pad 所接的输出缓冲 NMOS 周边接了 p^+-n^+ 双层保护环，在输出缓冲 PMOS 周边接了 n^+-p^+ 双层保护环。两

个保护环的阳极与阴极之间的距离越大,则输出缓冲器形成的寄生双极晶体管的电流增益越小,不过占用的版图面积也越大,因此设计规则中会规定一个最小值。图 4.50 是该结构的剖面图,其中 NMOS 的 n$^+$ 保护环做在 n 阱上有利于降低寄生 BJT 的电流增益。

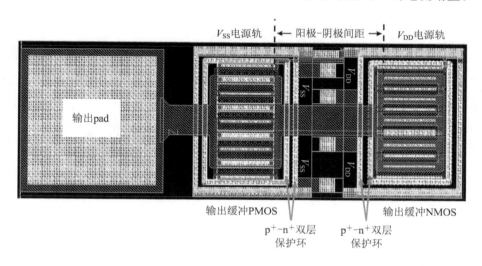

图 4.49 输出缓冲 NMOS 和 PMOS 均采用双层保护环的版图示例

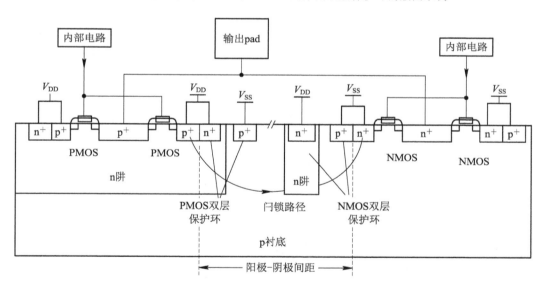

图 4.50 输出缓冲 NMOS 和 PMOS 均采用双层保护环的剖面结构

针对不采用保护环、采用单层保护环、采用双层保护环三种情况下的输出 pad 实测维持电压进行了对比,测试芯片采用 0.5 μm 无硅化物的体硅 CMOS 工艺制备,结果如图 4.51 所示。可见,在三种情况下,维持电压都随阳极-阴极间距的增加而增加;无保护环芯片的维持电压远低于有保护环的芯片,而且低于电源电压 $V_{DD} = 5$ V,因此不具备闩锁免疫性,除非其阳极-阴极间距增加到 60 μm 以上;加保护环后维持电压均高于电源电压,因此具有闩锁免疫性;单层保护环与双层保护环的维持电压差距不大,但占用的芯片面积比双层保护环小,因此是值得推荐的方案。

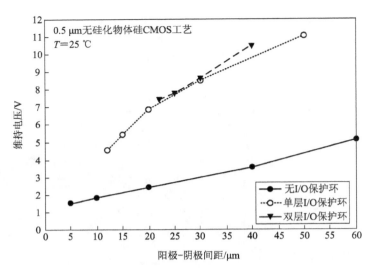

图 4.51　保护环对输出缓冲器闩锁维持电压特性的影响

图 4.52 给出了不同保护环结构的闩锁维持电压随温度的变化，图中 D 是阳极与阴极的间距。可见，维持电压总是随温度的上升而下降，亦即温度越高，越容易发生闩锁；无保护环、单层保护环、双层保护环的维持电压由小到大；单层保护环在工作温度上升到 100℃以上后，其维持电压(4.5 V)会降到电源电压(5 V)以下，不再具有闩锁免疫性；在高温条件下，双层保护环结构具有良好的抗闩锁能力，即使达到 125℃，其维持电压仍然有 6.5 V。

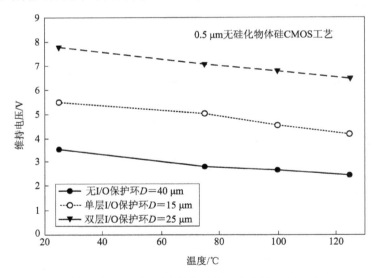

图 4.52　不同保护环结构的闩锁维持电压-温度特性

　　作为 I/O 防护电路设计与防闩锁版图设计结合应用的一个实例，图 4.53 是一个基于 1.6 μm CMOS 工艺的双向 I/O pad 防护单元的版图和电路。I/O 防护电路采用了三种不同类型的元器件：一是与 pad 串联的限流电阻，由 264 Ω 的 p^+ 电阻和 185 Ω 的 n^+ 电阻并联而成，总阻值是 150 Ω，主要用于限制输入电流；二是接在 pad 与地之间的厚栅氧无栅极 NMOS 管，主要用于泄放输入电荷，厚栅氧可获得更小的栅泄漏电流和更高的触发电压，采用蛇形版图结构使其宽长比达到 600 μm/3 μm，可获得足够大的漏-源电流泄放能力；

三是分别接到 V_{DD} 和 V_{SS} 的双二极管保护电路，主要用于限制输入 pad 与电源轨之间的电压。在梳状结构的大面积输出晶体管四周，加了 n^+ 和 p^+ 双层保护环，同时在内部电路加了尽可能多的衬底接触和阱接触，目的是使 pad 单元在发生 ESD 放电时，不易诱发闩锁效应。

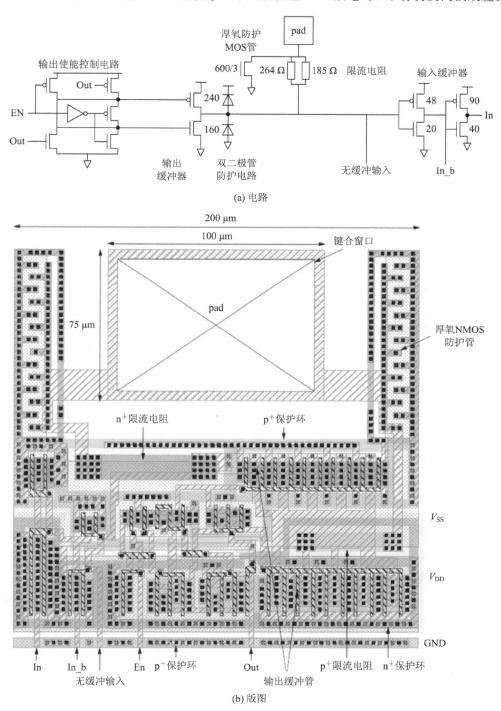

(a) 电路

(b) 版图

图 4.53 1.6 μm CMOS 工艺双向 I/O pad 防护单元

2. I/O 与内部电路之间的保护环

内部电路的规模远比 I/O 电路要大得多,同时闩锁的发生概率比 I/O 电路小,故出于面积和效率的考量,绝大多数内部电路不可能像 I/O 电路那样设置完备的保护环。为了防止 I/O 电路通过有线或者无线的途径对内部电路注入电流而引发闩锁,除了保证 I/O 电路与内部电路之间有足够的间距之外,还可以在二者之间插入额外的保护环。如图 4.54 所示,在 I/O 缓冲器与内部电路之间增设了 p$^+$ 与 n$^+$ 两道保护环。图 4.55 给出了增设保护环之后的 CMOS 剖面结构示例。在内部电路的版图布局中,可以将对闩锁敏感的电路(如高密度数字电路、低电平模拟电路)放在距离 I/O 单元更远的位置。

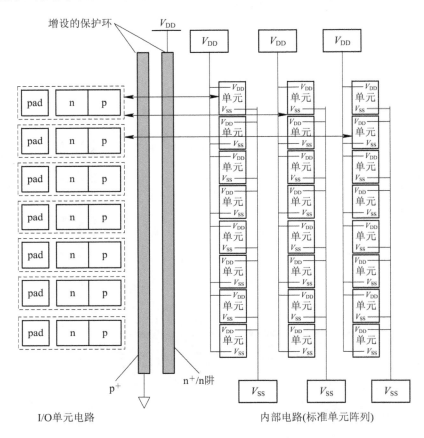

图 4.54 在 I/O 电路与内部电路之间增设保护环

图 4.56 给出的实测结果验证了增设保护环的效果,测试芯片采用 0.35 μm 硅化物 CMOS 工艺制作,通过从 I/O 端口注入正向电流来诱发内部敏感电路产生闩锁,电流脉冲宽度为 50 ms。可见,如果不加保护环,即使 I/O 单元与内部敏感电路之间的距离增加到 60 μm 以上,在低至约 20 mA 的正向触发电流下都会引发闩锁;如果加了双层保护环,即使 I/O 单元与内部敏感电路之间的距离降到 30 μm,形成触发的电流仍可高达近 300 mA。保护环的防闩锁效果还是相当显著的。另外,保护环越宽,则防护效果越好,从图 4.57 给出的测试结果来看,当 p$^+$ 保护环的宽度从 3 μm 增加到 9 μm 时,正向触发电流从 275 mA 增加到 325 mA。

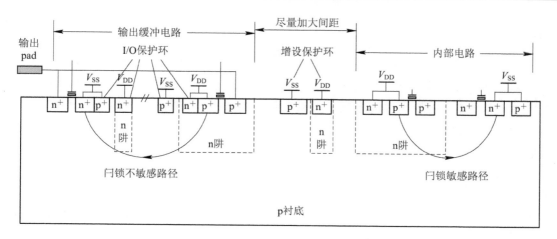

图 4.55 I/O 电路与内部电路之间增设保护环的 CMOS 剖面结构示例

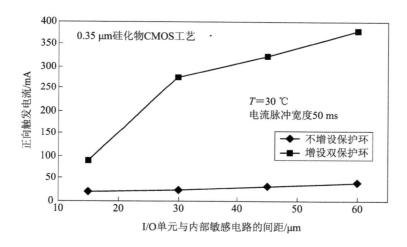

图 4.56 I/O 电路与内部电路间的保护环对闪锁触发电流的影响

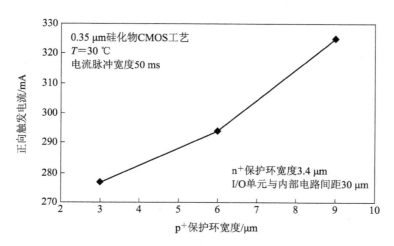

图 4.57 保护环宽度对闪锁触发电流的影响

4.2.3 有源保护环

以上所述保护环通常都是接到电源轨，即 n 阱保护环接到 V_{DD}，p 衬底或 p 阱保护环接到 V_{SS}，被称为无源保护环。在由不同类型电路构成的芯片中，被泄放到一个电路的无源保护环的少子电流有可能通过电源轨对其他电路形成干扰或者噪声。例如，在功率芯片中，LDMOS 高压器件通过其保护环泄放到电源线上的电流，可能会对附近的低压 CMOS 器件形成干扰。为此，又提出了有源保护环。

有源保护环的一个实例如图 4.58 所示。有源保护环位于注入源与敏感电路之间，由 n$^+$ 条和 p$^+$ 条组成，在外部二者被短接，在内部二者形成一个 p 衬底/n 阱结。保护环的 n 阱区收集注入源（这里就是 LDMOS 的 n‑tub）注入 p 衬底的电子，使 n 阱电势降低 ΔV，同时衬底电势也被降低 ΔV，而这是我们所期望的。如果保护环的 p$^+$ 区靠近正偏结构（诸如注入源），衬底电势的降低会减少正偏程度，甚至会使注入过程中止；如果保护环的 p$^+$ 区靠近可能受影响的敏感电路，衬底电势降低形成的横向电场 $E(y)$ 会阻止少子向敏感电路方向运动；如果注入源与敏感电路之间存在横向 pnp 管，则此横向电场的方向与 npn 管的电流传输方向相反，可有效降低 npn 管的电流增益，从而抑制了注入源对敏感电路的影响。

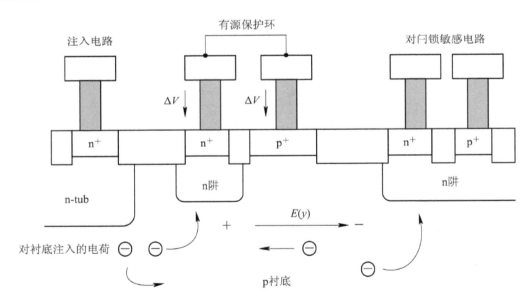

图 4.58　有源保护环实例

已报道的有源保护环设计有多种形态。p$^+$ 条可以位于敏感电路一侧，如图 4.58 结构，也可以位于注入源一侧，还可以两边都有；可以与无源保护环结合应用，图 4.59 给出了一个这样的实例；可以引入沟槽结构来减少横向双极晶体管的增益，还可以引入深阱或者高掺杂埋层来增加保护环的收集面积，同时限制少子的纵向注入，图 4.60 就是采用深 n$^+$ 埋层的有源保护环的例子。

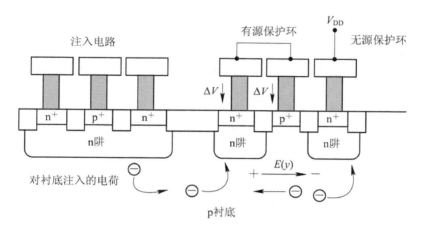

图 4.59　有源保护环与 n⁺ 无源保护环的结合应用实例

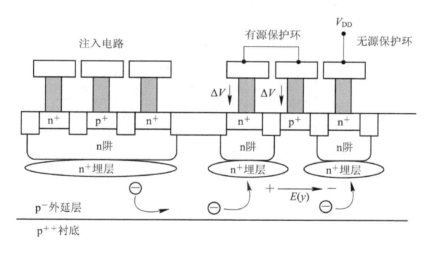

图 4.60　采用深 n⁺ 埋层的有源保护环

4.2.4　设计规则

版图设计定义了构成芯片的各种器件与互连线的横向尺寸，设计规则规定了在特定工艺条件下版图尺寸的限值。闪锁的形成与器件的横向尺寸关系密切，因此设计规则中针对闪锁有专门的规定，常被称为 ground rules。

考虑到面积限制，并非所有 CMOS 电路单元都能加入保护环。因此，为了防止闪锁发生，内部电路的版图尺寸就要满足一定的约束条件。与内部电路版图有关的防闪锁设计规则(参见图 4.61)涉及以下方面：

(1) p⁺ 扩散区与 n 阱边缘的最小间距：相当于寄生 pnp 管的最小横向基区宽度。此间距越大，则 pnp 管的电流增益越小，越不容易发生闪锁。

(2) n⁺ 扩散区与 n 阱边缘的最小间距：相当于寄生 npn 管的最小横向基区宽度。此间距越大，则 npn 管的电流增益越小，越不容易发生闪锁。p⁺/n 阱边缘间距与 n⁺/n 阱边缘间距之和决定了 p⁺/n⁺ 间距，就是 pnp 管和 npn 管横向基区宽度之和，二者的最小值就是

p^+/n^+ 间距的最小值，这是决定闩锁的最重要的横向尺寸。

（3）n 阱接触与 PMOS 管 p^+ 扩区的最大间距：此间距越小，则 n 阱电阻 R_{well} 越小，越不容易发生闩锁。

（4）p^+ 衬底接触与 NMOS 管 n^+ 扩区的最大间距：此间距越小，则 p 衬底电阻 R_{sub} 越小，越不容易发生闩锁。

（5）n 阱接触孔之间的最大间距或者接触孔密度最小值：间距越小或者单位面积上的 n 阱接触孔越多，则 n 阱接触电阻越小，越不容易发生闩锁。

（6）p^+ 衬底接触孔之间的最大间距或者接触孔密度最小值：此间距越小或者单位面积上的衬底接触孔越多，则 p 衬底接触电阻越小，越不容发生闩锁。

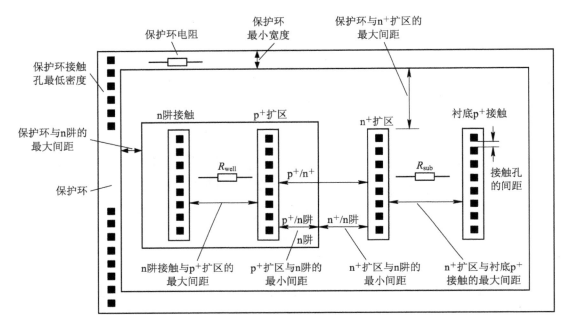

图 4.61　与闩锁有关的设计规则示意图

保护环的类型有 n^+ 保护环和 p^+ 保护环，有半封闭式（不连续）保护环和全封闭式（连续）保护环。与保护环有关的闩锁设计规则涉及以下方面（参见图 4.61，其保护环为全封闭式）：

（1）保护环与 n 阱边缘的最大间距：此间距越小，则保护环收集 n 阱中少数载流子的效率越高，防闩锁的效果越好。不过，此间距过小可能会影响 n 阱上有源区的正常工作。

（2）保护环与 p 衬底上 n^+ 扩区的最大间距：此间距越小，则保护环收集 p 衬底中少数载流子的效率越高，防闩锁的效果越好。此间距过小也会影响 p 衬底上有源区的正常工作。

（3）保护环的最小宽度：此宽度越大，则保护环自身的阻抗越低，保护效果越好。

（4）保护环上接触孔密度的最低值：此密度越大，则保护环的接触阻抗越低，保护效果越好。

（5）双保护环之间的最大间距：如果 I/O pad 采用双保护环结构，则保护环之间的间距越大，保护效果越差。对于在 p^+ 扩区和 n^+ 扩区都采用保护环的结构，还要规定两个扩区阳极与阴极之间的最小间距。

当存在可识别的注入源以及它可以影响到的敏感电路时，应将注入源与敏感电路之间的间距纳入设计规则范畴（参见图 4.62）。注入源是高速数字电路时，敏感电路可能是小信号模拟电路；注入源是高压 LDMOS 时，敏感电路可能是低压 CMOS 电路；注入源是 ESD 防护电路时，敏感电路可能是 I/O 接口内部电路；注入源还可能来自外部，如 α 粒子入射、来自管脚的外部浪涌等。

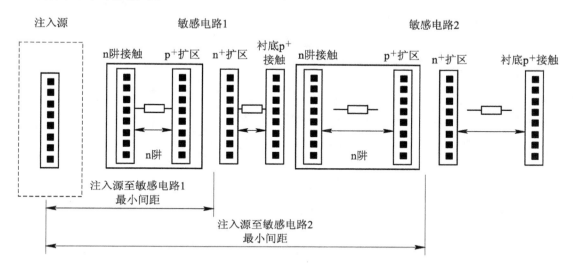

图 4.62　存在可识别注入源时的闩锁设计规则

4.3　电路设计

4.3.1　片上防护电路的防闩锁优化

1. 片上防护与闩锁的关系

如第 2 章和第 3 章所述，为了防止静电、浪涌等来自芯片端口的电过应力，在芯片的 I/O 口与地及电源之间加入片上防护电路，或者在地与电源之间加入电源钳位电路。这些防护电路本身就有可能发生闩锁，从而对芯片产生破坏；也可能通过与芯片内部电路的相互作用形成闩锁，即片上防护电路为芯片内部电路提供闩锁触发信号，或者芯片内部电路为片上防护电路提供闩锁信号。形成闩锁的必要条件是片上防护电路本身会形成闩锁 pnpn 结构，或者片上防护电路与芯片内部电路共同构成闩锁 pnpn 结构。为理解这一点，以下对上述两种情况各举一例。

片上防护电路自身形成闩锁的例子如图 4.63 所示。输入防护网络由两部分组成，p^+/n 阱二极管链完成 I/O 对 V_{DD} 的保护，GGNMOS 完成 I/O 对 V_{SS} 的保护。p^+/n 阱二极管链存在 p^+/n 阱/p 衬底的寄生 pnp 管，GGNMOS 管存在 n^+/p 阱/n^+ 的寄生 npn 管，加上 n 阱电阻和 p 衬底电阻，就构成了闩锁 pnpn 结构，一旦输入焊盘馈入负电流脉冲时就会诱发闩锁。

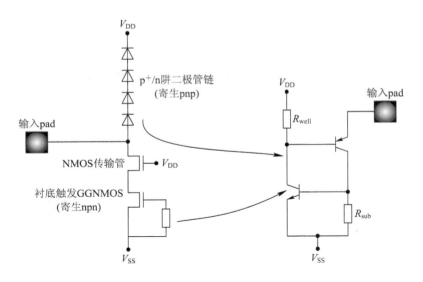

图 4.63　二极管链/GGNMOS管输入防护电路形成闩锁

　　片上防护电路与内部电路相互作用形成闩锁的例子如图 4.64 所示。在典型的双向 I/O 口电路中，防护网络中的上保护二极管存在 p$^+$/n 阱/p 衬底的寄生 pnp 管，有可能与三态输出缓冲 NMOS 管的寄生 npn 管构成闩锁 pnpn 结构，一旦焊盘馈入负电流脉冲也会诱发闩锁。

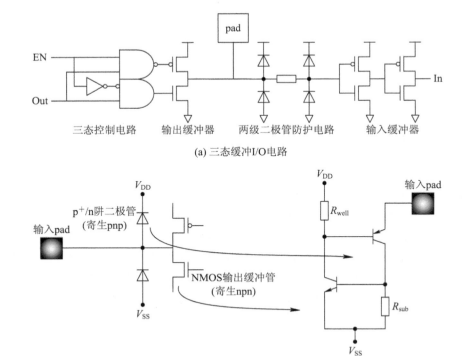

(a) 三态缓冲I/O电路

(b) 上保护二极管与下拉缓冲NMOS管形成闩锁

图 4.64　双二极管防护电路与三态输出缓冲器形成闩锁

　　为此，在片上防护电路设计时必须考虑防闩锁的要求。

2. I/O 防护电路的防闪锁优化

如第 2 章所述，CMOS 芯片的片上防护器件主要有双二极管、GGNMOS 和 SCR 三种形式。在图 4.65 所示的双二极管防护结构中，用 p^+/n 阱二极管实现 I/O 与 V_{DD} 之间的防护，用 n 阱/p 衬底二极管实现 I/O 与 V_{SS} 之间的防护。为抑制闪锁，对 p^+/n 阱二极管，可在 p^+ 扩区周边多放置 n^+ 接触孔或保护环，以减少对 p 型衬底的横向注入，同时减少 n 阱电阻 R_{well}；n 阱可采用倒阱掺杂，以减少纵向注入。对于 n 阱/p 衬底二极管，可在 n 阱周边放置 p^+ 保护环，以减少对 p 衬底的注入；使用 n^+/p 衬底二极管取代 n 阱/p 衬底二极管，也会有利于闪锁防护，这是因为 n^+ 扩散比 n 阱浅，面积也比 n 阱小，因而减少了"发射极"的注入。

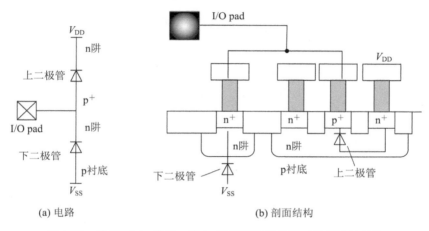

图 4.65　采用 p^+/n 阱和 n 阱/p 衬底结实现的双二极管防护结构

使用双 p^+/n 阱的全对称双二极管防护结构取代上述结构，如图 4.66 所示，可以减少来自衬底的不利影响，更有利于抑制闪锁。在这种结构中，下二极管将 n 阱连接到输入电路，将 p^+ 连接到地，其优点是闪锁产生的电流主要是通过 p^+ 向地 V_{SS} 放电，而非直接馈送到衬底，从而减少了衬底注入，降低了外部闪锁的风险。而且，此时二极管的串联电阻主要取决于 n 阱而非衬底，相对而言阻值较低。

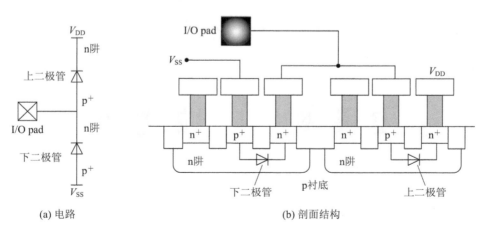

图 4.66　采用双 p^+/n 阱结的全对称双二极管防护结构

在多个 p^+/n 阱结串接而成的二极管防护链（图 4.67 是其中一例）中，除了最下方的一级外，其他各级的 n 阱都不接电源，从而抬高了二极管的结正向压降（即寄生 pnp 管的发射结正向压降），这对闩锁是不利的。实际观察到的闩锁发生在最上方的输入二极管（图 4.67 中的 D_1）以及相邻的保护环（图 4.67 中 p^+ 两侧的 n^+）中，此处的压降抬升效应最为显著。针对此问题的对策有减少串联二极管的数目、增加保护环与第一个二极管的间距、使用低串联电阻的防护器件等。

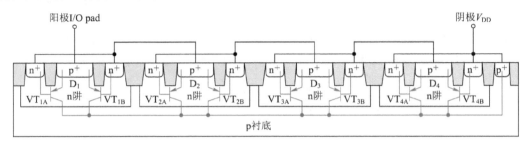

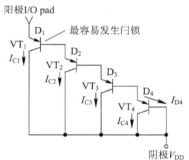

图 4.67 四个 p^+/n 阱结构成的二极管链

GGNMOS 防护器件本身不会形成 pnpn 结构而发生闩锁，但在它导通的情况下，会形成注入衬底的大电流，此时如能与其他电路（如 I/O 双向管脚连接的三态缓冲门的上拉 pnp 管）构成 pnpn 结构，也有可能触发闩锁。类似地，采用 p^+/n 阱二极管防护链导通时，也会形成注入衬底的大电流。为此，可利用三阱 CMOS 或者高掺杂埋层来阻挡对衬底的注入。图 4.68 是采用深槽隔离和 n^{++} 埋层的双 p^+/n 阱二极管链，其中 n^{++} 埋层抑制了二极管向衬底的纵向注入，深槽隔离则防止了二极管与周边其他器件的横向耦合，二者的结合也有利于阻挡外部触发源侵入引发闩锁。

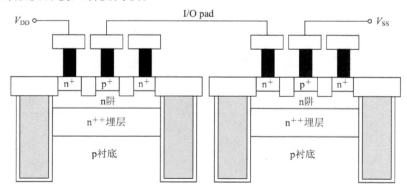

图 4.68 采用深槽隔离和 n^{++} 埋层的双 p^+/n 阱二极管链

SCR 防护器件本身就是利用闪锁而起作用的，因此对于闪锁相当敏感。为了避免在芯片正常工作条件下，SCR 保护器件导通，可以在芯片工作时切断 SCR 防护电路，而在芯片断电时导通。低触发电压 SCR(LVTSCR)防护电路可以减少 I/O pad 的电压水平，从而减少三态缓冲门诱发闪锁的风险。LVTSCR 的触发电压随着 MOSFET 沟道长度的缩小而按比例减少。

3. 电源钳位电路的防闪锁优化

RC 触发 NMOS 电源钳位电路(参见 2.3.3 节)本身不会出现闪锁，但如果其在版图上的位置非常靠近 I/O pad 和内部电路，也有可能诱发闪锁。图 4.69 是典型的 RC 栅控 NMOS 电源钳位电路，如与 I/O pad 和内部电路相邻就有可能产生闪锁。如图 4.70 所示，如果 I/O pad 出现负向电流脉冲，就有电子注入附近的电阻 R 所在的 n 阱，形成的压降如高于 PMOS 的阈值电压，就有可能使 MP_1 导通，从而抬高了节点 A 的电位，导致主电源钳位管 MN_2 导通，形成大量的电流注入衬底，很有可能会诱发内部电路形成闪锁。实测结果发现，如果将节点 B 直接连到 V_{DD}，强制使 MN_2 关断，上述闪锁就不会发生，从而间接证明了以上推理的正确性。如果 I/O pad 出现的是正向电流脉冲，那么注入的是空穴，只会被接 V_{ss} 的 p 衬底所收集，经过较长路径的复合后，即使有少量空穴注入内部电路也不会诱发闪锁，这也被实验测试结果所证实。

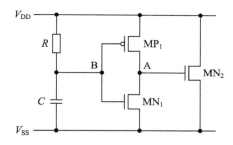

图 4.69　RC 栅控 NMOS 电源钳位电路

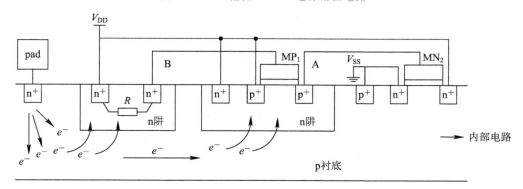

图 4.70　RC 触发电源钳位电路诱发闪锁

解决此问题的一个简单办法是使电源钳位电路远离 I/O pad 和内部电路，但将导致布图面积过大。另一个解决方案是对电源钳位电路进行改进，图 4.71 是一个实例。给 RC 触发电源钳位电路增加一个反馈管 MP_{FB}。在正常工作条件下，A 点处于低电平，MP_2 导通，从而强制使 B 点处于高电平，即使 R 接收到了 pad 注入的电子也难以降低 B 点电平，从而避免了闪锁；在 ESD 条件下，A 点处于低电平，MP_2 截止，对电源钳位电路无影响。

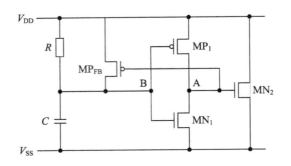

图 4.71　加反馈管的 RC 触发电源钳位电路

此法还能抑制因电源上电过快导致的钳位电路误触发。RC 触发钳位电路的时间常数通常设计得介于电源正常上电时间常数与 ESD 放电时间常数之间。HBM ESD 脉冲的上升时间约为 1～10 ns，大多数芯片的电源正常开启的上升时间在 1 ms 左右，因此 RC 时间参数通常取在 0.1～1 μs 之间。不过，有时会因意外原因，电源快速上电，上升时间短于 10 μs，就有可能导致钳位电路被误触发。MPFB 的加入可以防止此类误触发。

4. 低维持电压防护器件的防闩锁优化

FOD 和 SCR 防护器件的维持电压 V_h 可能低于 10 V，而高压和功率芯片的电源电压 V_{DD} 可能达到 20～40 V，在芯片正常工作或者老化条件下容易形成闩锁，对器件产生破坏。这会对此类防护器件在高压和功率芯片的应用带来很大的限制。

在电路上增加维持电压的简单方法就是采用多个防护器件堆叠。如采用两个 FOD 堆叠来取代一个 FOD，如图 4.72 所示。图 4.73 是采用双 FOD 堆叠和三 FOD 堆叠来实现 RC 触发电源钳位，其中的二极管(VD_b)用于阻挡不同 FOD 的基极节点之间通过互连线形成的电流。

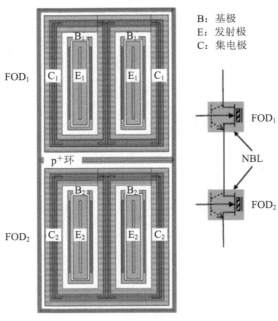

B：基极
E：发射极
C：集电极

(a) 版图与电路符号

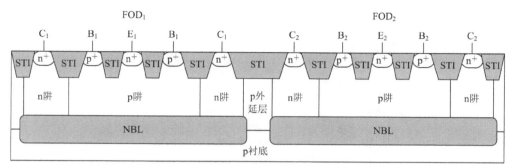

(b) 剖面结构

图 4.72　双堆叠 FOD 防护器件

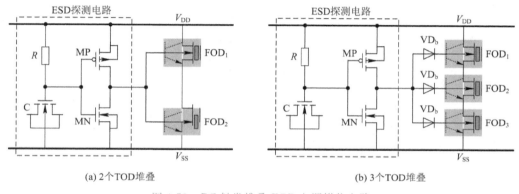

(a) 2个TOD堆叠　　　　(b) 3个TOD堆叠

图 4.73　RC 触发堆叠 FOD 电源钳位电路

图 4.74 比较了单 FOD 结构与双 FOD 堆叠结构的 TLP $I-V$ 特性，测试芯片采用 0.25 μm 40 V CMOS 工艺制作，W_1 和 W_2 分别是 FOD$_1$ 和 FOD$_2$ 的宽度。可见，堆叠 FOD 结构取代单 FOD 结构使维持电压 V_h 几乎成倍增加，失效电流 I_{t2} 只是略微下降，导通阻抗基本未变。由图 4.75 可以看出，I_{t2} 随单个 FOD 宽度的增加而线性增加，当宽度达到 650 μm 时，I_{t2} 达到 1.33 A，对应于 HBM 耐压 2 kV。由图 4.76 可以看出，在 25℃、75℃、125℃温度下，双 FOD 堆叠结构的 TLP $I-V$ 特性基本相同，表明这种结构完全可以用于高温条件

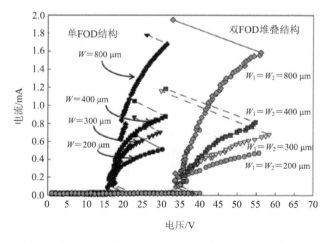

图 4.74　单 FOD 结构与双 FOD 堆叠结构 TLP $I-V$ 特性的比较

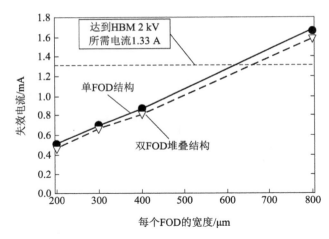

图 4.75   失效电流与 FOD 宽度的关系

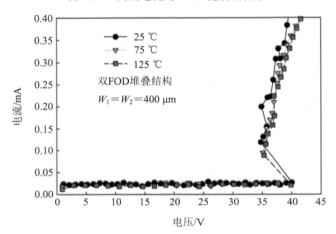

图 4.76   双 FOD 堆叠结构在不同的温度下的 TLP $I-V$ 特性

（例如老化期间）的防闩锁。注意，堆叠 FOD 结构在提高维持电压的同时，也提高了触发电压 V_{t1}（如图 4.76 所示）。

除了 FOD 之外，GGNMOS 和 SCR 防护器件的堆叠使用也能起到成倍增加维持电压的效果。

4.3.2   防闩锁控制电路

1. 输入端的防闩锁控制

如果输入信号加入之前无须开启电源，就意味着仅靠外部输入电压，不需要自身能量就能激活输入管脚，这被称为"时序独立（sequence-independent）"输入管脚。此类管脚如接有 ESD 防护电路或者三态缓冲器等，在 V_{DD} 上电之前或者掉电之后，输入管脚若被加入正向偏置电压，或者存在外部注入或流出内部电路的电流，就有可能诱发闩锁，故应采用适当的电路加以预防。

将 p^+/n 阱二极管用于 I/O-V_{DD} 的 ESD 防护，相当于基极接到 n 阱（正常工作条件下接 V_{DD}）的 pnp 管，如果在输入电压之后加上 V_{DD}，则当输入电压为高电平时，pnp 管的发射结就有可能正偏，形成流向 n 阱的电流，导致闩锁。为此，可加入阱偏置控制开关电路来预防之。图 4.77(a)是单 p^+/n 阱二极管阱偏置控制电路的实例，如果输入处于低电平，则控制管导通，n 阱被接至 V_{DD} 电源轨；如果输入处于高电平，则控制管截止，n 阱与 V_{DD} 电源轨（并非 V_{DD} 电压）断开，阻断流向 n 阱的电流。图 4.78(b)是 p^+/n 阱二极管链的阱偏置保护电路，原理是相同的。

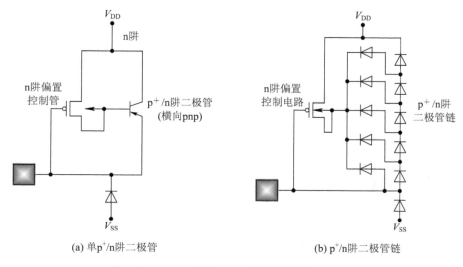

(a) 单 p^+/n 阱二极管   (b) p^+/n 阱二极管链

图 4.77　p^+/n 阱防护二极管的阱偏置控制电路

2. 电源端的防闩锁控制

电源的控制对于抑制闩锁有重要的作用。在内部电路发生闩锁时，如果能够通过控制电源电压，使得内部电路达不到触发电压、维持电压或者维持电流的值，就可以有效控制闩锁形成的破坏。最简单的方法就是限制电源电流，可以采用限流电阻和恒流源两种方式，如图 4.78 所示。对于限流电阻方式，限流电阻的取值应保证电源电流不会超过闩锁的维持电流以及热击穿电流，在此前提下尽量取小些，以减少对电路正常工作电压的影响。对于恒流源方式，恒定电流的取值依据也是一样的，恒流源可以采用双极或 CMOS 电流镜电路来实现。

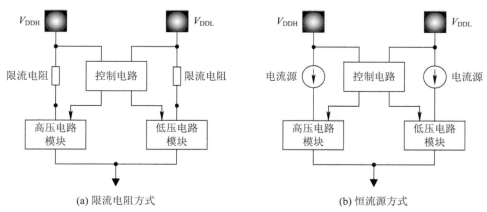

(a) 限流电阻方式   (b) 恒流源方式

图 4.78　限制电源电流的控制电路

电源支路是否加入限流电阻或者恒流源,可以通过增加控制电路来实现主动调节。例如,控制电路探测到单粒子事件导致的瞬态电源电流增加,即可加入限流电阻或者恒流源,经过一段时间后再恢复正常的电源电压。又如,通过诸如 RC 触发电源钳位电路等方式探测到出现了 ESD 事件,同样可以加入限流电阻或者恒流源。当然,也可以利用此类控制电路来实现出现电流或电压异常时彻底关断电源。

限流控制电路的一种实现方式是基于电压调整器,如图 4.79 所示。在外部电源轨与内部闩锁敏感电路的电源轨之间加入由电压调整器控制的 PMOS 管电流源,电压调整器根据外部干扰的强弱调整施加给闩锁敏感电路的电源电压,同时也限制了闩锁敏感电路的电源电流的大小。

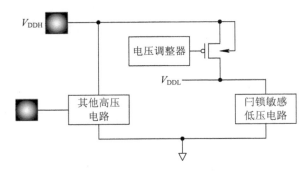

图 4.79   用电压调整器限制电源电压和电源电流

电源关断控制的另一种电路如图 4.80 所示。以 n 阱上方的电源关断控制电路为例,在正常工作条件下,n 阱接 V_{DD} 且其中无电流流过,接反相器输入端的 n^+ 接触电平为 V_{DD},反相器输出低电平使电源支路上的 PMOS 管导通,V_{DD} 给电路正常供电;出现闩锁时,n 阱中有电流流过,在 R_{well} 上产生的压降使接反相器输入端的 n^+ 接触电平降到 $V_{DD}-V_{BE}$(V_{BE} 是寄生 pnp 管的发射结正向导通压降)以下,如果 $V_{BE}>|V_{Tp}|$(V_{Tp} 是反相器中 PMOS 管的阈值电压),就有可能使反相器输出高电平,导致电源支路的 PMOS 管断开,从而切断电源。对于 NMOS 管上方的电源关断控制电路,原理也是类似的,反相器输入的转换电平从 0 到 V_{Tn}(V_{Tn} 是反相器中 NMOS 管的阈值电压)。

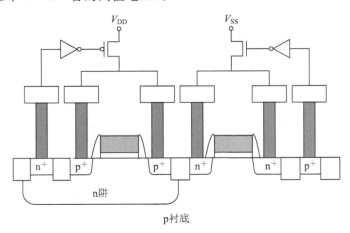

图 4.80   电源关断控制电路

如果采用专门设计的有源钳位（Active Clamp）电路取代上述电路中的反相器，形成如图 4.81 所示电路，就有可能使电源关断的控制电平从 $V_{DD}-|V_{Tp}|$ 降到 V_{DD}、从 V_{Tn} 降到 0，整个控制更为灵敏有效。有源钳位电路还能抑制来自外部的电源线波动或地线波动形成的闪锁，只要电源电压超过 V_{DD}、地电压低于 0，就可以关断电源。在实际设计时，是否加入此类电源关断控制电路，要视电路类型以及距离可能的闪锁触发源的相对位置而定。

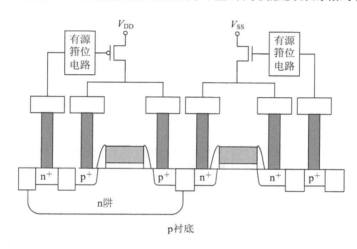

图 4.81　电源关断有源钳位电路

4.3.3　多电源轨的防闪锁设计

如今越来越多的芯片采用多电源电压。常见的情景是：I/O 电路采用高电源电压 V_{DDH}，有利于提高速度和驱动能力；内核电路采用低电源电压 V_{DDL}，有利于降低功耗。在这种状况下，可能会出现 $V_{DDH}-V_{DDL}$ 之间的闪锁。在 n 阱（高压）区的 p^+/n 阱/p 衬底会形成纵向 pnp 管，在 n 阱（高压）区与 p 阱（低压）区之间会形成横向 npn 管，加上 p 衬底电阻和 n 阱电阻，就会形成闪锁所需的 pnpn 结构，其闪锁电流经过的路径如图 4.82 所示，失效部位往往位于 I/O 缓冲器与内部电路之间。

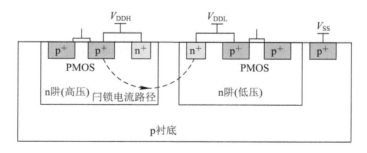

图 4.82　双电源电压供电 CMOS 芯片可能发生的 $V_{DDH}-V_{DDL}$ 闪锁

常规的 $V_{DD}-V_{SS}$ 闪锁要求维持电压 V_h 不得低于电源电压 V_{DD}，这种 $V_{DDH}-V_{DDL}$ 闪锁则要求维持电压 V_h 不得低于 V_{DDH} 与 V_{DDL} 之差，考虑工艺容差之后可再加上 10% 的裕量，即

$$V_h>V_{Dmax}=1.1\times(V_{DDH}-V_{DDL})$$

表 4.3 给出了三个不同工艺节点的某 CMOS 芯片的 $V_{DDH}-V_{DDL}$ 闪锁的 V_h 和 V_{Dmax} 的值。

根据上述判据，只有 $0.25~\mu m$ 能够满足防闩锁要求，$0.18~\mu m$ 和 $0.13~\mu m$ 均不满足防闩锁要求。图 4.83 给出了三种工艺芯片的实测 V_{DDH}-V_{DDL} 闩锁 $I-V$ 特性。

表 4.3 三个不同工艺节点的某 CMOS 芯片的 V_{DDH}—V_{DDL} 闩锁测试结果

工艺	$0.25~\mu m$	$0.18~\mu m$	$0.13~\mu m$
闩锁测试结果	通过	未通过	未通过
I/O 电压 V_{DDH}	3.3 V	3.3 V	3.3 V
内核电压 V_{DDL}	2.5 V	1.8 V	1.2 V
V_{Dmax}	0.9 V	1.7 V	2.3 V
维持电压 V_h	1.06 V	0.71 V	0.92 V

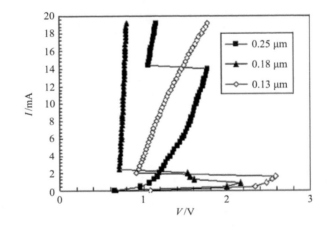

图 4.83 三种不同工艺节点芯片的实测 V_{DDH}-V_{DDL} 闩锁 $I-V$ 特性

针对 V_{DDH}-V_{DDL} 闩锁可以通过在版图上增加保护环的方法来抑制，如在 n 阱(高压)与 p 阱(低压)之间加双保护环，如图 4.84 所示。实测结果表明，加双保护环后可以将上述 $0.13~\mu m$ 和 $0.18~\mu m$ 芯片的维持电压提高到 V_{Dmax} 之上。

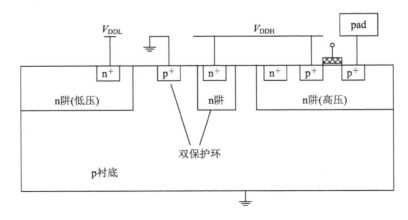

图 4.84 在高低压 n 阱之间加双保护环

　　对于 I/O 电路和内核电路采用不同电源电压的芯片，在上电或者下电过程中，由于 I/O 电路和内核电路的负载电容不一样大，导致两个电源电压的建立时间不一致，就有可能导致暂时性的正偏压，形成瞬态闩锁。如果 V_{DDH} 电源轨与 V_{DDL} 电源轨之间接有防护用的二极管链等(参见 2.4.3 节)，就更容易形成闩锁。除了闩锁之外，这种状态下还容易导致内部电路的其他电过应力损伤和金属化失效。如图 4.85 所示，在两个电源轨之间接入一个 n 阱电压自偏置的 PMOS 管。如果在上电或下电的瞬态过程中 V_{DDL} 低于 V_{DDH}，则 PMOS 管导通，n 阱电平接至 V_{DDH}，从而防止横向 pnp 管(p^+/n 阱二极管)因发射结正偏而导通，避免两条电源轨之间出现电流导致闩锁；如果 V_{DDL} 不低于 V_{DDH}，则 PMOS 管不导通，其 n 阱处于悬浮状态，该附加电路对 V_{DDH} 和 V_{DDL} 无影响。

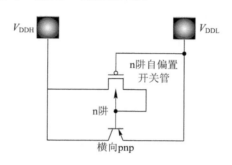

图 4.85　防止高低电压轨之间耦合的 n 阱电压自偏置电路

　　之后有更多的研究者提出了更完备、也更复杂的多电源轨间电压控制电路，其总体框图如图 4.86(a)所示，由控制电路和开关电路两部分组成，控制电路根据两个电源电压之差来形成开关电路的控制电平，如果开关电路发现控制电平高于预设值，就连接到第一个电压轨，否则就连接到第二个电源轨。图 4.86(b)给出了一个电路实例，用电阻分压器对 V_{DDH} 采样，作为右上反相器的输入电平，如果采样电压较高，反相器就会输出低电平，使左下 PMOS 管导通，为内部电路提供高电源电压 V_{DDH}，同时也会使下方反相器输出高电平，使右下 PMOS 管截止；如果采样电压较低，则会导致左下 PMOS 管截止，右下 PMOS 管导通，为内部电路提供低电源电压 V_{DDL}。

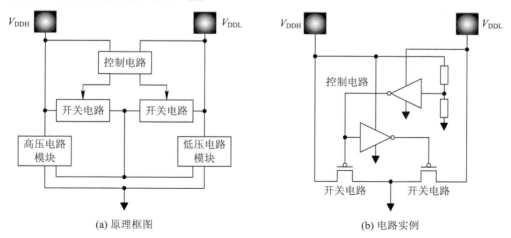

(a) 原理框图　　　　　　　　　(b) 电路实例

图 4.86　多电源轨间电压控制电路

4.3.4 无源与有源瞬态钳位电路

为了限制输入端可能出现的电压上冲或下冲导致闩锁，在V_{DD}与V_{SS}之间可以加入无源或有源瞬态钳位电路。

图 4.87 所示的无源钳位（Passive Clamp）电路在 $2\sim0.5~\mu m$ CMOS 技术中用于抑制电源电压上冲和地线电压下冲，其中上部的常截止 NMOS 管等效为一个基极接V_{SS}的 npn 管，下部的常截止 PMOS 管等效为一个基极接V_{DD}的 pnp 管。在正常工作条件下，npn 管和 pnp 管都是截止的；如果信号 pad 产生电平下冲且下冲电平超过$V_{BEn}=0.7$ V，则 npn 管导通，形成从信号 pad 流向V_{DD}的电流，将信号电平限制在$V_{SS}-V_{BEn}$；如果信号 pad 产生电平上冲且上冲电平超过$V_{BEp}=0.7$ V，

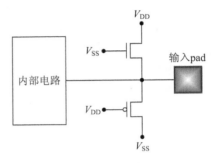

图 4.87　无源钳位电路实例

则 pnp 管导通，形成从信号 pad 流向V_{SS}的电流，将信号电平限制在$V_{DD}+V_{BEp}$。双二极管 ESD 防护电路也能限制这种上冲和下冲，限制电平也是 0.7 V 左右，不同的是无源钳位电路的放电电流是流向V_{DD}或V_{SS}，而双二极管电路的放电电流是流向衬底或阱，同时双二极管电路泄放电流的幅度（$1\sim10$ A）要比无源钳位电路（$10\sim100$ mA）大得多。除了抑制闩锁之外，无源钳位电路还能抑制V_{DD}和V_{SS}的纹波和噪声。

无源钳位电路存在若干局限性，如钳位后仍然存在幅值为V_{BE}的上冲或下冲量、响应速度较慢、导通阻抗不够低和对高速信号的反射较显著等。为此，又提出了有源钳位（Active Clamp）电路。图 4.88 是有源钳位电路的一个实例。如图 4.88(a)所示，该电路由钳位电路和参考电压源两部分组成，钳位电路中 NMOS 管的栅极电压被置于V_{Tn}，PMOS 管的栅极电压被置于$V_{DD}-|V_{Tp}|$。如果出现下冲、振荡或噪声使得信号 pad 电压低于V_{SS}时，NMOS 管就会导通，将 pad 电压钳位至V_{SS}；如果信号 pad 电压高于V_{DD}时，PMOS 管就会

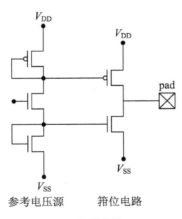

(a) 电原理图

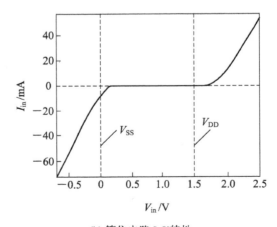

(b) 钳位电路 I-V 特性

图 4.88　有源钳位电路实例

导通，将 pad 电压钳位至 V_{DD}；当 pad 电压处于正常范围 $V_{SS} \sim V_{DD}$ 内时，通过钳位电路的电流为 0。图 4.88(b)是钳位电路的 $I - V$ 特性，可见其电流在几十 mA 量级，居于闪锁水平，低于 ESD 水平。参考电压源中位于中间的那个 NMOS 管用于设置通过参考电压源的电流，亦可用于关断参考电压源。

有源钳位电路通过预置阈值使得钳位时的阈值几乎为 0，钳位电压达到 V_{DD} 或者 V_{SS}，而非无源钳位电路的 $V_{DD} + V_{BE}$ 或者 $V_{SS} - V_{BE}$。这也使得此电路会在 ESD 防护电路(如双二极管电路)启动前起作用。这种"伪零阈值"的性质会显著提升钳位电路的响应速度。图 4.89 给出了有源钳位电路的反射系数随输入电压的变化，可见在正常输入电压范围内(0~1.8 V)，反射系数达到理想值 1；在出现电压过冲或欠冲时，反射系数达到 -0.5 以下，也接近理想值 -1。因此，有源钳位电路也可用于高速数字电路的终端匹配。

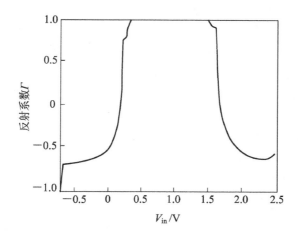

图 4.89　有源钳位电路的反射系数随输入电压的变化

有源补偿电路用于抑制衬底电位的波动，从而降低噪声并预防闪锁，其原理是采集衬底电压的瞬态变化，产生一个反相信号重新输入衬底，重建衬底电位，从而抵消衬底电压的波动。图 4.90 是一个实例，两个衬底电阻与运算放大器构成反相放大器，衬底电阻上电压的瞬态变化经放大器反相后又重新输入衬底，从而抵消了衬底电压的波动。此电路与 ESD 防护电路的结合如图 4.91 所示，此时有源补偿电路成为 ESD 防护电路的 RC 触发网络。

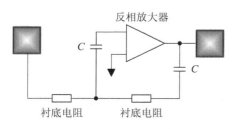

图 4.90　抑制衬底电压波动的有源补偿电路

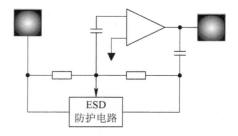

图 4.91　有源补偿电路与 ESD 防护电路的结合

本 章 要 点

• 对于 CMOS 而言，MOSFET 体层的高掺杂、低电阻率不仅可以减少衬底电阻和阱电阻，而且可通过增加少子寿命和引入自建电场来降低寄生 BJT 的电流增益，对于防闩锁都是有利的。实现的工艺方法有外延 CMOS、倒阱掺杂和高掺杂埋层等。

• 浅槽隔离(STI)的防闩锁性能优于传统的 LOCOS 隔离，进一步发展出的沟槽隔离(TI)和深槽隔离(DTI)可以显著地抑制 NMOS 与 PMOS(亦即寄生 npn 与寄生 pnp)之间的耦合，同时阻挡外来触发源的入侵，起到了闩锁保护环的作用。

• 在 n 阱和/或 p 阱下方增加 n 埋层(深 n 阱)、p^{++} 埋层和 n^{++} 埋层，可有效抑制阱区与衬底之间的耦合，使闩锁不易形成。如果说 STI、TI 和 DT 用于实现芯片横向不同区域的隔离，那么 n 埋层、p^{++} 埋层和 n^{++} 埋层则是用于实现芯片纵向不同区域的隔离。

• 各种沟槽工艺与各种埋层工艺的有机结合，可以起到更好的闩锁抑制作用，只是工艺复杂度及成本会显著上升。DT 和 n 埋层还可以接至适当的电位，以便实现对电磁干扰与噪声的抑制。

• 在版图设计中加入保护环，不仅可有效防止闩锁和 ESD 的发生，还能抑制不同器件或电路之间的干扰与噪声。保护环由接到 V_{DD} 的 n^+ 条和接到 V_{SS} 的 p^+ 条构成，可以是半封闭的条形结构，也可以是全封闭的环形结构。I/O 保护环可以采用两层保护环结构。

• 设计规则给出了特定工艺条件下为抑制闩锁而设定的版图尺寸限值。限制内部电路尺寸是为了降低寄生 npn 管和寄生 pnp 管的电流增益，同时减少阱电阻和衬底电阻；限制保护环尺寸是为了确保其防护效率。

• 片上防护电路自身有可能诱发闩锁，也可能与内部电路配合形成闩锁，设计时要有相应对策。例如，可用双 p^+/n 阱结取代 p^+/n 阱结加 n 阱/p 衬底结来实现双二极管防护电路，有利于抑制闩锁。

• 如果芯片的输入信号与电源电压、高电源电压和低电源电压的建立时间不一致，可能会诱发闩锁。为此，可以采用专门设计的开关控制电路来防范。

• 通过限流电阻、恒流源、关断控制、有源钳位等方法来限制电源电压和电源电流，可以减少闩锁带来的危害。

综 合 理 解 题

在以下问题中选择你认为最合适的一个答案(注明"多选"者可选 1 个以上答案)。

1. CMOS 芯片采用高电阻率衬底的好处是_____。(多选)

A. 工艺成本更低   B. 材料质量更好

C. 抑制噪声能力更强   D. 不容易发生闩锁

2. 倒阱掺杂与扩散阱掺杂相比的好处是_____。（多选）

A. 缩小工艺尺寸   B. 降低工艺成本

C. 抑制闪锁   D. 改善抗 ESD 能力

3. 目前使用最为广泛的隔离方法是_____。

A. LOCOS   B. STI   C. TI   D. DTI

4. 对改善闪锁性能最有利的隔离方法是_____。

A. LOCOS   B. STI   C. TI   D. DTI

5. 高掺杂埋层改善闪锁性能的原因是_____。（多选）

A. 减少寄生电阻   B. 缩短少子寿命

C. 屏蔽电磁干扰   D. 缩短 p^+/n^+ 间距

6. p^+ 保护环的合理接法是_____。

A. 接至 V_{DD} B. 接至 V_{SS} C. 悬置

7. 对闪锁性能影响最大的版图尺寸是_____。（多选）

A. PMOS 管 p^+ 扩区与 n 阱边缘间距

B. NMOS 管 n^+ 扩区与 n 阱边缘间距

C. n 阱接触与 PMOS 管 p^+ 扩区的间距

D. 衬底接触与 NMOS 管 n^+ 扩区的接触

8. 哪一种上电时序更容易发生闪锁？_____。（多选）

A. 输入信号比电源电压先加上

B. 输入信号比电源电压后加上

C. 高电源电压与低电源电压同时加上

D. 高电源电压与低电源电压先后加上

第5章　工艺对片上防护的影响

水能载舟，亦能覆舟。——唐·魏征《贞观政要·论政体》

集成电路的发展遵循摩尔定律已经超过半个世纪了。在此期间，CMOS 芯片的特征工艺尺寸几乎是逐年缩小，以满足集成规模不断提升、性能不断改善以及功耗不断降低的需求目标。进入纳米阶段后，不只是工艺参数与版图尺寸，CMOS 芯片的器件结构也开始发生某些革命性的变化。做出这些变化的初衷不是为了改善片上防护可靠性，这些变化的结果却对片上防护的效果产生了或正面或负面的影响。本章首先讨论了 CMOS 芯片的工艺与材料参数对片上防护的影响，然后讨论工艺节点的缩小对片上防护设计窗口的制约，最后探讨了纳米器件以及其他新结构、新材料的引入给片上防护带来的挑战和机遇。

5.1　工艺与材料参数的影响

除了设计参数之外，集成电路工艺与材料参数的变化也会对片上防护产生或正面或负面的影响。针对不同的片上可靠性防护目标及不同类型的防护器件，工艺参数影响的效果并不完全相同。不妨以 MOSFET 体（衬底或阱）电阻率为例来说明之。对于 GGMOS 防护器件，体电阻率的增加使其寄生 BJT 更容易导通，改善了 ESD 防护效果；对于双二极管防护器件，体电阻率的增加则会降低其对于反向 ESD 电流的泄放能力，削弱了 ESD 防护效果；对于 SCR 防护器件，体电阻率的增加使其更易导通，也会改善 ESD 防护效果；对于内部电路，体电阻率的增加则使闩锁更容易发生，从而降低了芯片自身抗闩锁的能力。图 5.1 给出了衬底电阻与阱电阻在三种典型片上防护器件中的位置。

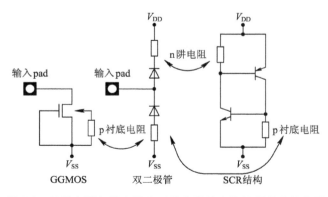

图 5.1　衬底电阻与阱电阻在三种典型片上防护器件中的位置

5.1.1　关键工艺参数的影响

1. 栅氧厚度

栅氧厚度随着工艺尺寸的按比例缩小而不断减少。由图5.2可见，90 nm工艺下的栅氧厚度只有1.4 nm，65 nm工艺下的栅氧厚度已逼近1 nm。栅氧厚度随工艺尺寸减小的幅度比电源电压降低的幅度更大，导致栅介质击穿电压 BV_{ox} 不断降低，这就要求 GGMOS 具有更低的触发电压，同时使 ESD 防护设计窗口变窄，加大了设计实现的难度。

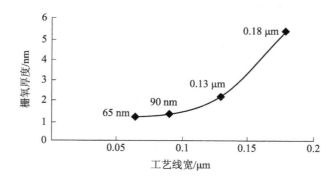

图 5.2　栅氧厚度随工艺线宽的变化

图5.3给出了在200 ns脉冲下GGNMOS栅氧击穿电压及漏pn结击穿电压随栅氧厚度的变化，其栅氧击穿场强恒为20 MV/cm。可见，栅氧击穿电压和漏pn结击穿电压都会随栅氧厚度的缩小而降低，但前者下降的速率更快。而且，随着工艺尺寸的缩小，栅氧击穿电压、pn结击穿电压和MOSFET的二次击穿电压将会趋于一致。

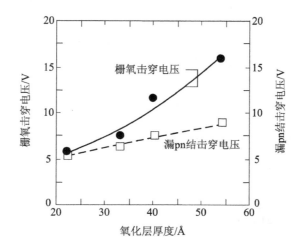

图 5.3　栅氧击穿电压及结击穿电压随栅氧厚度的变化

栅氧击穿电压与所加应力条件有关，当氧化层厚度为10 nm时，BV_{ox} 在直流条件下的 BV_{ox} 约为10 V，脉冲条件下增加到约20 V。要防止二次击穿电压 V_{t2} 大于 BV_{ox}，否则在器件发生热击穿之前就已经发生栅击穿了。对于超薄栅氧器件，栅击穿的可能性比热击穿更大，相应地，CDM模式的重要性已经可以与HBM模式相比拟了。

2. 沟道长度

沟道长度（栅长）随着特征工艺尺寸的缩小按比例减少，不仅提高了 CMOS 芯片的集成密度和工作速度，对改善 GGMOS 的防护能力也是有利的。这是因为沟道长度的缩短相当于寄生 BJT 基区宽度变窄，从而增大了其电流增益，同时也会使衬底电阻有所增加。从图 5.4 给出的实测结果来看，当沟道长度从 0.8 μm 降低到 0.2 μm 以下时，GGNMOS 的 ESD 失效电流密度随沟道长度的缩短而增加，在沟道长度为 0.4 μm 以下时，尤其是电源电压小于 2.5 V 之后，这种上升的态势更加明显。

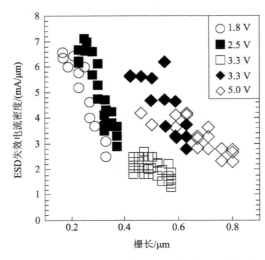

图 5.4　GGNMOS 失效电流密度随栅长的变化

针对 65 nm CMOS 芯片设计的 GGNMOS 防护器件的 TLP I-V 特性以及 ESD 失效电流与沟道长度的关系如图 5.5 所示。可见，当沟道长度大于 0.4 μm 时，失效电流随着沟道长度的缩短而增加，这是因为沟道长度的缩短导致寄生 npn 电流增益增加。不过，当沟道长度小于 0.3 μm 时，失效电流反而随着沟道长度的缩短而衰减，这是因为沟道面积减少导致芯片散热能力下降成了影响防护能力的主导因素。此测试结果表明，对于此类 CMOS 芯片，GGNMOS 的沟道长度取 0.3 μm 时，可以得到最佳的 ESD 鲁棒性。

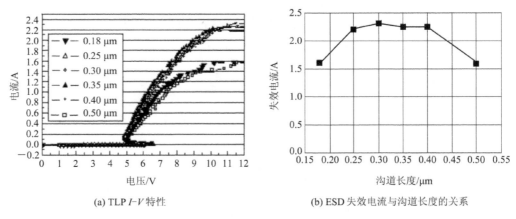

(a) TLP I-V 特性　　　　　　　　　　(b) ESD 失效电流与沟道长度的关系

图 5.5　65nm CMOS 芯片 GGNMOS 的沟道长度对 ESD 鲁棒性的影响

沟道长度的变化还可以通过改变其他参数对防护器件产生影响。从图 5.6 可见，CMOS 芯片衬底电阻率随沟道长度的缩短而增加，这会对 GGMOS、SCR 和二极管防护器件产生影响（详见下一小节的讨论）。

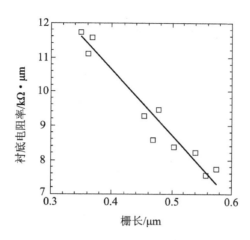

图 5.6　CMOS 芯片衬底电阻率随栅长的变化

3. 阱掺杂浓度

阱掺杂浓度对于 GGMOS、SCR 和二极管防护器件的影响是不一致的。高的 p 阱掺杂浓度（即低的 p 阱电阻率），对于 GGNMOS 的防护性能是不利的，因为它使 R_{sub} 和寄生 npn 管的 β 同时降低。从图 5.7 可见，高掺杂 p 阱的失效电流比低掺杂 p 阱的小，不过随着沟道长度的缩短，二者差别会越来越小。还可看出，掺杂浓度越高，失效电流随沟道长度的变化越敏感。对于 SCR 防护器件而言，较低的 p 阱电阻率会降低 R_{sub}，同时提升纵向寄生 pnp 的性能，这对于改善防护效果是有利的，但同时会削弱 CMOS 抑制自身闩锁的能力。

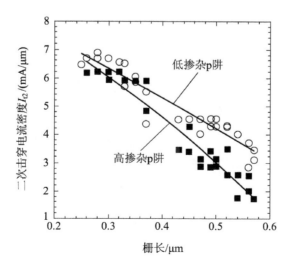

图 5.7　p 阱掺杂浓度对 GGNMOS 失效电流 - 栅长特性的影响

提高 n 阱掺杂浓度相当于减少纵向 pnp 的基区电阻，会显著提升 p^+/n 阱二极管的防护能力。n 阱的典型电阻率为 $10\ \Omega \cdot cm$，而 p^+ 衬底的典型电阻率为 $0.01\ \Omega \cdot cm$。由图 5.8 可见，当 n 阱薄层电阻从 $1100\ \Omega/\square$ 降到 $330\ \Omega/\square$ 时，ESD 耐压从 2.5 kV 升到近 7 kV，代价是会增加结电容和影响电路速度。对于 SCR 结构而言，增加 n 阱掺杂浓度同样是不利的，因为它降低了 R_{well} 和 npn 管的性能，会对其触发能力和维持电压产生不利影响。

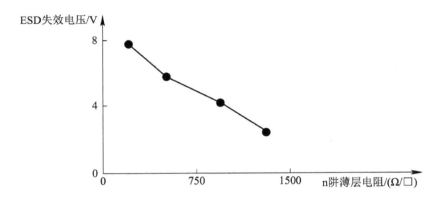

图 5.8　p^+/n 阱二极管 ESD 失效电压与 n 阱薄层电阻的关系

4. 阱深

n 阱和 p 阱的深度对于不同防护器件的影响也是不同的。对于 GGNMOS，n 阱越深，R_{sub} 越大，同时会降低横向 npn 管的雪崩倍增因子 M 和电流增益 β，对前者的影响远大于后二者，因此将带来防护能力的提升。由图 5.9 可见，n 阱越厚，ESD 失效电压越高。不过，对于 n 阱/p 衬底二极管而言，深 n 阱以及较高的衬底电阻率会增加衬底的扩展电阻，削弱其防护效果。

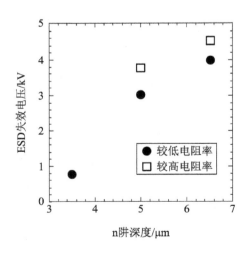

图 5.9　n 阱深度对 GGNMOS 防护效果的影响

对 PMOS 器件，减少 p 阱深度有利于降低正常工作条件下本体电路的闩锁敏感度，但过浅的 p 阱也会导致 SCR 防护器件的维持电压增加，同时使基于纵向 pnp 管的双二极管防护电路的防护效果减弱。由图 5.10 可见，二极管的防护能力随着 p 阱深度的减小而降低。

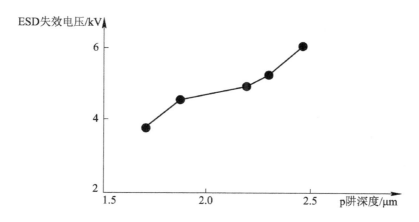

图 5.10　p 阱深度对二极管防护效果的影响

5.1.2　CMOS 工艺结构的影响

现代 CMOS 工艺形成的典型 MOS 器件结构如图 5.11 所示。与传统的 CMOS 工艺相比，现代 CMOS 工艺引入了若干新的结构要素，如浅槽隔离（STI）、LDD 和硅化物等。这些新的结构要素对于集成度和电性能的持续提升起到了重要的促进作用，却对片上防护器件的效能造成了一定的影响。

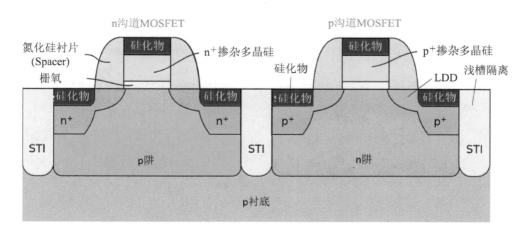

图 5.11　现代 CMOS 工艺形成的典型 MOS 器件结构

CMOS 工艺器件之间的隔离早期是采用 LOCOS 隔离，之后普遍采用 STI。LOCOS 隔离工艺是在淀积 SiN 掩蔽有源区后，对隔离区进行选择性氧化形成绝缘岛，再去除 SiN 制作 MOSFET，被用于 2～0.25 μm 工艺，优点是工艺简单，缺点是氧化对有源区的横向侵蚀会形成"鸟嘴（bird beak）"，减少了 MOSFET 的有效面积，并增加了器件与器件之间沟道宽度的失配程度，同时使 pn 结边缘几何曲率变大，导致电场强度增加、电流分布不均匀和击穿电压下降，这些效应对于 ESD 防护都是不利的。STI 工艺是淀积 SiN 后在隔离区用等离子刻蚀出一定深度的沟槽，再氧化，并用 CVD 在槽中淀积 SiO_2，最后用 CMP 平坦化，优点是彻底消除了鸟嘴，隔离区占据表面积显著减少，被用于 $0.5\ \mu m \sim 32\ nm$ 工艺，缺点是工艺复杂，成本增加。图 5.12 示出了分别采用 LOCOS 和 STI 工艺制作的 p^+/n 阱二极管。

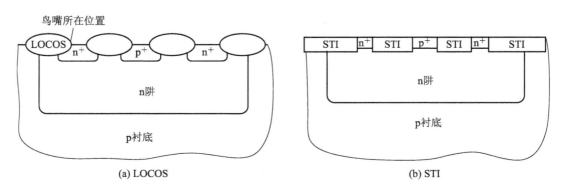

图 5.12　不同隔离工艺制作的 p^+/n 阱二极管

尽管 LOCOS 的"鸟嘴"对 ESD 防护有不利的一面，总体上看 STI 器件的 ESD 鲁棒性仍然不如 LOCOS 器件，原因可能是：与 LOCOS 相比，STI 的侧壁更陡峭、更尖锐，从而导致更强的电场强度和更低的击穿电压，而且 STI 器件的工艺特征尺寸小于 LOCOS。从图 5.13 给出的实测结果来看，随着工艺尺寸的缩小，LOCOS 逐渐被 STI 所取代，ESD 耐压也随之下降。从图 5.14 给出的 p^+/n 阱二极管电-热仿真结果来看，STI 工艺的晶格温度高于 LOCOS 工艺，倒阱工艺的晶格温度高于扩散阱工艺，后者的原因可能是倒阱工艺的掺杂浓度分布不同于扩散阱工艺。

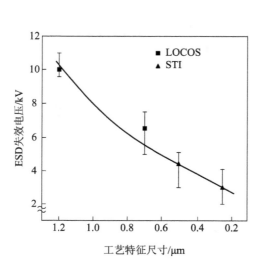

图 5.13　LOCOS 与 STI 对 ESD 耐压的
　　　　　影响

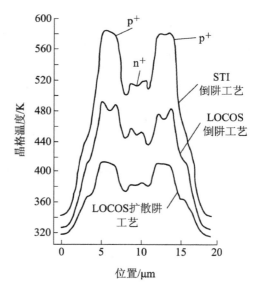

图 5.14　隔离与阱掺杂工艺对 p^+/n 阱二极管
　　　　　晶格温度的影响

在先进的 CMOS 工艺中，引入轻掺杂漏（LDD）使漏区靠近沟道处的掺杂曲线变缓且掺杂浓度变低（参见图 5.11），从而降低了此处的电场强度峰值及空间变化率，可有效地抑制正常工作条件下的热载流子效应，从而改善器件的可靠性。不过，其浅结减少了 ESD 电流流过的截面积使电流密度增大，同时低掺杂浓度又增加了电阻率，这两个因素使得同样电流强度下产生的焦耳热更大，从而削弱了 ESD 鲁棒性。由图 5.15 可见，$1\ \mu m$ LDD 工艺的 ESD 耐压明显不如 $2\ \mu m$ NMOS 工艺，而硅化物的引入使 LDD 器件的鲁棒性进一步下降。

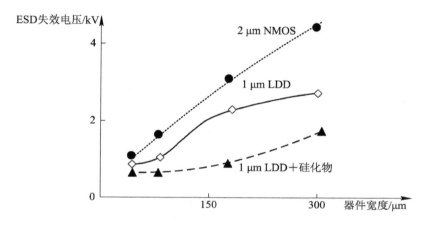

图 5.15　LDD 和硅化物工艺对 ESD 鲁棒性的影响

在源、漏和多晶栅上淀积难熔金属硅化物（Silicide，如 $TiSi_2$、WSi_2、$CoSi_2$ 等）可显著降低金属与硅或多晶硅之间的接触电阻，从而改善延迟和功耗，但使 ESD 鲁棒性显著变差。其原因体现在两个方面：一是削弱了镇流效应，硅化物减少了漏区串联电阻，其低电阻率增加了电流密度；二是更易形成热电失效，使接触更靠近漏扩散区边缘（ESD 热击穿时热点所在位置），电流更易集中在热点附近，而且自加热效应会加速硅化物到硅的渗透，诱发合金型失效。由图 5.16 可见，硅化物越厚，则镇流电阻越小，漏结有效结深的减少量也越大，导致 ESD 鲁棒性下降越多。当硅化物的厚度从 60 nm 增加到 80 nm 时，ESD 耐压从 4.5 kV 降至 1.5 kV。由图 5.17 可见，$CoSi_2$ 的 ESD 鲁棒性优于 $TiSi_2$，薄的 $CoSi_2$ 的鲁棒性优于厚的 $CoSi_2$。

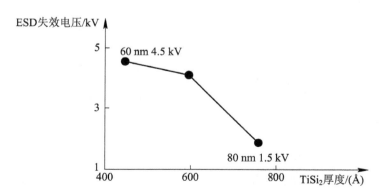

图 5.16　GGNMOS 的 ESD 耐压与硅化物厚度的关系

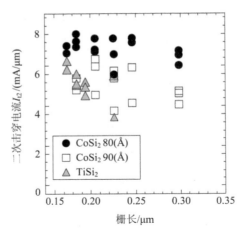

图 5.17 $CoSi_2$ 和 $TiSi_2$ ESD 失效电流的比较

针对 LDD 和硅化物对 ESD 的不利影响，常用的解决方案是增加掩模，在 ESD 防护器件相关区域不做 LDD 扩散或淀积硅化物，如图 5.18 所示。硅化物掩模形成硅化物阻挡层（SAB），可以只做在漏区，好处是只在漏区增加了镇流电阻；也可以做在漏区和源区，但占用面积较大，因为栅与 SAB 区之间需要留有间隔，而且在源区也无必要地增加了镇流电阻；还可以在漏 - 栅 - 源区都做，占用面积小，但又无必要地增大了栅的接触电阻。

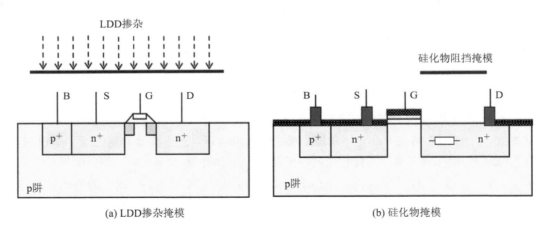

图 5.18 利用额外掩模阻挡 LDD 扩散和淀积硅化物

采用砷掺杂或砷磷混合掺杂而非纯磷掺杂制备 LDD，可以获得更陡峭的掺杂曲线，从而降低 npn 管的结电压，对 ESD 防护也是有好处的，如图 5.19 和图 5.20 给出的实测结果所证实的。从图 5.20 还可看出，MM 耐压随磷掺杂浓度的增加而上升，而随砷掺杂浓度的变化不大。

Halo（亦称 Pocket）是在沟道两端增加与衬底导电类型相同的掺杂微区，如图 5.21 所示，目的是缩短有效沟道长度。从 GGNMOS 防护效果考虑，Halo 虽然使漏结的雪崩倍增因子有所增加，但因提高沟道区掺杂浓度而导致寄生 BJT 的 β 下降得更多，因而对 ESD 鲁棒性是不利的。图 5.22 给出的实测结果表明，Halo 使 ESD 失效电流密度明显下降。Halo 对 ESD 的实际影响不仅取决于掺杂浓度，还与注入能量和注入角度有关。

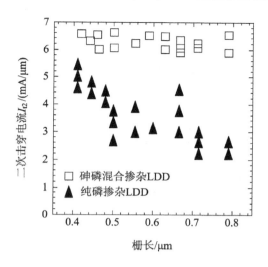

图 5.19　LDD 掺杂方式对 ESD 鲁棒性的影响

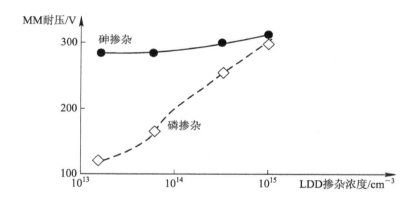

图 5.20　LDD 掺杂浓度对 MM 耐压的影响（0.5 μm 非硅化物工艺）

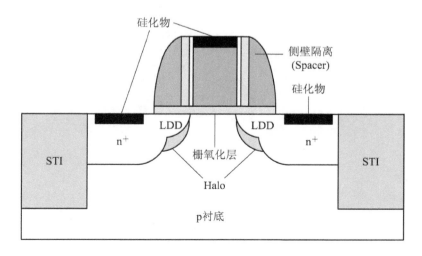

图 5.21　Halo 在 NMOS 工艺结构中的位置

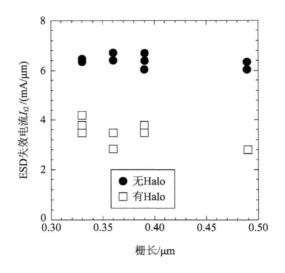

图 5.22　Halo 掺杂对 ESD 失效电流的影响

ESD 防护中的电阻主要用于两级防护的级间限流与隔离、镇流以及 RC 触发电路，有以下两种常用类型：

（1）n 阱扩散电阻：n 阱扩散电阻是指做在 n 阱上的 n^+ 扩散电阻，好处是硅衬底可提供有效热阱，散热容易，缺点是寄生的 n 阱/p 衬底二极管使得其 $I-V$ 特性在高电流区呈现非线性。不同长度 n 阱扩散电阻的 $I-V$ 特性如图 5.23 所示，在低电流区为线性，服从欧姆定律；然后趋于饱和，饱和电流正比于 n 阱掺杂浓度，与电阻宽度有关，与电阻长度无关；在高电流区因发生对衬底的雪崩击穿而呈现骤回特性，临界电压取决于掺杂浓度和电阻的长度；最终形成热击穿。n 阱扩散电阻作为电阻使用时，不应使其进入骤回区。n 阱的低掺杂限制了电阻的工作电流和工作电压。

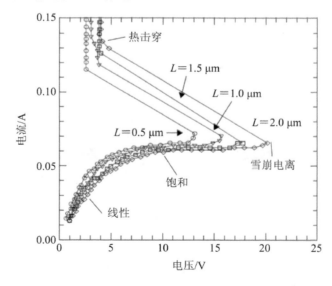

图 5.23　不同长度 n 阱扩散电阻的 $I-V$ 特性

（2）多晶电阻：多晶电阻的阻值取决于多晶硅的厚度及掺杂浓度，不随偏置变化，线性良好，寄生电容和漏电流小，但因为其周围的氧化层阻碍散热，限制了其电流容量和可靠性。为了改善散热，应使其尽量靠近硅表面。

封装面积与管脚数对 ESD 鲁棒性也有影响，尤其是 CDM 模式。随着工艺尺寸的缩小和封装形式的变化，封装面积越来越大，单个封装或单位面积的管脚数越来越多，封装引入的寄生电阻和寄生电容也越来越大。此时，相对于 HBM，封装面积与管脚数对放电电流脉冲宽度只有 1 ns 的 CDM 的影响越来越大。图 5.24 表明，CDM 的耐压随着封装面积和管脚数的增加而不断减少。图 5.25 表明，CDM 的峰值电流随 BGA 封装面积的增加而不断增加。

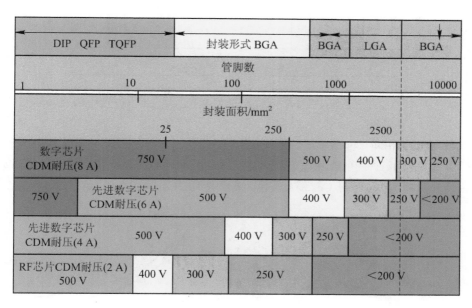

图 5.24 封装的发展对 CDM 防护水平的影响

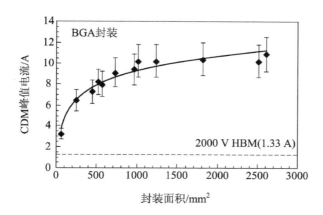

图 5.25 CDM 峰值电流随 BGA 封装面积的变化

5.1.3 互连与层间介质材料的影响

铜互连取代铝互连，对于 ESD 防护是非常有利的。铜互连的电阻率比铝互连低 35%，熔点(1034℃)也远高于铝(660℃)，而且其三面包封结构较铝的一面或两面包封结构(参见图 5.26)，介质的龟裂或横向挤压更为困难，因此铜的 ESD 鲁棒性比铝好 2~3 倍。铜通孔也比铝互连使用的钨塞通孔的 ESD 鲁棒性好。

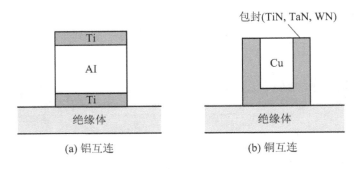

图 5.26　互连的剖面结构

图 5.27 给出了相同尺寸的铝线和铜线在大电流下的 I-V 特性，其非线性归因于自发热效应。图 5.28 比较了三种互连/层间介质(ILD, Inter-Layers Dielectric)组合产生 ESD 损伤的临界电流密度和脉冲宽度，可见 Cu/SiO_2 最优，其次是 Cu/Low-κ 介质，Al/SiO_2 最差。

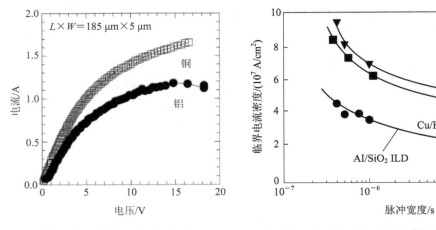

图 5.27　相同尺寸的铝线和铜线的
　　　　　大电流 I-V 特性

图 5.28　不同互连/层间介质的 ESD 临界电流密度
　　　　　和脉冲宽度

低介电常数(Low-κ)、相对介电常数低于 SiO_2 的 3.9 的介质代替 SiO_2 作为互连层间介质(ILD)，可显著减少层间电容，但会降低 ESD 鲁棒性，因为大多数 Low-κ 材料的热导率比 SiO_2 低。例如，HSQ Low-κ 介质(介电常数为 2.9)用于 M_2 和 M_1 互连层时，热阻会比 SiO_2 增加 12% 和 35%。典型的 Low-κ 介质有硅氟化物、HSQ、有机聚合物(聚醚、苯并环乙烯、纳米多孔 SiO_2 等)。图 5.29 比较了 SiO_2 和 HSQ Low-κ 作层间介质时的 HBM 耐压和 MM 耐压，显然 Low-κ 介质较差。

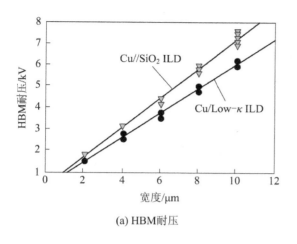
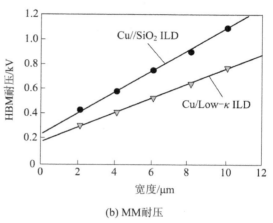

(a) HBM耐压　　　　　　　　　(b) MM耐压

图 5.29　层间介质对 ESD 鲁棒性的影响

5.2　工艺节点缩小的影响

5.2.1　对片上防护设计窗口的影响

随着集成电路遵循摩尔定律的发展，CMOS 芯片的工艺尺寸、器件结构甚至材料构成都在不断发生变化。做出这些变化的初衷大多不是从改善片上可靠性防护出发的，这些变化的结果却会对片上可靠性防护产生或是正面或是负面的影响。这些影响主要体现在以下两个方面：

一方面，集成电路本身的抗电过应力的能力越来越弱。栅氧厚度比电源电压缩减得更快，导致栅氧击穿电压越来越低；沟道面积比功耗缩减得更快，导致芯片被烧毁所需的能量更低；互连线横截面积比电流强度缩减得更快，导致其电流密度不断攀升，电迁移寿命更短；诸如 LDD、STI、硅化物等新工艺的引进，也会导致芯片抗过电压、过电流的能力越来越弱。

另一方面，片上防护器件及电路的设计与实现越来越困难。随着 CMOS 工艺尺寸的缩小，ESD 防护设计的窗口不断在变小。栅介质层变薄，使栅击穿电压（窗口右沿）下降，要求防护器件有更低的触发电压或钳位电压；漏结变浅，使漏结击穿电压（窗口右沿）及二次击穿电流（窗口上沿）下降；互连线截面积变小，使互连线电流密度的失效阈值下降，防护器件的导通电阻增加；电源电压（窗口左沿）降低，但下降比例比前三者小得多，必然导致窗口宽度的缩小；射频模拟和高速数字芯片的发展，还要求防护器件的寄生电容和实现面积更小，给防护设计带来更大的约束。此外，工艺尺寸的精细化还会导致工艺波动的影响加剧，要求防护窗口保留更大的余量。

ESD 防护器件的工艺参数和工艺结构的变化对其防护性能产生显著影响，表 5.1 给出的数据表明，当工艺尺寸从 1 μm 下降到 0.25 μm 时，同样宽度（120 μm）的 p^+/n 阱防护二极管的 ESD 耐压从 9 kV 降到了 3 kV。

表 5.1 工艺尺寸缩小对 p^+/n 阱防护二极管的影响

工艺节点/μm	1.2	0.7	0.5	0.25
氧化层厚度/nm	23.5	15.0	13.5	7.0
外延层厚度/μm	12	2.5	2.0	12
阱深/μm	4.0	1.4	1.2	2.0
有效沟道长度/μm	1.0	0.7	0.5	0.9
硅化物(TiSi)	未采用	采用	采用	采用
STI	未采用	未采用	采用	采用
二极管长度/μm	74	60	43	30
二极管宽度/μm	120	120	120	120
ESD 耐压/kV	9.0	6.5	4.3	3.0

在 0.5～0.1 μm 工艺节点区间，ESD 防护设计窗口宽度随工艺节点及栅氧厚度的变化如图 5.30 所示，可见随着工艺节点的缩小，栅氧击穿电压下降得比电源电压更快，导致防护设计窗口明显变窄。

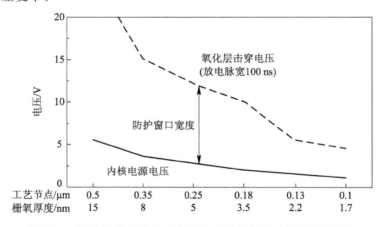

图 5.30 ESD 防护设计窗口宽度随工艺节点及栅氧厚度的变化

由于互连线截面积随工艺节点的缩小而缩小，互连线的失效电流密度也随工艺节点的缩小而降低。如图 5.31 所示，互连线 CDM 电流密度从 180 nm 工艺节点的 500 mA/μm 下降到 45 nm 工艺节点的 200 mA/μm。

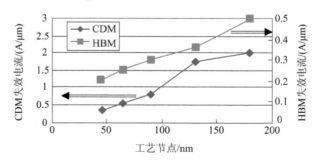

图 5.31 互连线的 ESD 失效电流随工艺节点的变化

高速芯片(传输速率 15～10 Gb/s)的 ESD 防护设计窗口随工艺尺寸的变化如图 5.32 所示。可见,当工艺尺寸从 130 nm 缩小到 45 nm 时,内核电源电压从 3.3 V 降到 1.2 V,栅氧击穿电压从 15 V 降到 4 V,HBM 失效电流从 2 A 降到 0.5 A,防护设计窗口随之不断缩小。

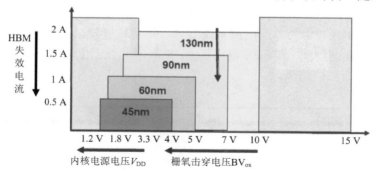

图 5.32 高速芯片 ESD 防护设计窗口随工艺尺寸的变化

除了工艺尺寸缩小导致电压与电流限值降低,使防护设计窗口变小之外,电路性能的提升也会对片上防护设计带来新的约束。数字芯片工作速度和 RF 芯片频率带宽的持续提升,要求片上防护电路的电容越来越小,也会导致防护水平的下降。从图 5.33 给出的数据来看,当数字芯片的数据速率从 2 Gb/s 提升到 20 Gb/s 时,要求防护电路的寄生电容从 400 fF 降到 100 fF,相应地,ESD 防护水平从 HBM 2200 V 降到了 HBM 500 V。低功耗和微功耗芯片则要求防护电路在正常工作状态下具有更低的漏电流。

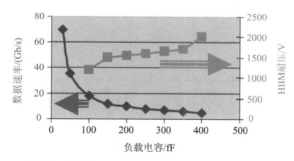

图 5.33 高速芯片数据速率对防护电路的电容及防护水平的影响

从经济角度看,片上防护的综合成本受到硅面积、电路性能、技术资源和研发时间等多种因素的影响,随工艺节点的缩小而不断攀升,如图 5.34 所示。

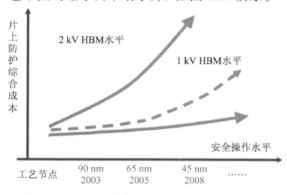

图 5.34 片上防护综合成本随工艺节点的变化

1978 至 2008 年的 30 年间 CMOS 芯片 ESD 防护水平的演变如图 5.35 所示。1978 至
1993 年，得益于 ESD 片上防护技术的开发与应用，CMOS 芯片的 ESD 防护水平从 500 V
提升到了 2000 V 以上；1994 至 2008 年，由于工艺节点的按比例缩减以及电路性能要求的
不断提高，CMOS 芯片的 ESD 防护水平又逐年下降。另一方面，环境控制技术的进步与规
范，使得制造与组装过程中的静电电压不断下降，同时环境控制的改善也使得 CDM 相对
于 HBM 的重要性显著增加。图 5.36 给出了 30 年间不同类型芯片 ESD 防护水平的演变，
呈现出类似的先升后降的趋势。

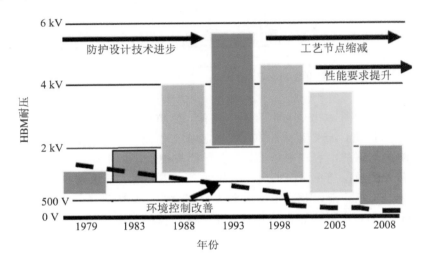

图 5.35　30 年间 ESD 防护水平（HBM 上下限）的演变

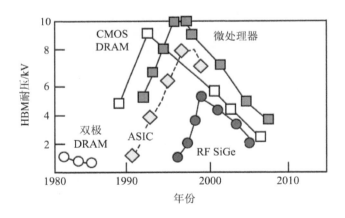

图 5.36　30 年间不同类型芯片 ESD 防护水平的演变

5.2.2　对闩锁的影响

集成电路工艺节点遵循摩尔定律的演变对于闩锁具有双重影响。一方面，集成电路工
艺尺寸的按比例缩小加重了寄生 BJT 之间的耦合，使得闩锁更容易发生；另一方面，集成
电路电源电压依照电场强度不变规则，会随工艺尺寸的缩小逐渐下降，有可能小于闩锁维
持电压，使得闩锁难以维持。

集成电路工艺尺寸的缩小会导致 p^+/n^+ 间距以及隔离槽宽度的缩短，这会导致 pnp 管与 npn 管沿横向的耦合加深，从而加剧闩锁效应。通常 CMOS 器件横向尺寸的按比例缩减比纵向尺寸的缩减更快。此外，考虑到散射现象、阈值电压调制、衬底偏压控制、漏电流和物理定位等约束，工艺尺寸的缩小会对 n 阱和 p 阱的掺杂浓度及注入能量有更严格的限制，不利于面向抗闩锁加固的工艺参数优化。图 5.37 给出了工艺节点与 p^+/n^+ 间距的关系，表 5.2 给出了不同工艺节点下 p^+/n^+ 间距和闩锁维持电压的值。

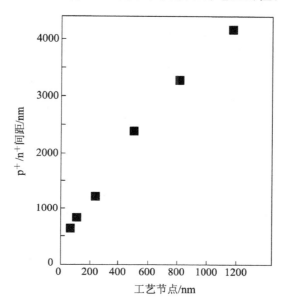

图 5.37　工艺节点与 p^+/n^+ 间距的关系

表 5.2　不同工艺节点下的 p^+/n^+ 间距和闩锁维持电压

工艺节点/μm	p^+/n^+ 间距/μm	维持电压/V
0.5	2.0	6
0.35	1.6	5.5
0.22	1.3	3.7
0.18	1.0	2.7
0.13	0.8	2.7

1990 年代后，CMOS 芯片的电源电压按照恒电场强度规则，随工艺尺寸的缩小而降低。这对于抑制闩锁总体上是有利的。如果电源电压 V_{DD} 低于闩锁的维持电压，则闩锁即使被触发也难以维持。如果 $V_{DD}<0.7$ V，则闩锁难以发生，因为寄生 BJT 难以获得足够高的发射结偏置电压而难以导通。对于亚 20 nm 的 CMOS 器件，内核电压已经小于 1.0 V（参见图 5.38），故难以发生闩锁。不过，其 I/O 电压仍然可达到 1.8 V 甚至 3.3 V，依然可能发生闩锁。对于高压与功率芯片，电源电压可能高达数十伏以上，因此容易发生闩锁，应仔细防范。

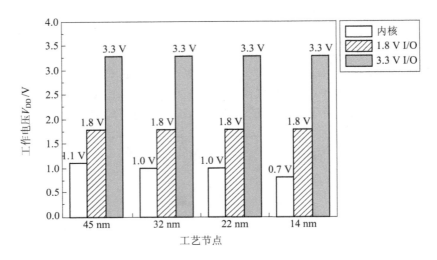

图 5.38   14～45 nm CMOS 芯片的工作电压

此外，CMOS 芯片的衬底已经从早期的低电阻率转向高电阻率，其中一个主要的推动力是为了抑制衬底共模耦合干扰。对于数字、模拟、射频、功率电路融为一体的 SOC 芯片，衬底共模耦合干扰会导致性能劣化。不过，衬底电阻率的增加会对抑制闩锁产生负面影响：其一，衬底（阱）电阻率加大会增加衬底（阱）电阻 $R_{sub}(R_{well})$，使得较小的触发电流就可以诱发闩锁；其二，低掺杂浓度会导致更长的少数载流子寿命，这将会增加寄生 BJT 的电流增益（β_{npn} 和 β_{pnp}），也会增加闩锁发生的概率；其三，高电阻率会导致衬底热阻增加，散热能力下降，闩锁导致的热破坏将更为严重。

5.3   纳米级器件结构的影响

2008 年后，CMOS 芯片的特征工艺尺寸缩小到 45 nm 以下，为了使摩尔定律得以持续，集成规模、芯片性能以及功耗能够进一步改善，MOSFET 的器件结构出现了较大的变化，从平面 FET 逐渐过渡到 FinFET，衬底也从体硅过渡到体硅与 SOI 共存。新型纳米器件结构的出现给片上防护带来了新的问题，必须寻求新的应对措施。表 5.2 是 CMOS 芯片进入纳米阶段的技术节点，给出了从 45 nm 到 7 nm 工艺节点 CMOS 芯片技术演变的关键要素。

表 5.2   CMOS 芯片进入纳米阶段的技术节点

工艺节点	≥45 nm	32 nm	22 nm	14 nm	7 nm
器件结构	平面 FET	平面 FET	平面 FET	FinFET	FinFET
衬底材料	体硅/PD SOI	体硅/PD SOI	体硅/FD SOI	体硅/SOI	体硅/SOI
栅介质材料	SiO_2	High-κ	High-κ	High-κ	High-κ
栅电极材料	多晶硅	金属	金属	金属	金属

5.3.1 从体硅衬底到 SOI 衬底

采用绝缘体而非体硅做 MOS 器件的衬底，形成绝缘体上硅（SOI, Silicon on Insulator）器件，可以显著改善 CMOS 芯片的速度、功耗和抗辐射能力。图 5.39 是 SOI CMOS 与体硅 CMOS 的剖面结构的比较，与体硅 CMOS 相比，SOI CMOS 器件的有源区由隐埋氧化物（BOX, Buried Oxide）所包围，其中 MOSFET 的体区不再通过衬底或阱连到 V_{SS} 或 V_{DD}，而是处于悬浮状态。在正常偏置条件下，体区有可能部分被沟道耗尽区充满，称之为部分耗尽 SOI（PD SOI, Partially Depleted SOI）；也有可能全部被沟道耗尽区充满，称之为全耗尽 SOI（FD SOI, Fully Depleted SOI）。相对于 PD SOI，FD SOI 具有更好的性能，不过需要制备极薄的硅层，工艺难度很大。

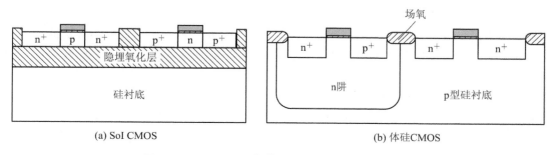

图 5.39　SOI CMOS 与体硅 CMOS 剖面结构的比较

SOI 器件的主要优点体现在：速度快，动态功耗低，因为它大大减少了源/漏扩区的 pn 结电容；漏电流小，静态功耗低，因为它具有更高的亚阈区斜率，从而降低了亚阈值电流；集成密度高，因为它所需要的隔离面积小，短沟道效应弱。

从可靠性防护的角度看，SOI 器件的优点是天然抗闩锁，因为绝缘衬底使寄生的 BJT 无法形成，完全消除了电路本身的闩锁效应，但也使得 SCR 防护结构无法实现。基于 SOI 结构可以实现 GGNMOS 和二极管防护器件（图 5.40 是 SOI CMOS 工艺制备的 p^+/n 阱二极管的剖面结构），不过防护能力逊于体硅器件。有测试结果表明，在可比的条件下，SOI 器件的 ESD 鲁棒性大约仅为体硅器件的 55%。这主要是因为绝缘衬底的热导率远低于硅衬底（SiO_2 的热导率为 1.4 W/m·K，硅的热导率 145 W/m·K），而且缺乏通往硅衬底的梯形热阱，导致散热困难。图 5.41 给出的实测结果表明，对于基于 SOI 结构的 GGNMOS，触发电压、维持电压和失效阈值都比体硅的小，而导通电阻因存在自发热效应而比体硅的大。不过，其低触发电压使得多叉指器件均匀触发更容易实现，其结构也有利于实现二极管防护器件。

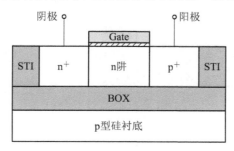

图 5.40　SOI CMOS 工艺制备的 p^+/n 阱二极管的剖面结构

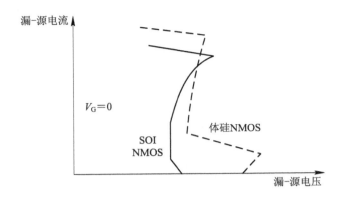

图 5.41　SOI 与体硅 GGNMOS $I-V$ 特性的比较

　　如果采用注氧隔离（SIMOX，Separeation by Implantation of Oxygen）等方法制作局部绝缘衬底，则可以将 ESD 防护器件做在体硅而非绝缘体上（参见图 5.42），从而避免对 ESD 防护的不利影响。如果 SIMOX 的衬底可以导出并与其上 MOSFET 的栅、源相连，可以形成具有双骤回 $I-V$ 特性的 GGNMOS 器件（参见图 5.43）。双骤回 $I-V$ 特性上的第一拐点对应于横向 npn 管的导通，这将造成 SIMOX 耗尽层中性区电势的提升，一旦升到比源极更高时，就会导致 npn 管电流增益的陡增，形成第二个拐点。这会形成更低的维持电压，对于 ESD 防护是有益的。

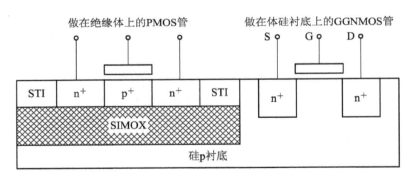

图 5.42　做在局部体硅上的 GGNMOS

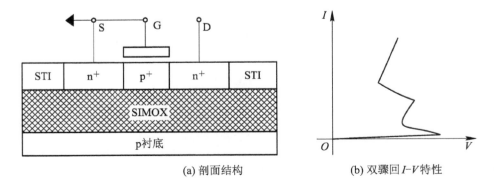

(a) 剖面结构　　　　　　　　(b) 双骤回 $I-V$ 特性

图 5.43　衬底可以引出的 SOI GGNMOS

5.3.2　从平面 FET 到 FinFET

鳍形栅场效应器件(FinFET)将 MOS 器件从二维拓展到三维，其独特的环栅结构大大抑制了短沟道效应，使得 CMOS 技术可以延伸到 10 nm 以下工艺节点，然而对片上防护技术带来了新的挑战。

分别制作在体硅和 SOI 衬底上的 n 沟道平面 FET 和 FinFET 的基本结构在图 5.44 中做了比较。由于 FinFET 特殊的鳍结构和栅结构，使得传统的 ESD 防护器件结构无法直接沿用，同时造成单位表面积上的硅容积大幅度减少，从而使防护器件单位面积的泄流能力和耐压能力也大幅度降低(有可能降低 75% 以上，取决于鳍宽和栅间距)。与体硅 FinFET 相比，SOI FinFET 的防护能力下降得更为显著，这是因为出于优化 FinFET 性能而保证鳍的高度的要求，SOI 薄膜的厚度要进一步减薄。

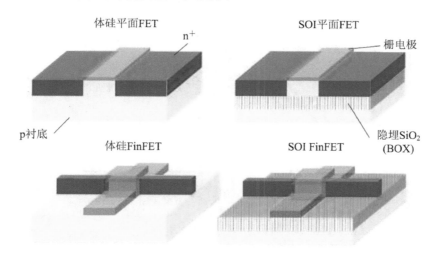

图 5.44　分别制作在体硅和 SOI 衬底上的 n 沟道平面 FET 和 FinFET 结构的比较

基于体硅 FinFET 结构，将 S/D 区的任一个 n^+ 改成 p^+，而栅悬置，即可构成栅隔离 p^+/n 二极管；将 S/D 区的任一个 p^+ 改成 n^+，而栅悬置，即可构成栅隔离 n^+/p 二极管。基于 SOI FinFET 结构，只要将 S/D 区的任一个 n^+ 改成 p^+，而栅悬置，即可构成栅隔离 n^+/p^+ 二极管。这些二极管均可用于 ESD 防护。基于 SOI FinFET 的栅隔离 n^+/p^+ 二极管结构如图 5.45 所示。

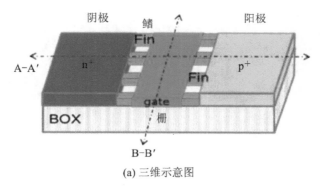

(a) 三维示意图

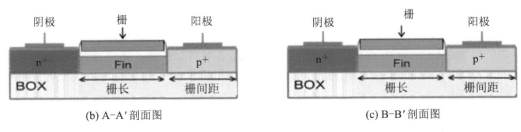

(b) A-A' 剖面图　　　　　　　　　　　　　　(c) B-B' 剖面图

图 5.45　基于 SOI FinFET 的栅隔离 n^+/p^+ 二极管结构

用 TLP 测试对基于平面 FET 和 FinFET 结构制备的二极管防护性能进行了评估，结果如图 5.46 所示。可见，FinFET 二极管单位周长电流随电压的变化规律与平面 FET 二极管相同，但失效电流（14.5 mA/μm）远大于后者（6.2 mA/μm），二者大约相差 2 倍；FinFET 二极管单位硅面积电流远低于平面 FET 二极管，二者的失效电流大约相差 7 倍（FinFET 为 16 mA/μm²，平面 FET 为 2.4 mA/μm²）。这是由于 FinFET 格子状的鳍栅分布结构导致的。

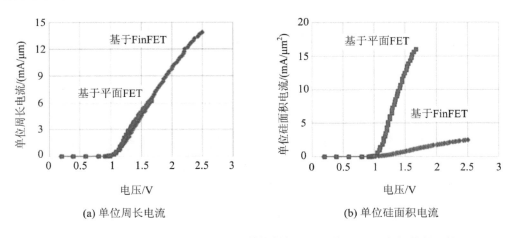

(a) 单位周长电流　　　　　　　　　　　　　　(b) 单位硅面积电流

图 5.46　基于平面 FET 和 FinFET 结构制备的二极管 TLP 防护性能的比较

基于体硅 FinFET 和 STI 工艺实现的 p^+/n 二极管的结构如图 5.47 所示。根据阳极至阴极放电电流方向的不同，有沿 C 取向和沿 P 取向两种结构。C 曲线沿着金属栅（PC，图中

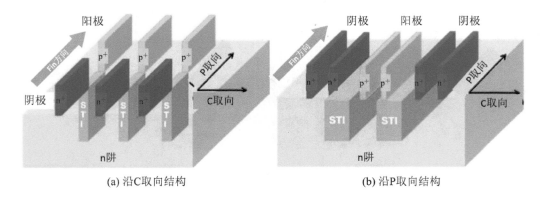

(a) 沿C取向结构　　　　　　　　　　　　　　(b) 沿P取向结构

图 5.47　基于体硅 FinFET 和 STI 工艺实现的 p^+/n 二极管的结构

未标)的走向；P 取向与 C 取向垂直，与鳍条的走向相同。对于沿 C 取向的二极管，鳍被切割成若干小岛，其间用 STI 隔离，p^+ 与 n^+ 交替穿插在小岛之间，放电电流沿着鳍条流动；对于沿 P 取向的二极管，p^+ 和 n^+ 做在鳍条上，放电电流在 STI 下的 n 阱中流动。相对而言，沿 P 取向的二极管的面积利用率更高，而沿 C 取向的二极管单位面积放电电流更大，通常认为沿 P 取向值得作为体硅防护二极管的首选结构。图 5.48 是沿 P 取向二极管的顶视图，其中对防护鲁棒性及寄生电容影响较大的参数有鳍长、栅间距以及在阴极区、阳极区及阳极与阴极之间区域的 Fin 数量。

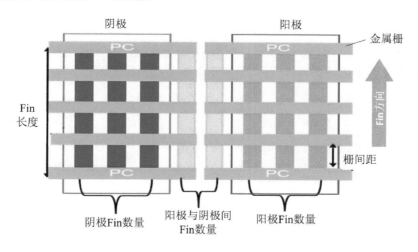

图 5.48　沿 P 取向二极管的顶视图

由于 SOI 的绝缘衬底氧化层热导率比硅低，而且缺乏通到硅衬底的梯形衬底，因此 SOI FinFET 的 ESD 鲁棒性远逊于体硅 FinFET。图 5.49 给出的实测结果证明了这一点。Fin 越薄，散热性能越好，因此其失效电流会增加，但同时其电容会急剧增加，导致定义为失效电流与寄生电容之比的 RF 优值下降。从图 5.49(b) 来看，对厚鳍器件而言，虽然体硅的失效电流仍然远大于 SOI，但二者的 RF 优值已经差别不大。

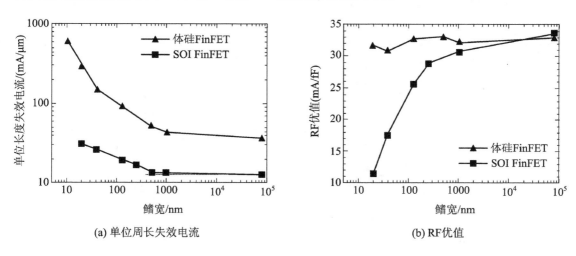

(a) 单位周长失效电流　　　　　　　　　(b) RF 优值

图 5.49　FinFET 防护二极管的失效电流及 RF 优值随 Fin 宽的变化

5.3.3 对片上防护参量的影响

文献[35]依据格芯（Gloablfoundries）公司开发的工艺，对 350 nm 至 7 nm 不同工艺节点制备器件的 ESD 关键防护参量进行了全面的测试评估。作为评估对象的器件有：350～32 nm 的体硅平面 FET，180 nm～22 nm 的 PDSOI 平面 FET，14 nm 与 7 nm 的体硅 FinFET，14 nm 的 SOI FinFET，22nm 的 FDSOI FET 结构。所有器件均采用了硅化物，器件宽度 50～200 μm，叉指数 1～5。

1. 栅氧击穿电压

栅氧厚度随工艺节点的变化如图 5.50 所示，可见 65 nm 以下栅氧厚度随工艺尺寸的变化趋于平缓（参见其中内插图），这可以归因于引入了金属栅工艺。

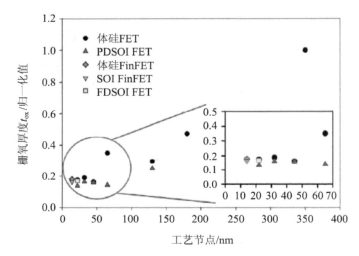

图 5.50　NMOS 栅氧厚度随工艺节点的变化

栅氧击穿电压随工艺节点的变化如图 5.51 所示，测量时以源-漏短接作为一极，栅作为

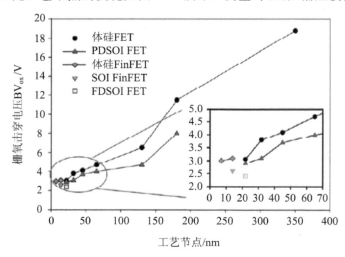

图 5.51　NMOS 栅氧击穿电压随工艺节点的变化

一极，采用 TLP 的 100 ns 方波脉冲作为测试应力。比较图 5.50 和图 5.51 可知，栅氧厚度和栅氧击穿电压都随工艺节点的缩小而缩小，二者表现出近似相同的变化规律，这是因为如果栅氧击穿的临界场强相同，则栅氧击穿电压与栅氧厚度成正比。当工艺节点从 350 nm 缩小到 7 nm 时，栅氧击穿电压降为原来的 $\frac{1}{8}$。在 22 nm 至 7 nm 区间，栅氧击穿电压约为 2～2.5 V，而工作电压为 0.9 V 左右，显然这使得 ESD 防护设计窗口变得极其狭窄。

随着工艺节点进入纳米区间，栅氧击穿电压随工艺节点的缩小而降低的速率变慢，由图 5.51 数据可得，在 180～65 nm 段，降低速率为 0.059 V/nm，在 65～14 nm 段，降低速率为 0.031 V/nm；在 FinFET 段，降低速率为 −0.014V/nm，即此时栅氧击穿电压甚至随工艺尺寸的缩小而略有上升。

2. 触发电压

将 NMOS 管接成 GGNMOS、PMOS 管接成 GDPMOS，用 100 ns TLP 测试其 $I-V$ 特性，可以获得其触发电压。实测数据如图 5.52 所示，可见触发电压随工艺节点的缩小而降低，从 350 nm 的 9～11 V 降至 22 nm 以下的 2～6 V，这是因为沟道长度（即寄生 BJT 的基区宽度）缩小导致寄生 BJT 的电流增益增加所致。在同样的工艺尺寸下，SOI FET 的触发电压低于体硅 FET 的触发电压，这是因为 SOI 器件的浮体效应所致。由图 5.52(a) 的内插图可见，对于基于 FinFET 的 GGNMOS 器件，工艺尺寸从 14 nm 降至 7 nm 时，其触发电压不升反减。触发电压的减少也会使 ESD 防护设计窗口变窄。

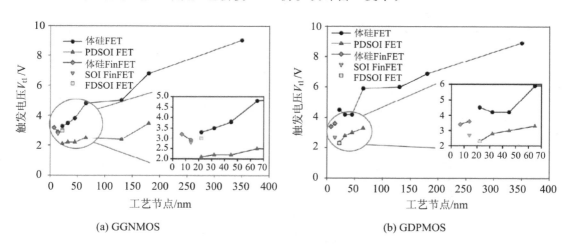

图 5.52　触发电压随工艺节点的变化

3. 失效电流

失效电流是采用方波脉冲宽度为 1 ns 的 VF-TLP 测量的，结果如图 5.53 所示。可见，在大多数工艺节点下，NMOS 的失效电流大于 PMOS；失效电流随工艺尺寸的缩小而显著减少，对于基于平面 FET 的 GGNMOS，失效电流从 180 nm 的 30 mA/μm 降低到 22 nm 的 5 mA/μm，降低至原来的六分之一；FinFET 的出现使失效电流陡降，14 nmFinFET 的失效电流只是 22 nm 平面 FET 的四分之一，这是对纳米级 MOS 器件 ESD 防护技术的严峻挑战。

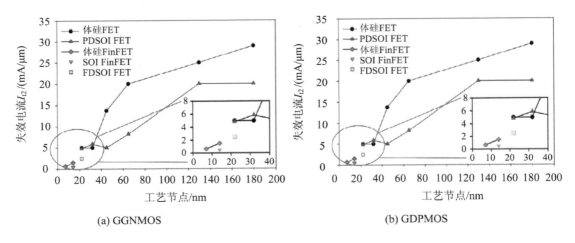

(a) GGNMOS　　　　　　　　(b) GDPMOS

图 5.53　失效电流随工艺节点的变化

4. 寄生电容

ESD 防护二极管的寄生电容是限制其射频与高速应用的重要因素。图 5.54 比较了不同工艺尺寸和不同器件结构制作的防护二极管的寄生电容以及相应的面积，可见在近似相同的硅面积下，FinFET 的寄生电容明显高于平面 FET，二者之间有数倍的差距。雪上加霜的是，小尺寸工艺的金属线载流能力也在下降。如图 5.55 所示，14 nm FinFET 工艺制备的第一层金属线（M_1）的载流能力大约只有 32 nm 平面 FET 工艺的 $60\% \sim 70\%$。在此情形下，要驱动大电容负载就必须增加金属线的宽度。

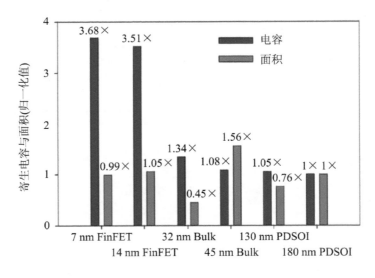

图 5.54　防护二极管的寄生电容与面积

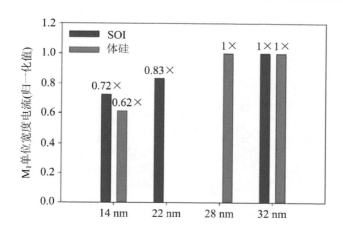

图 5.55　第一层金属线的单位宽度电流容量

5.3.4　对闩锁的影响

在可比的工艺特征尺寸和掺杂浓度条件下，环栅结构的 FinFET 与平面栅结构的常规 MOSFET 相比，其寄生 BJT 的电流增益更大，所以更容易发生闩锁。

双阱 CMOS 体硅 FinFET 的 pnpn 闩锁及其等效电路结构如图 5.56 所示，鳍宽为 10 nm，鳍间距为 45 nm，鳍高为 30 nm，采用先进的 LI(Local Interconnect)可以制备间距短至 110 nm 的互连线。n 阱电阻由纵向 n 阱电阻 $R_{V,NW}$ 和横向 n 阱电阻 $R_{H,NW}$ 两部分组成，p 阱电阻由纵向 p 阱电阻 $R_{V,PW}$ 和横向 n 阱电阻 $R_{H,PW}$ 两部分组成。纵向电阻是由沟槽隔离结构带来的，对 BJT 电流增益的影响比横向电阻更大。

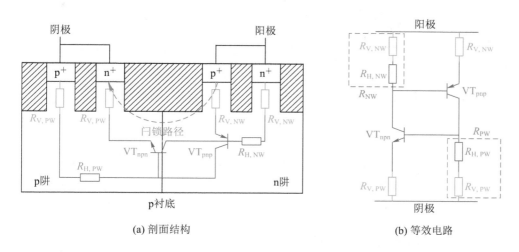

(a) 剖面结构　　　　　　　　　　　　　(b) 等效电路

图 5.56　双阱 CMOS 体硅 FinFET 的 pnpn 闩锁结构及其等效电路

从 FinFET 和平面 FET 的槽结构(图 5.57)来看，在同样的阱掺杂浓度下，平面 FET 的 STI 深度大约是 FinFET 的 3.6 倍，因此纵向电阻约为 FinFET 的 4 倍。测量得到的 FinFET 的 $R_{V,NW}$ 为 2.2 kΩ，而平面 FET 的 $R_{V,NW}$ 为 8.72 kΩ，同样 FinFET 的 $R_{V,PW}$ 的值也远低于平面 FET。

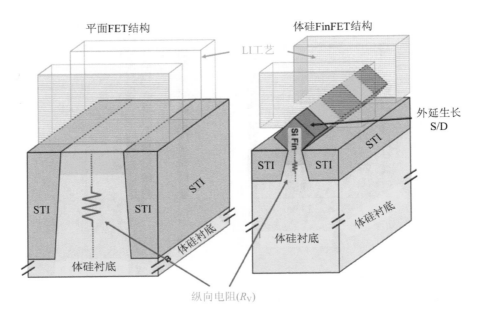

图 5.57　FinFET 与平面 FET 槽结构的比较

　　纵向电阻构成 npn 管和 pnp 管的发射极电阻(参见图 5.56(b)),因此纵向电阻越小,则 npn 管和 pnp 管的电流增益越大。因此,FinFET 的 npn 管和 pnp 管电流增益大于平面 FET。这已经被实测结果所证实,如图 5.58 所示。

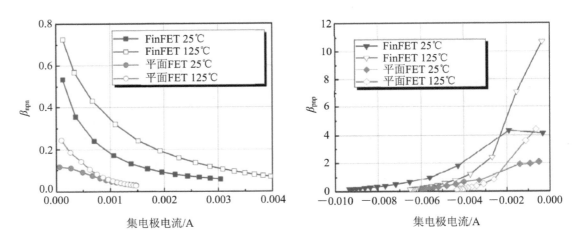

图 5.58　FinFET 与平面 FET 电流增益的比较

　　从图 5.58 还可以看出,npn 管的电流增益在高温下(125℃)比常温下(25℃)更大,pnp 管的电流增益在高温下比常温下更小。这是由 p 衬底的加热效应引起的。p 衬底对 npn 管而言属于基区,少数载流子(电子)的浓度和扩散系数都随温度升高而显著上升,导致 npn 管的集电极电流和电流增益增加。p 衬底对于 pnp 管而言属于集电区,多数载流子(空穴)的浓度随温度的上升而下降,导致集电区串联电阻上升,pnp 管的集电极电流和电流增益随温度的上升而下降。

5.4 新型片上防护器件

5.4.1 异质集成防护器件

利用裸芯粒组（Chiplet）和异质集成（HI，Heterogeneous Integration）技术，以准三维（2.5D）的方式将不同工艺、不同结构甚至不同材料制备的芯片及其他元器件集成在一个衬底之上，即形成所谓系统集成芯片（SOIC/SOID，System on Integrated Chips/Dies），也称微系统（Micro-System）。图 5.59 给出了一个 SOIC 的实例，将高性能 CPU/GPU/NPU 芯片、高带宽存储器堆栈、RF 收发器、GaN/SiC 宽带隙功率器件、微纳机电系统（MEMS/NEMS，Micro/Nano Electromechanical System）、传感器和执行器等集成在一个衬底上，并用硅通孔（TSV，Through Silicon Via）、铜通孔（Cu post）、铜柱、铜－铜直接结合和局部桥（Local Bridge）等构成的重布线层（RDL，Re-Distribution Layer）来实现它们之间的互连。

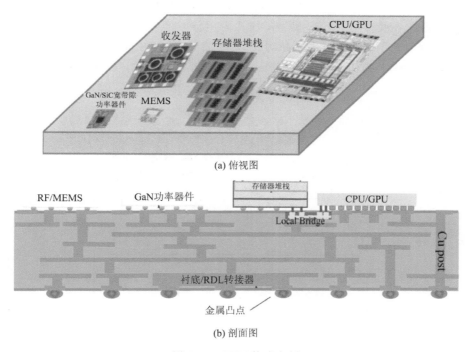

(a) 俯视图

(b) 剖面图

图 5.59 SOIC 构成实例

尽管 SOIC 是否比单片系统集成的 SOC（SOC，System on Chip）方式更为经济或有效尚存争议，却给 ESD 防护设计提供了更多的可能性，也推动 ESD 防护出现了更加多元化也更具创新性的概念、方法或者技术上的探索。

在 SOIC 中，ESD 防护电路可以作为独立芯片出现，也可以作为一个转接器（Interposer）插件植入衬底，或者嵌入到 TSV 或铜通孔内。例如，将二极管防护芯片（ESD Die）作为一个独立芯片来设计制作，然后通过倒装焊与核心 IC 芯片堆叠互连，如图 5.60 所示，该芯片采用了 45 nm SOI CMOS 工艺。

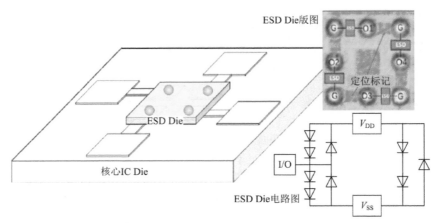

图 5.60　二极管防护芯片与核心 IC 芯片堆叠互连的实例

　　二极管可以制作在硅通孔（TSV）中。图 5.61 是在 TSV 中实现多晶硅/Si pn 结二极管的一例。与常规的平面结构 STI 二极管相比，这种纵向结构二极管的放电电流和温度分布更为均匀，不容易形成热点。验证样品的制备过程是这样的：开直径 $400~\mu m$、深 $100~\mu m$ 的 TSV；通过热氧化在孔壁覆盖 SiO_2 薄膜；在孔内生长 p 型单晶硅柱；淀积多晶硅，通过离子注入完成多晶硅的 n 型掺杂。从样品的 TLP 测试 I–V 特性来看，触发电压约为 2 V，失效电流 13 mA 过小。仿真结果表明，如将多晶硅改为单晶硅会大幅度提升失效电流。

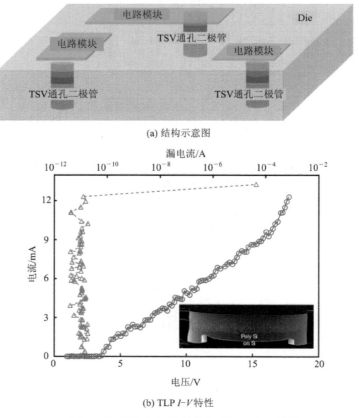

(a) 结构示意图

(b) TLP I–V 特性

图 5.61　在 TSV 中实现多晶硅/Si pn 结二极管

5.4.2 纳米棒与石墨烯

用纳米棒取代硅二极管作为 ESD 防护器件，不仅可以实现比二极管更好的 ESD 鲁棒性，而且可以节省硅面积。如图 5.62(a)所示，纳米棒阵列由两层金属电极(Cu 和 W)以及它们在节点处的绝缘介质构成，用氧化物(ISO，Isolation Oxide)隔离。这里使用的介质是一种掺入 Cu 离子的相变纳米材料 $Si_xO_yN_z$，厚度为 20 nm 或 50 nm。在正常工作条件下，此介质表现为理想的绝缘材料，器件截止，漏电流很小($\sim$pA)；在 ESD 放电条件下，介质中的 Cu 离子成为隧穿小岛，器件导通，阻抗很低。对 5×5 阵列且节点面积为 5 μm×5 μm 的验证器件的实测 $I-V$ 特性如图 5.62(b)所示，可见它具有双向骤回防护特性。极限电流测试表明它在高达 9 A 的电流冲击下不会损坏，VF-TLP 测试则表明它能对短至 100 ps 的放电脉冲作出响应。纳米棒的双向防护特性以及制作在 IC 有源器件层之上的特点，都有利于节约防护器件占用的面积。

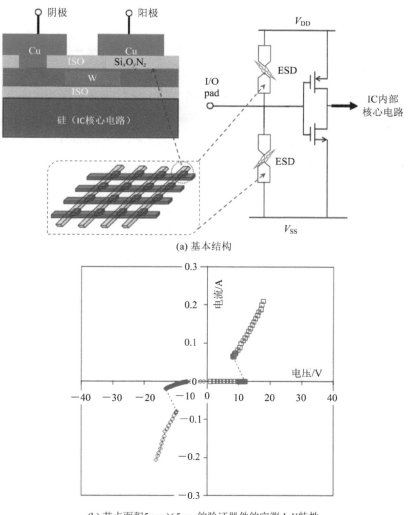

(a) 基本结构

(b) 节点面积5 μm×5 μm的验证器件的实测$I-V$特性

图 5.62 用纳米棒阵列实现的 ESD 双向防护器件

石墨烯的电子迁移率（～5000 cm²/V·s）、热导率（～5.300W/m·K）、杨氏模量（～1TPa）和机械强度都远高于传统的半导体材料，加上其二维结构，对于制备防护器件都是非常有利的。已经有研究者做了初步尝试。图5.63(a)给出的石墨烯纳机电（gNEMS，graphene NEMS）开关就特别适合用作ESD防护器件。接到两个被防护pad上的Ti/Pd/Au电极与上方的石墨烯碳纳米薄膜（GNR，Graphene Nano Ribbon）及下方的重掺杂硅衬底形成一空腔。在正常工作条件下，GNR与衬底不接触，对芯片功能无影响；ESD到来时，静电引发的机械应力会使GNR接触底部的重掺杂硅衬底，形成低阻放电通道；ESD结束后，GNR又会自动恢复原状。图5.63(b)给出的TLP $I-V$ 特性表明，gNEMS开关具有双向防护特性。由于石墨烯的高杨氏模量，gNMES的开关速度极快，响应时间可达到VF-TLP测试的100 ps量级，而且寄生效应几乎可以忽略，其单位面积的电流容量可达 $1.19×10^{10}$ A/cm²，单位面积耐压可达178 kV/μm²。

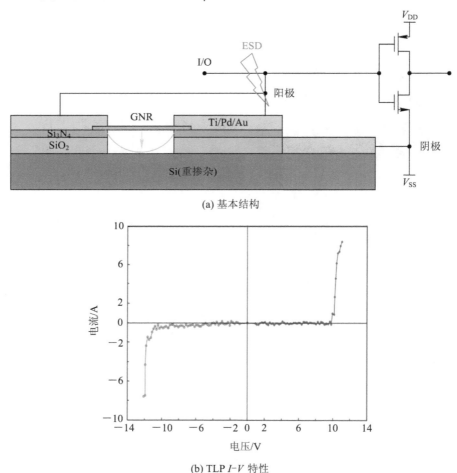

图5.63　基于石墨烯纳米薄膜制作的纳机电开关用于ESD防护

另外，石墨烯的高迁移率和高热导率使得它非常适合取代铜或者铝作为防护器件的互连线。图5.64就是用石墨烯纳米线作为上述gNEMS开关的互连线，其最大允许电流密度大约是铜的13倍，因此线宽可以更窄，从而减少了寄生电容。

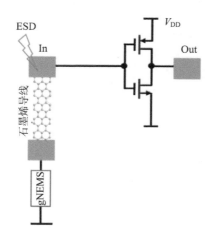

图 5.64　石墨烯作为防护器件的互连线

5.4.3　现场可编程防护器件

对于数据速率达到 $20 \sim 100$ Gb/s 的超高速芯片，即使防护器件的寄生电容低至几个 fF 也是无法接受的。如果超高速芯片在使用现场几乎无遭遇 ESD 冲击的可能性，那么防护器件只要在芯片测试与组装过程中起到保护作用即可。对于这种应用场景，我们就可以在使用现场利用一次可编程(熔丝)技术切断 ESD 防护器件与内部电路的连接，从而彻底消除防护器件寄生效应对芯片应用的影响。这称为"现场废弃(field dispensable)"法。

图 5.65 给出了这种方法在 28 nm1P10M CMOS 工艺制备的超高速收发芯片 I/O 口 CML 缓冲器保护的一个实例。在 M_7 和 M_8 金属层上制备了四种熔丝，包括：4 μm 宽的四列金属线，4 μm 宽、每边带 1 μm 豁口的四列金属线，8 μm 宽、每边带 2 μm 豁口的金属线，两条 8 μm 金属线之间的通孔。熔丝的熔断电流必须比正常工作条件下的直流与交流电流大，同时应比 ESD 的失效电流要小。图 5.66 给出的 $M_7 - M_8$ 通孔熔丝在四种情况下的最大电流随金属熔丝宽度的变化符合上述规律，其中 ESD 最大放电电流是通过 TLP 测得的。上述四种结构的熔丝的直流熔断电流分别为 0.19 A、0.46 A、0.55 A 和 0.99 A。

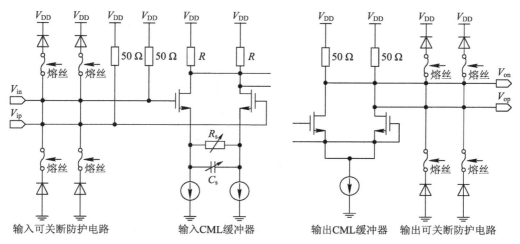

图 5.65　超高速收发芯片 I/O 口 CML 缓冲器保护电路

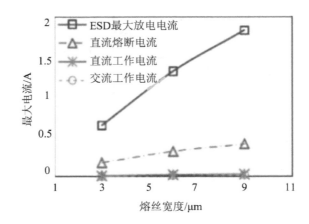

图 5.66 $M_7 - M_8$ 通孔熔丝最大电流与熔丝金属宽度的关系

当多个不同类型的芯片接至同一个 pad 时，如果它们各自防护电路的触发电压 V_{t1} 不同，在 ESD 到来之时就会出现导通时间不一致的情况，有可能导致先导通的器件因为承受应力过大而烧毁。即使是同一芯片，也有可能因为制造厂商不同或者工艺离散而导致 V_{t1} 不同。在现场上机使用时，还有可能因为环境温度或电源电压的不同导致所需要的 V_{t1} 不同。为此，触发电压现场可编程的防护器件被提出，图 5.67 是其中一例。在 MOSFET 栅介质中植入一层表面涂敷有 $CoSi_2$ 的纳晶量子点（NC-QD，Nano Crystal Quantum Dots），可通过与硅衬底之间的隧穿来交换电荷。现场使用者通过控制栅极电压来改变 NC-QD 带电状态，从而改变 V_{t1}。量子点的尺寸为 10 nm，密度为 4×10^{11} cm^{-2}。实测 TLP 特性表明，编程调整的 V_{t1} 范围达到 2 V 左右，常态漏电流只有 15 pA。

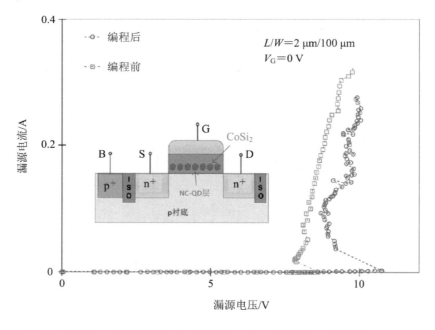

图 5.67 用纳晶量子点实现触发电压可编程 MOS 防护器件

本章要点

- CMOS 芯片遵循摩尔定律的发展，使得其抗电过应力能力越来越弱，同时片上防护器件及电路的设计与实现越来越困难。栅氧厚度下降导致栅击穿电压降低，漏结变浅导致漏结击穿电压降低，MOS 管与互连线电流密度的下降导致失效电流降低，这都会使得片上防护设计窗口越来越小。不过，工艺参数的演变对于片上防护的影响也不都是负面的，譬如沟道长度的缩减以及衬底或阱电阻率的降低会使寄生 BJT 效应加强，从而增强 GGNMOS 和 SCR 器件的防护能力。

- STI 取代 LOCOS 隔离，倒阱掺杂取代扩散阱掺杂，引入 LDD、Pocket 和硅化物，对于片上防护都是不利的。用铜互连取代铝互连对于片上防护是有利的，因为前者的电导率比后者高；用 Low $-\kappa$ 介质取代 SiO_2 对片上防护是不利的，因为前者的热导率比后者低。

- SOI CMOS 的防护能力低于体硅 CMOS，其绝缘衬底的热导率远低于硅衬底，而且 SCR 防护结构难以实现。FinFET 的立体鳍栅结构使得其单位面积的泄流能力和耐压能力远不如平面 FET，SOI FinFET 的 ESD 鲁棒性不如体硅 FET。

- 集成电路工艺尺寸不断缩小使得寄生晶体管的电流增益以及相互之间的耦合增大，导致闩锁敏感性上升；集成电路电源电压逐渐下降有可能使之高于闩锁维持电压，又会使闩锁难以维持。

- 异质集成使得基于不同工艺、不同结构甚至不同材料来制备防护器件成为可能。TSV 二极管、纳米棒阵列、石墨烯纳机电开关和量子点可编程器件等，为防护器件的创新发展开拓了更广阔的空间。

综合理解题

在以下问题中选择你认为最合适的一个答案（注明"多选"者可选 1 个以上答案）。

1. MOS 管体电阻率增加导致哪一种防护器件的性能变差？_____。

A. 二极管　　　　　　B. GGNMOS　　　　　　C. SCR

2. 哪一种工艺制作的 p^+/n 阱二极管的防护性能相对最差？_____。

A. LOCOS 扩散阱　　B. LOCOS 倒阱　　　C. STI 扩散阱　　　D. STI 倒阱

3. 哪一种漏掺杂工艺制作的 GGNMOS 的防护性能相对最差？_____。

A. 磷掺杂 LDD　　　　　　　　　　B. 砷磷掺杂 LDD

C. 磷掺杂 LDD＋Pocket　　　　　　D. 砷磷掺杂 LDD＋Pocket

4. 对于防护器件，不做硅化物的区域最好是_____。

A. 源区　　　　　　B. 漏区　　　　　　C. 栅区　　　　　　D. 源、漏、栅区

5. 哪一种互连/层间介质材料的防护性能相对最好？_____。

A. Al/SiO_2　　　　B. $Al/Low-\kappa$　　　C. Cu/SiO_2　　　D. $Cu/Low-\kappa$

6. 哪一种 NMOS 工艺对防护效果最有利？_____。

A. 硅化物工艺　　　　B. LDD 工艺　　　　C. 硅化物阻挡工艺

7. 随着工艺尺寸按比例缩减，ESD 设计窗口不断缩小的原因是 _____。（多选）

A. 沟道长度缩短　　　　　　　　　B. 栅介质厚度减少

C. 互连线截面积减少　　　　　　　D. 电源电压下降

8. 哪一种结构的防护二极管的单位面积失效电流最小？_____。

A. 体硅平面二极管　　　　　　　　B. SOI 平面二极管

C. 体硅 FinFET 二极管　　　　　　D. SOIFinFET 二极管

第6章　纳米CMOS器件可靠性模型与仿真

> 居安思危，思则有备，有备无患。——先秦·左丘明《左传·襄公十一年》

除了电过应力对工业芯片可靠性构成的威胁之外，器件内部缺陷导致的器件性能随时间退化乃至失效是影响工业芯片长期可靠性的主要原因。特别是 CMOS 的特征工艺尺寸缩小到纳米尺度之后，因各种与时间相关的失效机理导致的 CMOS 芯片可靠性问题日益严重。本章在分析了纳米 CMOS 器件可靠性面临的挑战之后，讨论了纳米 CMOS 器件的主要可靠性退化机理，给出了用于定量表征这些机理的 CMOS 器件可靠性模型，最后介绍了纳米 CMOS 工艺、器件及电路的可靠性仿真方法。

6.1　纳米 CMOS 器件可靠性面临的挑战

如今的集成电路多采用 CMOS 技术制造而成，而 CMOS 技术最大的特点就是随着工艺水平的不断进步，其特征尺寸可不断按比例缩小，从而使 CMOS 集成电路芯片的性能不断提升，成本不断降低。但是，随着 CMOS 工艺节点的不断演进，尤其是当 CMOS 的特征尺寸缩小到纳米尺度后，栅氧化层缺陷和栅介质击穿相关的可靠性退化问题变得日益严重，极大地限制了 CMOS 集成电路的广泛应用。此外，为保证按比例缩小过程中 CMOS 器件的电学特性不衰退，各种先进材料（如高 κ 栅介质、SiGe 沟道等）先后被引入 CMOS 工艺中。新材料的引入一方面提升了器件的性能，但另一方面也给 CMOS 器件及电路的可靠性带来新的挑战。CMOS 器件的可靠性问题的难点一方面来自 CMOS 器件本身复杂的退化机理，另外一方面则来自 CMOS 集成电路复杂的应用场景。

随着 CMOS 器件尺寸达到纳米尺度，可靠性问题已成为限制 CMOS 集成电路发展的关键性瓶颈问题。如图 6.1 所示，在过去的 40 年中，与 CMOS 器件可靠性相关的论文的数量呈指数级增长，该数量变化也反映出 CMOS 器件和电路的可靠性问题逐渐成为学术界和工业界关注的研究热点。因此，为了应对纳米尺度 CMOS 器件面临的可靠性挑战，就需要针对可靠性问题从物理机理、退化模型、仿真方法以及电路优化等多方面开展深入研究。

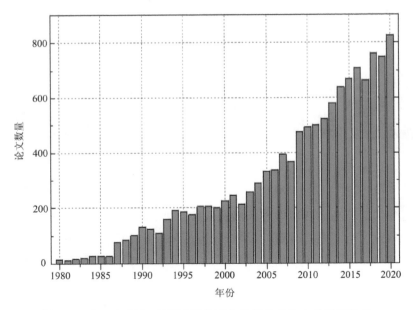

图 6.1　近 40 年间与 CMOS 器件可靠性相关的论文的发表数量

6.1.1　氧化层电场增强带来的可靠性问题

首先，在器件尺寸缩小过程中，电路工作电压不能随着器件尺寸的缩小按同样比例缩小。这是因为电路的工作电压的缩小受到阈值电压和工艺涨落等诸多因素的限制。一方面，过小的阈值电压会使得 CMOS 器件的泄漏电流急剧增大，严重增加 CMOS 电路的静态功耗；另一方面，由于器件电学特性受工艺涨落的影响，在电路设计过程中需留下足够大的设计裕度来保证电路正常工作。因此，随着 CMOS 器件尺寸的不断缩小，可靠性退化和工艺涨落的加剧使得电路的设计裕度越来越小（如图 6.2 所示），这极大地限制了电路工作电压的进一步缩小。

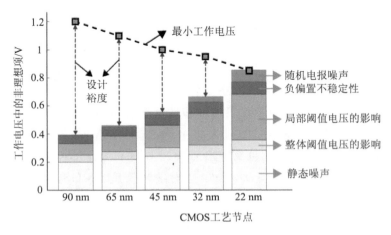

图 6.2　电路设计裕度和工作电压随工艺节点的变化趋势

同时，在新的工艺节点下，栅氧化层厚度减小，沟道长度也减小，而工作电压基本维持不变，这就导致栅介质中的电场强度 E_{ox} 以及硅沟道中的电场强度 E_{Si} 随着沟道长度的缩小逐渐增大(参见图6.3),从而使得CMOS器件中与电场强度相关的可靠性退化问题变得越来越严重。

　　其次,当栅氧化层厚度按比例缩小到几个纳米的厚度时,由隧穿效应引起的栅极泄漏电流将会呈指数级增长。为了抑制栅极泄漏电流,一种较为有效的方式是用更高介电常数的栅介质材料替代传统的 SiO_2 栅介质,这种高介电常数栅材料也称作高 κ 栅介质材料。采用高 κ 栅介质后,在保证栅介质物理厚度足够厚的前提下(不发生隧道击穿),还可以进一步提升栅氧化层电容,从而满足工艺节点按比

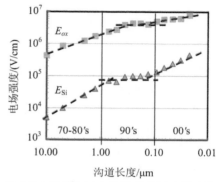

图6.3　栅氧化层电场随器件尺寸缩小的变化趋势

例缩小的要求。但是,采用高 κ 栅介质后,栅栈中的电场强度会不断增大,从而导致栅介质中与陷阱相关的可靠性退化问题变得愈发严重。

　　90 nm 工艺的 SiO_2/多晶硅栅栈结构和 32 nm 工艺的高 κ 栅介质/金属栅栈结构如图6.4所示。可见,对处于反型状态下的晶体管,每个栅栈中 SiO_2 上的电场 E_{SiO_2} 可以表示为

$$E_{SiO_2} = \frac{V_{GS} - V_{th}}{EOT} \qquad (6.1)$$

式中: V_{th} 是阈值电压,EOT(Effective Oxide Thickness)是有效氧化层厚度。那么,对于 90 nm 工艺和 32 nm 工艺的栅栈,其对应的 EOT 满足

$$EOT_{90\ nm} = t_{SiO_2} \qquad (6.2)$$

$$EOT_{32\ nm} = t_{IL} + \frac{\varepsilon_{SiO_2}}{\varepsilon_{H\kappa}} t_{H\kappa} \qquad (6.3)$$

式中: t_{SiO_2} 为 90 nm 工艺下 SiO_2 的厚度,一般为 2.0~2.4 nm; t_{IL} 为 32 nm 工艺下 SiO_2 界面层的厚度,一般为 0.5~1 nm; $t_{H\kappa}$ 为 32 nm 工艺下高 κ 栅介质的厚度,一般为 2~4 nm; ε_{SiO_2} 和 $\varepsilon_{H\kappa}$ 分别是 SiO_2 ($\varepsilon_{SiO_2} \approx 3.9$)和高 κ 栅介质($\varepsilon_{H\kappa} \approx 30$)的介电常数。因此,不难看出 $EOT_{32\ nm}$ 小于 $EOT_{90\ nm}$,这就导致高 κ/金属栅栈结构中 SiO_2 界面层的电场大于传统 90 nm 的 CMOS 工艺下 SiO_2 栅介质中的电场,即 $E_{SiO_2, 32\ nm} > E_{SiO_2, 90\ nm}$ 。由于大多数晶体管的退化效应(如偏置温度不稳定性(BTI)、热载流子注入(HCI)和经时击穿(TDDB))均与氧化层电场成指数关系,因此在引入高 κ 栅介质后,与栅氧化层电场强度相关的退化效应会进一步恶化。

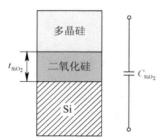
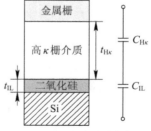

(a) 90 nm CMOS SiO_2/多晶硅栅栈　　　(b) 32 nm CMOS高 κ/金属栅栈

图6.4　纳米级器件的栅栈结构

6.1.2 新型器件结构带来的可靠性问题

当工艺节点缩小到纳米尺度后，传统的平面场效应器件已无法继续按比例缩小。为了增强栅极控制能力并减小泄漏电流，从而继续使 CMOS 器件可以持续按比例缩小，新型的非平面场效应器件 FinFET 被提出并广泛应用于 25 nm 工艺节点后的先进工艺中。采用此种非平面器件后，虽然可以增强 CMOS 器件的栅极控制能力，减小器件占据面积，提升版图利用率，从而增大集成度，但同时也会使 CMOS 器件可靠性问题变得更加复杂。

如图 6.5 所示，三维 FinFET 结构的导电沟道具有多个晶向，从而使其栅顶部和侧壁的陷阱密度存在差异。同时，三维 FinFET 结构的拐角处存在拐角效应（Corner Effect），使拐角处的局部电场增强，从而使 FinFET 拐角局部提前出现可靠性退化问题。另外，FinFET 器件顶部沟道距离衬底较远，如采用 SOI 衬底则还会存在埋氧隔离层，从而使 FinFET 器件的散热能力远小于平面器件。散热问题使自热效应加重，会进一步加速可靠性退化。可见，FinFET 器件内部的电场分布以及各种非理想效应相比传统平面器件变得更为复杂，因此研究 FinFET 器件狭窄三维空间中的可靠性问题变得极具挑战。2020 年国际器件与系统路线图（IRDS，International Roadmap for Devices and Systems）指南中也指出，纳米尺度三维器件的可靠性问题是近期（2020—2025 年）最主要的 CMOS 可靠性难题。

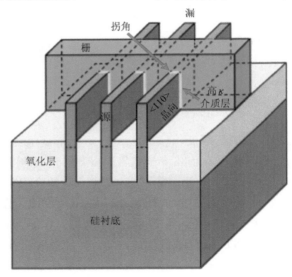

图 6.5　FinFET 结构示意图

6.1.3 器件缩小到纳米尺度后带来的可靠性退化涨落问题

对微米尺寸的 CMOS 器件而言，由于器件尺寸较大，BTI 和 HCI 效应产生的影响通常被认为是没有涨落的。因此，在给同样尺寸 CMOS 器件施加相同的电压后，由 BTI 和 HCI 效应导致的器件电学参数的偏移基本是一致的（工艺涨落引起的参数失配除外）。但是，当晶体管尺寸缩小到纳米尺度后，BTI 和 HCI 效应产生的电学参数的偏移在不同器件之间表现出随机分布的特性。对单个器件而言，这不仅会导致 CMOS 器件的电学参数随时间发生偏移（即 $\Delta V_{th} = f(t)$），同时还会导致这些电学参数的标准差随时间增长而逐渐变大（即 $\sigma(V_{th}) = g(t)$）。对缩减到原子尺度的器件而言，在工作初期，虽然各个器件由 BTI 和

HCI 效应产生的电学参数偏移量还能基本保持一致，但随着工作时间的增加，各个器件电学参数的偏移量呈现出较大范围的随机分布，这将最终导致器件特性失配，进而导致电路失效。此外，随着器件尺寸的不断缩小，器件之间互连线的横截面积也越来越小，这还会导致互连线的电迁移率效应逐渐恶化。

可见，随着 CMOS 工艺的演进，氧化层电场增强、新型器件结构以及纳米尺度器件的工艺涨落等问题都给 CMOS 器件可靠性退化问题的研究带来不小的挑战。为了深入理解纳米 CMOS 器件的可靠性退化的本质，需对纳米 CMOS 器件可靠性退化的物理机理做较为详细的讨论。

6.2 纳米 CMOS 器件可靠性退化机理

CMOS 器件的电学特性随着其工作时间的增加逐渐退化的过程称为老化（Aging）。老化是可用实验方法直接观测到的可靠性退化过程。早在 20 世纪 70 年代，研究者们就通过实验观测到半导体器件中的 HCI 老化现象。当时相关的工作主要是通过实验方法深入理解老化现象背后的物理机理，极少研究器件老化现象对电路性能的影响。到了 90 年代，随着器件尺寸的不断缩小，器件内部电场强度按比例逐渐增大，导致器件的老化效应变得越来越严重。为了保证器件的老化效应不会对电路性能产生影响，研究者试图通过给 CMOS 器件建立老化模型，从而在电路仿真过程中考虑老化效应对电路性能的影响。到了 2000 年以后，随着新的材料（如 SiGe、高 κ 栅介质等）以及新的结构（如 FinFET）引入 CMOS 工艺，纳米尺度半导体器件中的可靠性退化机理变得越来越复杂，除了 HCI 外，BTI 和 TDDB 也是影响 CMOS 器件特性最重要的老化效应。

6.2.1 热载流子注入

当给半导体施加电压，并在其内部形成电场后，半导体中的自由电子和空穴就会在电场作用下获得动能，但并不是所有处于同一电场中的载流子都会获得同样的动能，也并不是电场强度越高载流子的能量就越大。不同载流子的动能近似服从麦克斯韦分布（如图 6.6 所示）。

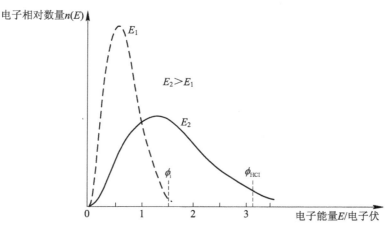

图 6.6 电子在不同电场强度下的能量分布图

以电子为例，图 6.6 给出了电子处于两个不同电场强度的电场中的能量分布，并给出了碰撞电离所需的最小能量 ϕ_i 和注入栅氧化物中所需的最小能量 ϕ_{HCI}。可以看出，电场强度越大，电子的能量分布范围越大。随着电场强度的增大，能量超过 ϕ_i 和 ϕ_{HCI} 的电子的数量逐渐增大。能量超过 ϕ_{HCI} 的电子的数量越多，注入氧化层中的电子数量就越多。而具有这种能量的电子通常被认为是"热"的，这是因为与这些载流子能量分布相关的有效温度高于晶格温度，即 $kT_e > kT_{lattice}$。可见，所谓的"热载流子"是指那些在强电场中被加速而获得足够高动能的载流子。这些具有高动能的载流子能够突破势垒的束缚，从而脱离原有的运动轨迹，注入它原本不该去的地方，例如栅氧化层中。一旦热载流子注入像栅氧化层这样的区域中，它就可能被氧化层陷阱捕获从而使其带电，甚至还会导致界面态的产生。热载流子引起的带电陷阱和界面态又会导致 CMOS 器件的电学特性发生变化。例如，随着时间的推移，HCI 效应会逐渐引起阈值电压、电流放大倍数以及输出电导等电学参数发生变化，从而影响 CMOS 电路性能。

早在 20 世纪 80 年代初期，CMOS 器件尺寸按比例不断缩小，但电源电压并未按比例缩小，从而导致沟道漏区附近的电场强度急剧上升，HCI 效应引起的 CMOS 器件及电路的性能退化成为那一时期的重要问题。到了 90 年代中期，CMOS 电路的供电电压被进一步降低，沟道电场强度随之减小，同时随着轻掺杂漏（LDD）结构的引入，沟道漏区附近的电场强度被进一步降低，HCI 效应的影响有所缓解。

近年来，随着半导体工艺的不断进步，先进材料和先进结构层出不穷，HCI 效应对先进工艺器件及电路的影响又逐渐受到研究者们的关注。随着器件尺寸进入纳米尺度，CMOS 器件亚阈值斜率不能再按比例缩小，这就导致电源电压随器件尺寸的缩放速度放缓，沟道电场又开始逐步上升。沟道电场强度上升导致 HCI 效应又成为纳米 CMOS 器件中不可避免的老化效应。

为了深入理解热载流子导致器件可靠性退化的物理机理，下面将分别讨论几种主要的热载流子注入机制。

1. 热载流子注入机制

热载流子注入机制包括沟道热电子（CHE，Channel Hot Electron）注入、衬底热电子（SHE，Substrate Hot Electron）注入、衬底热空穴（SHH，Substrate Hot Hole）注入、漏极雪崩热载流子（DAHC，Drain Avalanche Hot Carrier）注入以及二次产生的热电子（SGHE，Secondary Generated Hot Electron）注入。

1）沟道热电子（CHE）注入

当栅极电压约等于漏极电压时，CHE 注入效应最为明显。如图 6.7 所示，此时沟道中的"幸运电子"在漏电压作用下获得足够的能量成为热电子，并在栅电压的作用下克服沟道漏端附近的 Si/SiO_2 势垒，进入氧化层。可见，当栅电压较低时，栅电压相应的电场无法将电子吸引到栅电极，因此无法产生栅电流。若漏电压过高，漏区附近的强电场又会引起雪崩倍增，从而导致 DAHC 的产生。此外，由于空穴的有效质量远大于电子，在高电场作用下无法变成像热电子一样的热空穴，因此沟道热载流子效应在 NMOS 器件中比在 PMOS 器件中更为显著。

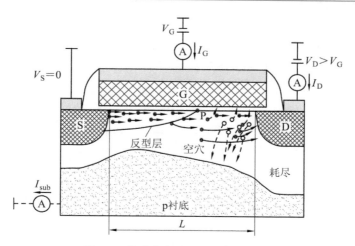

图 6.7　沟道热电子注入机制示意图

2）衬底热电子（SHE）注入

衬底热电子（SHE）或衬底热空穴（SHH）注入是当 CMOS 器件的体区处于较高正偏压/负偏压时所产生的热载流子注入效应。在体区高偏置电压的作用下，衬底中的载流子被吸引到 Si/SiO$_2$ 界面，并有可能获得足够高的能量，从而越过沟道/栅氧界面处的势垒，进而注入栅氧化层中。

如图 6.8 所示，与其他热载流子产生机制相比，衬底热载流子注入效应所产生的注入电流沿沟道均匀分布，而不是集中在 CMOS 器件漏区附近。这种热载流子注入效应主要发生在多个 CMOS 器件级联形成的电路（如电流源差分对电路）中。因为在这些电路中，一些 MOS 器件的衬底电压被偏置在一个高电压上，从而导致 SHE 注入。

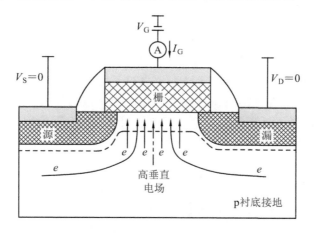

图 6.8　衬底热电子注入示意图

3）漏极雪崩热载流子（DAHC）注入

如图 6.9 所示，在高漏电压和低栅电压的偏置条件下，由于 CMOS 器件漏区附近沿着沟道方向的电场强度较大，导致沟道电子发生碰撞电离，从而产生额外的电子-空穴对。接着，这些新产生的电子和空穴又会在沟道电场中被加速，并有可能获得足够高的能量，从而越过 Si/SiO$_2$ 势垒进入氧化层，这部分热载流子可能会被氧化层陷阱捕获，也可能在

Si/SiO₂界面处产生新的界面态。这种载流子倍增的现象被称为雪崩倍增，也是导致漏极雪崩热载流子(DAHC)注入的主要原因。此外，一些雪崩倍增产生的载流子还会向衬底电极移动，最终形成衬底电流。由于大量因雪崩倍增产生的热电子被同时注入到栅氧化层中，在所有热载流子注入机制中，DAHC注入导致的CMOS器件的退化程度最为严重。

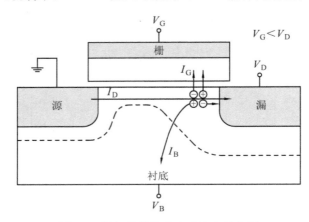

图 6.9　漏极雪崩热载流子注入示意图

4) 二次产生热电子(SGHE)注入

二次产生热电子注入所指的热电子主要是由第一次碰撞电离产生的载流子再次发生碰撞电离而第二次产生的热电子。通常，在衬底偏置电压所形成的电场的作用下，第一次碰撞电离产生的载流子会被加速并发生碰撞电离产生二次载流子。这些二次产生的载流子可以在衬底偏置电压形成的电场中向沟道表面区域加速移动，并获得足够的能量以越过沟道表面处的势垒，从而进入氧化层。需要说明的是，SGHE注入效应的影响通常很小，其对CMOS器件退化的影响也非常有限。

可见，四种热载流子注入机制分别对应不同的CMOS器件工作条件。通常来说，DAHC注入机制和CHE注入机制比SHE注入和SGHE注入机制对CMOS器件退化的影响更为严重。对纳米尺度CMOS器件而言，当器件尺寸较大时，DAHC注入机制对CMOS器件性能的影响最大，并在源漏电压等于2倍栅电压时达到最大。另一方面，当CMOS器件尺寸较小时，CHE注入机制是引起热载流子注入效应的主要原因。

2. 针对 HCI 的工艺优化措施

HCI效应主要与沟道中的大电场有关，因此可以通过对CMOS器件工艺及版图设计进行优化设计以有效抑制HCI效应的影响。如图6.10所示，可以通过采用轻掺杂漏(LDD)结构来降低漏区附近的电场峰值，从而起到抑制HCI效应影响的作用。LDD结构一般采用两步掺杂工艺形成。在保留传统工艺重掺杂源漏区的基础上，额外在漏区靠近沟道的地方形成一个轻掺杂的浅结。漏区附近的轻掺杂浅结可以有效降低漏区附近沟道横向电场的峰值，从而抑制HCI的发生。需要注意的是，LDD结构在降低漏区电场的同时，也会使源漏的串联电阻增大，并会在栅和源漏之间形成交叠电容。因此，在实际器件设计中，需要综合考虑LDD的影响，可以通过调整LDD的长度来综合优化器件的性能和可靠性。若器件的可靠性是首要优化的指标，那么可适当增加LDD的长度来进一步减小横向电场，从而减小HCI效应的发生。

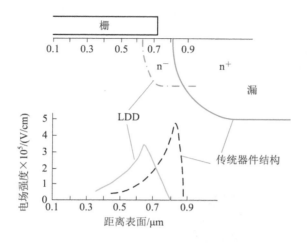

图 6.10　LDD 结构对 MOSFET 沟道电场的影响

此外，如果工艺成本在允许范围内，可以用氘代替氢来进行退火。因为氘原子质量比氢更重，退火后形成的化学键不易被热载流子破坏，因此可以有效抑制界面态的产生。另外，采用级联 MOSFET 的方式可以降低单个 CMOS 器件上的漏极电压，也可以起到抑制热载流子效应的作用。

近年来，为了解决平面 CMOS 器件遇到的短沟道效应等问题，FinFET 器件逐渐成为先进 CMOS 工艺的主要器件。FinFET 器件具有更好的栅控制能力，但相比平面器件，FinFET 器件内部的电力线分布更密，更容易受到 HCI 效应的影响。近年来不少研究通过优化 FinFET 工艺来降低 HCI 效应的影响。

例如，如图 6.11 所示，采用更长的漏区结构（L_D 更长）可以减小横向电场对载流子的加速，从而降低载流子的能量，进而减弱热载流子的注入。此外，采用更长的漏区更有利于沟道散热，从而有利于抑制 HCI 效应的发生。结果表明，漏区长度 L_D 越长，FinFET 器件对 HCI 效应的抑制效果越好。同时，该结构也有利于 FinFET 改善其 ESD 特性。

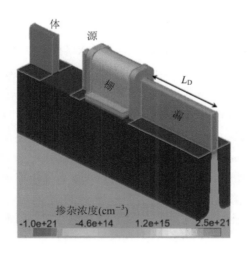

图 6.11　采用更长的漏区结构抑制 HCI 效应

另外，如图 6.12 所示，在长漏区结构的基础上，通过金属硅化物阻挡减少漏区金属硅化物的覆盖也可以起到抑制 HCI 效应的作用。由图 6.13 给出的数据来看，漏区金属硅化物阻挡区宽度(SB)越大，对 HCI 效应的抑制越明显。此外，有研究者通过实验表明，采用剖面为梯形结构的 FinFET 器件，其对 HCI 效应的抑制效果更好。

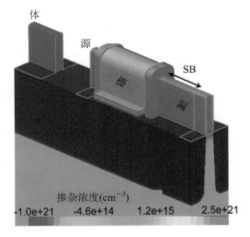

图 6.12　减少漏区金属硅化物的覆盖来抑制 HCI 的影响

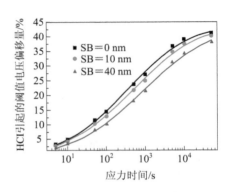

图 6.13　金属硅化物阻挡区宽度对 HCI 效应的影响

6.2.2　偏置温度不稳定性

近年来，随着器件尺寸的不断缩小以及先进工艺和先进材料的引入，偏置温度不稳定性(BTI)效应对纳米尺度 CMOS 器件与电路性能的影响变得日益严重。顾名思义，偏置温度不稳定性就是在施加一定偏置电压和一定环境温度的条件下，CMOS 器件的电学特性随时间出现漂移的一种现象。例如，一个 45 nm 工艺的 CMOS 晶体管在正常偏置和正常温度下连续工作 5 年后，通过测试发现其阈值电压 V_{th} 的偏移量可达 30 mV。如果增大偏置电压，提高工作温度，则在较短工作时间内 CMOS 器件的 V_{th} 就可能产生非常大的偏移。除了影响 CMOS 器件的阈值电压外，BTI 效应还会使 CMOS 器件的迁移率产生退化。不同于大尺寸器件中 HCI 效应占主导地位，在纳米尺度 CMOS 器件中，BTI 效应对器件特性产生的影响占主导地位。近年来，针对先进 CMOS 器件中的 BTI 效应的相关研究已成为工业界和学术界共同关心的热点问题。

1. NBTI 的起源

在不同类型的 CMOS 器件中，可以观测到两种不同等 BTI 现象：负偏压温度不稳定性(NBTI，Negative Bias Temperature Instability)和正偏压温度不稳定性(PBTI，Positive Bias Temperature Instability)。当 PMOS 器件被施加负偏压时会发生 NBTI 效应。NBTI 效应不仅在传统的 SiO_2 栅氧工艺中是一个严重的可靠性问题，在先进的高 κ 金属栅(HKMG)工艺中依然是一个不可避免的难题。相应地，PBTI 效应只在 NMOS 器件中发生，并对 NMOS 器件产生类似 NBTI 对 PMOS 的影响，导致 NMOS 器件特性出现退化。值得注意的是，PBTI 效应在传统 SiO_2 栅氧工艺中并不显著，但对具有 HKMG 结构的先进器件的影响较为明显，甚至可能超过 NBTI 效应对具有 HKMG 结构的 PMOS 器件的影响。

到目前为止，学术界对这两种BTI现象的微观物理起源仍然在不断讨论之中。多数研究者认为NBTI效应是由氧化层中的空穴俘获过程以及沟道氧化层界面处界面态的产生过程共同作用的结果。此外，对下一代先进CMOS器件结构（例如FinFET器件）而言，BTI效应仍是需要面临的重要可靠性问题。

2. 应力加速实验

对CMOS器件而言，NBTI效应对器件特性产生影响是一个缓慢变化的过程。如果在室温和正常应力条件下测试NBTI效应的影响，通常需要数年的时间才能观测到NBTI引起的退化量达到饱和。为了在较短时间获得NBTI的退化特性，并由此结果预测NBTI的长期退化特性，可以采用应力加速实验。

实验时，在PMOS器件的栅极施加负电压。同时，为了减小其他效应的影响，源、漏和衬底电极都接地。栅介质上施加的电场强度不能过大，一般保持在 $10^6 \sim 10^7$ V/cm 之间。温度可以在 $25 \sim 300$℃ 之间变化。

如图6.14(a)所示，温度设置为250℃时，PMOS阈值电压退化量随时间增大，应力持续到4000 s时，PMOS的阈值电压退化量仍没有饱和。这是因为NBTI引起的阈值电压退化量 ΔV_{th} 与时间 t 服从幂律关系

$$\Delta V_{th} = At^n \tag{6.4}$$

基于上述4000 s的测试数据，在对数坐标中，可以直接提取得到激活能相关的系数 A 和时间指数 n 的值（如图6.14(b)所示）。指数 n 的典型值为0.25，系数 A 对应的激活能的值通常为 $0.15 \sim 0.3$ eV。

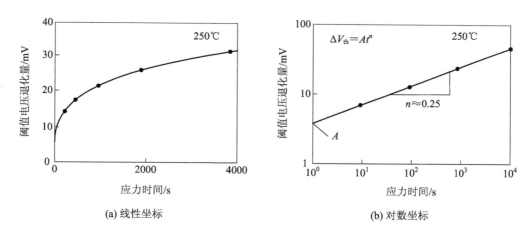

图 6.14　PMOS器件阈值电压退化量随应力时间的变化

3. NBTI 的恢复效应

近年来，随着对BTI效应研究的深入，研究者们还发现BTI的另一独特性质。即当施加的偏置电压随时间发生变化时，比如偏置电压突然减小后，BTI效应会立即表现出所谓的退化恢复现象。这种退化恢复现象的出现使得对CMOS器件BTI效应的预测以及建模变得异常复杂。同时，对于实际应用中偏置电压随时间变化较大的器件或电路，要对其受到的BTI效应的影响进行建模和外推分析就变得非常困难。从目前的研究结果来看，当完全移除电应力后，BTI效应在应力阶段产生的退化并不会完全恢复，也就是说，BTI效应

会对 CMOS 器件产生两种退化影响，一种在应力移除后会逐渐恢复，另一种则不会恢复并成为 CMOS 器件的永久退化量。可以用下面的经验公式来表示 BTI 效应对器件阈值电压产生的影响

$$\Delta V_{\text{th}} \propto \underbrace{[\exp(\alpha_1 V_{\text{GS}})t^{n_{\text{P}}}}_{\text{永久分量}} + \underbrace{V_{\text{GS}}^{\alpha_2}(C_{\text{R}} + n_{\text{R}}\lg 10(t))]}_{\text{可恢复分量}}\exp\left(-\frac{E_{\text{a}}}{kT}\right) \qquad (6.5)$$

可见，ΔV_{th} 是 CMOS 器件栅氧电场（E_{ox}）及环境温度（T）的函数。式中，α_1 和 α_2 分别是工艺相关的电压缩放系数，E_{a} 是激活能，n_{P} 和 n_{R} 分别是永久和可恢复部分的时间指数，k 是玻尔兹曼常数。需要注意的是，式(6.5)仅适用于偏置应力大小固定的情况，适用于时变电压应力的精确 BTI 模型将在本章 BTI 模型一节给出。

4. 器件结构与工艺对 NBTI 效应的影响

相关实验结果表明，界面态的产生与栅氧化层的厚度成反比。即氧化层厚度越薄，在栅负偏置条件下，界面态产生得越多，NBTI 效应就更加严重。如果基于反应–扩散理论来解释，那么氧化层厚度越薄，则表明反应产生的氢会更快地扩散，从而导致 NBTI 效应引起的退化量增大。此外，对传统的多晶硅–二氧化硅栅栈结构的 PMOS 器件而言，当栅氧化层较薄时，为了防止多晶硅中的硼透过二氧化硅栅介质渗透到沟道中，通常会对栅氧化层进行掺氮处理。但是，栅氧化层中掺入高浓度的氮，会导致栅氧化层中形成更多的陷阱，从而导致 NBTI 效应恶化。利用等离子体氮化技术，可以优化栅氧化层中的氮浓度，使氮掺杂的峰值浓度远离沟道表面，从而降低掺氮对 NBTI 效应的影响。另外，采用埋沟结构使导电沟道远离栅氧和沟道的界面，从而使埋沟 PMOS 器件具有更强的抑制 NBTI 的能力。

5. NBTI 的随机特性

对于微米尺度的 CMOS 器件而言，BTI 效应通常被认为是确定的（没有随机涨落特性）。因此，在两个工艺参数都匹配的 CMOS 器件上施加相同的偏置电压就会得到相同的器件参数漂移量。而当 CMOS 器件尺寸缩小到纳米尺度，由于单个陷阱的俘获或释放过程在整个器件的 BTI 效应的影响中的占比不断增大，从而导致纳米尺度 CMOS 器件的 BTI 效应逐渐表现出随机分布的特性。因此在器件级，BTI 的随机特性不仅会导致 CMOS 器件的电学参数随时间的变化而变化（$\Delta V_{\text{th}} = f(t)$），还会导致电学参数变化的标准差随时间的增大而增大（$\sigma(V_{\text{th}}) = g(t)$）。这就会导致出厂时工艺参数和电学参数都匹配的纳米尺度 CMOS 器件，在使用一段时间以后，其电学特性逐渐失配，并最终导致 CMOS 电路功能失效。

6.2.3 栅介质经时击穿

通常来说，CMOS 器件能否正常工作很大程度上取决于栅氧化层的绝缘特性。不同的栅介质材料所能承受的最大电场强度并不相同。当栅极施加的偏置电压导致栅氧化层中的电场超过栅介质所能承受的最大电场后，就会导致栅介质出现硬击穿（HBD, Hard Breakdown）。硬击穿通常发生于氧化层某一局部，会导致该处的栅介质绝缘性丧失，并会有较大的栅极电流流过栅介质。

如果栅极上施加的偏置电压不大，栅氧化层中的电场强度远没有达到栅介质所能承受的最大电场强度，按理说，此时栅介质是不可能发生击穿的。但是，研究者们通过实验发

现，尽管在 CMOS 器件的栅极施加的栅电压并不是非常大，但是只要该偏置的施加时间足够长，栅氧化层在经过一段时间后也会出现耗损，并最终被完全击穿。这种与时间相关的老化效应就被称作经时击穿（TDDB）。

可见，经时击穿是一种与时间有关的耗损效应。除了经时击穿以外，氧化层的击穿还可能由电过应力（EOS）或静电放电（ESD）等失效机理引起。电过应力和静电放电都是因为氧化层上突然施加的大电压引起的。这会导致栅极电流急剧增加，局部过热，甚至会导致硅材料的熔毁。本章重点讨论 CMOS 器件的老化效应，电过应力和静电放电相关的内容已在本书前面章节详细介绍过。

1. 应力诱导泄漏电流

实际上，在氧化层发生经时击穿之前，栅介质中已经发生了相应的退化。产生该退化的主要原因是氧化物内部和界面产生的具有随机位置的陷阱。这些陷阱往往在较低的电场强度下产生，可以是中性的，带正电的，也可以是带负电的。在捕获附近的自由正电荷或负电荷后，这些氧化层陷阱的带电特性就会发生改变。在这些位置随机的栅氧陷阱和栅电压的共同作用下，就会产生漏电通路，进而形成应力诱生泄漏电流（SILC，Stress Induced Leakage Current）。随着应力时间的增加，更多的栅氧陷阱会在栅应力作用下形成更大的漏电通路。随着栅介质退化的加剧，如果漏电通路上的陷阱密度达到发生击穿的临界陷阱密度，则会发生击穿现象。

对较薄的氧化层而言，直接隧穿或 Fowler-Nordheim（FN）隧穿都会在氧化层中产生一些陷阱，其中一些则是电中性的电子陷阱。这些陷阱在发生隧穿的时候又会充当"铺路石"，有效缩短隧穿距离，从而起到辅助隧穿的作用。对于栅氧化层厚度小于 3 nm 的纳米 CMOS 器件而言，栅氧化层比较容易发生直接隧穿和 FN 隧穿，因此在一定的栅电压下，很容易观测到逐渐增大的栅极泄漏电流，即应力诱导泄漏电流（SILC）。图 6.15 给出了随 FN 隧穿应力逐渐增大的 SILC 电流，可见软击穿在持续应力下最终发展为硬击穿，而硬击穿通常是破坏性的。

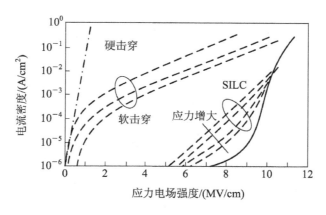

图 6.15 纳米 CMOS 器件的 SILC 随应力的变化情况

研究者们已针对 SILC 机理提出了几种不同的模型，其中绝大多数都是基于陷阱辅助隧穿理论的。SILC 产生的栅泄漏电流通常比较小，如果忽略栅极电阻的影响，其通常对 CMOS 器件的电学特性不会产生严重影响。但当 CMOS 器件工作在弱反型区或者亚阈值区时，SILC 会对 CMOS 器件的模拟特性产生一定的影响。此外，SILC 还会影响非易失性存储器(NVM，Nonvolatile Memories)的数据保持时间以及耐久性。

2. 经时击穿

一般来说，介质击穿被定义为介质两端的电流突然不可逆地增加或者电压突然下降的现象。如图 6.16 所示，如果对一个介质施加一个随时间线性增大的偏置电压，那么电压增大到某一个临界值后，介质发生击穿，介质两端的电压会急速下降。在发生击穿的那个时间点 t_{BD}，施加的应力电压即为击穿电压 V_{BD}，介质中的电场强度则达到击穿临界电场强度 E_{BD}，而 $E_{BD} = V_{BD}/t_i$，t_i 为介质的厚度。如果介质上施加的电压随时间的增长率 RR 为常数，那么击穿时间 t_{BD} 就约等于 V_{BD}/RR。需要指出的是，只要介质中的电场强度超过临界击穿电场，那么所有介质都会发生击穿。而击穿时的临界击穿电场主要取决于介质厚度和介质所用的材料。

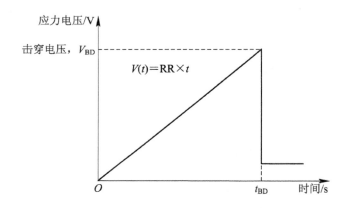

图 6.16　偏置电压随时间线性增加至击穿

因此，对任何一种介质而言，都可以采用上述线性增大偏置电压直至击穿的做法来快速获得与介质击穿相关的关键信息(如临界击穿电场)。当然，也可以基于这些信息进一步获得反映介质质量好坏的信息(如介质内部的陷阱浓度)。在对 CMOS 器件上氧化层质量进行评估时，也会用到此类方法，通常称作栅氧化层完整性测试。利用该栅氧化层完整性测试，可以快速获得与栅氧化层硬击穿相关的信息，但无法观测到栅极泄漏电流随应力时间的变化关系。

与上述介质击穿过程略有不同，TDDB 需要在栅介质上施加一个恒定的高电压，并经过一定时间后，栅介质才会发生击穿。当给栅介质施加恒定的高电压后，栅介质中会产生足够高的电场，起初在该高电场作用下栅介质中会形成一定的隧穿电流(典型值为 0.1～0.2 mA/μm^2)。但随着时间的推移，栅极泄漏电流在栅介质中不断形成新的缺陷，使栅介质中的应力诱导泄漏电流逐渐增大，并在一定时间后最终导致栅电流急剧增大，发生硬击穿。

在经时击穿退化过程中，会出现不同的击穿类型。根据栅氧化层厚度，会发生一种或多种击穿类型。危害性最大的是硬击穿，它会导致栅氧层的绝缘性完全丧失，栅极电流在标准工作电压下就可达到 mA 级，器件完全失效。然而，对纳米尺度的 CMOS 器件而言，硬击穿只有在非常高的工作电压下(比如，EOT=0.9 nm，栅压 $V_{GS}>1.2$ V 时)才会有较大概率发生。而对于栅氧层厚度小于 5 nm 的 CMOS 器件，在硬击穿发生前栅氧化层中会先发生软击穿(SBD，Soft Breakdown)。软击穿会导致栅介质层的绝缘性部分丧失、栅极电流小幅上升及栅极电流噪声显著增加。在超薄栅氧化层(厚度低于 2.5 nm)的器件中，软击穿发生后，SILC 电流会持续增大，并逐渐累积直到最终发生硬击穿。图 6.17 给出了应力诱导漏电流(SILC)随应力时间的变化情况。其中，t_{BD} 表示开始发生软击穿的时间，t_{FAIL} 表示开始发生硬击穿的时间，软击穿和硬击穿之间的时间 t_{RES} 对应软击穿持续进行的状态。

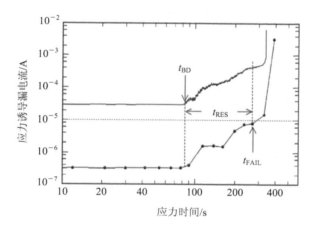

图 6.17　SILC 随应力时间的变化情况

　　研究者还通过实验研究发现，尺寸相同的 CMOS 器件，其击穿发生之前的退化程度以及发生击穿时的具体位置存在较大不同。这就导致同一尺寸的 CMOS 器件，发生击穿后的击穿电流的大小也不尽相同。此外，尽管软击穿刚开始发生时，它对器件特性的影响非常有限，但随着器件使用时间的增加，从长期影响来看，软击穿同样会对 CMOS 器件特性产生显著的影响。通常，软击穿对器件特性的影响可以通过测量器件局部迁移率的下降来表征。

　　3. "渗流"模型

　　为了深入理解栅介质在高电场作用下，介质内部产生缺陷并最终导致击穿的物理过程，这里借助"渗流"模型进行简单的分析。具有高能量的电子和空穴穿过栅介质时，其产生陷阱的机制较为复杂。研究者们普遍认为，在超薄(小于 3 nm)二氧化硅栅介质中，高电场作用下陷阱是随机生成的。因此，如图 6.18 所示，就可以用"渗流"模型来描述这种陷阱的随机产生过程及渗流路径的形成过程。

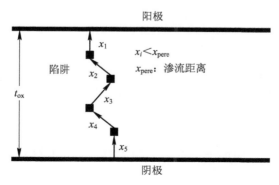

图 6.18　四个陷阱组成的渗流路径

从图 6.18 中可以看出，要在介质的两个极板之间形成泄漏电流，首先需要产生的陷阱达到一定的浓度，其次需要特定的陷阱要以一定的方式连接并形成渗流路径，最终形成栅介质两个极板之间的泄漏电流。可以看出，渗流路径的形成是随机的。因此，随着陷阱浓度的上升，陷阱之间的距离变小，陷阱到陷阱的直接隧穿概率增加，最终导致栅介质两个极板之间的 SILC 增大。如果栅介质中陷阱浓度进一步增大，栅介质局部区域内就会形成紧密排列的陷阱，从而构成连续的渗流路径。这时载流子从栅介质一个极板到另一个极板的概率继续增大，并在栅介质中形成导电细丝，且电流流过导电细丝时，还会产生热量。而栅介质局部发热又会增大导电细丝中的电流密度，从而形成使栅介质两个极板间电流增大的正反馈，并最终导致栅介质击穿。需要注意的是，渗流模型针对的是栅介质中新产生的本征陷阱，并不能用于分析栅介质中已有的陷阱以及工艺制造中引入的外部陷阱。

不难看出，经时击穿本质上是一种随机现象，偏置电压和环境温度一定的前提下，CMOS 器件何时发生击穿是不能确定的。因此，可以使用威布尔概率分布函数来描述经时击穿这种退化现象。发生击穿时的累计密度函数可以表示为

$$F(t_{BD}) = 1 - \exp\left[-\left(\frac{t_{BD}}{\alpha_{BD}}\right)^{\beta_{BD}}\right] \tag{6.6}$$

式中：α_{BD} 和 β_{BD} 是与工艺相关的参数。

6.3 纳米 CMOS 器件可靠性模型

上一节讨论了纳米 CMOS 器件的退化机理，但要评估老化效应对 CMOS 集成电路特性的影响，还需要在退化机理的基础上建立可用于电路仿真分析的可靠性模型。本节将重点讨论纳米 CMOS 器件 HCI、BTI 和 TDDB 可靠性模型的构建过程，并对相关紧凑模型进行优化。

6.3.1 热载流子注入模型

在所有 CMOS 器件老化效应相关的参考文献中，热载流子注入（HCI）效应是被研究得最全面的。因此，针对 HCI 效应已有大量紧凑模型被开发出来。本小节将首先回顾一些重要的且被普遍接受的 HCI 紧凑模型。接着将给出一个可用于电路仿真的 HCI 紧凑模型。

1. 早期 HCI 模型

1）幸运电子模型

实际上大多数文献中提出的 HCI 模型都是基于"幸运电子"模型（LEM，Lucky Electron Model）的。"幸运电子"这个概念最早是由 Shockley 等在 1961 年为了解释体效应而提出的。后来被许多文献用来解释 HCI 模型的基本物理机制。在幸运电子模型的解释中，漏端附近的横向电场被认为是导致 HCI 效应的主要原因。首先，载流子从源极发射至沟道，并在沟道漏电场的作用下被加速。接着，在漏区附近一些所谓的"幸运电子"会注入栅氧化层中（这里以 NMOS 中的幸运电子为例说明，对 PMOS 而言则是幸运空穴）。这些幸运电子之所以能克服势垒注入氧化层中，主要因为电子在漏区附近强大的横向电场作用下获得了足够高的能量。幸运电子在注入氧化层的过程中不仅会在栅介质/沟道界面处产

生界面态，还可能在注入氧化层后被氧化层陷阱俘获，从而使氧化层陷阱带电。由幸运电子注入而新产生的界面态和氧化层带电电荷就会对CMOS器件电学特性产生影响，比如会导致CMOS器件的阈值电压发生漂移。这个HCI模型也被称作沟道热载流子(CHC)注入，适用于偏置在低栅压条件下的长沟道器件。

1985年，UC Berkeley的Hu等首次提出了一个基于幸运电子概念的HCI模型。后来发表的大多数文献也多是基于该理论提出的新的HCI模型，其中有的模型采用了不同的解析表达式，有的则针对更先进的CMOS工艺进行了优化。比较典型的是2007年ASU的Wang等基于幸运电子理论开发的一个半经验的HCI模型。该模型可用于纳米CMOS工艺下集成电路的退化仿真。在这个模型中，HCI效应对CMOS器件的影响被表示为界面态数量的变化量ΔN_{IT}

$$\Delta N_{IT} = C_1 \left[\frac{I_{DS}}{W} \exp\left(-\frac{\phi_{IT,e}}{q \lambda_e E_{lat}} \right) T_{str} \right]^n \tag{6.7}$$

式中：W为沟道宽度；I_{DS}为漏电流；E_{lat}为漏区附近横向电场强度的峰值；T_{str}为应力时间；$\phi_{IT,e}$是产生界面陷阱的临界电子能量；λ_e是热电子平均自由程；C_1和n是与工艺相关的常量(C_1约为2，n约为0.5)。在这些参数中，横向电场最大值E_{lat}是最重要的参数，但很难通过求解解析表达式准确得到。因此，在早期简单的HCI模型中，一般将HCI效应对CMOS器件的影响表示为衬底电流I_{sub}的函数

$$\Delta N_{IT} = C_2 \left(\frac{I_{sub}}{W} \right)^a T_{str}^n \tag{6.8}$$

基于上式，一旦确定了HCI效应产生的界面态数量的变化量ΔN_{IT}，就可以将ΔN_{IT}转换为CMOS器件电学特性(如阈值电压、迁移率等)的偏移量

$$V_{th} = V_{th,0} + \frac{q N_{IT}}{C_{ox}} \tag{6.9}$$

$$\mu = \frac{\mu_0}{1 + \beta \Delta N_{IT}} \tag{6.10}$$

式中：q为单个电子的电荷量；C_{ox}为氧化层单位面积电容；$V_{th,0}$和μ_0分别是CMOS器件在老化前的阈值电压和载流子迁移率；β则是与工艺相关的参数。

2) 其他HCI模型

尽管大多数的HCI模型都基于幸运电子模型来开发，但这些模型都存在一个缺陷，就是仅仅考虑了一种类型的热载流子。实际上，除了沟道热载流子外，还有其他三种类型的热载流子。理论上，这些类型的热载流子也同样会导致器件出现与时间相关的性能退化。为了将这些载流子类型的影响都考虑到，有研究者就提出了考虑多种热载流子的HCI模型。例如，2008年Li等就提出了一种包含三种载流子类型的HCI模型。这三种载流子包括沟道热载流子(CHC)、衬底热电子(SHE)和漏极雪崩热载流子(DAHC)，分别取决于漏电流、衬底电流以及漏电压。2011年Tudor等在Li等的HCI模型基础上将这些不同效应整合到一个模型中，该模型同样准确，而且更易于校准。

此外，在半导体工艺进入深亚微米尺度后，当CMOS器件工作在较低电压下时，实验测得的数据与传统经典模型预测的不符，于是有学者提出了基于不同物理机理的HCI模型。2001年，Rauch等人认为电子间散射是n型纳米CMOS器件中出现HCI效应的主要

因素，并提出了全新的 HCI 模型。该模型于 2005 年被 Rauch 等进一步完善，其模型预测结果与实验结果较好地吻合。2007 年，Guerin 等还提出了一种基于能量驱动机理的 HCI 建模方法，在能量较高且沟道较长的情况下，可以得到与幸运电子模型类似的表达式。不过，随着能量的降低，热载流子可能是通过电子与电子间的散射而产生的。而当能量降到最低时，热载流子的产生则由多重振动激发机制主导。这些与幸运电子模型迥然不同的建模思路，并没有阻碍 HCI 模型的发展，反而推动了新模型的开发与完善，进而发展出针对先进 CMOS 工艺且更为准确的 HCI 物理模型。

2. 热载流子紧凑模型

在过去的几十年时间里，随着研究者们对 HCI 效应的深入研究，已先后建立了各种 HCI 模型。然而，不论是早期基于"幸运电子"概念的模型，还是近年来基于能量驱动方法的先进模型，这些模型大多侧重基于物理机理来解释实验结果，模型的形式往往较为复杂且不便于用解析函数来表示，因此不能作为紧凑模型用于集成电路的老化仿真。这就导致目前可用于集成电路老化仿真的紧凑模型还是基于 Hu 等在 1985 年提出的用衬底电流表示的幸运电子模型。但是随着工艺尺寸的缩小，小尺寸器件的衬底电流的组成变得越来越复杂，除了漏区的碰撞电离电流外，还有栅极泄漏电流、结电流以及栅极引起的漏极泄漏电流。因此，经典的基于衬底电流的 HCI 老化模型已不再适用于纳米尺度的先进 CMOS 工艺。以下基于 2007 年 ASU 的 Wang 等提出的 HCI 模型，详细讨论适用于纳米尺度 CMOS 集成电路老化仿真的 HCI 紧凑模型。首先给出 HCI 紧凑模型的直流（DC）模型和交流（AC）模型，最后讨论纳米 CMOS 工艺节点下 HCI 退化的涨落问题。

1）直流模型

该 HCI 紧凑模型的本质也是基于幸运电子模型，但为了同时考虑纳米尺度 CMOS 器件的实际情况，采用了反应-扩散（R-D，Reaction-Diffusion）模型中相应的方法。反应-扩散模型最早于 2004 年提出，起初被用于 BTI 效应的建模，但是 R-D 模型中忽略了氧化层陷阱的影响，因此该模型不能准确描述 BTI 效应的恢复部分。但对 HCI 效应而言，氧化层陷阱对电子的捕获主要发生在漏极附近，因此恢复效应基本可忽略，所以 R-D 模型仍然可以用于解释热载流子效应。R-D 模型主要由两个微分方程组成，这两个方程主要描述了沟道/氧化物界面附近新产生的氢离子及其向栅极扩散的过程。当只分析单个 CMOS 器件时，这两个方程可以用数值求解的方法求得结果，但若要分析整个 CMOS 电路时，因为计算量太大，直接采用这种方法并不合适。因此，如果考虑一个从一开始就受到持续且稳定的偏置电压的 CMOS 器件，那么用于解释 HCI 效应的 R-D 模型可以进一步简化为

$$N_H(0)N_{IT} \approx \frac{k_F}{k_R}N_0 \tag{6.11}$$

式中：N_{IT} 表示界面陷阱数量（即断裂的 Si—H 键的数量）；N_0 表示未断裂的 Si—H 键的初始数量；k_F 表示与氧化层电场强度相关的正向反应速率常数。当界面处发生反应后，断裂的硅键就会充当施主陷阱，并最终导致 CMOS 器件的阈值电压发生偏移。$N_H(0)$ 是界面处（$x=0$）的 H 浓度，k_R 是反向反应速率常数。

用 R-D 模型来解释 HCI 效应，还需考虑 HCI 效应的特殊性。例如 CMOS 器件沟道中产生的热电子会导致沟道/栅氧化层界面处的 Si—H 键发生断裂。但是，该反应过程将产生

何种 H 粒子，目前还没有统一的结论。因此，假设 HCI 效应发生时，向栅氧化层中扩散的是 H_x 粒子(注意，H_x 是为了方便解释而人为设置的假想粒子)。将该假想粒子带入前面的 R-D 模型中，并考虑 CMOS 器件沟道长度的影响，那么在沟道/栅氧化层界面处的氢反应过程就可以用下面的方程来表示

$$N_{H_x} = k_H N_H^{n_x} \tag{6.12}$$

式中：k_H 是反应速率常数；n_x 是每个氢粒子中的氢原子数；N_{H_x} 是单位体积中氢粒子的浓度。如此一来，界面处由热载流子效应产生的陷阱数量就可以通过对断裂的 Si—H 键的数量进行积分计算而获得。与 BTI 效应不同，HCI 效应产生的氢粒子主要是在漏区附近产生的，并向栅氧化层中扩散。

如图 6.19 所示，假设氢粒子向栅氧化层中各个方向的扩散速度是相等的，那么氢粒子能扩散的最远的距离就与时间相关，且可以表示为 $\sqrt{D_{H_x} t}$。按前面的假设，如果每一个 H_x 粒子包含 n_x 个氢原子，那么 HCI 效应产生的单位面积平均界面陷阱数量就可以通过对扩散长度内的陷阱密度进行积分得到

$$N_{IT} = \frac{\pi W}{2 A_{tot}} n_x \int_0^{\sqrt{D_{H_x} t}} \left[N_{H_x}(0) \left(r - \frac{r^2}{\sqrt{D_{H_x} t}} \right) \right] dr \tag{6.13}$$

$$N_{IT} = N_{H_x}(0) \frac{\pi n_x}{12 L} D_{H_x} t \tag{6.14}$$

式中：W 和 L 分别表示 CMOS 器件的宽度和长度；A_{tot} 是 CMOS 器件栅电极总面积。将式 (6.11)～式 (6.14) 联立求解就可以得到

$$N_{IT} = \left(\frac{k_F N_0}{k_R} \right)^{\frac{n_x}{1+n_x}} \left(\frac{n_x \pi k_H}{12 L} D_{H_x} \right)^{\frac{1}{1+n_x}} t^{\frac{1}{1+n_x}} \tag{6.15}$$

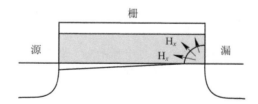

图 6.19　漏端附近反应产生的 H_x 粒子向栅氧化层中扩散

因为界面陷阱数量 N_{IT} 与 CMOS 器件的阈值电压是直接相关的，所以可以将 N_{IT} 转换为 CMOS 器件阈值电压的变化量，因此 HCI 效应的退化模型就可以表示为

$$\Delta V_{th} = \underbrace{C_{HCI} \left(\frac{k_F N_0}{k_R} \right)^{\frac{n_x}{1+n_x}} \left(\frac{n_x \pi k_H}{12 L} D_{H_x} \right)^{\frac{1}{1+n_x}}}_{A_{HCI}} t^{\frac{1}{1+n_x}} \tag{6.16}$$

式中：A_{HCI} 为与时间无关的前置因子；C_{HCI} 是一个与工艺相关的参数；k_F 和 k_R 分别为正向和反向反应速率常数；D_{H_x} 为 H_x 粒子的扩散系数；L 为器件的栅长。为了在电路仿真器中使用上面这个 HCI 模型，还需要将式 (6.16) 模型中的相关物理参数表示为可以观测到的相关 CMOS 器件参数，比如电压、电流以及 CMOS 器件的尺寸。

首先，正向反应速率常数 k_F 可以表示为温度和偏置电压的函数

$$k_F \propto C_{ox}(V_{GS}-V_{th}) \cdot \exp\left(\frac{E_{ox}}{E_0}\right) \cdot \exp\left(\frac{-\phi_{IT}}{q\lambda E_{lat}}\right) \cdot \exp\left(\frac{-E_{k_F}}{kT}\right) \tag{6.17}$$

式中：第一项代表沟道中的载流子数量；第二项表示了 k_F 与栅氧化层电场强度之间的关系；第三项代表了在横向电场 E_{lat} 作用下沟道电子获得不低于 ϕ_{IT} 能量的概率；ϕ_{IT} 是电子可以发生碰撞电离所需要的最小能量；λ 为电子在沟道中输运时的平均自由程；E_{lat} 为最大横向电场强度，其大小同时取决于 V_{DS} 和 V_{GS} 的大小，在该电场作用下，沟道电子被加速从而获得足够的能量变成"热电子"。上式最后一项为阿伦尼乌斯（Arrhenius）公式，代表正向反应速率与温度和激活能的关系。基于半导体物理的知识，温度升高会使半导体晶格振动加剧，导致电子在漏区附近大电场作用下加速时的平均自由程下降，从而导致热载流子的数量减小。因此上式最后一项 Arrhenius 公式中的激活能只能取负值。

其次，反向反应速率常数 k_R 以及扩散常数 D_{H_x} 都可以用 Arrhenius 公式表示，表明这两项都仅与温度有关

$$k_R \propto \exp\left(\frac{-E_{k_R}}{kT}\right) \tag{6.18}$$

$$D_{H_x} \propto \exp\left(\frac{-E_{D_{H_x}}}{kT}\right) \tag{6.19}$$

注意：与前面正向反应速率常数对应的激活能 E_{k_F} 不同，反向反应速率常数和扩散常数对应的激活能 E_{k_R} 和 $E_{D_{H_x}}$ 都是正数。

结合式（6.16）中的所有常数项，并用外加偏置和器件参数相关项取代 k_F、k_R 和 D_{H_x}，便得到一个可用于分析 HCI 对 CMOS 器件直流特性影响情况的紧凑模型。

不难看出 HCI 效应引起的阈值电压退化量与应力时间满足 $A_{HCI}t^{n_{HCI}}$ 关系。此外，漏电压增大会使沟道有效长度 L 变小，从而导致横向电场增强，热载流子效应加剧，界面陷阱数量增大，阈值电压偏移量增大，同时还会使载流子迁移率下降。

2）交流模型

式（6.16）给出的 HCI 模型仅对直流应力电压有效（即施加随时间不变的电压）。然而，在实际电路中 CMOS 器件通常受到的是随时间变化的交流应力。因此，需要对直流模型进行扩展以使模型可以分析交流时变应力产生的影响。

首先，基于前面的直流 HCI 模型，假设 CMOS 器件在时间段 $T_1(T_1=t_1-t_0)$ 内受到恒定的应力电压，则 t_1 时刻结束时，该恒定应力导致的阈值电压偏移量等于

$$\Delta V_{th,1}=A_{HCI,1}t_1^{n_{HCI}} \tag{6.20}$$

式中：$A_{HCI,1}$ 与 t_1 期间 CMOS 器件上施加的应力电压和温度有关。那么，若在 $T_2(T_2=t_2-t_1)$ 阶段改变电压应力，对应的系数为 $A_{HCI,2}$。如果假设 T_1 和 T_2 时间段内所产生的 HCI 退化量相等，那么就可以将 t_2 时刻的应力时间转换为 t_1 时刻的等效应力时间：

$$A_{HCI,1}t_1^{n_{HCI}}=A_{HCI,2}t_{1,eq}^{n_{HCI}} \tag{6.21}$$

$$t_{1,eq}=\left(\frac{A_{HCI,1}}{A_{HCI,2}}t_1^{n_{HCI}}\right)^{1/n_{HCI}} \tag{6.22}$$

在 t_1 和 t_2 时刻后，总的 HCI 的退化量就可以表示为

$$\Delta V_{th,2}=A_{HCI,2}(t_{1,eq}+T_2)^{n_{HCI}} \tag{6.23}$$

注意：如果 $A_{HCI,1}\neq A_{HCI,2}$，那么 $(t_{1,eq}+T_2)\neq t_2$。实际上，通过上面的等效，就可以认为

CMOS 器件在整个时间周期 $(t_{1,\mathrm{eq}}+T_2)$ 内，都是受到 $A_{\mathrm{HCI},2}$ 所对应的应力。由 HCI 效应导致的退化量被认为是永久性的退化，所以以上述模型是有效的。式(6.23)可被改写为

$$\Delta V_{\mathrm{th},2}=\left[\Delta V_{\mathrm{th},1}^{1/n_{\mathrm{HCI}}}+A_2^{1/n_{\mathrm{HCI}}}(T_2)\right]^{n_{\mathrm{HCI}}} \tag{6.24}$$

如果针对连续时变应力信号，式(6.23)还可改写为

$$\Delta V_{\mathrm{th}}(t)=\left(\int_0^t A_{\mathrm{HCI}}(t)\mathrm{d}t\right)^{n_{\mathrm{HCI}}} \tag{6.25}$$

结合式(6.25)和式(6.16)描述的直流静态模型，就可以评估由交流应力信号引起的 HCI 效应对纳米 CMOS 器件电学特性的影响。

3）HCI 退化的涨落

2011 年 Magnone 等人通过对大约 1000 只的 45 nm 和 65 nm CMOS 工艺器件进行测量，发现随着时间的增加，HCI 效应引起的退化量也呈现涨落特性。这是因为对于纳米尺度的小尺寸器件而言，HCI 效应产生的电荷陷阱数量非常少，不再是一个统计平均量。因此，考虑 HCI 退化的涨落效应，则单个器件的退化量就不能再被描述为平均的变化量，应该表述成标准偏差的变化：

$$\mu(\Delta V_{\mathrm{th}})=A_{\mathrm{HCI}}t^{n_{\mathrm{HCI}}} \tag{6.26}$$

$$\sigma(V_{\mathrm{th}})=\sqrt{K_{\mathrm{HCI}}\frac{q\mu(\Delta V_{\mathrm{th}})}{2C_{\mathrm{ox}}WL}} \tag{6.27}$$

式中：W 和 L 分别表示晶体管的宽度和长度；C_{ox} 是栅氧化层电容；K_{HCI} 是与工艺相关的系数。

6.3.2　BTI(偏置温度不稳定性)紧凑模型

BTI 效应对 CMOS 器件最大的影响是使 CMOS 器件的阈值电压随时间持续发生偏移。尽管，BTI 效应同时也会导致 CMOS 器件的其他特性发生改变，但与对阈值电压的影响相比都不那么明显。对数字集成电路而言，CMOS 器件的阈值电压直接与门电路的延迟有关。BTI 对 CMOS 器件阈值电压的影响，最终会导致数字集成电路工作频率的下降。同样的，对模拟电路而言，阈值电压的增大会使增益、跨导等性能指标退化。要评估 BTI 效应对电路特性的影响情况，首先就需要对 CMOS 器件在给定的偏置条件和温度下由 BTI 效应引起的阈值电压偏移量进行建模。本小节将基于反应-扩散(R-D，Reaction-Diffusion)理论和捕获/释放(T/D，Trapping/De-trapping)理论给出可用于电路仿真的 BTI 紧凑模型的建模过程。在开始讨论 BTI 紧凑模型之前，首先简要回顾一下 BTI 的理论基础：反应-扩散(R-D)理论和捕获/释放(T/D)理论。

图 6.20 给出了 PMOS 器件结构的剖面图以及两种物理机制的差异。如图 6.20(a)所示，反应-扩散(R-D)理论包含两个过程，即反应和扩散。根据 R-D 理论，在应力电压作用下，界面处的硅-氢共价键断裂，这就是反应过程。接着，硅-氢共价键断裂后产生的氢原子结合生成氢气，并进入栅氧化层向栅极运动，此过程即为扩散。对于栅氧化层比较薄的 CMOS 器件，氢气穿过栅氧化层后还会继续在多晶硅栅电极中扩散。实际上，由于多晶硅栅的厚度要远大于栅氧化层，所以氢气在多晶硅栅中的扩散是 CMOS 器件阈值电压偏移量增大的主要原因。此外，氢原子扩散后，二氧化硅-硅界面处留下的界面态也会直接影响 CMOS 器件的阈值电压。因此，基于 R-D 理论，最终可计算得到 CMOS 器件阈值电压退化

量 ΔV_{th} 与时间成幂律关系（ΔV_{th} 正比于 t^n，其中时间指数 n 约为 $1/6$ 且不受器件工艺影响），与温度和偏置电压成指数关系。

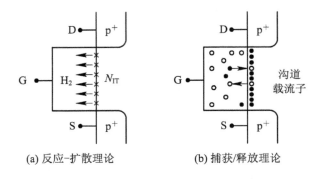

(a) 反应-扩散理论   (b) 捕获/释放理论

图 6.20　两种 BTI 效应物理机制示意图

　　依据图 6.20(b)所示，T/D 理论对 BTI 有与 R-D 理论完全不同的解释。T/D 理论认为在栅氧化层中存在具有不同能级以及不同捕获和释放时间常数的陷阱。当这些陷阱从 MOS 器件的沟道中捕获带电的载流子后，就会导致 MOS 器件阈值电压增大。沟道载流子数量的减少同时还会导致漏极电流减小。而陷阱的捕获/释放时间则决定了陷阱捕获/释放载流子的概率。随着应力时间的增长，被载流子占据的陷阱的数量也随之增长，从而引起阈值电压发生偏移。

　　通过计算可知，依据 R-D 理论得到的阈值电压退化量与应力时间服从幂指数关系，而依据 T/D 理论得到的阈值电压退化量与应力时间服从对数率关系。不过，与 R-D 理论一致的是，T/D 理论计算得到的阈值电压退化量与应力电压和温度也是成指数关系的。

　　在实际的应用中，数字电路中的 CMOS 器件通常在两个不同的电压（V_{DD} 和 V_{SS}）下工作，而模拟电路中的 CMOS 器件则受到连续变化的电压影响。由于电路工作模式的多样性，不同类型的电路对可靠性工具有不同的要求。因此，下面分别基于 R-D 和 T/D 理论讨论静态 BTI 模型、动态 BTI 模型和长期 BTI 模型。其中长期模型更适合于数字电路的老化仿真，而动态 BTI 模型则更适合于模拟电路的老化仿真。

1. 静态 BTI 模型

1）基于 R-D 理论的静态 BTI 模型

基于 RD 理论建立静态 BTI 模型可分为反应和扩散两个阶段。

首先在反应阶段，位于衬底和栅氧化层界面处的 Si—H 键或者 Si—O 键在电应力作用下发生反应，从而导致共价键断开。给定 Si—H 键在界面处的初始浓度（N_0），以及反型载流子浓度（P），则界面陷阱的产生率可以表示为

$$\frac{dN_{IT}}{dt} = k_F(N_0 - N_{IT})P - k_R N_H N_{IT} \tag{6.28}$$

式中：k_F 和 k_R 分别为正向和反向反应速率常数。已知界面陷阱的产生率与偏置电压和温度成指数关系。因此，在施加应力的初始阶段，界面陷阱的产生相对较慢。所以有 $\frac{dN_{IT}}{dt} \approx 0$，而且 $N_{IT} = N_0$。于是式(6.28)可以简化为

$$N_H N_{IT} = \frac{k_F}{k_R} N_0 P \tag{6.29}$$

考虑到两个氢原子 H 结合会形成氢气分子 H_2，于是 H 和 H_2 分子之间的关系可以表示为 $N_{H_2} = k_h N_H^2$，其中 k_h 是结合率常数。

接着是扩散阶段，反应阶段产生的氢气分子会离开硅-二氧化硅界面向栅电极扩散。氢的扩散主要由氢气的浓度梯度驱动。因此，该扩散过程可以用下面的方程表示

$$\frac{dN_{H_2}}{dt} = C \frac{d^2 N_{H_2}}{dx^2} \tag{6.30}$$

式中：C 是氢气分子在多晶硅中的扩散系数，主要与激活能有关。为了便于求解式（6.28）和式（6.30）的微分方程，从而得到紧凑模型，这里对栅氧化层以及多晶硅中的 H_2 浓度分布进行近似。简化后的 H_2 浓度分布如图 6.21 所示。

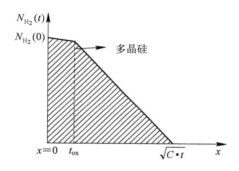

图 6.21 恒定应力下氢的扩散近似分布

由图 6.21 可见：

（1）H_2 分子在栅氧化层和多晶硅中的浓度分布与到沟道界面处的距离成线性关系；

（2）给定时间 t，H_2 分子在多晶硅中的扩散长度为 $\sqrt{C \cdot t}$；

（3）H_2 分子在多晶硅中的扩散速度要远快于在栅氧化层中的速度。因此，在给定应力时间 t 的情况下，BTI 效应产生的界面陷阱的总数可用图 6.21 中阴影部分的面积来表示，即可用积分式表示为

$$N_{IT} = 2 \int_0^{x(t)} N_{H_2}(x) dx \tag{6.31}$$

分别在栅氧化层和多晶硅中积分：

$$N_{IT} = 2 \int_0^{t_{ox}} N_{H_2}(x) dx + \int_{t_{ox}}^{\sqrt{Ct}+t_{ox}} N_{H_2}(x) dx \tag{6.32}$$

考虑栅氧化层厚度与多晶硅相比非常薄，H_2 在栅氧化层中的扩散过程时间较短，因此可以认为 H_2 在 Si-SiO_2 界面和 SiO_2-Poly 界面处的浓度差异很小。引入拟合参数 δ，表示 H_2 从 Si-SiO_2 界面到 SiO_2-Poly 界面处 H_2 浓度减小的部分。基于这些近似，对式（6.32）求解得到：

$$N_{IT} \approx 2 \left(\frac{1}{2}(1+\delta) \cdot N_{H_2}(0) \cdot t_{ox} + \frac{1}{2} N_{H_2}(0) \cdot \sqrt{Ct} \right) \tag{6.33}$$

式中：$N_{H_2}(0)$ 表示 H_2 在 Si-SiO_2 界面处的浓度，而 $\delta N_{H_2}(0)$ 表示 H_2 在 SiO_2-Poly 界面处的浓度。利用 H 原子和 H_2 之间的关系，N_{IT} 可以表示为

$$N_{IT} = \left(\frac{\sqrt{k_h} k_F N_0 P}{k_R} \right)^{\frac{2}{3}} \left((1+\delta) t_{ox} + \sqrt{Ct} \right)^{\frac{1}{3}} \tag{6.34}$$

式中：反型层空穴浓度 $P = C_{ox}(V_{GS} - V_{th})$。基于上面得到的界面陷阱浓度表达式，就可以进一步推导出阈值电压偏移量 $\Delta V_{th} = q N_{IT}/C_{ox}$。

因此，基于 R-D 理论就可以预测给定应力电压、温度和应力时间下 CMOS 器件的阈值电压偏移量 ΔV_{th}。退化量的最终表达式为

$$\Delta V_{th} = \frac{q N_{IT}}{C_{ox}} = A \cdot \left((1+\delta) t_{ox} + \sqrt{Ct} \right)^{2n} \tag{6.35}$$

$$A = \left(\frac{q t_{ox}}{\varepsilon_{ox}} \right)^{\frac{1}{2n}} \sqrt{K_2 C_{ox}(V_{GS} - V_{th}) \exp\left(\frac{2E_{ox}}{E_0} \right)} \tag{6.36}$$

式中：C 为扩散系数，与温度有关；如果只考虑 H_2 扩散，时间指数 n 约等于 1/6。

2）基于 T/D 理论的静态 BTI 模型

除了 R-D 理论，也有不少研究者尝试用 T/D 理论来解释 BTI 效应对 CMOS 器件的影响。近年来由于快速测量技术的发展，研究者通过实验观测到 BTI 效应除了应力阶段的退化特性，还存在应力撤销后的恢复特性。而 T/D 理论恰恰可以很好地解释 BTI 的恢复效应。图 6.22 为给出了 T/D 物理机制的示意图。从图 6.22 可以看出，当给 NMOS 器件的栅极施加负偏置电压后，氧化层界面处的陷阱能量会被栅压调制。当界面陷阱获得足够的能量后便会从沟道中捕获一个带电的载流子，从而使沟道中可用的载流子数量减小。而捕获带电载流子的陷阱不仅会改变局部的电荷分布，从而影响器件的阈值电压 V_{th}，还会作为散射机构影响沟道载流子的迁移率，从而使器件的沟道电流退化。

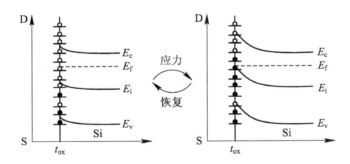

图 6.22　NMOS 器件栅氧化层捕获/释放过程示意图

若界面陷阱具有更短的时间常数，那么其捕获载流子的概率也更高。这种界面陷阱也称为快陷阱。陷阱的占据概率随偏置电压和温度的增加而增加。此外，由于捕获和释放过程本质上是随机的，因此基于 T/D 理论的 BTI 紧凑模型也具有统计特性。

由于 T/D 理论和低频噪声理论都认为陷阱对沟道载流子的随机捕获是导致器件特性随时间退化的主要原因，因此参考低频噪声理论，T/D 理论中界面陷阱的属性可采用以下假设：

（1）陷阱数遵循泊松分布；

（2）捕获和发射时间常数在对数尺度上均匀分布；

（3）陷阱能量的分布近似为 U 形。

根据 T/D 理论，在给定的应力时刻，阈值电压 V_{th} 的偏移量是被沟道载流子占据的陷阱数量 $n(t)$ 的统计结果。因此，经过时间 t 后，初始状态为空的界面陷阱被占用的概率用 $P_{01}(t)$ 表示，其中"0"表示空态，"1"表示占据态。那么该界面陷阱的占用概率表示为

$$P_{01}(t+dt)=P_{01}(t)p_{11}(dt)+P_{00}(t)p_{01}(dt) \tag{6.37}$$

式中：$p_{01}(dt)=1/\tau_c$，$p_{11}(dt)=1-p_{10}(dt)=1/\tau_e$。将上式从 t_0 到 t 积分，得

$$P_{01}(t+t_0)=\frac{\tau_{eq}}{\tau_c}(1-e^{-t/\tau_{eq}})+P_{01}(t_0)e^{-t/\tau_{eq}} \tag{6.38}$$

式中：$\frac{1}{\tau_{eq}}=\frac{1}{\tau_c}+\frac{1}{\tau_e}$；$\tau_c$ 和 τ_e 分别为陷阱捕获时间常数和释放时间常数，其本质上是随机的，且与偏置电压和温度有关，可表示为

$$\tau_c=10^p(1+e^{-q}) \tag{6.39}$$

$$\tau_e=10^p(1+e^{+q}) \tag{6.40}$$

式中，$p\in[p_{min},p_{max}]$，p_{min} 和 p_{max} 分别表示最快陷阱的时间常数和最慢陷阱的时间常数。通常 $p_{min}\sim1$，$p_{max}>10$。假定 p 均匀分布，则特征时间常数在对数尺度上均匀分布。有 $q=(E_T-E_F)/kT$，其中 E_T 是陷阱能量，E_F 是费米能级。陷阱能量与外加电场有关。因此 τ_c 和 τ_e 与电压和温度有关。

假设恒定应力下 $P_{01}(0)=1-P_{10}(0)=0$，对式(6.38)的 $P_{01}(t+t_0)$ 从 $t_0=0$ 时刻到 t 时刻积分，并乘以有效的陷阱数量，带入对数分布的时常数和 U 形分布的陷阱能量，则可以得到平均陷阱占据数量

$$n(t)=\frac{N}{\ln10(p_{max}-p_{min})}\int_0^{E_{Tmax}}\frac{g(E_T)dE_T}{1+\exp\left(-\frac{E_T-E_F}{kT}\right)}\cdot\int_{10^{-p_{min}}t}^{10^{-p_{max}}t}\frac{e^{-u}-1}{u}du \tag{6.41}$$

式中，$g(E_T)$ 为陷阱能量分布。陷阱能量 E_T 是电场 E_{ox} 的函数，假设 $p_{min}\sim1$，$p_{max}>10$，$E_T\sim1/E_{ox}$，则有

$$n(t)=\frac{N}{\ln10(p_{max}-p_{min})}\exp\left(\frac{\beta V_g}{t_{ox}kT}\right)\exp\left(\frac{-E_0}{kT}\right)[A+B\lg 10^{-p_{max}}t] \tag{6.42}$$

式(6.42)描述了恒定应力电压和温度下的界面陷阱的变化过程。与 R-D 模型类似，该模型表示的陷阱占据情况与应力电压、温度和 T_{ox} 指数相关。此外，陷阱占据情况也具有统计分布，一般用 N 表示每个器件中的陷阱数量。与 R-D 模型一样，式(6.42)也可以表示成阈值电压变化量的形式

$$\Delta V_{th}(t)=\phi[A+B\lg(1+Ct)] \tag{6.43}$$

2. 动态 BTI 模型

集成电路在实际应用中，为了降低芯片功耗，往往采用动态电压缩放的方法（DVS，Dynamic Voltage Scaling）对芯片不同区域的工作电压进行动态调整。这就导致 CMOS 器件的偏置电压在很多时候都较小，对 BTI 效应而言，偏置电压较小时 BTI 恢复得就更多。可见，对集成电路而言，BTI 的退化与实际施加在芯片上的动态应力有关。同样的器件，采用不同的 DVS，会产生不同的退化情况。因此，为了准确预测动态应力偏置下 BTI 的退化情况，就需要建立 BTI 的动态模型。

1）基于 R-D 理论的动态 BTI 模型

对 R-D 理论而言，如果完全去掉应力电压，理论上应力施加阶段所产生的氢原子就会

恢复。但实际上，靠近 Si-SiO$_2$ 界面的氢原子会修复断裂的 Si—H 键（这一过程也称"钝化"），而处于多晶硅内部的氢原子则会在浓度梯度作用下继续向更远处扩散。这就导致应力施加阶段所产生的氢原子只有部分能恢复，也就是说施加应力阶段产生的阈值电压退化量在应力撤掉后不会完全恢复。图 6.23 给出了氢原子在应力撤销后的分布情况。可见，距离氧化层界面较近的氢原子会在氧化层中迅速扩散，并修复界面处的 Si—H 键。而在多晶硅中的氢原子则会在浓度梯度作用下继续向更远处扩散。如果施加的应力在 t_1 时刻后被撤销，那么此后 t 时刻被氢原子修复的 Si—H 键所对应的电荷总数表示为 $N_{IT}^A(t)$，则界面剩余的电荷用 $N_{IT}(t)$ 表示

$$N_{IT}(t) = N_{IT}(t_1) - N_{IT}^A(t) \tag{6.44}$$

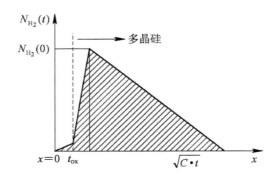

图 6.23　恢复阶段 H 的近似扩散分布

如图 6.23 所示，应力撤销后，所有被氢原子修复的陷阱数量可由两部分组成：① 氧化层中氢气对 Si—H 键的修复；② 多晶栅中的氢气向界面的反向扩散后对 Si—H 的修复。于是，$N_{IT}^A(t)$ 表示为

$$N_{IT}^A(t) = 2\left(\xi_1 t_e + \frac{1}{2}\sqrt{\xi_2 C(t-t_1)}\right)N_{H_2}(0) \tag{6.45}$$

式中，ξ_1 和 ξ_2 是反向扩散常数，根据式（6.34）和式（6.45），得到

$$N_{IT}^A(t) = N_{IT}(t)\left[\frac{2\xi_1 t_e + \sqrt{\xi_2 C(t-t_1)}}{(1+\delta)t_{ox} + \sqrt{Ct}}\right] \tag{6.46}$$

将上式带入式（6.44），简化方程并利用 $\Delta V_{th} = qN_{IT}/C_{ox}$，于是得到动态 BTI 恢复模型为

$$\Delta V_{th}(t) = \Delta V_{th}(t_1)\left[1 - \frac{2\xi_1 t_e + \sqrt{\xi_2 C(t-t_1)}}{(1+\delta)t_{ox} + \sqrt{Ct}}\right] \tag{6.47}$$

式（6.47）给出的是当应力完全撤掉后的 V_{th} 恢复量，并不适用于应力增加或减少的情况。在 DVS 应力条件下，应力电压可变大，也可以变小。当应力电压从高到低变化时，氢原子的扩散分布与当电压从低到高变化时又有不同。图 6.24（a）显示了 t_0 时刻电压从 V_1（高）到 V_2（低）变化时，氢浓度的分布变化。此时，V_{th} 偏移量分为两部分。第一部分是与低电压 V_2 导致的扩散有关，在图中表现为非阴影部分；而阴影部分则为随时间逐渐减少的恢复分量。随着时间的推移，最终 ΔV_{th} 退化量是由低电压 V_2 决定的。这里先给出低电压下的氢扩散导致的阈值电压退化量

$$\Delta V_{th}(t) = A_2\left((1+\delta)t_{ox} + \sqrt{C(t-t_0)} + s(t)\right)^{2n} \tag{6.48}$$

式中：A_2 与低电压 V_2 有关；$s(t)$ 是氢的初始扩散长度，与时间有关。但随着时间的推移，部分氢原子会恢复，引起的阈值电压退化量表示为

$$\Delta V_{thr}(t) = \Delta V_{th}(t)\left(1 - \frac{2\xi_1 t_e + \sqrt{\xi_2 C(t-t_0)}}{(1+\delta)t_{ox} + \sqrt{Ct}}\right) \tag{6.49}$$

将式(6.48)和式(6.49)联立求解，即可得到应力电压从高到低变化时的阈值电压偏移量的表达式

$$\Delta V_{th}(t) = \left[\sqrt[2n]{A_2}\sqrt{C(t-t_0)} + \sqrt[2n]{\Delta V_{th}(t_0)\left(1 - \frac{2\xi_1 t_e + \sqrt{\xi_2 C(t-t_0)}}{(1+\delta)t_{ox} + \sqrt{Ct}}\right)}\right]^{2n} \tag{6.50}$$

式中，ξ_1 和 ξ_2 是反向扩散常数，与恢复模型中的相同。该方程能够预测动态应力变化中非单调应力导致的恢复量，而且随着低电压引起的 V_{th} 偏移量逐渐增大，预测结果最终会收敛。

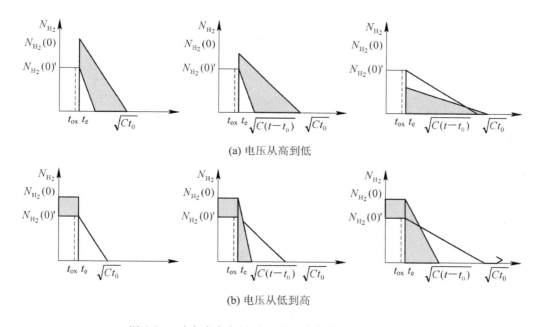

(a) 电压从高到低

(b) 电压从低到高

图 6.24　动态应力电压下 PMOS 中氢的近似扩散分布

若应力电压在时间 $t=t_0$ 从低(V_2)变为高(V_1)，则扩散的近似分布如图 6.24(b)所示。因为电压从低变为高，所以这种情况下没有恢复分量。低电压导致的扩散将继续以相同的速度扩散。但随着较高电压引起的扩散分量占主导地位，V_{th} 偏移量最终收敛。基于式(6.48)，A_2 表示与高电压 V_1 相关的参数，在 V_1 作用下氢的扩散分布如图 6.24(b)的阴影所示。则在 t_0 时刻，低电压(V_2)作用下的 V_{th} 偏移为

$$\Delta V_{th}(t_0) = A_1\left((1+\delta)t_{ox} + \sqrt{Ct_0}\right)^{2n} \tag{6.51}$$

将式(6.51)和式(6.48)联立求解，可获得电压从低到高的阈值电压偏移量模型

$$\Delta V_{th}(t) = \left[\sqrt[2n]{A_2}\left((1+\delta)t_{ox} + \sqrt{C(t-t_0)}\right) + \sqrt[2n]{A_1}\left((1+\delta)t_{ox} + \sqrt{Ct}\right)\right]^{2n} \tag{6.52}$$

以及电压从低到高的阈值电压偏移量模型

$$\Delta V_{th}(t) = \left[\sqrt[2n]{A_2}\left((1+\delta)t_{ox} + \sqrt{C(t-t_0)}\right) + \sqrt[2n]{A_1}\left((1+\delta)t_{ox} + \sqrt{Ct}\right)\right]^{2n}$$

2）基于 T/D 理论的动态 BTI 模型

接着介绍基于捕获/释放理论的动态 BTI 模型，理论上这些模型可以处理任意波形的应力。由于退化对电压高度敏感，动态电压调制会导致不同程度的电路老化。电压调制分为两种情况。第一种情况，应力电压从较低的电压 V_1 变为较高的电压 V_2；第二种情况，电压从较高的电压 V_1 变为较低的电压 V_2。为了计算电压转换带来的影响，利用式（6.38）可以将 t_0 时刻（如图 6.25 所示，t_0 时刻为电压转换起始时间）后任意 t 时刻陷阱的占据概率表示为

$$P_{01}(t+t_0) = \frac{\tau_{eq2}}{\tau_{c2}}(1-e^{-t/\tau_{eq2}}) + P_{01}(t_0)e^{-t/\tau_{eq2}} \tag{6.53}$$

式中：τ_{eq2}、τ_{c2} 为电压 V_2 偏置下的时间常数。利用式（6.33）和式（6.34），$\tau_{eq1} = \tau_{eq2}$，τ_{eq} 只与参数 p 有关，而与电压无关。结合式（6.53）有

$$P_{01}(t+t_0) = \frac{\tau_{eq}}{\tau_{c1}}(1-e^{-t/\tau_{eq}}) - \frac{\tau_{eq}}{\tau_{c2}}(e^{-t/\tau_{eq}} - e^{-(t+t_0)/\tau_{eq}}) \tag{6.54}$$

式中，τ_{c1} 和 τ_{c2} 分别对应于电压 V_1 和 V_2，按照与静态模型推导中类似的步骤，可以得到一个紧凑模型：

$$\Delta V_{th}(t) = \phi_2 [A+B\lg(1+Ct)] + \phi_1 \cdot B\left[\lg\left(\frac{1+C(t+t_0)}{1+Ct}\right)\right] \tag{6.55}$$

式中，ϕ_1 和 ϕ_2 分别对应于电压 V_1 和 V_2。式（6.55）中的退化在物理上被解释为两个分量，Δ_1 和 Δ_2，并分别与 ϕ_1 和 ϕ_2 相关。当电压由大变小时，陷阱会释放一部分载流子从而达到新的平衡。Δ_2 起初占主导地位，其主要对应陷阱的恢复过程。在长时间 V_2 作用下，Δ_1 逐渐变为主导，阈值电压偏移开始增加。基于 T/D 理论的动态 BTI 模型可以准确地预测应力电压从较高值向较低值转变时退化量的非单调行为。在这样的偏置情况下，器件先经历一个恢复期，然后回到平衡态。最终，器件的退化速率与恒定应力下的退化速率一致。式（6.55）正好可以预测这一过程：起初，式（6.55）的第二项占主导地位，其会导致恢复效应；在经历200 秒的恢复后，式（6.55）的第二项逐渐减小，而第一项开始占主导地位，从而表现出第二个电压应力的作用。

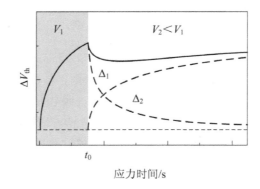

图 6.25　偏置电压从 V_1 降至 V_2 时导致 ΔV_{th} 的变化

3. 长期 BTI 模型

上面的 BTI 模型提供了一种准确有效的方法来预测任意应力模式下器件的老化情况。这些模型对分析模拟电路的老化情况非常有用。因为模拟电路的晶体管数量不多，

基于高精度的老化模型可以得到精确的结果，且相应的计算量也在可承受的范围之内。然而，对于大规模数字电路，如采用上述模型对每一个周期信号都进行精确分析，那将要消耗非常多的时间，使用上述模型显然无法满足快速仿真的需求。因此就需要一种基于 R-D 或 T/D 理论的长期老化模型来快速预测周期信号影响下数字电路中器件阈值电压的退化量。

多数数字电路通常工作在一个周期信号下，该信号一般具有特性占空比和固定频率。因此，针对数字电路可以建立一个有效的长期 BTI 模型。长期 BTI 模型不需要精确仿真每个周期内的应力变化情况，只需要按照占空比和信号频率计算长期退化量。如图 6.26 所示，基于前面的动态模型，将多个周期的应力退化量和恢复量整合到一起，就可以分别得到基于 R-D 和 T/D 理论的长期模型。

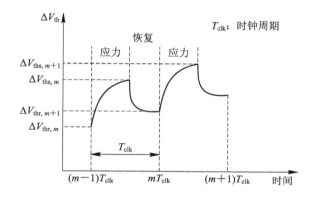

图 6.26　V_{th} 退化量在应力和恢复循环期间的偏移量

1）基于 R-D 理论的长期 BTI 模型

如果给一个器件施加一个周期方波信号，其时钟周期为 T_{clk}，占空比为 α。那么可以将每个周期退化量的最大值连接起来，并用退化量最大值的包络来预测器件阈值电压退化量 ΔV_{th} 的上限。基于前面的 R-D 理论的动态模型（式（6.50）），可以得到 m 个周期后的阈值电压退化量表示为

$$\Delta V_{\text{ths},m+1} = \left[\begin{array}{l} \sqrt[2n]{A_2}\, X(1+\beta_m^{1/2n}+\beta_m^{1/2n}\beta_{m-1}^{1/2n}+\cdots)+ \\ \sqrt[2n]{A_1}\,(Y+\sqrt{C\alpha T_{\text{clk}}})(1+\beta_m^{1/2n}+\beta_m^{1/2n}\beta_{m-1}^{1/2n}+\cdots) \end{array} \right]^{2n} \tag{6.56}$$

式中：

$$X=(1+\delta)t_{\text{ox}}+\sqrt{C\alpha T_{\text{clk}}} \tag{6.57}$$

$$Y=\sqrt{C(1-\alpha)T_{\text{clk}}} \tag{6.58}$$

$$\beta=1-\frac{2\xi_1 t_e+\sqrt{\xi_2 C(1-\alpha)T_{\text{clk}}}}{(1+\delta)t_{\text{ox}}+\sqrt{Cm T_{\text{clk}}}} \tag{6.59}$$

若 $\beta_1<\beta_2<\cdots \beta_{m-1}<\beta_m$，则在几何级数近似下，阈值电压退化量的上边界为

$$\Delta V_{\text{ths},m+1} = \left[\sqrt[2n]{A_2}\, X\left(\frac{1}{1-\beta^{1/2n}}\right)+\sqrt[2n]{A_1}\,(Y+\sqrt{C\alpha T_{\text{clk}}})\left(\frac{1}{1-\beta^{1/2n}}\right) \right]^{2n} \tag{6.60}$$

该模型能够预测两个非零电压交替循环的周期信号的阈值电压退化量 ΔV_{th} 的上边界。

如图 6.27 所示，对于多个周期，在给定占空比的情况下，长期模型预测的结果与动态

电压下的模型计算结果基本相同。长期模型快速预测了周期性应力条件下阈值电压退化量的一个上边界。

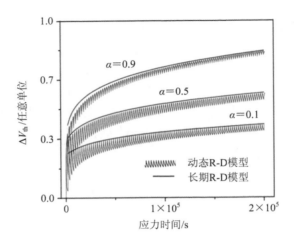

图 6.27 长期模型与动态模型的预测结果比较

2）基于 T/D 理论的长期 BTI 模型

与基于 R-D 模型的推导类似，也可以得到基于 T/D 理论的长期模型。基于前面 T/D 理论的动态 BTI 模型，周期信号偏置下的 $V_{\text{ths, }m+1}$ 可以表示为

$$\Delta V_{\text{ths, }m+1} = \phi_1[A+B\lg(1+C\alpha T_{\text{clk}})]+\phi_2[A+B\lg(1+C(1-\alpha)T_{\text{clk}})]\beta_{1,\,m}+$$
$$\Delta V_{\text{ths, }m}(1-\beta_{1,\,m})(1-\beta_{2,\,m}) \tag{6.61}$$

利用式（6.61）并将 $V_{\text{ths, }m+1}$ 重复地替换为 $V_{\text{ths, }i}$，其中 $i=m,\cdots 1$，得到

$$\Delta V_{\text{ths, }m} = \phi_1[A+B\lg(1+C\alpha T_{\text{clk}})]\left(1+\sum_{i=1}^{m}\prod_{j=m-i+1}^{m}\beta_{1j}\cdot\beta_{2j}\right)+$$
$$\phi_2[A+B\lg(1+C(1-\alpha)T_{\text{clk}})]\beta_{1m}\left(1+\sum_{i=1}^{m}\prod_{j=m-i+1}^{m}\beta_{1j-1}\cdot\beta_{2j}\right) \tag{6.62}$$

若 $\beta_{1m-1}<\beta_{1,\,m}$ 和 $\beta_{2m-1}<\beta_{2,\,m}$，则上式可改为

$$\Delta V_{\text{ths, }m+1} \leqslant \phi_1[A+B\lg(1+C\alpha T_{\text{clk}})](1+\beta_{1m}\cdot\beta_{2m}+(\beta_{1m}\cdot\beta_{2m})^2+\cdots)+$$
$$\phi_2\beta_{1m}[A+B\lg(1+C(1-\alpha)T_{\text{clk}})](1+\beta_{1m}\cdot\beta_{2m}+(\beta_{1m}\cdot\beta_{2m})^2+\cdots)$$
$$\tag{6.63}$$

式（6.63）是一个几何级数，所以可以得到周期应力下阈值电压退化量的上边界为

$$\Delta V_{\text{ths, }m} = \phi_1[A+B\lg(1+C\alpha T_{\text{clk}})]\frac{1}{1-\beta_{1,\,m}\cdot\beta_{2,\,m}}+$$
$$\phi_2[A+B\lg(1+C(1-\alpha)T_{\text{clk}})]\frac{\beta_{1m}}{1-\beta_{1m}\cdot\beta_{2m}} \tag{6.64}$$

可见，式（6.64）与占空比、信号周期和电压应力有关。基于 T/D 理论的长期模型可以快速预测出任意周期信号偏置下 CMOS 器件阈值电压退化量的上限。

6.3.3 经时击穿模型

纳米 CMOS 器件中的介质击穿是由强电场引起的氧化层损伤造成的，介质击穿会导致栅电流增加。介质击穿有多种模式，其中的硬击穿（HBD）会导致栅电流显著增加，并使器件丧失栅控能力。通常认为电路中任意一个CMOS器件的硬击穿就会导致电路失效。在栅氧化层厚度小于5 nm的器件中，软击穿（SBD）通常先于硬击穿发生。软击穿的发生可以看作是由介质部分损伤引起的。与硬击穿相比，软击穿导致的栅极电流的增加较小。即便介质发生多次软击穿，也不一定会导致电路失效。

若电路工作在标称工作电压范围内或者稍高于标称工作电压，介质发生硬击穿的可能性很小，而软击穿仅会导致栅极电流小幅度增加。这里击穿机理并不是讨论的重点，击穿模型才是需要重点关注的。因为对功率放大器、单片DC-DC转换器和开关电容电路等电路而言，其性能在很大程度上取决于可施加在晶体管栅极和漏极上的最大电压。若能基于击穿模型准确计算相关击穿电压等参数，则可以帮助集成电路在保证足够的寿命的同时，最大化设计裕量。下面首先讨论硬击穿的建模过程，接着给出软击穿的建模过程。

1. TDDB硬击穿模型

已有不少研究者对介质的硬击穿进行了广泛研究，并提出了许多不同的模型。其中最重要的模型有热化学模型、阳极空穴注入模型和电压驱动模型。

1）热化学模型

热化学模型也称E模型，该模型认为器件寿命的对数与外加电场E_{ox}直接相关。该模型假设氧化层中存在较弱的化学键，并可以通过施加外加电场来打破该化学键。因此，击穿时间t_{BD}可以表示为

$$t_{BD} \propto \exp(-\gamma E_{ox}) \exp\left(\frac{E_a}{kT}\right) \tag{6.65}$$

式中：γ为场加速因子（$\gamma \approx 1.1$ decade/(MV·cm)）；E_a为激活能，$E_a \approx (0.6 \sim 0.9)$ eV。该模型可以很好地预测长期低压偏置的情况，当预测高电场的影响时会出现一定的偏差。

2）阳极空穴注入模型

阳极空穴注入模型也称$1/E$模型，该模型认为击穿电压与电场强度为反比关系。$1/E$模型用栅氧化层局部区域的空穴俘获过程来解释击穿现象，即

$$t_{BD} \propto \exp\left(\frac{\beta}{E_{ox}}\right) \exp\left(\frac{E_a}{kT}\right) \tag{6.66}$$

式中：β为与工艺相关的电场加速因子（$\beta \approx 350$ MV/cm）。与E模型相反，$1/E$模型已被证明能很好地适用于高电场应力，在低电场应力下的预测结果不太准确。

上述两个模型都只适用于有限的电场范围。针对这个问题有研究者提出了一种组合模型。然而这些模型却都不适用于栅氧化层小于5 nm的CMOS工艺。这些超薄氧化层中，击穿电压与偏置电压呈现出幂律关系而非指数关系，而且击穿电压与温度的关系不再遵循Arrhenius定律。因此，有研究者提出了一种电压驱动的击穿电压模型：

$$t_{BD} \propto V_{GS}^{n(T)} \tag{6.67}$$

式中：电压加速因子n取决于温度。由于电压、温度与氧化层击穿时间之间复杂的相互关系，基于电压驱动的击穿电压模型比前面的模型复杂得多。后来，研究者们还通过扩展使该模型考虑了与器件面积的关系，并加入了击穿时间分布。此外，式（6.65）和式（6.66）只能

预测出一个特定的击穿时间，而实际上 63％的器件在击穿时间之前就已经失效了。因此需要在击穿模型中包含击穿时间分布，从而实现准确的经时击穿仿真。已知击穿时间服从威布尔分布，则其累积失效概率为

$$F_{BD} = 1 - \exp\left(-\frac{t}{t_{BD,63}}\right)^{\beta} \tag{6.68}$$

式中：$t_{BD,63}$ 为特征寿命；β 为威布尔斜率参数。结合式(6.67)、式(6.68)以及击穿电压与面积和温度的关系，可以得到超薄氧化层($t_{ox} < 5$ nm)器件发生硬击穿所需时间的完整模型为

$$t_{BD} \propto \left(\frac{1}{WL}\right)^{1/\beta} F_{BD}^{1/\beta} V_{GS}^{a+bT} \exp\left(\frac{c}{T} + \frac{d}{T^2}\right) \tag{6.69}$$

式中：W 和 L 分别表示晶体管的宽度和长度。该击穿时间模型显然不遵循 Arrhenius 定律。针对氧化层厚度小于 5 nm 的 CMOS 器件，上述模型的典型参数值为：$\beta = 1.64$，$F_{BD} = 0.01\%$，$a = -78$，$b = 0.081$，$c = 8.81 \times 10^{-3}$，$d = -7.75 \times 10^5$。

2. TDDB 软击穿模型

当栅氧化层厚度减薄至 3 nm 以下后，研究者们发现软击穿通常早于硬击穿发生。硬击穿通常会导致栅控能力丧失，而软击穿并不一定会造成电路或器件失效。软击穿发生时，氧化层中会形成渗流路径，导致栅极电流少量增加。软击穿发生后，该渗流路径导致氧化层不断耗损，直到最终导致硬击穿发生。

如图 6.28 所示，其中 t_{SBD} 为软击穿发生时间，t_{WO} 为软击穿后的耗损时间，t_{HBD} 为硬击穿发生时间。与硬击穿类似，软击穿也遵循威布尔分布，且软击穿的击穿时间与应力时间具有幂律关系。多数软击穿模型仅针对一个软击穿点进行建模，而实际上介质中可能会发生多重软击穿。与硬击穿不同，仅由一个软击穿点而导致电路失效的概率非常小。因此，重要的是对特定应力时间后的软击穿数进行建模，而不是对第一次发生软击穿的时间进行建模。

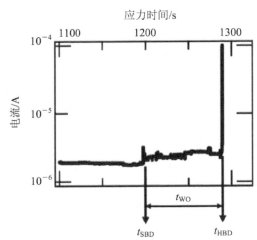

图 6.28　厚度小于 3 nm 的氧化层中软击穿先于硬击穿发生图示

因此，在时间 χ 内出现 n 个软击穿的概率服从泊松分布：

$$P_n(t) = \frac{\chi^n}{n!} \exp(-\chi) \tag{6.70}$$

式中:

$$\chi = \left(\frac{t}{t_{\text{SBD, 63}}} \right)^{\beta} \tag{6.71}$$

$$t_{\text{SBD, 63}} = t_{\text{SBD, ref}} \left(\frac{WL}{A_{\text{ref}}} \right)^{1/\beta} \left(\frac{V_{\text{GS}}}{V_{\text{ref}}} \right)^{\gamma} \tag{6.72}$$

式中: $t_{\text{SBD, ref}}$ 为参考晶体管(面积为 A_{ref},受到应力为 V_{ref})在 63 百分位点处的击穿时间;β 和 γ 是与工艺相关的参数,典型的模型参数值 $\beta=0.7$,$\gamma=-62$。式(6.70)只适用于固定的应力电压。而在电路老化过程中,晶体管参数发生漂移,晶体管应力电压会随之发生改变。因此,还需要建立一个考虑应力变化的动态软击穿模型。针对这个问题,研究者们建立了这样的模型: 在 t_2 处有 n 个软击穿点的概率 $P_n(t_2)$,可以看作是在 t_1 内达到 $n'(n \geqslant n')$ 个软击穿点的概率乘以在 t_1 至 t_2 期间产生额外 $n-n'$ 个击穿点的概率:

$$P_n(t_2) = \sum_{n'=0}^{\infty} \left[P_{n'}(t_1) \frac{\Delta\chi^{n-n'}}{(n-n')!} \exp(-\Delta\chi) \right] \tag{6.73}$$

式中:

$$\Delta\chi = \left(\frac{t_2 - t_1}{t_{\text{SBD}} \big|_{V_{\text{GS1}} = V_{\text{GS2}}}} \right)^{\beta} \tag{6.74}$$

式中: V_{GS1} 为 t_1 时刻的应力,V_{GS2} 为 t_2 时刻的应力,且 V_{GS1} 和 V_{GS2} 不一定相同。式(6.73)可以用来计算特定应力波形后软击穿数量的概率密度。

6.4 纳米 CMOS 工艺及器件可靠性仿真

随着半导体技术的发展,半导体制造工艺变得越来越复杂。尽管在摩尔定律的驱动下,芯片的集成度不断提升,单个 CMOS 器件的成本不断下降,但针对先进工艺的研发成本却在急剧上升。此外,在消费电子产品的推动下,电子产品的寿命和上市时间越来越短。由于成本和时间限制,传统的"试错"方法不再可行。这就需要在实际投片之前借助一系列计算机辅助设计(CAD,Computer Aided Design)工具,通过仿真来模拟传统"试错"过程,从而提升最终投片的成功率。其中,针对半导体工艺和器件设计的仿真工具称为工艺计算机辅助设计(TCAD,Technology Computer Aided Design)工具。本节将基于 TCAD 工具简要介绍纳米 CMOS 工艺及器件可靠性仿真过程,并给出基于 TCAD 的器件级可靠性仿真方法。

6.4.1 TCAD 工艺仿真

基于 TCAD 工具的工艺仿真实现的是半导体器件的虚拟制造过程。早期的 TCAD 工具主要用于仿真一些重要的工艺步骤,如离子注入、淀积、氧化、扩散以及刻蚀等。经过多年的发展和整合,如今先进的 TCAD 工具已可以完整仿真 CMOS 芯片制造设计前道工序(FEOL)及后道(BEOL)工序。考虑到版面有限,下面仅给出一个简化的工艺仿真流程,如图 6.29 所示。

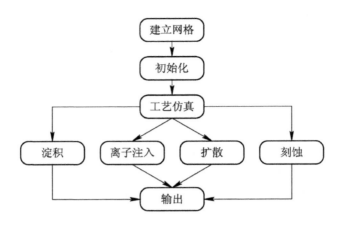

图 6.29　一个简化的工艺仿真流程图

1. 网格设置和初始化

每个工艺仿真都从网格定义开始，合适的网格定义不仅可以提高工艺仿真的准确性，也可以减小工艺仿真不收敛的问题。网格划分的结果与最终仿真计算的效率密切相关：网格划分越细，仿真精度越高，但是所需计算时间越长；网格划分越粗，计算时间越短，但仿真精度越低。因此，网格的划分一方面需结合实际器件中各种参数的分布变化情况，另一方面也要结合开发者的实际需求。通常会在半导体中掺杂浓度变化较大的区域、有接触的区域以及 MOSFET 沟道区等位置采用密集的网格划分；在体硅衬底，多晶硅等位置采用疏松的网格划分。在网格划分工具中，一般使用"line"和"spacing"两个命令来完成基础的网格划分。其中，"line"命令指定网格线的位置，"spacing"命令用来确定网格的疏密程度。此外，"region"命令和"line"命令用来设置矩形网格边界，并指定区域中所采用的材料。"boundary"命令用于指定矩形网格每个表面的应用条件，包括反射、暴露及背面三种应用条件。

定义好网格和边界后，就可以进行初始化了。初始化语句设置网格并初始化衬底掺杂浓度和晶圆的晶相。最后，使用"structure"命令将网格文件保存为特定文件格式，并作为后续仿真的输入。如图 6.30 所示为划分后的硅衬底网格。

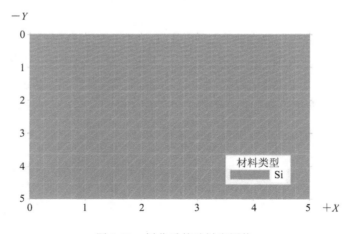

图 6.30　划分后的硅衬底网格

2. 离子注入

离子注入(Ion Implantation)是现代半导体工艺中使用最广泛的掺杂技术。在离子注入过程中，离化的掺杂剂原子在强电场中加速，然后撞击并穿透目标材料，最终停留在需要掺杂的位置。其注入剂量可以通过控制离子电流来控制，注入深度可以通过注入能量来控制，而注入能量则可以通过场强来调节。由于可以精确调节注入离子的剂量和深度，因此离子注入过程是高度可控且可重复的。在注入过程中，注入的离子会对半导体晶格产生损伤，因此在注入后还需要采用热退火工艺以尽可能地消除注入引起的晶格损伤。同时，为了减少热退火过程引起的掺杂杂质的扩散，一般采用温度很高但时间很短的快速热退火(RTA, Rapid Thermal Anneal)方法来修复注入损伤。在TCAD中一般使用"implant"命令来执行离子注入工艺步骤，例如"implanXChosphorus dose＝1e13 energy＝30"表示将掺杂剂磷原子以30 keV的能量注入半导体材料中，最终注入剂量为$10^{13} \mathrm{cm}^{-2}$。

3. 淀积

由于淀积工艺的物理过程较为简单，在大多数TCAD工艺仿真工具中，淀积过程是一个纯几何的过程。TCAD工具通过寻找暴露的表面并在现有网格之上添加一个新的网格层来模拟淀积的物理过程。对于暴露的平面区域，只需在原有网格基础上添加给定厚度的新材料网格。如果暴露的表面是曲面，那么还需要结合曲面的曲率对淀积厚度进行映射，并形成最终平滑的淀积层表面。此外，外延生长的过程通常也用淀积过程来仿真。在TCAD中，使用"deposite"命令来执行淀积步骤，例如"depositeoxidethick＝0.01"表示在暴露表面淀积厚度为0.01 μm的SiO_2层。

4. 氧化

氧化是将晶圆表面的硅转化为氧化物的过程。将晶圆暴露在高温的氧气或水蒸气中可以加速氧化过程，所以该过程也称为热氧化(Thermal Oxidation)。氧化物的生长取决于温度、压力、晶体取向、掺杂水平以及晶圆中的应力等因素。在半导体工艺中，热氧化生成的氧化物主要用于制作栅氧化层和阻挡注入的掩模层。通常采用干氧氧化和湿氧氧化两种工艺来生成氧化层。干氧工艺氧化物生成速度慢，但得到的氧化物质量高，可用于栅氧化层。湿氧工艺氧化物生长快，但氧化物质量较差，一般用于隔离。由于氧化过程较为复杂，这里不再详细介绍TCAD中的氧化工艺模型。需要指出的是，在TCAD工具中，一般采用"diffuse"命令来执行氧化步骤，例如"diffusetime ＝ 1 temp＝1000 dryo2"表示在1000℃条件下进行干氧氧化1分钟。

5. 刻蚀

与淀积一样，工艺仿真中的蚀刻步骤也是纯几何的，不包括化学反应。如果所需的蚀刻形状只是垂直矩形区域，那么刻蚀的设置相对简单。但是，如果需要特定形状，则要在工艺仿真器中指定相关参数。反应离子刻蚀(RIE, Reaction Ion Etch)是现代半导体工艺中的主流刻蚀方法。理想情况下，进行RIE刻蚀时不应产生"掏槽"现象，但实际上由于RIE在各个方向都有一定的刻蚀速率，因此掏槽现象不可避免。若要简化刻蚀工艺，则可以采用几何刻蚀方法，只需提供垂直和水平方向的刻蚀速率和刻蚀时间，即可刻蚀出相应的几何形状。在TCAD工具中，采用"etch"命令来执行刻蚀步骤，例如"etchsiliconthick＝0.2 dry"表示对暴露的硅材料进行干法刻蚀，刻蚀深度为0.2 μm。

6. 扩散

在工艺仿真中，因为节点数量很大，扩散是最为耗时的步骤。先进的杂质扩散模型通常基于杂质扩散的微观物理过程。这些模型不仅考虑了杂质和空间电荷之间的相互作用，还考虑了杂质和晶格点缺陷（如间隙和空位）之间的相互作用。TCAD工具中一般包括直接扩散机理、空位扩散机理以及间隙扩散机理三种扩散机理，还包括费米扩散模型、二维扩散模型、完全耦合扩散模型和稳态扩散模型四种扩散模型。同样限于篇幅，对此我们不再展开讨论。在TCAD中采用"diffuse"命令来执行扩散步骤，例如"diffusetime＝1 temperature＝1050 nitrogen"表示在1050℃高温的氮气环境中进行1分钟的扩散。

上面给出了TCAD工艺仿真的主要步骤，在实际应用中，往往需要多次重复的工艺步骤才能实现特定工艺下的最终器件结构，最终器件结构包括器件的几何结构、网格划分、材料信息、掺杂分布以及金属接触位置等重要信息。TCAD工艺仿真后会将这些器件结构相关信息保存为特定文件格式，并作为输入信息提供给后续的器件仿真工具以开展相关电学特性的仿真。

6.4.2　TCAD器件仿真

TCAD器件仿真主要是对半导体器件的电学特性进行仿真。TCAD在其计算载流子输运的框架下，加入各种物理模型，从而实现对不同类型器件电学特性的仿真。图6.31给出了TCAD器件仿真的简化流程。

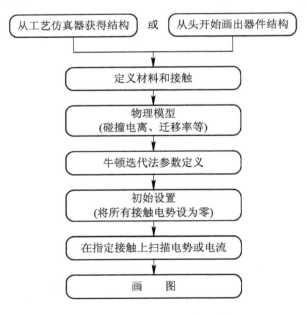

图6.31　简化的TCAD器件仿真流程

1. 漂移–扩散模型

半导体物理中最基本的电流模型是漂移–扩散（D-D，Drift-Diffusion）模型。漂移–扩散模型中最重要的两个部分是泊松方程和电流连续性方程。有时还会加上动力学模型（Hydro-dynamic Model）来描述载流子能量或者温度的分布。在TCAD中对器件电学特性进行仿真的过程，其本质上就是基于电流计算框架对每个网格点上的静电势、载流子浓度和能量进行自洽求解。图 6.32 给出了这些方程之间的基本关系。

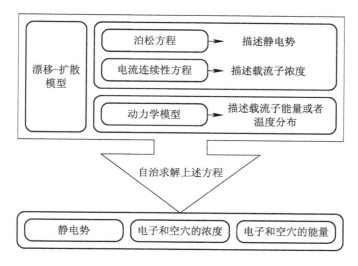

图 6.32　TCAD 中的漂移-扩散模型框架

上述这些微分方程无法直接在计算机中求解，还需对这些微分方程进行离散化处理。上述方程离散化后可得到非线性耦合的方程组。非线性耦合的方程组无法一次求解，只能从某个初始猜测解开始，通过非线性迭代的方法求解得到上述方程的解。下面分别讨论上述方程求解过程中的主要步骤。

2. 离散化

要利用计算机求解表示器件静电势、载流子浓度分布等的偏微分方程，首先需要对偏微分方程进行离散化处理，也就是将偏微分方程中的连续函数用网格节点处的函数向量表示。相应的微分运算符用合适的差分运算符代替。离散化后，TCAD 工具需要求解 $3N$ 个未知数，其中 N 是网格节点数，3 是求解的基本变量个数，即静电势以及电子和空穴的浓度。如果采用动力学模型，还需要加上表示电子和空穴能量的变量。

在三角形网格上离散化微分运算通常采用多边形盒法（Box Method），即每个方程都在一个包含每个节点的小多边形盒子上积分，从而产生表示电势和载流子浓度的 $3N$ 个非线性代数方程。积分过程使进入多边形的通量与其中的拉电流和灌入电流相等，从而该过程符合电流和电通量守恒。与逐个对三角形进行积分的有限元方法相比，多边形盒法在处理一般的表面和边界条件时更为简单，因为这个积分值可以简单地表示为网格节点上的被积函数值与包围节点的区域的面积之积。

3. 牛顿迭代方法

在迭代求解上述非线性耦合方程组时，一个常用的方法是牛顿迭代法。采用牛顿迭代法，变量之间的所有耦合都被考虑在内，且这些变量在每次迭代中都可以改变。因此，牛顿迭代算法非常稳定，求解时间几乎与偏置条件无关。基本的算法是将用于单个方程求根的牛顿-拉弗森（Newton-Raphson）方法进行推广。于是泊松方程和电流连续性方程就可以写成：

$$F_v^j(V^{j1}, E_{fn}^{j1}, E_{fp}^{j1}) = 0 \tag{6.75}$$

$$F_n^j(V^{j1}, E_{fn}^{j1}, E_{fp}^{j1}) = 0 \tag{6.76}$$

$$F_p^j(V^{j1}, E_{fn}^{j1}, E_{fp}^{j1}) = 0 \tag{6.77}$$

其中 j 从 1 到 N，$j1$ 包括 j 本身及其周围的网格点。这里一共有 $3N$ 个方程，因此可以求解得到 $3N$ 个变量：$(V^1, E_{fn}^1, E_{fp}^1, V^2, E_{fn}^2, E_{fp}^2, \cdots V^N, E_{fn}^N, E_{fp}^N)$。具体求解过程包括对雅可比矩阵进行求解，并将方程组线性化，然后使用线性求解器求解，最后再进行非线性迭代得到最终解。由于雅可比矩阵是稀疏的，因此可以采用稀疏矩阵求解方法来提高计算速度。

4. 初始猜测和自适应偏置步长

TCAD 器件仿真的求解过程中需要几种不同的初始猜测解。首先基于电中性假设条件获得第一个（热平衡时）偏置点的初始猜测解。基本上所有的器件仿真工具都会使用这一种初始猜测。而后的所有考虑偏置时的猜测解都可以通过在前面的初始猜测解的基础上进行微调而得到。在迭代过程中，只有当前面的解收敛时，才可以将其作为后一步的初始猜测。若存在不同偏置条件下的两个解，则可以通过外推的方法为后续迭代计算找到一个更好的初始猜测。图 6.33 给出了仿真算法中自适应偏置步长的示意图。

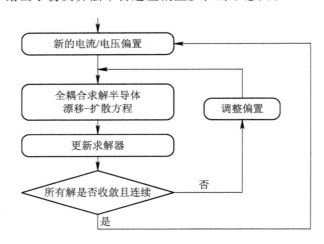

图 6.33　典型器件仿真算法流程图

与任何牛顿迭代方法一样，其收敛性很大程度上取决于初始猜测解的选择。原则上，只要初始猜测解接近最终解，牛顿非线性迭代方法总是收敛的。初始猜测解越接近最终解，达到收敛所需的非线性迭代次数就越少。因此，在前一步迭代收敛的基础上自适应调整偏置步长可有效提高仿真效率。

假设前一步迭代中对 ΔV_1 的偏置步长采用 K_1 次迭代后最终达到收敛，且用户认为最佳迭代次数应该是 K_0 次，则在第二步迭代时，偏置步长 ΔV_2 被调整为 $V_2 = V_1 K_0 / K_1$。以这种方式，可以将非线性牛顿迭代次数控制在 K_0 次内收敛。

牛顿迭代法求解中一个常见原因是解出现振荡，无法收敛。这通常是因为最初的猜测较差，后续求解结果超出求解器的范围。为防止这一点发生，可以设置一个阻尼值随迭代次数增加逐渐增大，这样就可以防止求解器在连续迭代之后使解的值变大从而超出求解范围。较小的阻尼值可以有效地抑制振荡，但可能导致收敛速度较慢。但当初始猜测较差，解的振荡风险较大时，应使用较大的阻尼值来获得更快的收敛。

5. 收敛问题

在 TCAD 器件仿真过程中，仿真收敛问题是最常遇到的问题。电压或电流偏置的选择均会影响牛顿迭代法的收敛性和稳定性。外加偏置不合适的一种情况是器件中总电流本身就非常小。在这种情况下，外加偏置很小的改变都会导致器件电流出现较大的波动，从而使收敛性变差。以正向偏置二极管为例，如果施加的偏压远高于二极管的正向导通电压，求解时就可能出现不收敛的状态。这是由于二极管的电流随偏压呈指数增加，一个看似很小的电压变化可能会导致求解的值产生非常大的变化。

6. 网格问题

网格的正确划分是 TCAD 器件仿真中的另一个关键问题。网格中的节点数量（N）对仿真时间有直接影响，其中求解一个解所需要的运算与 N^p 成正比，其中 p 通常在 1.5 和 2 之间变化。

由于器件的不同部分往往具有非常不同的电学特性，因此通常需要将精细网格分配给某些特定区域，而将粗网格分配给其他区域。还要尽可能不要让某些区域的细网格溢出到其他的区域。网格生成的第一步是指定器件边界和区域边界，并且指定材料。通常，三角形和梯形构成任意器件的结构的基础形状。此外，针对具有弧形边缘的结构，弯曲的曲线将在绘制网格三角形时用分段线性函数逼近。

边界定义好后，网格生成器的基本操作是绘制平行于多边形边缘的线。这样就得到了更小的梯形，从而可以平分成两个三角形，这便是有限元方法的基本单元。

当特定位置需要更密集或更松散的网格以提高准确性或仿真速度时，网格生成工具还有自动网格细化功能，即根据指定物理量的变化来细化网格。例如，在两个相邻节点之间的电势变化大于用户指定的值的情况下，程序将自动在两个节点之间分配额外的网格节点。

6.4.3　TCAD 中的退化模型

前面讨论了 TCAD 器件仿真的电流计算框架，但要考虑各类型器件中的物理效应，仿真得到与真实器件相同的电学特性，还需在上述电流计算框架的基础上，整合各类物理模型。由于半导体器件所涉及的物理模型非常繁杂，鉴于篇幅有限，这里仅重点讨论几种与CMOS 器件退化相关的物理模型，其他相关物理模型请参考 TCAD 器件仿真手册或半导体器件物理书籍。

需要指出的是，与 6.3 节中讨论过的退化紧凑模型不同，本节讨论的 TCAD 中的退化模型是基于缺陷动力学建立的，并利用 TCAD 的计算框架最终实现了对器件退化效应的数值仿真。

1. 陷阱退化模型

陷阱退化模型是基于 R-D 理论提出的，R-D 模型描述了氢原子在栅氧化层中的传输过程，具体包括反应及扩散两个过程。器件的退化就是界面处的 Si—H 键发生反应，并生成 H_2 向栅栈中扩散的过程。H_2 的扩散过程可以解释退化量与时间的幂指数关系，即界面陷阱随时间的变化可以被描述为

$$N_{IT} - N_{IT}^0 = \frac{N_{HB}^0}{(1 + (vt)^{-\alpha})} \tag{6.78}$$

式中：N_{IT} 为界面陷阱浓度；N_{IT}^0 及 N_{HB}^0 分别表示初始的界面陷阱浓度以及初始的硅氢键浓度；v 是反应常数；α 是与应力相关的时间指数项。

在施加应力后，表示界面处的硅氢键浓度可以用"Power Law"和"Kinetic Equation"两种方式表示，两种方式所对应的公式如下

Kinetic Equation 表示为

$$\frac{dN_{HB}}{dt} = -vN_{HB} + \gamma(N - N_{HB}) \tag{6.79}$$

式中，γ 由下式给出：

$$\gamma = \gamma_0 \left[\frac{N_H}{N_H^0} + \Omega(N_{HB}^0 - N_{HB}) \right] \tag{6.80}$$

$$\gamma_0 = \frac{N_{HB}^0}{N - N_{HB}^0} v_0 \tag{6.81}$$

式中：γ_0 为钝化常数；v_0 为初始反应常数；Ω 表示通过悬挂键重新捕获的氢原子的钝化量。

而 Power Law 表示为

$$N_{HB} = \frac{N_{HB}^0}{1 + (vt)^\alpha} \tag{6.82}$$

可以看出，Kinetic Equation 是和氢扩散相关的方程，而 Power Law 则是单纯的幂指数关系，通常情况下采用 Kinetic Equation 进行仿真。

实验表明，氢原子从硅氢键离开后，仍然带有负电荷，这导致氢可以留在界面附近，并通过改变电势导致额外的硅氢键的断裂。若释放的氢的浓度被表示为 $N-N_{HB}$，该模型假设活化能随硅氢键的断裂数量呈对数变化，表示为

$$\varepsilon_A = \varepsilon_A^0 + (1+\beta)kT\ln\left(\frac{N - N_{HB}}{N - N_{HB}^0}\right) \tag{6.83}$$

式中：β 为电场影响系数。

R-D 模型可以用来模拟负偏压温度不稳定效应（NBTI）。该模型主要考虑了氧化物中氢的浓度分布，以及氢在氧化物中的扩散过程。氢在氧化物中的扩散过程表示为

$$D\frac{dN_H}{dx} = \frac{dN_{HB}}{dt}, \quad x = 0$$

$$\frac{dN_H}{dt} = D\frac{d^2N_H}{dx^2}, \quad 0 < x < x_p \tag{6.84}$$

$$D\frac{dN_H}{dx} = -k_p(N_H - N_H^0), \quad x = x_p$$

式中：N_H 表示氧化层中氢的浓度；D 表示与温度相关的扩散系数；$x=0$ 表示在硅氧界面处，$x=x_p$ 则表示在氧化层与栅极的界面处；k_p 是氧化层与栅极界面处的表面复合速度；N_H^0 则表示氧化层中氢在平衡时的浓度。需要注意的是，这里的陷阱退化模型通过适当设置也可以用于仿真 HCI 效应，具体过程不再赘述。

2. 两阶段 NBTI 退化模型

TCAD 中也可以采用两阶段模型（TSM，Two Stage Model）来模拟 NBTI 效应，该模

型假设 NBTI 的退化分为两个阶段进行，其中阶段 1 表示可恢复的陷阱俘获过程，阶段 2 表示永久的退化分量。

如图 6.34 所示，两阶段 NBTI 退化模型的第一个阶段包括 S_1、S_2、S_3 三个状态，其中 S_1 状态表示预先存在的缺陷，S_2 与 S_3 状态分别表示带正电的捕获中心和中性的捕获中心。第二阶段则只包含 S_4 态，由固定正电荷和界面陷阱组成，表示 NBTI 退化中造成的永久退化分量。

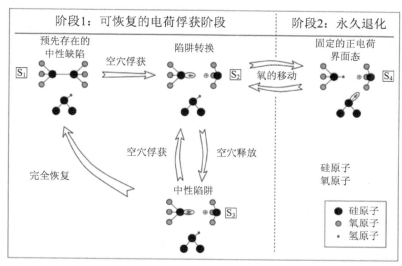

图 6.34 两阶段 NBTI 退化模型原理图

当施加应力电压的时候，沟道中的空穴在负栅压的影响下隧穿到界面附近并被捕获，从而使硅-硅键断裂，进而导致带正电荷的捕获中心以及硅悬挂键的形成。S_2 态所捕获的载流子被释放后，就转化为电中性的 S_3 态。经过一段时间之后，S_3 态可恢复为最初的 S_1 态。

第二阶段则是由 S_2 态向 S_4 态的转化过程，S_2 态中的带正电的捕获中心通过去除未钝化的硅悬挂键上的氢，从而使捕获中心内的键变得钝化，进而延迟了缺陷的恢复。在界面上留下的未钝化的硅悬挂键被称为界面陷阱中心。

两阶段模型所涉及的能级与活化能分布广泛，将其视为随机变量并采用随机取样技术可以得到界面电荷的平均变化情况。

S_1、S_2、S_3、S_4 状态的占用概率满足归一化条件：

$$\sum_{i=1}^{4} s_i = 1 \tag{6.85}$$

且

$$\dot{s}_1 = -s_1 k_{12} + s_3 k_{31} \tag{6.86}$$

$$\dot{s}_2 = s_1 k_{12} - s_2 (k_{23} + k_{24}) + s_3 k_{32} + s_4 k_{42} \tag{6.87}$$

$$\dot{s}_3 = s_2 k_{23} - s_3 (k_{32} + k_{31}) \tag{6.88}$$

$$\dot{s}_4 = s_2 k_{24} - s_4 k_{42} \tag{6.89}$$

式中，转化率可表示为

$$k_{12} = e_C^{n_1} + c_V^{p_1} \tag{6.90}$$

$$k_{23} = c_C^{n_2} + e_V^{p_2} \tag{6.91}$$

$$k_{32} = e_C^{n,2} + c_V^{p,2} \tag{6.92}$$

$$k_{31} = \upsilon_1 \exp\left(-\frac{E_A}{kT}\right) \tag{6.93}$$

$$k_{24} = \upsilon_2 \exp\left[-\frac{(E_D - \gamma F)}{kT}\right]\Theta(C-r) \tag{6.94}$$

$$k_{42} = \upsilon_2 \exp\left[-\frac{(E_D + \Delta E_D + \gamma F)}{kT}\right]\Theta(C-r) \tag{6.95}$$

式中：υ_1 和 υ_2 为尝试频率；γ 为电场相关势垒能量的预置因子；ΔE_D 为 k_{42} 的附加势垒能量。

如此，S_4 的空穴捕获率可表示为

$$f_{it}^p = (e_C^{n,4} + c_V^{p,4})(1 - f_{it}^p) - (c_C^{n,4} + e_V^{p,4})f_{it}^p \tag{6.96}$$

3. 热载流子应力退化模型

TCAD 中热载流子应力退化模型根据化学键的断裂和界面陷阱形成的不同机制，可以分为以下几种过程：

(1) 单粒子过程（SP，Single Particle）：单粒子导致键的断裂；

(2) 多粒子过程（MP，Multi Particle）：多个粒子联合导致键的断裂；

(3) 场增强热过程（TH，Field-enhanced Thermal）：晶格与热相互作用导致键的断裂。

SP 过程导致的界面陷阱密度可表示为

$$N_{IT,SP}(r, t, E_{SP}) = P_{SP}N_0\left[1 - e^{-k_{SP}(r, E_{SP})t}\right] \tag{6.97}$$

式中：P_{SP} 是 SP 过程产生缺陷的概率；N_0 为界面化学键的最大数量；E_{SP} 为 SP 过程的活化能；k_{SP} 为 SP 过程的反应速率；r 为与载流子分布有关的参量。

同样，MP 界面陷阱密度可表示为

$$N_{IT,MP}(r, t, E_{MP}) = P_{MP}N_0\left[\frac{P_{emi}}{P_{pass}}\left(\frac{P_u}{P_d}\right)^{N_1}(1 - e^{-P_{emi}t})\right]^{\frac{1}{2}} \tag{6.98}$$

式中：P_{MP} 为 MP 过程中的缺陷产生率；N_1 为能级数；P_{emi} 和 P_{pass} 分别为发射和钝化的概率；P_u 和 P_d 分别表示激发与去激发的概率。

如此，SP 与 MP 过程的反应速率由下面的积分表示：

$$k_{SP}(r, E_{SP}) = \int_{E_{SP}}^{\infty} f(r, E)g(E)\upsilon(E)\sigma_{SP}(E)\mathrm{d}E \tag{6.99}$$

$$k_{MP}(r, E_{MP}) = \int_{E_{MP}} f(r, E)g(E)\upsilon(E)\sigma_{MP}(E)\mathrm{d}E \tag{6.100}$$

场增强热退化引起的界面陷阱浓度由下式给出：

$$N_{IT,TH}(r, t, E_{TH}) = P_{TH}N_0\left[1 - e^{-k_{TH}(E_{TH})t}\right] \tag{6.101}$$

式中：P_{TH} 为场增强热过程之后产生缺陷的概率。如此，场增强过程中化学键断裂的概率 K_{TH} 由下式表示：

$$k_{TH}(r, E_{TH}) = \upsilon_{TH}e^{-\frac{E_{TH}}{k_B T}} \tag{6.102}$$

$$E_{TH} = E_{TH0} - pE_{ox} \tag{6.103}$$

式中：υ_{TH} 为晶格碰撞频率；E_{TH0} 为活化能；p 为有效偶极矩。

由于半导体器件所涉及的退化物理模型非常繁杂，鉴于篇幅有限，这里仅讨论了几种典型的退化模型。其他退化模型及相关详细描述可参考 TCAD 器件仿真手册。

6.4.4　TCAD 器件仿真实例

为了使读者更加直观地理解 TCAD 仿真的具体过程及仿真结果。本小节以 FinFET 器件为例，简要介绍 TCAD 的器件仿真流程，主要包括器件结构设计和器件电学特性仿真两个部分。

1. 器件结构设计

在 TCAD 要实现对器件的仿真，首先要获得器件的结构，并在此基础上形成相应的网格后，才能利用 TCAD 的电学仿真工具仿真器件的相应特性。

一般来说，器件结构的形成主要有两种方式：一种是基于器件详细的工艺步骤，通过单步工艺，从衬底开始逐步形成最终的器件结构；另一种则是在已知器件结构的基础上，直接利用 TCAD 的器件结构设计工具通过 2D/3D 绘图形成最终的器件结构。基于工艺方法获得的器件结构，往往比较接近实际制造得到的器件结构，但是由于工艺步骤复杂，最终形成的器件网格通常较为复杂，后期在进行电学特性仿真的时候会消耗大量计算资源。而基于结构设计工具获得的器件结构，是基于现有工艺得到的器件结构开展设计的，所以省略了相应的工艺步骤，相关器件参数，如掺杂、尺寸等都可以直接参考现有器件的相关参数。采用结构设计工具获得的器件结构其网格结构较为简单，因此在下一步进行电学性能仿真时可以节省大量时间。本节将基于 TCAD 器件设计工具来构造一个 FinFET 器件的结构，该结构数据将作为下一步电学特性仿真的输入。

首先，确定器件结构所对应的坐标系，并大致确定器件的关键尺寸，如沟道长度 L、宽度 W_{si} 以及高度 t_{si} 等。接着，依据所要创建的 FinFET 器件的详细器件尺寸，在器件设计工具中构建 FinFET 器件结构。图 6.35 便是基于 TCAD 器件设计工具建立的 FinFET 器件3D 结构。这一步重点需要注意各个尺寸所对应的坐标以及各个尺寸之间的关系。例如，原点到 x_1 对应的是源接触的长度，x_1 到 x_2 对应的是源区长度，x_2 到 x_3 对应的是沟道长度，x_3 到 x_4 对应的是漏区长度，x_4 到 x_5 对应的则是漏接触的长度。

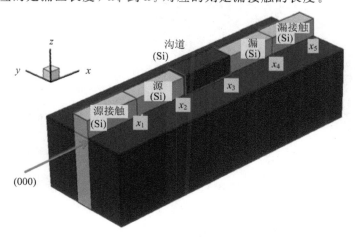

图 6.35　基于 TCAD 器件设计工具构建的 FinFET 器件结构

在完成上述结构设计后，可以给指定区域设置掺杂浓度、掺杂类型（以掺杂杂质原子名称来确定）以及掺杂分布（这里简单设置为均匀掺杂）。图 6.36 所示为设置好掺杂的 FinFET 器件结构。

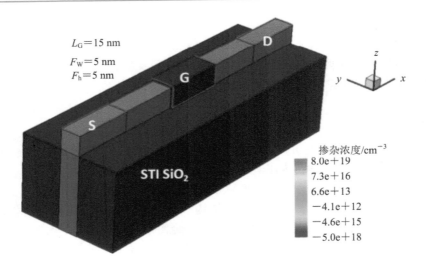

图 6.36　设置好掺杂参数的 FinFET 器件结构

在设置完掺杂后，可以调用 TCAD 中自带的网格工具，自动生成 3D 器件的网格。需要注意的是，若要使仿真结果更为准确，往往需要对局部区域的网格进行优化和细化处理。利用网格工具生成的器件网格如图 6.37 所示（重点突出了硅沟道部分的网格）。至此，FinFET 器件结构基本创建完毕，将相应的数据保存为文件作为下一步电学仿真的输入。

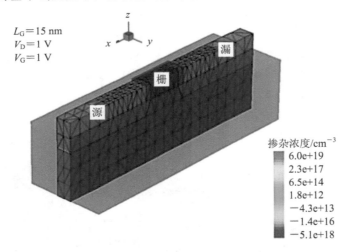

图 6.37　基于 TCAD 网格工具生成 3D 网格

2. 器件电学特性的仿真

基于上一步得到的器件结构，利用 TCAD 的器件仿真工具就可以对 FinFET 器件的电学特性进行仿真。首先，需要在配置文件中定义 FinFET 各个接触电极的特性，主要包括电极上的偏置电压、电极的功函数以及串联电阻等。接着，需要定义电学仿真中所采用的物理模型，主要包括迁移率模型、能带模型、陷阱模型等。这些模型都有各自详细的配置说明，这里不再赘述。完成物理模型设置后，还需要根据器件尺寸规模设置数学计算参数，要避免因运算量过大而导致不收敛。若不设置偏置电压扫描，则 TCAD 的电学仿真工具只会计算初始状态器件的相关特性，包括电势、电场、载流子浓度等参数的分布情况。图 6.38

所示为 FinFET 器件的 3D 电势分布，可以看出在漏压为 1 V 的时候，漏区电势要明显高于源区电势。除此之外，研究者可以根据自己需要输出电场强度、载流子浓度以及电流密度等参数的分布情况。

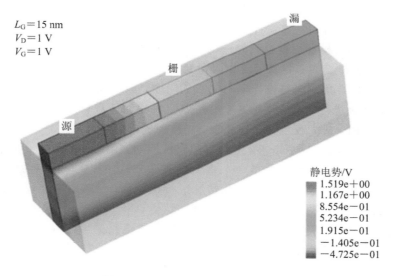

图 6.38　FinFET 沟道中的电势分布

若要对 FinFET 进行直流偏置扫描来获得相应的 I - V 特性曲线，则需要调用动态分析语句，按照设定的步长对相应的偏置电压进行扫描，并记录每个偏置点对应的端电流，从而在仿真结束后得到器件的 I - V 特性。如图 6.39 所示为漏压固定扫描栅电压得到的转移特性曲线（为了读取亚阈值斜率，该图被设置为半对数坐标）。若要得到 FinFET 的输出特性曲线，则只需要固定栅压扫描漏电压即可。

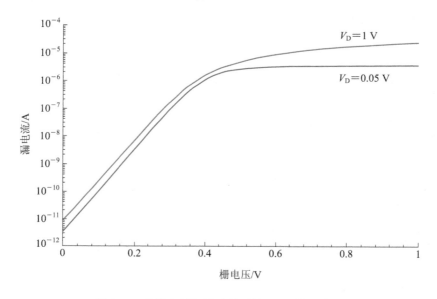

图 6.39　偏置电压扫描后得到的 I - V 特性曲线

6.5 纳米 CMOS 电路可靠性仿真

随着半导体工艺的不断进步,计算机辅助设计(CAD)软件变得愈加复杂,越来越多用于电路特性仿真的相关模型被整合到先进的电路仿真工具中。近年来,随着器件特征尺寸不断缩小,可靠性问题变得日渐突出。如何在新工艺中使所设计的集成电路保证足够的可靠性,逐渐成为现如今集成电路设计厂商关心的问题。如果能在集成电路设计之初就可以对电路的可靠性问题进行仿真,并对集成电路退化后的性能进行准确预测,便可在保证集成电路可靠性的同时,最大程度优化电路设计,从而提升电路设计效率。

近年来,随着 CMOS 器件的老化效应对电路性能的影响越来越大,集成电路可靠性仿真已成为现代集成电路设计流程中的一个重要组成部分。如果没有相应的仿真工具,工程师们只能借助手算模型对整个电路的退化情况进行粗略估计。若电路规模较大且结构比较复杂,那么就必须借助自动化工具完成电路可靠性仿真和分析。此外,针对集成电路可靠性退化的问题,以往多采用冗余加固的方式来提高集成电路的可靠性。但随着半导体工艺水平的进步,器件尺寸不断缩小,电源电压不断降低,导致集成电路的设计裕度越来越小。而且,随着电路规模越来越大,冗余单元给集成电路性能和面积带来巨大浪费,导致设计效率降低。因此,精确的可靠性仿真能够显著增加电路设计空间,满足更严格的电路规格,保证电路可靠运行。

下面将首先回顾一下早期的可靠性仿真方法,其中最为重要的是 BERT(Berkeley Reliability Tools)。BERT 是最早的可靠性仿真工具集之一,20 世纪 90 年代早期由加州大学伯克利分校开发。随后,将讨论集成在主要商用电路仿真工具中的可靠性仿真器,包括 Mentor Graphics 的 Eldo、Cadence 的 RelXpert 和 Synopsys MOSRA。这些仿真器大多基于 BERT 的基本方法,各有特色。

6.5.1 早期可靠性仿真方法

20 世纪 80 年代,热载流子效应是集成电路中最为突出的可靠性问题,因此早期可靠性仿真工具主要针对热载流子效应开发,包括 HOTRON、RELY 和 BERT(CAS)等工具。到了 20 世纪 90 年代,NBTI 效应的影响愈加显著,研究者们又针对 NBTI 对可靠性仿真工具进行了补充和优化。下面将重点对一些早期典型的可靠性仿真方法进行详细讨论。

1. 伯克利可靠性工具(BERT)

Berkeley 可靠性仿真工具(BERT)由 Hu 等人于 20 世纪 90 年代初期开发,最初只可以用来仿真 MOSFET 和双极晶体管的热载流子退化效应,并可预测 CMOS、双极器件和 BiCMOS 工艺中由于氧化层击穿或电迁移导致的电路失效。该工具基于电路仿真器(SPICE)编写,并提供了多个功能模块。BERT 中使用的建模和仿真方法简单有效,现在很多商用可靠性仿真器中依然沿用 BERT 中的经典方法。但是,BERT 也有比较明显的缺点,它假设了每个老化效应彼此独立,而在实际电路中这样的假设通常并不准确。例如,热载流子引起的氧化物陷阱的产生将同时加速氧化物的耗损,并可能导致早期击穿相关的电路故障。

如图 6.40 所示，在 SPICE 的基础上，BERT 包含了预处理器和后处理器等部分。用户用网表的形式对 BERT 进行输入。该网表描述了每种老化效应对应的特定器件模型参数。BERT 首先使用商业电路仿真器(如 SPICE)来获得每个晶体管的电压波形。并依据相应的电压波形分别计算每个 CMOS 器件的退化情况，最终再次反馈给电路仿真器来获得退化后电路的性能(详细方法将在后面 CAS 模块的分析中给出)。

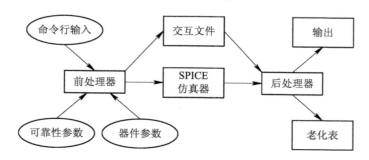

图 6.40　BERT 流程示意图

针对不同的失效机理，BERT 工具还扩展了相应的功能模块：

(1) 电路老化仿真器(CAS)模块，用于模拟热载流子退化；

(2) 电路氧化层可靠性仿真器(CORS)模块，用于模拟介质经时击穿；

(3) 电迁移(EM)模块，用于模拟电迁移；

(4) 双极电路老化仿真器(BiCAS)，用于模拟双极晶体管中的热载流子退化。

这种模块化的结构可以方便地扩展和管理工具，以下简要讨论 BERT 工具中两个最重要的模块 CAS 和 CORS。

1) 电路老化仿真器(CAS)模块

BERT CAS(电路老化仿真器)模块要求电路仿真器输出仿真电路中所有 MOSFET 器件的电压波形。后处理器则使用这些波形，通过参数 Age 来计算每个 CMOS 器件的退化率。Age 参数是偏置条件和栅压的函数，并量化了每个器件中的热载流子的退化量。以 NMOS 晶体管为例，其对应的 Age 参数基于幸运电子模型构建

$$\text{Age} = \int_0^{T_{\text{str}}} \frac{I_{\text{DS}}}{WH_{\text{HCI}}} \left(\frac{I_{\text{sub}}}{I_{\text{DS}}}\right)^{m_{\text{HCI}}} \text{d}t \tag{6.104}$$

式中：W 表示器件宽度；H_{HCI} 和 m_{HCI} 为与工艺相关的参数；I_{sub} 为衬底电流；I_{DS} 为漏电流；T_{str} 是应力时间。在得到 Age 参数后，就可以通过相应的运算得到晶体管模型参数(如阈值电压、载流子迁移率)的退化量。Age 参数和器件模型参数退化量之间一般存在某种函数关系

$$\Delta V_{\text{th}} = f(\text{Age}) \tag{6.105}$$

通常后处理器会基于仿真器输出的每个器件的电压波形和 Age 模型来计算每个器件的 Age 参数，并将结果存储在 Age 表中。然后预处理器使用这个 Age 表，为每个受压器件生成新的晶体管模型参数。这个过程是通过对用户提供的过程文件中的相关数据进行插值完成的，具体可参考图 6.41。这些过程文件中的数据是基于实际晶体管的测量得到的，包含器件参数值(相应 Age 参数的函数)的偏移量。最后，用户可以基于修改后的网表再进行一次电路仿真，以分析热载流子退化对被测电路的影响。

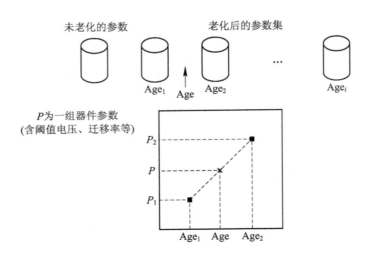

图 6.41　BERT 工具中退化量计算方案

2）电路氧化层可靠性仿真器（CORS）模块

BERT CORS（电路氧化层可靠性模拟器）模块计算由于氧化层击穿而导致电路失效的概率。BERT 使用 $1/E$ 模型对 TDDB 效应进行建模。然而，TDDB 是一个随机现象，击穿时间是一个统计变量。因此，CORS 模块计算的是特定器件在用户自定义的电路应力时间内失效的概率。首先，利用 $1/E$ 模型计算在预定的电路应力时间内引起击穿的最大有效氧化层厚度 $t_{ox,\,max}$。然后，使用对应于 $t_{ox,\,max}$ 的用户自定义的击穿时间累积分布函数来计算电路中至少一个器件失效的概率。

BERT 是当时最早、最完整的仿真器之一，对后续商用可靠性仿真器的发展有很大影响。在 BERT 被开发出的同一时期，尤其是在 NBTI 成为主要老化现象之一后，其他可靠性仿真方法也被提出。

2. 其他早期可靠性仿真方法

大多数电路可靠性仿真器，如前文讨论的，都是围绕 SPICE 仿真器开发的，并独立于 SPICE 引擎，对于在多仿真器环境中工作的设计人员以及基于已有 SPICE 仿真器进行开发的开发人员来说，这都是一个优势。但是整个老化计算都是在 SPICE 仿真之后进行的，所以需要额外的时间。此外，SPICE 模拟器还需要存储电路中所有节点上的波形，在电路规模较大时，会占用大量内存并使 SPICE 仿真速度变慢。为了解决这些问题，有研究者提出了集成在 SPICE 仿真器中的老化仿真方法。利用这种方法，可靠性仿真在 SPICE 的瞬态仿真运行时进行，即计算工作点时在每个瞬态步骤中计算每个晶体管的老化情况。因此，仿真器不需要存储所有内部节点电压，在 SPICE 仿真后也不需要额外的时间来计算电路退化情况。在 SPICE 仿真结束时退化被外推至设计所需的电路寿命对应的时间。然后对电路再次进行评估，提取老化的电路性能。这种方法的主要缺点是对仿真器依赖性高。该方法后被集成到 Mentor Graphics 的 Eldo 可靠性仿真器中。

即使使用了上述集成的仿真方法，可靠性仿真依然具有很大的计算量。为了进一步缩短仿真时间，研究者们还尝试了其他替代方法。有研究者提出分层方法，其中每个系统子电路都由一个行为模型代替。该模型不仅包括输入参数和环境参数，而且支持多种晶体管老化效应。使用模型来评估系统每个子电路大大提高了可靠性仿真的速度,甚至允许在可靠性仿真的基础上进行蒙特卡洛(MC)分析。该方法的主要缺点是构建子块模型的方法,即电路设计者需使用 VHDL-AMS 来构建子块模型。这就需要电路设计者需要知道如何对电路的行为和晶体管老化的影响进行建模,并对晶体管老化效应有充分的了解,这在实际中往往很难达到。

6.5.2 用于可靠性仿真的商用工具

上面讨论了早期重要的可靠性仿真方法。其中一些方法已经被包含在后续的商业产品中,可供集成电路设计人员评估其电路寿命。下面将介绍几种主流的商用可靠性仿真器。

1. Eldo 可靠性仿真器

Mentor Graphics 提供的可靠性仿真器集成在 SPICE 电路仿真器 Eldo 中。该仿真器基于 Parthasarathy 等人的工作,旨在提供由 CMOS 器件中逐渐发生的老化效应导致的电路性能退化的相关信息,因此不支持介质击穿等突变效应。该仿真器框架主要由两部分组成:

(1)用户自定义的可靠性模型(UDRM)接口,使用户能够实现自己的可靠性模型;

(2)可靠性仿真器,用于分析老化现象(通过 UDRM 接口建模)对电路行为的影响。

用户自定义可靠性模型(UDRM)由 C 语言编写的函数组成。这些函数可用于定义自己的器件可靠性紧凑模型方程。然后在可靠性仿真过程中由仿真内核对这些模型进行评估。通过接口函数可以获得电路的电压、电流和尺寸等特定信息,并基于这些信息来准确计算电路中每个器件的老化效应带来的影响。每个晶体管老化模型应由两部分组成。第一部分明确了如何计算应力参数。这是一个与时间无关的量,表示任何器件在特定时间点上的应力。第二部分明确了如何将该应力参数与器件模型参数(即 BSIM 参数)随时间的变化联系起来。对于不同的模型参数,这种关系可能是不同的。除了热载流子效应的一阶示例模型外,Eldo 可靠性仿真器不提供其他任何晶体管老化模型。因此在进行可靠性仿真之前,必须由用户定义或由生产工厂提供晶体管老化模型。

Eldo 可靠性仿真器要求以网表形式输入,该网表包含 .TRAN(瞬态分析)或 .SST(稳态分析)语句,以便精确地提取到电路中所有晶体管节点上的应力电压。这一点很重要,因为大多数老化效应与应力电压呈非线性关系。仅计算平均直流应力电压(如通过直流工作点分析)则不能产生准确的老化仿真结果。

2. RelXpert 可靠性仿真器

Cadence 在 Virtuoso 和模拟设计环境(ADE)中均支持可靠性仿真。Cadence 的可靠性仿真器支持仿真和分析逐渐老化的老化效应的影响,如 HCI 和 NBTI。该工具具有与 Mentor Graphics 的 Eldo 可靠性仿真工具类似的功能和限制。

Cadence 支持如下两种方法来模拟特定工艺下的老化效应:

(1)表格模型(Aged Model)。该方法基于 BERT 工具。SPICE 老化模型参数值是通过对新器件在若干应力间隔内测试提取得到的。这些模型参数形成一组老化模型文件。在可靠性仿真过程中,对文件中的值进行插值或回归,从而可计算出电路中每个晶体管在不同应力时间后的老化情况。

(2)解析模型(AgeMOS)。AgeMOS 是描述每种老化效应的解析模型。该模型通常由集成电路制造商提供，但用户也可开发自己的模型。这种模型中器件模型参数的变化被描述为晶体管工作时间、针对特定工艺的 AgeMOS 参数以及施加在器件上的电压或电流的函数。AgeMOS 最早由 Celestry 公司开发，后被 Cadence 收购，并集成在 Cadence 的可靠性仿真工具 RelXpert 中。

基于解析模型（AgeMOS）的方法，可靠性仿真精确度、一致性与速度更高，但也更难开发。集成电路制造商并不总是提供老化模型，即使有，也往往只包括直流应力效应。另一方面，表格模型虽然更容易构建，但多数情况下基于表格模型的外推误差会较大，从而导致仿真结果与实测结果偏差较大。因此，Cadence 建议使用 AgeMOS 模型，并提供基本的 HCI 和 NBTI 分析模型，但相应的模型参数需由生产工厂提供。

使用 Virtuoso 也可进行可靠性仿真，但需进行瞬态分析。Virtuoso 允许仿真器提取电路中每个器件上任意时刻精确的应力信息。此外，用户还需要在 Spectre 的 SPICE 网表文件中添加额外的控制语句。Cadence 的模拟设计环境（ADE）也支持可靠性仿真。ADE 中采用了更先进的 AgeMOS 老化分析模型。ADE 中的可靠性仿真器内部使用与 Virtuoso 中可靠性仿真器相同的框架。但 ADE 的可靠性仿真器可以通过图形界面进行设定。

3. MOSRA 可靠性仿真工具

Synopsys 的可靠性分析工具 MOSRA 是集成在 HSPICE 和 CustomSim 中的。MOSRA 可以分析 HCI 和 BTI 对集成电路的影响。

MOSRA 的可靠性仿真流程支持使用由公司器件建模团队或工厂开发的定制模型。此外，该工具还提供了一套用于仿真 HCI 和 BTI 退化的紧凑模型，与 Eldo 或 Cadence 提供的老化模型相比更为准确。BTI 模型包括一个对 BTI 至关重要的部分恢复效应的项，然而计算中仅包含占空比。因此，该模型实际上仅适用于数字电路的可靠性仿真。HCI 模型不仅支持著名的幸运电子模型，而且还包括一个额外的选项，用于在大电流条件下精确地模拟 HCI。模型参数需要从测量中提取或由工厂提供。

MOSRA 的仿真流程包括两个阶段：预应力仿真阶段和后应力仿真阶段。在预应力仿真阶段，仿真器计算电路中 CMOS 器件上的电应力。此计算是基于 MOSRA 老化模型开展的。然后通过外推方法计算用户指定的应力时间后的总应力，在后应力阶段进行第二次仿真。之后将器件特性退化转化为电路性能退化。老化仿真器件考虑了累积应力的影响，因此也考虑了电路偏置条件的逐渐变化。

上述各种工具都有一定的优点和缺点。早期的工具显然侧重于分析热载流子退化的影响。2005 年后，NBTI 效应变得越来越突出。因此 2005 年之后推出的可靠性仿真工具基本上包含了 NBTI 的影响，但只有少数工具支持 TDDB 的计算，而且即便支持，支持的能力也很有限。BERT 仅计算首次击穿的时间，这不一定与实际电路失效相符。此外，多数工具不支持工艺涨落的可靠性分析。而随着器件尺寸不断缩小，可靠性问题的影响会逐渐变得越来越离散。

在电路规模上，如今的多数可靠性仿真工具主要针对模拟或混合信号电路的仿真。通常需要进行瞬态仿真来提取电路中所有晶体管端点上的应力波形。接着再计算每个晶体管的退化时间，此后至少还需再进行一次 SPICE 分析来评估老化效应对电路的影响。如果同时还考虑退化过程中电路偏置情况的改变，那么可靠性仿真的计算量将非常大。而对于电路规模不断变大的模拟电路或者一些数模混合电路，仍然基于传统可靠性仿真方法将会使相关仿真时间超出可承受范围,大大降低了可靠性分析的效率。此外,针对数字集成电路的可靠性仿真,尽管已有学者有过一些简单的尝试,但还缺少真正可用于超大规模数字集成电路可靠性仿真的成熟工具。总之,针对先进集成电路的可靠性仿真器还远不够完善,还需研究者们和工业界持续的投入与关注。

晶体管老化效应是纳米 CMOS 模拟电路中潜在的可靠性问题。为了确保电路在预期寿命内正常运行,电路设计人员通常会留出较大的设计余量。然而这些余量会明显降低电路性能和/或导致大面积电源开销,也仍然无法保证电路的可靠运行。因此先进的 CMOS 工艺下,电路可靠性仿真已成为电路设计流程中必不可少的一部分。

6.5.3　CMOS 电路可靠性仿真实例

为了使读者更加直观地理解 CMOS 电路可靠性仿真的具体过程及仿真结果,本小节以 13 级环形振荡器电路的可靠性仿真过程为例,简要介绍 CMOS 电路可靠性仿真过程。为了简化分析,这里只考虑 PMOS 器件中的 NBTI 效应对电路的影响。

图 6.42 给出了一个 13 级环形振荡器电路的电原理图。该环形振荡器是由 13 个首尾连接的反相器构成的环形电路。每个反相器的退化将最终叠加导致环形振荡器的性能受到影响。按照本节提供的仿真方法,首先对环形振荡器电路进行初始仿真(fresh 仿真),并记录各个节点与器件的仿真结果与瞬态仿真波形图。

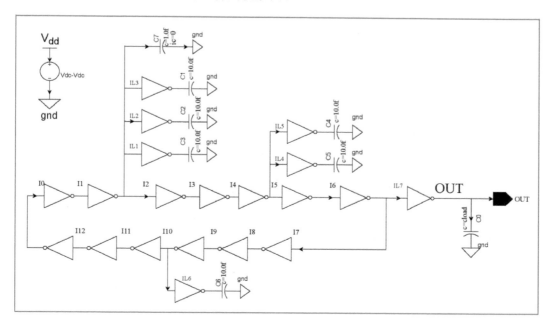

图 6.42　13 级环形振荡器电原理图

接着,基于可靠性仿真工具(这里以 Relxpert 为例)选择适当的可靠性仿真模型以及可靠性仿真参数(老化参数),即可对上述 13 级环形振荡器电路进行可靠性仿真。Relxpert 可靠性仿真界面示例如图 6.43 所示。仿真结束后即可得到每个器件的退化情况以及整体电路的退化情况。通过对比初始仿真结果即可看到退化结果对环形振荡器电路性能(延时)的影响。如图 6.44 所示,老化前后环形振荡器的输出波形有明显变化。在经过 10 年退化后,环形振荡器的输出波形产生了明显的时间延迟。

图 6.43　Relxpert 的可靠性仿真界面示例

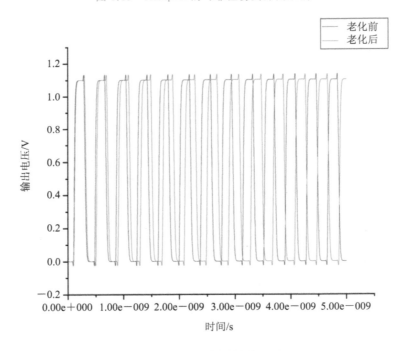

图 6.44　老化前后环形振荡器输出波形对比

上述初步的仿真结果仅用于验证可靠性仿真流程。若要实现对长期退化情况的准确预测，一方面需要通过基于多次的退化实测数据对仿真中的老化模型参数进行调整，另一方面还要考虑电路动态应力以及退化过程中器件偏置的变化情况。

本 章 要 点

· 随着CMOS工艺节点的演进，CMOS的特征尺寸缩小到纳米尺度，栅氧化层缺陷和栅介质击穿成为导致CMOS可靠性问题的主要原因。

· 各种先进的材料（如高κ栅介质、SiGe沟道等）的引入，一方面提升了器件的性能，但另一方面也给CMOS器件及电路的可靠性带来新的挑战。

· 新型非平面场效应器件FinFET的引入，虽然可以增强CMOS器件的栅控制能力，减小器件占据面积，提高集成度，但因为晶相问题、拐角效应以及自然问题的影响，导致FinFET中的可靠性问题更加复杂。

· 热载流子效应是指具有高动能的载流子能够突破势垒的束缚，从而脱离原有的运动轨迹，注入到栅氧化层中的过程。一旦热载流子注入像栅氧化层这样的区域中，就可能会被氧化层陷阱捕获从而使其带电，或者还会导致界面态的产生。带电陷阱和界面态又会导致CMOS器件的电学特性发生变化。

· 轻掺杂漏（LDD）结构的引入，使沟道漏区附近的电场强度被进一步降低，HCI效应对CMOS器件及电路的影响进一步被缓解，但会使串联电阻增大，并会在栅和源漏之间形成交叠电容。

· 热载流子的注入机制有沟道热电子（CHE）注入、衬底热电子（SHE）注入、漏极雪崩热载流子（DAHC）注入以及二次产生的热电子（SGHE）注入等。

· 除了影响CMOS器件的阈值电压外，BTI效应还会使CMOS器件的迁移率产生退化。

· 在不同类型的CMOS器件中，可以观测到两种不同的BTI现象：负偏压温度不稳定性（NBTI）和正偏压温度不稳定性（PBTI）。PBTI效应只发生在NMOS器件中，并对NMOS器件产生类似NBTI对pMOS产生的退化，对具有HKMG结构的先进器件的影响较为显著。

· 有关BTI现象的微观物理起源仍然在不断讨论之中。多数研究者认为NBTI效应是由氧化层中的空穴俘获以及沟道氧化层界面处的界面态的产生共同作用的结果。

· 当施加的偏置电压突然减小或撤销后，BTI效应会立即表现出所谓的退化恢复现象。这种退化恢复现象的出现使得对CMOS器件BTI效应的预测以及建模变得异常复杂。

· 氧化层厚度越薄，在栅负偏置条件下，界面态产生得越多，NBTI效应就更加严重。栅氧化层中掺入的氮越多，导致栅氧化层中形成的陷阱就越多，从而导致NBTI效应恶化。

· 当栅极施加的偏置电压导致栅氧化层中的电场超过栅介质所能承受的最大电场后，就会导致栅介质出现硬击穿。硬击穿通常发生于氧化层某一局部，导致该处的栅介质绝缘性丧失，并会有较大的栅极电流流过栅介质。

· 如果在CMOS器件的栅极施加的栅电压不足以使该栅氧化层发生硬击穿，但只要该偏置的施加时间足够长，栅氧化层在经过一段时间后也会出现耗损，并最终完全击穿。这种与时间相关的老化效应被称作经时击穿（TDDB）。

　　• 氧化层中的陷阱在捕获附近的自由正电荷或负电荷后，其带电特性就会发生改变。在这些位置随机的栅氧陷阱和栅电压的共同作用下，就会产生漏电通路，进而形成应力诱导泄漏电流（SILC）。随着应力时间的增加，更多的栅氧陷阱会在栅应力作用下形成更大的漏电通路。

综 合 理 解 题

在以下问题中选择你认为最合适的一个答案（注明"多选"者可选 1 个以上答案）。

1. High-κ/金属栅栈与 SiO_2/多晶栅栈相比，栅老化更为严重的原因是＿＿＿＿＿＿＿。

A. 介电常数高   B. 介质厚度大

C. High-κ 层电场强度大   D. SiO_2 层电场强度大

2. 纳米尺度下 CMOS 的 HCI 效应加重的关键原因是＿＿＿＿＿＿＿。

A. 电源电压下降   B. 沟道长度缩短

C. 沟道电场加强   D. 引入 LDD 结构

3. CMOS 器件进入纳米尺度后，占主导的热载流子注入机制是＿＿＿＿＿＿＿。

A. CHE   B. SHE   C. DAHC   D. SGHE

4. NBTI 效应的复杂性体现在＿＿＿＿＿＿＿。（多选）

A. NMOS 和 PMOS 都会发生   B. 退化后可能恢复

C. 物理机制不确定   D. 实验难以表征

5. 最适合数字电路老化仿真的 BTI 模型是＿＿＿＿＿＿＿。

A. 静态模型   B. 动态模型   C. 长期模型

6. 纳米 CMOS 器件的典型介质击穿模式为＿＿＿＿＿＿＿。

A. 硬击穿   B. 软击穿

C. 先软击穿再硬击穿   D. 先硬击穿再软击穿

附录 A　缩略语对照表

英文缩写	英文全称	中文释义
ADC	Analog-Digital Converter	模拟–数字转换器
AEC	Automotive Electronics Council	汽车电子协会
AES	Advanced Encryption	先进加密（算法）
AFM	Atomic Force Mapping	原子力显微镜
ALU	Arithmetic Logic Unit	算术逻辑单元
ANSI	American National Standard Institute	美国国家标准组织
BCD	Bipolar-CMOS-DMOS	双极–CMOS–DMOS
BiCMOS	Bipolar-CMOS	双极 CMOS
BJT	Bipolar Junction Transistor	双极型晶体管
BEOL	Back End of Line	后道工序
BOX	Buried Oxide	隐埋氧化层
BERT	Berkeley Reliability Tools	伯克利可靠性（仿真）工具
BR	Buried Resistor	埋层电阻
BTI	Bias Temperature Instability	偏置温度不稳定性
CAD	Computer Aided Design	计算机辅助设计
CDM	Charged-Device Model	带电器件模型
CHE	Channel Hot Electron	沟道热载流子
CML	Current Mode Logic	电流模式逻辑
CMOS	Complementary Metal-Oxide-Semiconductor	互补型金属–氧化物–半导体
CMP	Chemical Mechanical Polishing	化学机械抛光
CVD	Chemical Vapor Deposition	化学气相淀积
DAC	Digital-Analog Converter	数字–模拟转换器

英文缩写	英文全称	中文释义
DAHC	Drain Avalanche Hot Carrier	漏极雪崩热载流子
DES	Data Encryption Standard	数据加密标准
DFS	Design for Secure	安全性设计
DFT	Design for Trust	可信设计
DIBL	Drain Induced Barrier Lowering	漏感应势垒降低
DOD	Department of Defense	(美国)国防部
DTI	Deep Trench Isolation	深槽隔离
DTSCR	Double-Triggered SCR/Diode-Triggered SCR	双触发 SCR/二极管触发 SCR
DUT	Device Under Test	被测器件
DVS	Dynamic Voltage Scaling	动态电压调节
D-D	Drift-Diffusion	漂移-扩散
ECC	Elliptic Curve Cryptosystem	椭圆曲线密码系统
EFT	Electrical Fast Transient	电快速瞬变
EIA	Electronic Industries Alliance	电子工业协会
EMI	Electro-Magnetic Interference	电磁干扰
EOS	Electric Over Stress	电过应力
EOT	Effective Oxide Thickness	有效氧化层厚度
ESD	Electro-Static Discharge	静电放电
ESDA	EOS/ESD Association	电过应力/静电放电协会
EUT	Equipment Under Test	被测设备(产品)
FDSOI	Fully Depleted SOI	全耗尽 SOI
FEOL	Front End of Line	前道工序
FOM	Figure of Merit	优值
FOX	Field Oxide	场氧
FWHM	Full Widthat Half Maximum	半最大值全宽度
GCNMOS	Gate-Coupled NMOS	栅耦合 NMOS
GDPMOS	Gate-VDD PMOS	栅接电源 PMOS
GGMOS		GGNMOS 与 GDPMOS 的统称
GGNMOS	Gate-grounded NMOS	栅接地 NMOS

附 录

续表二

英文缩写	英文全称	中文释义
GGSCR	Gate-GroundedMOS SCR	GGNMOS 触发 SCR
gNEMS	graphene NEMS	石墨烯纳机电系统
GNR	Graphene Nano Ribbon	石墨烯碳纳米薄膜
GPS	Global Position System	全球（卫星）定位系统
HBD	Hard Breakdown	硬击穿
HBM	Human-Body-Model	人体模型
HCI	Hot Carrier Injection	热载流子注入
HCTSCR	Hot-Carrier Triggered SCR	热载流子触发 SCR
HDBL	High-Doped Buried Layer	高掺杂埋层
HI	Heterogeneous Integration	异质集成
HMM	Human Metal Model	人体金属模型
HVPS	High-Voltage Power Source	高压电源
HV-MOS	High-Voltage MOS	高压 MOS
IC	Integrated Circuit	集成电路
IDM	Integrated Design Manufacturer	集成设计制造商
IEC	International Electro-technical Commission	国际电工委员会
ILD	Inter-layers Dielectric	层间介质
IRDS	International Roadmap for Devices and Systems	国际器件与系统路线图
ISO	Isolation Oxide	隔离氧化物
I/O	Input/OuXCut	输入/输出
I-V	Current-Voltage	电流-电压
JEDEC	Joint Electron Device Engineering Council	电子器件工程联合委员会
LDD	Lightly Doped Drain	轻掺杂漏
LDMOS	Lateral Double-diffused MOS	横向双扩散 MOS
LEM	Lucky Electron Model	幸运电子模型
LI	Local Interconnect	局部互连
LNA	Low-Noise Amplifier	低噪声（前置）放大器
LOCOS	Local Oxidation of Silicon	硅局部氧化

359

英文缩写	英文全称	中文释义
LSCR	Lateral SCR	横向 SCR
LVTSCR	Low-Voltage Triggering SCR	低触发电压 SCR
MILSCR	Mirrored Lateral SCR	镜像 LSCR
MLSCR	Modified LSCR	修正的横向 SCR
MM	Machine Model	机器模型
MOSFET	Metal-Oxide-Semiconductor Field-Effect Transistor	金属-氧化物-半导体场效应晶体管
MP	Multi Particle	多粒子
MSV	Maximum Stress Voltage	最大应力电压
MVTSCR	Medium-Voltage Triggered SCR	中等触发电压 SCR
nBL	n-Buried Layer	n 型埋层
NBTI	Negative Bias Temperature Instability	负偏压温度不稳定性
NC-QD	Nano Crystal Quantum Dots	纳晶量子点
NTLSCR	NMOS-Triggered LSCR	NMOS 触发 SCR
NVM	Nonvolatile Memory	非易失存储器
PA	Power Amplifier	功率放大器
PBTI	Positive Bias Temperature Instability	正偏压温度不稳定性
PDSOI	Partially Depleted SOI	部分耗尽 SOI
PLL	Phase Locking Loop	锁相环
PRNG	Pseudo Random Number Generator	伪随机数发生器
PTTSCR	PMOS-Triggered LSCR	PMOS 触发 SCR
RDL	Re-Distribution Layer	重布线层
RF	Radio Frequency	射频
RIE	Reactive Ion Etching	反应离子刻蚀
RTA	Rapid Thermal Anneal	快速热退火
R-D	Reaction-Diffusion	反应-扩散
SAB	Silicide Blocking	硅化物阻挡层
SBD	Soft Breakdown	软击穿
SCR	Silicon Controlled Rectifier	可控硅整流器(闸流管)
SDM	Socketed Device Model	插入器件模型

英文缩写	英文全称	中文释义
SEL	Single Event Latch-up	单粒子闩锁
SEM	Scanning Electron Microscopy	扫描电子显微镜
SFDR	Spurious-Free Dynamic Range	无杂散动态范围
SGHE	Secondary Generated Hot Electron	二次产生热载流子
SHE	Substrate Hot Electron	衬底热载流子
SHH	Substrate Hot Hole	衬底热空穴
SILC	Stress Induced Leakage Current	应力诱生漏电流
SIMOX	Separation by IMplantation of Oxygen	注氧隔离
SOC	System on chip	系统芯片
SOI	Silicon on Insulator	绝缘体上硅
SOIC/SOID	System on Integrated Chips/Dies	系统集成芯片
SP	Single Particle	单粒子
SPICE	Simulation Program with Integrated Circuit Emphasis	集成电路仿真模型
STI	Shallow Trench Isolation	浅槽隔离
STSCR	Substrate-Triggered SCR	衬底触发 SCR
TCAD	Technology Computer Aided Design	工艺可靠性辅助设计
TDDB	Time-Dependent Dielectric Breakdown	经时介质击穿
TDR	Time Domain Reflection	时域反射
TDRT	Time Domain Reflection and Transmission	时域反射传输
TDT	Time Domain Transmission	时域传输
TGNMOS	Thick-Gate NMOS	厚氧 NMOS
TI	Trench Isolation	沟槽隔离
TLP	Transmission-Line Pulse	传输线脉冲
TLU	Transient-Induced Latchup	瞬态诱发闩锁
TRNG	True Random Number Generator	真随机数发生器
TSM	Two Stage Model	两阶段模型
TSV	Through-Silicon-Via	硅通孔
TVS	Transient Voltage Suppresser	瞬态电压抑制器

英文缩写	英文全称	中文释义
T/D	Trapping/De-trapping	捕获/释放
UF-TLP	Ultra-Fast TLP	极快传输线脉冲
VDMOS	Vertical Double-diffused MOS	纵向双扩散漏 MOS
VF-TLP	Very-Fast TLP	超快传输线脉冲
VGBNPN	Vertical Grounded Base NPN	基极接地的纵向 npn

附录 B 各章综合理解题参考答案

◇ **第 1 章**

1. A、D 2. A 3. A 4. C 5. D 6. A 7. B 8. C 9. D 10. D

◇ **第 2 章**

1. A 2. B 3. A 4. B、C 5. B 6. A 7. C、D 8. B 9. A 10. C
11. B、C 12. C 13. D 14. B 15. B、D 16. B

◇ **第 3 章**

1. C 2. A 3. D 4. B 5. C 6. A、B 7. C、D 8. D 9. D

◇ **第 4 章**

1. A、C 2. C、D 3. B 4. D 5. A、B、C 6. B 7. A、B 8. A、D

◇ **第 5 章**

1. A 2. C 3. C 4. B 5. C 6. C 7. B、C 8. D

◇ **第 6 章**

1. D 2. C 3. A 4. B、C、D 5. C 6. C

参 考 文 献

[1] Nell H E Weste，David Harris. CMOS 超大规模集成电路设计[M]. 4 版. 周润德，译. 北京：电子工业出版社，2012.

[2] Oleg Semenov，Hossein Sarbishei，Manoj Sachdev. ESD protection device and circuit design for advanced CMOS technologies[M]. Berlin：Springer Science ＋ Business，2008.

[3] Albert Z H Wang. On-chip ESD protection for integrated circuit – an IC design perspective [M]. Netherlands：Kluwer Academic Publishers，2001.

[4] Albert Wang. Practical ESD protection design[M]. New Jersey：IEEE，John Wiley & Sons，Ltd，2022.

[5] Ajith Ameasekera，Charvaka Duvvury. ESD in silicon integrated circuits[M]. New Jersey：John Wiley & Sons，Ltd，2002.

[6] Ban P wong，Anurag Mittal，Yu Cao，et al. 纳米 CMOS 电路和物理设计（Nano-CMOS Circuit and Physical Design）[M]. 辛维平，刘伟峰，戴显英，等译. 北京：机械工业出版社，2011.

[7] Steven H Voldman. ESD 射频技术与电路（ESD RF technology and circuits）[M]. 杨立吾，魏琰，王西宁，等译. 北京：电子工业出版社，2011.

[8] Steven H Voldman. ESD 物理与器件（ESD：physics and devices）[M]. 雷鑑铭，邹志革，刘志伟，等译. 北京：机械工业出版社，2014.

[9] Steven H Voldman. ESD 电路与器件（ESD：Circuits and Devices）[M]. 常昌远，钟锐，译. 北京：电子工业出版社，2008.

[10] Steven H Voldman. Latchup[M]. New Jersey：John Wiley & Sons Ltd. ，2007.

[11] STEVEN H Voldman. ESD failure mechanisms and models[M]. New Jersey：John Wiley & Sons Ltd. ，2009.

[12] STEVEN H Voldman. 过电应力（EOS）器件、电流与系统（Electrical Overstress（EOS）：devices，circuits and systems）[M]. 雷鑑铭，等译. 北京：机械工业出版社，2016.

[13] Ming-Dou Ker，Sheng-Fu Hsu. Transient-induced Latchup in CMOS integrated circuits[M]. Singapore：John Wiley & Sons（Asia）Pte Ltd. ，2009.

[14] 庄奕琪. 电子设计可靠性工程[M]. 西安：西安电子科技大学出版社，2014.

[15] 庄奕琪. 微电子器件应用可靠性[M]. 北京：电子工业出版社，1996.

[16] 孙青，庄奕琪，王锡吉，等. 电子元器件可靠性工程[M]. 北京：电子工业出版社，2002.

[17] 韩雁，董树荣，LIOU J J，et al. 集成电路 ESD 防护设计理论、方法与实践[M]. 北京：科学出版社，2014.

[18] 温德通. CMOS集成电路闩锁效应[M]. 北京：机械工业出版社，2020.

[19] 金意儿，屈刚. 集成电路安全[M]. 北京：电子工业出版社，2021.

[20] ESDA，JEDEC. For Electrostatic Discharge Sensitivity Testing-Human Body Model (HBM)-Component Level：ANSI/ESDA/JEDEC JS-001-2017[S]. 2017.

[21] The Automotive Electronics Council. Machine Model Electrostatic Discharge Test：AEC-Q100-003 Rev-E (2001)[S]. 2001.

[22] ESDA，JEDEC. For Electrostatic Discharge Sensitivity Testing-Charged Device Model (CDM) - Device Level：ANSI/ESDA/JEDEC JS-002-2018[S]. 2018.

[23] The International Electrotechnical Commission (IEC). Electromagnetic Compatibility, Part 4：Testing and Measurement Techniques，Section 2：Electrostatic Discharge Immunity Test：IEC 61000-4-2 (2008)[S]. 2008.

[24] JEDEC Solid State Technology Association. IC Latch-Up Test：JESD78E[S]. 2016.

[25] MING-DOU KER，KUO-CHUN HSU. Overview of On-chip Electrostatic Discharge Protection Design With SCR-Based Devices in CMOS Integrated Circuits[J]. IEEE Trans. Device and Materials Reliability, 2005, 5(2)：235-249.

[26] MING-DOU KER，CHUN-YU LIN. Low-Capacitance SCR With Waffle Layout Structure for On-Chip ESD Protection in RF ICs[J]. IEEE Trans. Microwave Theory and Techniques, 2008, 56(5)：1286-94.

[27] FEDERICO A ALTOLAGUIRRE，MING-DOU KER. Overview on the design of low-leakage power-rail ESD clamp circuits in nanoscale CMOS processes [J]. Aegentine School of Micro-Nanoelectronics，Technology and Applications，2011.

[28] CHEN G，FENG H，XIE H，et al. RF characterization of ESD protection structures，Proceedings of IEEE Radio Frequency Integrated Circuits Symposium (RFIC)[J]. 2004：379-382.

[29] JIE-TING CHEN，CHUN-YU LIN，MING-DOU KER. On-chip ESD Protection Device for High-Speed I/O Applications in CMOS Technology[J]. IEEE Trans. Electron Devices，2017, 64(10)：3979-3985.

[30] MING-DOU KER，CHUN-YU LIN，YUAN-WEN HSIAO. Overview on ESD Protection Designs of Low-Parasitic Capacitance for RF ICs in CMOS Technologies [J]. IEEE Trans. Device and Materials Reliability, 2011, 11(2)207-18，2011.

[31] FEI MA，BIN ZHANG，YAN HAN，et al. ，High Holding Voltage SCR-LDMOS Stacking Structure With Ring-Resistance-Triggered Technique[J]. IEEE Electron Device Letters，2013, 34(9)：1178-1180.

[32] SWARUP BHUNIA，MICHAEL S. HSIAO，MAINAK BANGA，et al. Hardware Trojan Attacks：Threat Analysis and Countermeasures[J]. Proceedings of the IEEE，2014, 102(8)：1229-1247.

[33] CHIA-TSEN DAI，MING-DOU KER. Investigation of Unexpected Latchup Path Between HV-LDMOS and LV-CMOS in a 0.25-μm 60-V/5-V BCD Technology

[J]. IEEE Trans. Electron Devices, 2017, 64(8). 3519 - 3523.

[34] YOU LI, MENG MIAO, ROBERT GAUTHIER. ESD Protection Design Overview in Advanced SOI and Bulk FinFET Technologies [C]. IEEE Custom Integrated Circuits Conference (CICC), 2020.

[35] AIHUA DONG, JIE XIONG, SOUVICK MITRA , et al. Comprehensive Study of ESD Design Window Scaling Down to 7nm Technology Node[C]. 40th Electrical Overstress/Electrostatic Discharge Symposium (EOS/ESD), 2018.

[36] C. -T.DAI, S. -H. CHEN, D. LINTEN et al., Latchup in Bulk FinFET Technology [C]. IEEE International Reliability Physics Symposium (IRPS), 2017.

[37] ZIJIN PAN, CHENG LI, WEIQUAN HAO, et al. ESD protection designs: topical overview and perspective[J]. IEEE Trans. Device and Materials Reliability, vol. 22, Early Access, 2022. 5.

[38] CHENG LI, MENGFU DI, ZIJIN PAN , et al. Vertical TSV-Like Diode ESD Protection[C]. Proc. IEEE Electron Devices Technology and Manufacturing Conference (EDTM), 2021: 676 - 678.

[39] WANG L, WANG X, SHI Z, et al. Dual-Directional Nano Crossbar Array ESD protection structures[J]. IEEE Electron Device Letters, 2013, 34(1): 111 - 113.

[40] MA R, CHEN Q, ZHANG W, et al. A dual-polarity graphene NEMS switch ESD protection structure[J]. IEEE Electron Device Letters, 2016, 37(5): 674 - 676.

[41] CHEN ZHANG, ZONGYU DONG, FEI LU, et al. Fuse-based field-dispensable ESD protection for ultra-high-speed ICs[J]. IEEE Electron Device Letters, 2014, 35 (3): 381 - 383.

[42] WANG X, SHI Z, LIU J, et al. Post-Si programmable ESD protection circuit design: mechanisms and analysis[J]. IEEE J. Solid-State Circuits, 2013, 48(5): 1237 - 1249.

[43] WANG W, REDDY V, KRISHNAN A T, et al. Compact modeling and simulation of circuit reliability for 65 - nm CMOS technology[J]. IEEE Trans. Device and Materials Reliability, 2007, 7(4): 509 - 517.

[44] LI X, QIN J, BERNSTEIN J B. Compact modeling of MOSFET wearout mechanisms for circuit-reliability simulation[J]. IEEE Trans. Device and Materials Reliability, 2008, 8(1): 98 - 121.

[45] TUDOR B, WANG J, CHEN Z, et al. , An accurate and scalable MOSFET aging model for circuit simulation[C]. 2011 12th International Symposium on Quality Electronic Design, Mar. 2011: 1 - 4.

[46] RAUCH S E, LA ROSA G, GUARIN F J. Role of EE scattering in the enhancement of channel hot carrier degradation of deep-submicron NMOSFETs at high V/sub GS/ conditions[J]. IEEE Trans. Device and Materials Reliability, 2001, 1(2): 113 - 119.

[47] RAUCH S E, LA ROSA G. The energy-driven paradigm of NMOSFET hot-carrier effects[J]. IEEE Trans. Device and Materials Reliability, 2005, 5(4): 701 - 705.

[48] GUERIN C, HUARD V, BRAVAIX A. The energy-driven hot-carrier degradation modes of nMOSFETs[J]. IEEE Trans. Device and Materials Reliability, 2007, 7(2): 225 – 235.

[49] MAHAPATRA S, ED. Fundamentals of bias temperature instability in MOS transistors[M]. New Delhi: Springer India, 2016, 52.

[50] REIS R, CAO Y, WIRTH G, et al. Circuit design for reliability[M]. New York: Springer New York, 2015.

[51] GRASSER T, ED. Hot carrier degradation in semiconductor devices[M]. Cham: Springer International Publishing, 2015.

[52] EL-KAREH B , HUTTER L N. Silicon analog components[M]. New York: Springer New York, 2015.

[53] GRASSER T, ED. Bias temperature instability for devices and circuits[M]. New York: Springer New York, 2014.

[54] MARICAU E, GIELEN G. Analog IC reliability in nanometer CMOS[M]. New York: Springer New York, 2013.

[55] TAN S, TAHOORI M, KIM T, et al. Long-term reliability of nanometer VLSI systems: modeling, analysis and optimization[M]. Cham: Springer International Publishing, 2019.

[56] HALAK B, ED. Ageing of integrated circuits: causes, effects and mitigation techniques [M]. Cham: Springer International Publishing, 2020.

[57] WU Y C, JHAN Y R. 3D TCAD simulation for CMOS nanoeletronic devices[M]. Singapore: Springer Singapore, 2018.